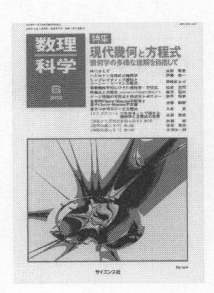

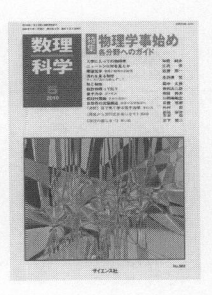

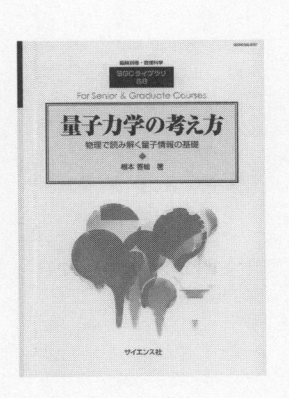

数理科学特集一覧

63 年/7〜19 年/12 省略
2020 年/1 量子異常の拡がり
/2 ネットワークから見る世界
/3 理論と計算の物理学
/4 結び目的思考法のすすめ
/5 微分方程式の《解》とは何か
/6 冷却原子で探る量子物理の最前線
/7 AI 時代の数理
/8 ラマヌジャン
/9 統計的思考法のすすめ
/10 現代数学の捉え方［代数編］
/11 情報幾何学の探究
/12 トポロジー的思考法のすすめ
2021 年/1 時空概念と物理学の発展
/2 保型形式を考える
/3 カイラリティとは何か
/4 非ユークリッド幾何学の数理
/5 力学から現代物理へ
/6 現代数学の眺め
/7 スピンと物理
/8 《計算》とは何か
/9 数理モデリングと生命科学
/10 線形代数の考え方
/11 統計物理が拓く数理科学の世界
/12 離散数学に親しむ
2022 年/1 普遍的概念から拡がる物理の世界
/2 テンソルネットワークの進展
/3 ポテンシャルを探る
/4 マヨラナ粒子をめぐって
/5 微積分と線形代数
/6 集合・位相の考え方
/7 宇宙の謎と魅力
/8 複素解析の探究
/9 数学はいかにして解決するか
/10 電磁気学と現代物理
/11 作用素・演算子と数理科学
/12 量子多体系の物理と数理
2023 年/1 理論物理に立ちはだかる「符号問題」
/2 極値問題を考える
/3 統計物理の視点で捉える確率論
/4 微積分から始まる解析学の厳密性
/5 数理で読み解く物理学の世界
/6 トポロジカルデータ解析の拡がり
/7 代数方程式から入る代数学の世界
/8 微分形式で書く・考える
/9 情報と数理科学
/10 素粒子物理と物性物理
/11 身近な幾何学の世界
/12 身近な現象の量子論
2024 年/1 重力と量子力学
/2 曲線と曲面を考える
/3 《グレブナー基底》のすすめ
/4 データサイエンスと数理モデル
/5 トポロジカル物質の物理と数理
/6 様々な視点で捉えなおす〈時間〉の概念
/7 数理に現れる双対性
/8 不動点の世界
/9 位相的 K 理論をめぐって
/10 生成 AI のしくみと数理
/11 拡がりゆく圏論
/12 使う数学，使える数学
2025 年/1 量子力学の軌跡
/2 原子核・ハドロン物理学の探究
/3 量子群の世界
/4 《多様体》の探求

SGC ライブラリ-198

量子電磁力学への招待

場の解析力学と場の量子論

早川 雅司 著

サイエンス社

まえがき

電磁気学および量子電磁力学（QED）に関する執筆依頼を受け，多くのことに悩みました．なぜなら，本年度で研究活動を停止する意向だったからです．取り分け，量子電磁力学に関して筆者らの研究内容を含めたとして，興味を持つ人がいるのかを想像できませんでした，しかし，過去のSGC ライブラリの本を図書室・本屋で見ているうちにこれらに関する悩みは解消しました．数学や物理のかなり踏み込んだ題材が多い中，和書にはないテーマもあり，手に取る読者もいるのだろうと理解しました．

本書は，学部 3 年生が最初に場の量子論を学ぶ上での副読本になれば，という願望の下，実スカラー場の系を題材として場の解析力学と量子論の基礎を解説します．内容は筆者が担当する授業の内容を元にしています．ページ数の関係で，経路積分など多くの基礎事項の解説を他書に譲りました．ほぼ 2 章しか見ていませんが，ワインバーグの教科書 [1] は，無骨な解説に陥りつつも手を抜かない姿勢が伺うことのできる箇所があり，他の場の量子論の教科書に比べて優れているようです．

マクスウェル方程式などに関して新たな視点から学び直すきっかけになれば，という願望の下，学部の 3 年生には馴染みがないと想像される電磁場の解析力学を概説します．拘束系の扱いに関する詳しい解説は他書に譲りました．

QED の高次摂動計算で必須となる幾つかの式を導出するため，文献 [2] と数学辞典 [3] に基づいてグラフ理論に関して解説します．正直なところ証明等の正確さに自信がないため，読者の力で補正して頂ければ幸いです．その上で，文献 [4], [5] に基づき，一つの数値的アプローチを解説します．長年にわたる共同研究と，絶えず刺激を与えて頂いた青山龍美さん，木下東一郎さん，仁尾真紀子さん，内容を詳しく点検していただいた編集部の方々に心から感謝いたします．

QED の理論研究は現在も続けられています．広い意味での対称性による考察から，QED のこれまでに知られていない特徴が明らかにされています[6]．文献 [7] を起点とした研究は新しい対称性の発見の下で従来の計算で発生する赤外発散の要因を明らかにしました．文献 [8] は QED における漸近場と S 行列の構成を試みています．本書を読み終えた後，これらの文献にも目を通していただければ幸いです．関連する研究に携わりたい読者は，新しい対称性全般にわたる解説 [9] を参考にして下さい．

本書の原稿作成は昨夏の猛暑の真っ只中に集中して行いました．名古屋では連日猛暑日が続きましたが，我が家では電気代節約のため，冷房は一部屋に限定しています．そのため，自宅で原稿を作成する際には，家族全員同じ部屋にいることが多かったと記憶します．息子がお気に入りのアニメ「はたらく細胞」の録画を繰り返し鑑賞する中で，この執筆活動の我が家にとっての意義について自問いせざるを得ませんでした．子供には自分の職業と職場を恥じて何も説明できない中，あのときパソコンに打ち込んでいたものがこの本だ，と見せることはないと思います．

最後に，一通り書き上げるに至った本書を 11 月に逝去した父に捧げます．

2025 年 1 月

早川 雅司

目　次

第 1 章
はじめに：解析力学の恩恵

ここでは解析力学による場の古典論・量子論の記述が如何に重要となり得るかを先取りして見ておく．また，質点の解析力学について少し復習する．

1.1 作用と対称性

解析力学を使うことの長所は，注目している系の対称性を把握し易い点である．また，対称性を知ることで運動方程式を解く作業が格段に単純化する場合もある．

解析力学で学ぶ作用というものを介して，「系が対称性を有する」点を以下のように判定することができる：

1. 系の変数を $\{q_i(t)\}_{t\in\mathcal{T}\,;\,i\in I}$ とする．
2. 各変数 $q_i(t)$ を新しい変数 $q'_i(t)$ に置き換える操作

$$q_i(t) \to q'_i(t) := \mathscr{T}_i(t)\,[q] \tag{1.1}$$

を変換という．

3. 変換 (1.1) を施した際に系の作用 $S\,[q]$ が不変，すなわち

$$S\,[q'] = S\,[q] \tag{1.2}$$

である場合，系は変換 (1.1) の下で不変，という．

4. そのような変換の集合が，例えば，一つの群 G をなす場合，系は G を対称性として持つ，という．

ここで，集合 G が群とは以下のことを意味する：

1. 積と呼ばれる写像 $\alpha : G\times G \to G$ が定義されている．
2. $a,\, b \in G$ に対して $ab = \alpha(a,\, b)$ と書くとき結合律 $(ab)c = a(bc)$ が成り立つ．
3. G は，$\mathbb{I}a = a = a\mathbb{I}$（$\forall a \in G$）を満たす単位元 $\mathbb{I}$ を含む．
4. すべての $a \in G$ に対して逆元 a^{-1} が存在する．それは $a^{-1}a = \mathbb{I} = aa^{-1}$ のようなものである．

系が変換 (1.1) のもとで不変としよう．変数 $\{q_i(t)\}_{t\in\mathcal{T}\,;\,i\in I}$ が運動方程式の解であるとき，それに変換 (1.1) を施して得られる変数 $\{q'_i(t)\}_{t\in\mathcal{T}\,;\,i\in I}$ も運動方程式の解であ

ることは，以下のようにして分かる．運動方程式の解は作用を最小とするような配位 $\{q_i(t)\}_{t\in\mathcal{T}\,;\,i\in I}$ であった．変換のもとでの作用の不変性は，変換後も作用を最小とする配位であり続ける点を保証する．よって，$\{q'_i(t)\}_{t\in\mathcal{T}\,;\,i\in I}$ は運動方程式の解である．

対称性の有無を判定する上でなぜ作用に着目するのであろうか？

一つ目の理由として，物理系が有すべき様々な対称性を仮定しながら系を列挙する際，運動方程式が保持されることを確認する手間に比べて，作用の不変性を確認するほうが簡単だからである．

二つ目の理由として，特に変換が連続的パラメータを含む場合，付随する保存量（時間経過の下で値が変わらない量）を容易に見出すことを可能とする点が挙げられる．例えば，系がある面内の回転*1) に関する対称性を持つ場合，付随する保存量はその回転の角運動量である．本章の目的は，読者に解析力学に関してもう一度各自で復習する動機を与えることであり，保存量は後の話題の展開に関連しないため，一般的な議論については解析力学や場の量子論のテキストに委ねることにする．

三つ目の理由は，特殊相対論を尊重するように場を含む系の量子化で，作用が核心をなす部分として登場するためである．電磁場などの場の経路積分による確率振幅の表式は，特殊相対論の対称性を明白に保つ作用を位相因子として含む．これによりファインマン規則の導出や摂動的に散乱振幅を計算する作業が，ハミルトニアンによる時間発展を母体とする正準量子化に比べて格段に簡略化される．

1.2 ラグランジアンと作用

ラグランジアンと作用について復習しておこう．今 $\{q_i(t)\}_{t\in\mathcal{T}\,;\,i\in I}$ は質点に関係する何らかの変数のセットとする．$q_i(t)$ の時刻 t に関する 1 階微分を

$$\dot{q}_i(t) := \frac{dq_i(t)}{dt} \tag{1.3}$$

とするとき，系のラグランジアンは次のような形をしている：

$$L\left(q(t)\,,\,\dot{q}(t)\right) = \sum_{i\in I} \frac{m_i}{2}\,\left(\dot{q}_i(t)\right)^2 - V\left(q(t)\right)\,. \tag{1.4}$$

ここで，$q(t)$ は同一時刻 t での変数のセット $\{q_i(t)\}_{i\in I}$ である．関数 $V(q)$ は正準形式へ移行後にポテンシャル・エネルギーを与える．$\dot{q}_i(t)$ は t とは別の時刻での $q_i(t')$ の値も参照するため，L は $\{q_i(t)\}_{i\in I}$ とは独立した変数 $\{\dot{q}_i(t)\}_{i\in I}$ に依存していると考えるべきである．混乱する場合には，

$$L\left(q\,,\,r\right) = \sum_{i\in I} \frac{m_i}{2}\,\left(r_i\right)^2 - V\left(q\right) \tag{1.5}$$

がまず定義されていて，$L\left(q(t)\,,\,\dot{q}(t)\right) = L\left(q(t)\,,\,r(t) = \dot{q}(t)\right)$ と代入されていると考えればよい．こうすれば，正準形式に移行する際に欲しい $q_i(t)$ に共役な運動量も

---

*1)　一般次元の空間では回転は面に付随する．空間の次元が 3 の場合に限り，面に直交する軸が唯一つ存在する．

$$p^i := \left. \frac{\partial L\left(q(0)\,,\,r(0)\right)}{\partial r_i(0)} \right|_{r_j(0)\,=\,\dot{q}_j(0)} \tag{1.6}$$

のように数学としても曖昧さなく定義できる．

作用は与えられた $\{q_i(t)\}_{t\in\mathcal{T}\,;\,i\in I}$ の値から $\dot{q}_i(t)$ を計算した後ラグランジアン (1.4) に代入し，時間 t について積分して得られる：

$$S\left[q\right] = \int_{\mathcal{T}} dt\, L\left(q(t)\,,\,\dot{q}(t)\right)\,. \tag{1.7}$$

時間 t の積分領域 $\mathcal{T}$ は物理系に依存する．例えば，$(-\infty\,,\,\infty)$ や閉区間 $[t_I\,,\,t_F]$ などがある．

1.3 場の解析力学とは何であろうか？

学部の授業では電磁場のエネルギーについて学ぶ．作用について知っている読者もおられるであろう．では，電場の共役運動量が何かについて考えたことはあるであろうか？ 本書では電磁場を含む場の解析力学について見ていきたい．

その準備として，一般的にはどのような場が許されるのかを考察することから始める．場の古典論および量子論のいずれも，特殊相対論を尊重するような物理系を対象としたいが，「系が特殊相対論を尊重する，しない」を判定する客観的な基準が欲しい．これら二つの目的のため，まずは，特殊相対論の背後にある対称性，群，を明らかにする．さらに踏み込み，変数である場がその群の下で如何に変換し得るのかを調べ，可能な変換の仕方をなるべく多く列挙しておきたい．これらの知見を得ることで，特殊相対論を尊重する系の構成が容易となる．

第 2 章
ローレンツ対称性と場

ここでは，場の理論で扱う場を調べるため，ミンコフスキー空間やローレンツ対称性とその表現を学ぶ．その上で，特殊相対論を尊重する古典系とは何を意味をするのかについて明らかにする．

2.1 ミンコフスキー空間とローレンツ対称性

D 次元ミンコフスキー空間 $\mathcal{M}_D$ とは，無限に広がる平坦な時空間である：

1. 多様体の一つで，全空間にわたる大局的な座標系 $(x^\mu)_{\mu=0,1,\ldots,D-1}$ を取ることができる．座標値は $\boldsymbol{R}^D$ 全体にわたる．
2. 座標系 $(x^\mu)_{\mu=0,1,\ldots,D-1}$ に関する 2 点 $P, Q \in \mathcal{M}_D$ 間の距離の 2 乗 $l_x^2(P, Q)$ が以下で与えられる：

$$l_x^2(P, Q) \coloneqq \left(x^0(P) - x^0(Q)\right)^2 - \sum_{j=1}^{D-1} \left(x^j(P) - x^j(Q)\right)^2 . \tag{2.1}$$

$l_x^2(P, Q)$ を不変に保つような変換を調べるため，ミンコフスキー空間の**計量** $(\eta_{\mu\nu})_{\mu,\nu=0,1,\ldots,D-1}$ を定義しておく：

$$\eta_{\mu\nu} = \begin{cases} +1 & \mu = 0 = \nu \text{ のとき}, \\ -1 & \mu = i = \nu \, (i \in \{1, \ldots, D-1\}) \text{ のとき}, \\ 0 & \mu \neq \nu \text{ のとき}. \end{cases} \tag{2.2}$$

同一のギリシャ文字の添字が上下ペアで現れる表式では，特に断らない限り，添字がとり得る値すべてにわたる和を意味する（**アインシュタイン慣習**）：

$$G^{\mu\alpha\beta\cdots}_{\mu\gamma\delta\cdots} \coloneqq \sum_{\mu=0}^{D-1} G^{\mu\alpha\beta\cdots}_{\mu\gamma\delta\cdots} . \tag{2.3}$$

これを用いると，式 (2.1) の $l_x^2(P, Q)$ は

$$l_x^2(P, Q) = \eta_{\mu\nu} \left(x^\mu(P) - x^\mu(Q)\right)\left(x^\nu(P) - x^\nu(Q)\right) \tag{2.4}$$

と表される．式 (2.4) を不変にするような座標変換は 2 種類ある：

並進 $a \in \boldsymbol{R}^D$ によりすべての点 $P \in \mathcal{M}$ の座標値を同時にずらす変換

$$x^\mu(P) \to x_a^\mu(P) = x^\mu(P) - a^\mu \tag{2.5}$$

の下では，$x_a^\mu(Q) - x_a^\mu(P) = x^\mu(Q) - x^\mu(P)$ である．したがって，$l_{x_a}^2(P, Q) = l_x^2(P, Q)$ が成り立つ．

ローレンツ変換 大局的で可逆な線形変換

$$x^\mu(P) \to x_\Lambda^\mu(P) = \Lambda^\mu{}_\nu\, x^\nu(P) \tag{2.6}$$

で，

$$\eta_{\lambda\rho}\,\Lambda^\lambda{}_\mu \Lambda^\rho{}_\nu = \eta_{\mu\nu} \tag{2.7}$$

を満たすならば，$l_{x_\Lambda}^2(P, Q) = l_x^2(P, Q)$ が成り立つ．逆に，長さの 2 乗を不変に保つ線形変換 (2.6) は式 (2.7) を満たす．実際，$l_{x_\Lambda}^2(P, Q) = l_x^2(P, Q)$ の両辺に式 (2.4) と式 (2.6) を代入した後，Q を座標の原点に置き $x^\mu(P) = x^\mu$ と略すと

$$\left(\eta_{\lambda\rho}\,\Lambda^\lambda{}_\mu \Lambda^\rho{}_\nu - \eta_{\mu\nu}\right) x^\mu x^\nu = 0 \tag{2.8}$$

を得る．すべての $x \in \boldsymbol{R}^D$ についてこの式が成り立つから，両辺を x^σ について 2 度偏微分すれば式 (2.7) が得られる．

ミンコフスキー空間 $\mathcal{M}_D$ の座標は全空間を覆うため，座標値そのものを $\mathcal{M}_D$ の点と同一視できるから $x \in \mathcal{M}_D$ とも表せる．

ローレンツ変換の全体の集合 $\mathrm{O}(1,\, D-1)$ が群をなすことは比較的容易に示すことができる．各 $\Lambda \in \mathrm{O}(1,\, D-1)$ の逆元の存在を確認するためには，上付き添字の計量

$$\eta^{\mu\nu} = \begin{cases} +1 & \mu = 0 = \nu \text{ のとき}, \\ -1 & \mu = i = \nu\, (i \in \{1,\, \ldots,\, D-1\}) \text{ のとき}, \\ \ \ 0 & \mu \neq \nu \text{ のとき} \end{cases} \tag{2.9}$$

を定義し，$\eta_{\lambda\rho}\,\Lambda^\lambda{}_{\mu'} \Lambda^\rho{}_\nu = \eta_{\mu'\nu}$ の両辺に $\eta^{\mu\mu'}$ をかけて μ' について和をとる：

$$\left(\eta^{\mu\mu'} \eta_{\lambda\rho}\,\Lambda^\lambda{}_{\mu'}\right) \Lambda^\rho{}_\nu = \delta^\mu{}_\nu\,. \tag{2.10}$$

右辺に現れているのは $\eta^{\mu\mu'}\,\eta_{\mu'\nu} = \delta^\mu{}_\nu$ から導かれるクロネッカー・デルタである：

$$\delta^\mu{}_\nu = \begin{cases} 1 & \mu = \nu \text{ のとき}, \\ 0 & \mu \neq \nu \text{ のとき}. \end{cases} \tag{2.11}$$

式 (2.10) は，左辺の括弧内の量が，$\Lambda^\mu{}_\nu$ を μ 行 ν 列の要素として持つ行列 Λ の逆行列要素に相当することを示している：

$$\left(\Lambda^{-1}\right)^\mu{}_\rho := \eta^{\mu\mu'} \Lambda^\lambda{}_{\mu'} \eta_{\lambda\rho} = \eta^{\mu\mu'} \left(\Lambda^t\right)_{\mu'}{}^\lambda\, \eta_{\lambda\rho}\,. \tag{2.12}$$

ここで Λ^t は Λ の転置行列である．式 (2.7) の両辺に $\Lambda^\lambda{}_{\lambda'} \Lambda^\rho{}_{\rho'}$ をかけて λ と ρ について和をとれば，

$$\eta_{\lambda\rho}\,(\Lambda^{-1})^{\lambda}{}_{\mu}(\Lambda^{-1})^{\rho}{}_{\nu}=\eta_{\mu\nu} \tag{2.13}$$

が得られるから，Λ^{-1} はローレンツ変換である．

式 (2.12) は Λ^t と Λ^{-1} の間の関係を与える．それについて考えるため，d 次元ユークリッド空間の座標の回転を復習しよう．回転は直交行列 R で行列式が 1 のものによって引き起こされ，その全体 $\mathrm{SO}(d)$ は群をなす．R が直交行列である事実をユークリッド空間の計量 δ_{ij}（クロネッカー・デルタ）を用いて書くと，式 (2.12) に似た

$$\left(R^{-1}\right)_{ij}=\left(R^t\right)_{ij}=\sum_{k,\,l\,=\,1}^{d}\delta_{ik}\left(R^t\right)_{kl}\delta_{lj} \tag{2.14}$$

を得る．このことは $\mathrm{O}\,(1,\,D-1)$ がミンコフスキー空間における「回転」に相当する可能性を示唆している*1)．

x^μ は長さの次元を有する．座標系 $(x^\mu)_{\mu\,=\,0,\,1,\,\dots\,,D-1}$ での時刻は，速さの次元を持つ光速 c で x^0 を割って定義される：$t=\dfrac{x^0}{c}$．「互いに並進またはローレンツ変換で移り合ういかなる座標系でも，同一の c を用いて時間は換算されるものとする」のが特殊相対論である．

2.2 特殊相対論を尊重するとは？

現在の場の理論で「物理系が特殊相対論を尊重する」ということを正確に述べるには準備を要する．$\mathrm{O}(1,\,D-1)$ が複数の連結成分からなるためである．$\Lambda\in\mathrm{O}(1,\,D-1)$ を含む連結成分 $\mathcal{C}_\Lambda$ とは，おおまかには，$\mathrm{O}(1,\,D-1)$ 内にとどまりつつ Λ に連続的に変形できる要素すべてからなる部分集合である．式 (2.7) から以下の点を確認できる：

- $\det(\Lambda)=\pm1$.
- $\Lambda^0{}_0\le-1$ あるいは $+1\le\Lambda^0{}_0$．実際，式 (2.7) で $\mu=0=\nu$ と置き，$\eta_{00}=1=-\eta_{jj}$ $(j=1,\,\dots\,,D-1)$ を用いて

$$\left(\Lambda^0{}_0\right)^2=1+\sum_{j=1}^{D-1}\left(\Lambda^j{}_0\right)^2 \tag{2.15}$$

  を得る．

それぞれ 2 つの可能性のあらゆる組合せにより計 4 つの連結成分が現れる．次元 D が偶数か奇数かで様相が異なるため，ここでは $D=4$ を含む偶数の場合に見ていく：

$\mathcal{C}_{\mathbb{I}}$ 単位元 $\mathbb{I}$ を含む連結成分 $\mathcal{C}_{\mathbb{I}}$ のすべての元 Λ は $\det(\Lambda)=1$ と $1\le\Lambda^0{}_0$ を満たす．この連結成分 $\mathcal{C}_{\mathbb{I}}$ は群をなし $\mathrm{SO}(1,\,D-1)$ と呼ばれる*2)．例えば $\Lambda_{(1)},\Lambda_{(2)}\in\mathrm{SO}\,(1,\,D-1)$ に対して $\Lambda_{(1)}\Lambda_{(2)}\in\mathrm{SO}\,(1,\,D-1)$ を得るには $\det\left(\Lambda_{(1)}\Lambda_{(2)}\right)=1$, $1\le\left(\Lambda_{(1)}\Lambda_{(2)}\right)^0{}_0$ も示す必要がある．前者はすぐに分かる．後者に関しては 2 つの $(D-1)$ 次元ベクトルのユークリッド内積の大きさがそれぞれのユークリッド的大き

---

*1）実際には，以下で見るように $\mathrm{O}\,(1,\,D-1)$ は回転と呼べないものも含んでいる．

*2）数学の文献では $\mathrm{SO}(1\,,D-1)$ を行列式が 1 の条件のみを満たす $\mathrm{O}\,(1\,,D-1)$ の部分群を表す記号として用いられている．しかし，2 つの連結成分からなり，素粒子物理学では決して使われないものにそのような大事な記号をいつまでも使うのは合理的でない．このような理由から $\Lambda^0{}_0\ge1$ をさらに満たす連結成分を $\mathrm{SO}(1\,,D-1)$ としているが，他の文献を参照する場合には注意してほしい．

さの積以下であることを用いて

$$\begin{aligned}\left(\Lambda_{(1)}\Lambda_{(2)}\right)^0{}_0 &= \left(\Lambda_{(1)}\right)^0{}_0\left(\Lambda_{(2)}\right)^0{}_0 + \sum_{j=1}^{D-1}\left(\Lambda_{(1)}\right)^0{}_j\left(\Lambda_{(2)}\right)^j{}_0 \\ &\geq \left(\Lambda_{(1)}\right)^0{}_0\left(\Lambda_{(2)}\right)^0{}_0 - \left|\sum_{j=1}^{D-1}\left(\Lambda_{(1)}\right)^0{}_j\left(\Lambda_{(2)}\right)^j{}_0\right| \\ &\geq \left(\Lambda_{(1)}\right)^0{}_0\left(\Lambda_{(2)}\right)^0{}_0 - \sqrt{\sum_{j=1}^{D-1}\left(\left(\Lambda_{(1)}\right)^0{}_j\right)^2}\sqrt{\sum_{k=1}^{D-1}\left(\left(\Lambda_{(2)}\right)^k{}_0\right)^2}\end{aligned} \tag{2.16}$$

を得る．$\Lambda_{(2)}$ は式 (2.15) を満たし $\left(\Lambda_{(2)}\right)^0{}_0 > 0$ であるから

$$\left(\Lambda_{(2)}\right)^0{}_0 = \sqrt{1 + \sum_{k=1}^{D-1}\left(\left(\Lambda_{(2)}\right)^k{}_0\right)^2}. \tag{2.17}$$

他方，式 (2.7) の両辺に $\eta^{\mu'\mu}\eta^{\nu'\nu}$ をかけて μ, ν について和をとることで

$$\left(\eta_{\lambda\lambda'}\Lambda^\lambda{}_\mu\eta^{\mu\mu'}\right)\eta^{\lambda'\rho'}\left(\eta_{\rho'\rho}\Lambda^\rho{}_\nu\eta^{\nu\nu'}\right) = \eta^{\mu'\nu'} \tag{2.18}$$

を得るが，式 (2.12) より括弧内の量は共に Λ^{-1} の成分にほかならない．$\mathrm{O}(1,\, D-1)$ が群をなすことを知っているから，任意の $\Lambda \in \mathrm{O}(1,\, D-1)$ に関して

$$\eta^{\lambda\rho}\Lambda^\mu{}_\lambda\Lambda^\nu{}_\rho = \eta^{\mu\nu} \tag{2.19}$$

が成り立つ．この Λ を $\Lambda_{(1)} \in \mathrm{SO}\,(1,\, D-1)$ としたものの $\mu = 0 = \nu$ 部分が

$$\left(\Lambda_{(1)}\right)^0{}_0 = \sqrt{1 + \sum_{j=1}^{D-1}\left(\left(\Lambda_{(1)}\right)^0{}_j\right)^2} \tag{2.20}$$

である．これと式 (2.17) を式 (2.16) に代入すると

$$\begin{aligned}\left(\Lambda_{(1)}\Lambda_{(2)}\right)^0{}_0 \geq{}& \sqrt{1 + \sum_{j=1}^{D-1}\left(\left(\Lambda_{(1)}\right)^0{}_j\right)^2}\sqrt{1 + \sum_{k=1}^{D-1}\left(\left(\Lambda_{(2)}\right)^k{}_0\right)^2} \\ &- \sqrt{\sum_{j=1}^{D-1}\left(\left(\Lambda_{(1)}\right)^0{}_j\right)^2}\sqrt{\sum_{k=1}^{D-1}\left(\left(\Lambda_{(2)}\right)^k{}_0\right)^2} \geq 1\end{aligned} \tag{2.21}$$

が分かる．$\Lambda \in \mathrm{SO}\,(1,\, D-1)$ ならば $\Lambda^{-1} \in \mathrm{SO}\,(1,\, D-1)$ を示すのは容易である．以上の議論より，$\mathrm{SO}\,(1,\, D-1)$ が群をなすことが分かった．

$\mathcal{C}_{\mathscr{P}}$ 座標に対する空間反転（パリティ変換）$\Lambda_{\mathscr{P}} = \mathrm{diag}\,(1, -1, \ldots, -1)$ は $\Lambda^0{}_0 = 1$ で式 (2.7) を満たす．D が偶数のときには $\det\,(\Lambda_{\mathscr{P}}) = -1$ である．このような $\Lambda_{\mathscr{P}}$ を含む $\mathrm{O}\,(1,\, D-1)$ の連結成分 $\mathcal{C}_{\mathscr{P}}$ の任意の元 Λ は $\det\,(\Lambda) = -1,\ 1 \leq \Lambda^0{}_0$ を満たし，$\mathrm{SO}\,(1,\, D-1)$ とは異なる連結成分である．今 $\widetilde{\mathcal{C}}_{\mathscr{P}} := \{\Lambda_{\mathscr{P}}\Lambda \mid \Lambda \in \mathrm{SO}\,(1,\, D-1)\}$ とすると，$\widetilde{\mathcal{C}}_{\mathscr{P}} = \mathcal{C}_{\mathscr{P}}$ である．$(\Lambda_{\mathscr{P}}\Lambda)^0{}_0 = \Lambda^0{}_0$ などから $\widetilde{\mathcal{C}}_{\mathscr{P}} \subseteq \mathcal{C}_{\mathscr{P}}$ は明らかだから $\mathcal{C}_{\mathscr{P}} \subseteq \widetilde{\mathcal{C}}_{\mathscr{P}}$ を調べる．$(\Lambda_{\mathscr{P}})^2 = \mathbb{I}$ より任意の $\Lambda \in \mathcal{C}_{\mathscr{P}}$ に対して $\Lambda = \Lambda_{\mathscr{P}}\,(\Lambda_{\mathscr{P}}\Lambda)$ が成り立つ．$\Lambda_{\mathscr{P}}\Lambda \in \mathrm{O}\,(1,\, D-1)$，$(\Lambda_{\mathscr{P}}\Lambda)^0{}_0 = \Lambda^0{}_0 \geq 1$，

$\det(\Lambda_{\mathscr{P}}\Lambda) = \det(\Lambda_{\mathscr{P}})\det(\Lambda) = (-1)^2$ より $\Lambda_{\mathscr{P}}\Lambda \in \mathrm{SO}(1, D-1)$．よって $\Lambda \in \widetilde{\mathcal{C}}_{\mathscr{P}}$，つまり，$\mathcal{C}_{\mathscr{P}} \subseteq \widetilde{\mathcal{C}}_{\mathscr{P}}$ である．

$\mathcal{C}_{\mathscr{T}}$ 時間反転 $\Lambda_{\mathscr{T}} = \mathrm{diag}(-1, 1, \ldots, 1)$ は ${\Lambda^0}_0 = -1$, $\det(\Lambda_{\mathscr{T}}) = -1$ で式 (2.7) を満たす．この $\Lambda_{\mathscr{T}}$ を含む $\mathrm{O}(1, D-1)$ の連結成分 $\mathcal{C}_{\mathscr{T}}$ のすべての元 Λ は $\det(\Lambda) = -1$, ${\Lambda^0}_0 \leq -1$ を満たす．$\mathcal{C}_{\mathscr{P}}$ と同様にして $\mathcal{C}_{\mathscr{T}} = \{\Lambda_{\mathscr{T}}\Lambda \mid \Lambda \in \mathrm{SO}(1, D-1)\}$ が分かる．

$\mathcal{C}_{\mathscr{P}\mathscr{T}}$ $\Lambda_{\mathscr{T}}\Lambda_{\mathscr{P}}$ を含む連結成分 $\mathcal{C}_{\mathscr{P}\mathscr{T}}$ の任意の元 Λ は $\det(\Lambda) = +1$, ${\Lambda^0}_0 \leq -1$ を満たす．

$\mathrm{O}(1, D-1)$ はパリティ変換 $\mathscr{P}$ や時間反転 $\mathscr{T}$ を含むことを見てきたが，我々の現宇宙は $\mathscr{P}$, $\mathscr{T}$ のいずれも対称性として有していないことが分かっている：

- 中性子が陽子，電子および反電子ニュートリノへと転換する過程がベータ崩壊であった．このベータ崩壊を引き起こす相互作用（**弱い相互作用**）はパリティ変換 $\mathscr{P}$ の下で対称ではない．
- 電荷を反転する変換を $\mathscr{C}$ とするとき，場の量子論の枠内で定義される系は $\mathscr{C}\mathscr{P}\mathscr{T}$ 対称性を有することが示される．弱い相互作用の強さが 0 の極限では，**強い相互作用**は K^0 中間子と呼ばれるストレンジ数が (-1) で電荷 0 の 2 次的粒子を生み出す．弱い相互作用の効果を摂動的に評価すると，K^0 中間子とその反粒子 $\overline{K}^0$ の間に遷移が誘発される（K^0, $\overline{K}^0$ は弱い相互作用も含む全ハミルトニアンの固有状態ではないばかりか，他の粒子群へと崩壊する）が，その振幅は $\mathscr{C}\mathscr{P} = (\mathscr{C}\mathscr{P}\mathscr{T})\mathscr{T}$ 変換の下で不変でない成分を含む．

この現状から場の量子論がターゲットとする系に $\mathrm{O}(1, D-1)$ を対称性として課すことは適切ではない．「物理系が特殊相対論を尊重する」とは，「系が $\mathrm{SO}(1, D-1)$ を対称性として有する」と定義する．今後はローレンツ対称性・ローレンツ群という場合には，この $\mathrm{SO}(1, D-1)$ を指すものとする．

ローレンツ対称性を有する系を作るには，変数をローレンツ変換の下で「良い振舞い」をするものに限定するのが簡単である．この「良い振舞い」に対する選択枝を与えるのが，対称性（またはその被覆群）の表現である．

2.3 リー代数とその表現

場の理論を学び始めて最初に遭遇する困難は，表現という概念かもしれない．物理を専攻する者にはリー代数の表現が最も理解し易いと思われる．本書では $\boldsymbol{K}$ は実数体 $\boldsymbol{R}$ または複素数体 $\boldsymbol{C}$ を表すものとする．

2.3.1 リー代数

定義 2.1 次を満たす $\mathfrak{L}$ を**リー代数**という：

1. $\mathfrak{L}$ は $\boldsymbol{K}$ 上のベクトル空間である．つまり，$\mathfrak{L}$ は要素の足し算と $\boldsymbol{K}$ の要素によるスカラー倍といった演算で閉じている．
2. $\mathfrak{L}$ 上に**リー積**と呼ばれる双線形な写像 $[\,,\,]_{\mathfrak{L}} : \mathfrak{L} \times \mathfrak{L} \to \mathfrak{L}$ が定義されており，以下の性質を満たす：
   (a) 任意の $a \in \mathfrak{L}$ に対して $[a, a]_{\mathfrak{L}} = 0$ である．また，$a, b \in \mathfrak{L}$ に対して $a + b \in \mathfrak{L}$ だから $0 = [a+b, a+b]_{\mathfrak{L}}$ であるが，双線形を使うと

$$[b,\, a]_{\mathfrak{L}} = -\,[a,\, b]_{\mathfrak{L}} \tag{2.22}$$

を得る.

(b) $a,\, b,\, c \in \mathfrak{L}$ に対してヤコビ恒等式

$$[a,\, [b,\, c]_{\mathfrak{L}}]_{\mathfrak{L}} + [b,\, [c,\, a]_{\mathfrak{L}}]_{\mathfrak{L}} + [c,\, [a,\, b]_{\mathfrak{L}}]_{\mathfrak{L}} = 0 \tag{2.23}$$

が成り立つ.

式 (2.23) の第 3 項目に式 (2.22) を使うと

$$[a,\, [b,\, c]_{\mathfrak{L}}]_{\mathfrak{L}} = [[a,\, b]_{\mathfrak{L}}\,,\, c]_{\mathfrak{L}} - [b,\, [c,\, a]_{\mathfrak{L}}]_{\mathfrak{L}}\,. \tag{2.24}$$

これはリー積が結合律を満たさないことを意味する. 解析力学と量子力学を学んだ読者にとってリー代数はすでに馴染み深いであろう. しかし, リー代数 $\mathfrak{L}$ 上には結合律を満たす積 ab の存在は仮定されていないから, リー積 $[\,,\,]_{\mathfrak{L}}$ は交換子ではない. 量子力学の文脈での交換子との接点の鍵となるのが次に見るリー代数の表現である.

2.3.2 リー代数の表現

定義 2.2 次を満たす $(\rho,\, V)$ をリー代数 $\mathfrak{L}$ の（線形）表現という：

1. V は $\boldsymbol{C}$ （または $\boldsymbol{K}$ が $\boldsymbol{R}$ のときには $\boldsymbol{R}$ も可）上のベクトル空間である.
2. V 上の線形変換全体がなすベクトル空間を $\mathrm{End}(V)$ とするとき, 写像 $\rho : \mathfrak{L} \to \mathrm{End}(V)$ が以下の性質（リー代数としての準同型性）を満たす（各 $a \in \mathfrak{L}$ に対して $\rho(a)$ は V 上の線形変換）：

   (a) ρ はベクトル空間としての準同型写像である：

   $$\rho(\alpha a + \beta b) = \alpha\, \rho(a) + \beta\, \rho(b) \quad (\forall a\,,\, b \in \mathfrak{L};\, \forall \alpha\,,\, \beta \in \boldsymbol{K})\,. \tag{2.25}$$

   (b) ρ は $\mathfrak{L}$ 上のリー積 $[\,,\,]_{\mathfrak{L}}$ を合成に関する交換子 $[\,,\,]_{\circ}$ に写す：

   $$\rho([a\,,\, b]_{\mathfrak{L}}) = [\rho(a)\,,\, \rho(b)]_{\circ} := \rho(a) \circ \rho(b) - \rho(b) \circ \rho(a)\,. \tag{2.26}$$

抽象的なリー代数の代数的性質を, 線形変換（それは合成に関して結合律を満たす）の合成の交換子という道具により具体化を図るのが表現と言える. 線形代数で学んだように, ベクトル空間 V の基底を一つとれば, 各線形変換はその基底に関する行列として表されるから, 数値的な取り扱いも可能となる. また, 行列の指数関数を計算してリー群の元が得られる. 表現について馴染むため, 線形写像を基底に関して表す過程を復習しておく.

$\{e_{(1)}\,, \ldots\,, e_{(n)}\}$ を V の基底とする. 各 $a \in \mathfrak{L}$ に対する $\rho(a)$ は線形変換だから, 各 $e_{(j)}$ への作用の結果 $\rho(a)\,(e_{(j)})$ が分かれば十分である. $\rho(a)\,(e_{(j)})$ を基底 $\{e_{(1)}\,, \ldots\; e_{(n)}\}$ で展開する：

$$\rho(a)\,(e_{(j)}) = \sum_{i=1}^{n} e_{(i)}\, M(a)^{i}{}_{j}\,. \tag{2.27}$$

$\left(M(a)^{i}{}_{j}\right)_{i,\, j\, =\, 1,\, \ldots\, ,n}$ は $n \times n$ の行列を与える. 2 つの線形変換の合成の結果は行列の積として表される：

$$
\begin{aligned}
&(\rho(a)\circ\rho(b))\left(e_{(j)}\right)=\rho(a)\left(\rho(b)\left(e_{(j)}\right)\right)\\
&=\rho(a)\left(\sum_{k=1}^{n}e_{(k)}\,M(b)^{k}{}_{j}\right)=\sum_{k=1}^{n}\rho(a)\left(e_{(k)}\right)M(b)^{k}{}_{j}\\
&=\sum_{k=1}^{n}\left(\sum_{i=1}^{n}e_{(i)}\,M(a)^{i}{}_{k}\right)M(b)^{k}{}_{j}=\sum_{i=1}^{n}e_{(i)}\left(\sum_{k=1}^{n}M(a)^{i}{}_{k}M(b)^{k}{}_{j}\right)\\
&=\sum_{i=1}^{n}e_{(i)}\left(M(a)\,M(b)\right)^{i}{}_{j}\,. \qquad (2.28)
\end{aligned}
$$

表現とベクトル空間の基底をとることで，抽象的なリー積 $[a\,,b]_{\mathfrak{L}}$ を，行列の積に関する交換子 $[M(a)\,,M(b)]$ として「表現する」ことが可能となった．

2.3.3　リー代数の随伴表現

$\boldsymbol{K}$ 上のリー代数 $\mathfrak{L}$ の**随伴表現**とは，定義 2.2 における V が，$\boldsymbol{K}$ 上のベクトル空間 $\mathfrak{L}$ であるような表現である．$\rho:\mathfrak{L}\to\mathrm{End}(\mathfrak{L})$ は

$$
\rho(a)(b):=[a\,,b]_{\mathfrak{L}}\quad(a\,,b\in\mathfrak{L}) \qquad (2.29)
$$

で与えられる．ρ がベクトル空間としての準同型写像であることは，リー積の線形性から従う．ρ がリー積を線形写像の合成に関する交換関係に写すことは，ヤコビ恒等式によって保証されている．実際，$\forall a_1\,,a_2\,,b\in\mathfrak{L}$ に対して

$$
\begin{aligned}
\rho([a_1\,,a_2]_{\mathfrak{L}})(b)&=[[a_1\,,a_2]_{\mathfrak{L}}\,,b]_{\mathfrak{L}}=-\,[[a_2\,,b]_{\mathfrak{L}}\,,a_1]_{\mathfrak{L}}-[[b\,,a_1]_{\mathfrak{L}}\,,a_2]_{\mathfrak{L}}\\
&=[a_1\,,[a_2\,,b]_{\mathfrak{L}}]_{\mathfrak{L}}-[a_2\,,[a_1\,,b]_{\mathfrak{L}}]_{\mathfrak{L}}\\
&=\left(\rho(a_1)\circ\rho(a_2)-\rho(a_1)\circ\rho(a_2)\right)(b) \qquad (2.30)
\end{aligned}
$$

より，式 (2.26) が成り立つ．

2.3.4　$\mathfrak{so}(3)$ とその既約表現

3 次元空間回転群 SO(3) のリー代数が $\mathfrak{so}(3)$ である．ある特定の基底 $\{\mathcal{J}_1\,,\mathcal{J}_2\,,\mathcal{J}_3\}$ に関してそれは次の代数構造を有する：

$$
[\mathcal{J}_i\,,\mathcal{J}_j]_{\mathfrak{so}(3)}=\mathrm{i}\sum_{k=1}^{3}\varepsilon_{ijk}\,\mathcal{J}_k\,. \qquad (2.31)
$$

ここで i は虚数単位，また，ε_{ijk} は 3 階完全反対称テンソルである：

$$
\varepsilon_{ijk}=\begin{cases}+1 & \text{もしも } ijk \text{ が 123 から偶置換で得られるとき,}\\ -1 & \text{もしも } ijk \text{ が 123 から奇置換で得られるとき,}\\ 0 & \text{その他.}\end{cases} \qquad (2.32)
$$

代数 (2.31) は量子力学での角運動量演算子の交換子が満たす代数で $\hbar=1$ としたものである．後で確認するように，代数 (2.31) は 3 次元空間回転の特徴であり量子化は関係ない．ここで着目したいのは量子力学で学んだスピンである．

リー代数の表現の文脈では，表現空間 V に作用する線形変換の集合 $\mathfrak{L}_\rho:=\{\,\rho(a)\mid a\in\mathfrak{L}\}$

があるが，V の部分空間が $\widehat{\rho}(V) \subseteq V \quad (\forall \widehat{\rho} \in \mathfrak{L}_\rho)$ となるとき，線形代数では $\mathfrak{L}_\rho$ に関する不変部分空間と呼んだ．$\mathfrak{L}$ の表現 (ρ, V) で V と $\{0\}$ 以外に不変部分空間を持たないものを $\mathfrak{L}$ の**既約表現**という．既約でない表現を**可約表現**という．

$\mathfrak{so}(3)$ の既約表現は以下のようなものである：

1. $\mathfrak{so}(3)$ の既約表現の同値類は 0 以上の整数または半整数に値をとる s で網羅される．
2. 各 s に対応する既約表現 (ρ_s, V_s) における V_s は，次元が $(2s+1)$ のベクトル空間である．
3. V_s の基底（s が 0 または自然数の場合には $\{v_{-s}, \ldots, v_{-1}, v_0, v_1, \ldots, v_s\}$，$s$ が正の半整数の場合には $\left\{v_{-s}, \ldots, v_{-\frac{1}{2}}, v_{\frac{1}{2}}, \ldots, v_s\right\}$）を $\rho_s(\mathcal{J}_3)$ の固有状態にとることが可能である：

$$\rho_s(\mathcal{J}_3)(v_\kappa) = \kappa\, v_\kappa\,. \tag{2.33}$$

4. $\mathcal{J}_+ := \mathcal{J}_1 + \mathrm{i}\,\mathcal{J}_2$ とする*3)．$m+1$ が s を超えないとき，$\rho_s(\mathcal{J}_+)(v_m) = v_{m+1}$．そうでないときには $\rho_s(\mathcal{J}_+)(v_m) = 0$.
5. $\mathcal{J}_- := \mathcal{J}_1 - \mathrm{i}\,\mathcal{J}_2$ とする．$m-1$ が $(-s)$ より小さくならないとき，$\rho_s(\mathcal{J}_-)(v_m) = v_{m-1}$．そうでないときには $\rho_s(\mathcal{J}_-)(v_m) = 0$.

$(2m+1)$ 個の v_i は一連の鎖のように結ばれており，仮に一つの v_i でも抜いてしまうと $\mathfrak{so}(3)$ の表現として機能しなくなる．したがって，(ρ_s, V_s) は既約表現である．このように量子力学でスピンとして学んだものは，$\mathfrak{so}(3)$ の既約表現の同値類を分類する s であり，対応するスピン多重項は V_s の基底に相当していた．例えば，スピン $\frac{5}{2}$ の粒子 1 個とスピン 1 を含む粒子 1 個を含む系があった場合，それらは共通のリー代数 $\mathfrak{so}(3)$ の異なる既約表現に属する対象である．角運動量を合成した後で分解した操作は，テンソル積表現（第 2.5 節）を既約表現の直和に分解する操作に相当する．

リー代数 (2.31) が 3 次元における回転そのものの特徴である点を確認してみよう．まず (1, 2) 面内での，つまり，3 軸周りの座標軸の回転を考えよう：

$$\begin{pmatrix} x^1_{(3)\,\theta} \\ x^2_{(3)\,\theta} \\ x^3_{(3)\,\theta} \end{pmatrix} = \begin{pmatrix} \cos\theta & \sin\theta & 0 \\ -\sin\theta & \cos\theta & 0 \\ 0 & 0 & 1 \end{pmatrix} \begin{pmatrix} x^1 \\ x^2 \\ x^3 \end{pmatrix}. \tag{2.34}$$

ここでは復習もかねて微小回転の生成子

$$J_3 := \begin{pmatrix} 0 & -\mathrm{i} & 0 \\ \mathrm{i} & 0 & 0 \\ 0 & 0 & 0 \end{pmatrix} \tag{2.35}$$

が

$$(J_3)^2 = \begin{pmatrix} 1 & 0 & 0 \\ 0 & 1 & 0 \\ 0 & 0 & 0 \end{pmatrix} \tag{2.36}$$

*3) 実際にはこのような線形結合をとることは $\boldsymbol{R}$ 上のリー代数である $\mathfrak{so}(3)$ では許されない．第 2.5 節で見るように，$\mathfrak{so}(3)$ を複素化したリー代数 $\mathfrak{so}_{\boldsymbol{C}}(3) \simeq \mathfrak{sl}(2, \boldsymbol{C})$ に拡張した上での演算と考える．

を満たすことを用いて，式 (2.34) における回転行列を再現してみよう：

$$
\begin{aligned}
\exp[\mathrm{i}\,\theta J_3] &= \begin{pmatrix} 1 & 0 & 0 \\ 0 & 1 & 0 \\ 0 & 0 & 0 \end{pmatrix} \underbrace{\sum_{n=0}^{\infty} \frac{(-1)^n \theta^{2n}}{(2n)!}}_{=\cos\theta} \\
&\quad + \mathrm{i}\,J_3 \underbrace{\sum_{n=0}^{\infty} \frac{(-1)^n \theta^{2n+1}}{(2n+1)!}}_{=\sin\theta} + \begin{pmatrix} 0 & 0 & 0 \\ 0 & 0 & 0 \\ 0 & 0 & 1 \end{pmatrix} \\
&= \begin{pmatrix} \cos\theta & \sin\theta & 0 \\ -\sin\theta & \cos\theta & 0 \\ 0 & 0 & 1 \end{pmatrix} .
\end{aligned}
\tag{2.37}
$$

1 軸周りの回転の生成子，2 軸周りの回転の生成子はそれぞれ

$$
J_1 := \begin{pmatrix} 0 & 0 & 0 \\ 0 & 0 & -\mathrm{i} \\ 0 & \mathrm{i} & 0 \end{pmatrix}, \quad J_2 := \begin{pmatrix} 0 & 0 & \mathrm{i} \\ 0 & 0 & 0 \\ -\mathrm{i} & 0 & 0 \end{pmatrix}
\tag{2.38}
$$

である．3×3 の行列 J_1, J_2, J_3 の成分は

$$
(J_i)_{jk} = -\mathrm{i}\,\varepsilon_{ijk}
\tag{2.39}
$$

を満たすから，以下の結果を得る：

$$
\begin{aligned}
[J_i\,,\,J_j]_{lm} &= \sum_{k=1}^{3} (J_i)_{lk}\,(J_j)_{km} - (J_j)_{lk}\,(J_i)_{km} \\
&= (-\mathrm{i})^2 \sum_{k=1}^{3} \{\varepsilon_{kil}\,(-\varepsilon_{kjm}) - \varepsilon_{kjl}\,(-\varepsilon_{kim})\} \\
&= \delta_{ij}\,\delta_{lm} - \delta_{im}\,\delta_{jl} - \delta_{ji}\,\delta_{lm} + \delta_{jm}\,\delta_{il} \\
&= \mathrm{i} \sum_{k=1}^{3} \varepsilon_{ijk}\,(J_k)_{lm} .
\end{aligned}
\tag{2.40}
$$

$\{J_k\}_{k=1,2,3}$ は代数 (2.31) の表現 $(\rho_{s=1}\,,\,V_{s=1})$ で，$\{\rho_{s=1}(\mathcal{J}_k)\}_{k=1,2,3}$ を $V_{s=1}$ のある基底に関する行列として表したものである．物理の分野では，$\{J_k\}_{k=1,2,3}$ や，$V_{s=1}$ に値をとる変数などを「$\mathfrak{so}(3)$ の $s=1$ に対応する表現」と参照することがある．

一般に，リー群 G に対応するリー代数 $\mathfrak{L}_G$ が存在する．$\mathfrak{L}_G$ の基底を $\{e_{(1)}\,,\,\ldots\,,\,e_{(n)}\}$ とする．リー代数 $\mathfrak{L}_G$ の表現 (ρ, V) から $\exp\left(\mathrm{i}\sum_{j=1}^{n}\omega_j\rho(e_j)\right)$ として得られるものがリー群 G の単位元 $\mathbb{I}$ を含む連結成分の表現を与えることがある．残念ながら 3 次元空間回転群 SO(3) の場合，そうなる表現とそうでないものがある．この点を調べるため，SU(2) を含む特殊ユニタリ群 SU(N) について少しだけ見ておこう *4)．

*4) 実質的には SU(2) はシンプレクティック群 SP($2N$) の一つである．

2.3.5　特殊ユニタリ群 SU(N)

特殊ユニタリ群 SU(N) の基本表現を構成するベクトル空間 V_N は，$\boldsymbol{C}$ 上の N 次元ベクトル空間で次の性質を満たす内積を備えたものである：

$$\left(\alpha v_{(1)}\,,\,\beta v_{(2)}\right) = \alpha^* \beta \left(v_{(1)}\,,\,v_{(2)}\right) \quad \left(v_{(1)}\,,\,v_{(2)} \in V_N\,;\,\alpha\,,\,\beta \in \boldsymbol{C}\right)\,. \tag{2.41}$$

V_N の正規直交化基底を $\left\{e_{(1)}\,,\,\cdots\,,\,e_{(N)}\right\}$ とし（$\left(e_{(i)}\,,\,e_{(j)}\right) = \delta^i{}_j$），それに関する座標を $\left(v^j\right)_{j\,=\,1\,,\ldots\,,N}$ とする，すなわち

$$v = \sum_{j\,=\,1}^{N} e_{(j)}\, v^j \tag{2.42}$$

とすると，

$$\left(v_{(1)}\,,\,v_{(2)}\right) = \sum_{j\,=\,1}^{N} \left(v^j_{(1)}\right)^* v^j_{(2)} \tag{2.43}$$

が成り立つ．v を固定する変換のうち，線形変換

$$(v_U)^i = \sum_{j\,=\,1}^{N} U^i{}_j\, v^j\,, \quad e_{U,\,(i)} = \sum_{j\,=\,1}^{N} e_{(j)} (U^{-1})^j{}_i \tag{2.44}$$

で内積 (2.43) を不変とするものは，エルミート共役 $U^\dagger$ を用いて

$$U^\dagger U = \mathbb{I}_N \tag{2.45}$$

を満たす．そのような正方行列をユニタリ行列という．$N \times N$ のユニタリ行列の全体 U(N) は群をなし，N 次元ユニタリ群と呼ばれる．ユニタリ行列 U で行列式 $\det U$ が 1 であるものの全体 SU(N) は U(N) の部分群で N 次元特殊ユニタリ群と呼ばれる．

$N \geq 2$ の場合，SU(N) は連結成分が一つであることが知られている．よって，SU(2) のどの元 U も 2×2 のエルミート行列 A を用いて

$$U = \exp\left(\mathrm{i}\, A\right) \tag{2.46}$$

と書ける．$\det U = e^{\mathrm{i}\,\mathrm{tr}(A)}$ より $\mathrm{tr}\,(A) = 0$ でなければならない．

以下では SU(2) について詳しく見ていく．2×2 のエルミート行列 A の独立な実数成分は計 4 だから $\mathrm{tr}(A) = 0$ の条件を満たすようなものは 3 つの実数でパラメトライズされる．そのようなものの全体を $\mathfrak{su}(2)_{\frac{1}{2}}$ とすると，$\mathfrak{su}(2)_{\frac{1}{2}}$ の基底の一つがパウリ行列 $\{\tau_i\}_{i\,=\,1\,,\,2\,,\,3}$ である

$$\tau_1 = \begin{pmatrix} 0 & 1 \\ 1 & 0 \end{pmatrix}\,, \quad \tau_2 = \begin{pmatrix} 0 & -\mathrm{i} \\ \mathrm{i} & 0 \end{pmatrix}\,, \quad \tau_3 = \begin{pmatrix} 1 & 0 \\ 0 & -1 \end{pmatrix}\,. \tag{2.47}$$

量子力学で計算したように，これらは以下の性質を満たす：

$$\mathrm{tr}\left(\tau_i\, \tau_j\right) = 2\,\delta_{ij}\,, \quad \left[\frac{\tau_i}{2}\,,\,\frac{\tau_j}{2}\right] = \mathrm{i} \sum_{k\,=\,1}^{3} \varepsilon_{ijk}\, \frac{\tau_k}{2}\,. \tag{2.48}$$

この交換関係は抽象的リー代数 $\mathfrak{su}(2)$ のある基底 $\{\mathcal{J}_i\}_{i\,=\,1\,,\ldots\,,N}$ に関する代数

$$[\mathcal{J}_i\,,\,\mathcal{J}_j]_{\mathfrak{su}(2)}=\mathrm{i}\sum_{k=1}^{3}\varepsilon_{ijk}\,\mathcal{J}_k \tag{2.49}$$

を，$\mathfrak{su}(2)$ の基本表現で再現したものに相当する．リー積の結果 (2.49) は $\mathfrak{so}(3)$ のそれ (2.31) と同じで，$\mathfrak{so}(3)$ と $\mathfrak{su}(2)$ は共に $\boldsymbol{R}$ 上のリー代数だから，両者は同じものと見なしてよいであろう．

2.3.6 SU(2) と SO(3) の間の関係

SO(3) では $s=1$ が基本表現で，SU(2) では $s=\dfrac{1}{2}$ が基本表現であった．

$s=1$ は SU(2) と SO(3) の双方の随伴表現で，SU(2) 非可換ゲージ理論の電場などが値をとる表現である．この表現の表現空間として，$\mathfrak{su}(2)_{\frac{1}{2}}$ を用いることができる．$H\in\mathfrak{su}(2)_{\frac{1}{2}}$ を SU(2) の基本表現に属する U により

$$H\to H_U=UHU^\dagger \tag{2.50}$$

と変換させると，変換後の H_U も $\mathfrak{su}(2)_{\frac{1}{2}}$ に属する．H と H_U はパウリ行列に関して展開される：

$$H=\sum_{i=1}^{3}h_i\,\frac{\tau_i}{2}\,,\quad H_U=\sum_{i=1}^{3}(h_U)_i\,\frac{\tau_i}{2}\,. \tag{2.51}$$

各 U による変換 (2.50) は H に関して線形だから

$$(h_U)_i=\sum_{j=1}^{3}(R_U)_i{}^j\,h_j \tag{2.52}$$

と書け，$4\det(H)=-|\boldsymbol{h}|^2$ で $\det(H_U)=\det(H)$ より R_U は直交行列である：$R_U\in\mathrm{O}(3)$．式 (2.50) から得られる

$$R_{U_{(1)}U_{(2)}}=R_{U_{(1)}}R_{U_{(2)}} \tag{2.53}$$

は $R:\mathrm{SU}(2)\to\mathrm{O}(3)$ が群としての準同型写像であることを意味し，SU(2) の任意の元は $\exp\left(\mathrm{i}\,\theta_1\,\frac{\tau_1}{2}\right)\exp\left(\mathrm{i}\,\theta_2\,\frac{\tau_2}{2}\right)\exp\left(\mathrm{i}\,\theta_3\,\frac{\tau_3}{2}\right)$ と表すことができるが，式 (2.53) より，

$$R_{\exp\left(\mathrm{i}\,\theta_1\,\frac{\tau_1}{2}\right)\exp\left(\mathrm{i}\,\theta_2\,\frac{\tau_2}{2}\right)\exp\left(\mathrm{i}\,\theta_3\,\frac{\tau_3}{2}\right)}=R_{\exp\left(\mathrm{i}\,\theta_1\,\frac{\tau_1}{2}\right)}R_{\exp\left(\mathrm{i}\,\theta_2\,\frac{\tau_2}{2}\right)}R_{\exp\left(\mathrm{i}\,\theta_3\,\frac{\tau_3}{2}\right)} \tag{2.54}$$

を得る．右辺の各 $R_{\exp\left(\mathrm{i}\,\theta_j\,\frac{\tau_j}{2}\right)}$ は SO(3) の元である．例として $j=1$ のものの SU(2) に対応する R_U を見てみる：

$$\exp\left(\mathrm{i}\,\theta\,\frac{\tau_1}{2}\right)H\exp\left(-\mathrm{i}\,\theta\,\frac{\tau_1}{2}\right)=\sum_{j=1}^{3}h_j\exp\left(\mathrm{i}\,\theta\,\frac{\tau_1}{2}\right)\frac{\tau_j}{2}\exp\left(-\mathrm{i}\,\theta\,\frac{\tau_1}{2}\right)$$

$$=h_1\,\frac{\tau_1}{2}+\sum_{j=2}^{3}h_j\sum_{n=0}^{\infty}\frac{(\mathrm{i}\,\theta)^n}{n!}\left(L_{\frac{\tau_1}{2}}\right)^n\left(\frac{\tau_j}{2}\right)\,. \tag{2.55}$$

ここで，$\mathfrak{su}(2)$ の元 a,b に対して $(L_a)^n\,(b)$ は以下のような n 回の交換子演算からなる：

$$(L_a)^n(b) \coloneqq \underbrace{[a,[a,\ldots,[}_{n\text{ 個}}a,b\underbrace{]\ldots]]}_{n\text{ 個}}\,. \tag{2.56}$$

特に

$$\begin{aligned}\left(L_{\frac{\tau_1}{2}}\right)^n\left(\frac{\tau_2}{2}\right) &= \begin{cases}\mathrm{i}\,\dfrac{\tau_3}{2} & \text{もし } n \text{ が奇数のとき,}\\ \dfrac{\tau_2}{2} & \text{もし } n \text{ が偶数のとき,}\end{cases}\\ \left(L_{\frac{\tau_1}{2}}\right)^n\left(\frac{\tau_3}{2}\right) &= \begin{cases}-\mathrm{i}\,\dfrac{\tau_2}{2} & \text{もし } n \text{ が奇数のとき,}\\ \dfrac{\tau_3}{2} & \text{もし } n \text{ が偶数のとき}\end{cases}\end{aligned} \tag{2.57}$$

だから

$$\begin{aligned}&\exp\left(\mathrm{i}\,\theta\,\frac{\tau_1}{2}\right)H\exp\left(-\mathrm{i}\,\theta\,\frac{\tau_1}{2}\right)\\ &= h_1\,\frac{\tau_1}{2} + (h_2\,\cos\theta + h_3\,\sin\theta)\,\frac{\tau_2}{2} + (-h_2\,\sin\theta + h_3\,\cos\theta)\,\frac{\tau_3}{2}\,.\end{aligned} \tag{2.58}$$

右辺のパウリ行列の係数が $\left(h_{\exp\left(\mathrm{i}\,\theta\,\frac{\tau_1}{2}\right)}\right)_j$ だから，1 軸周りの回転

$$R_{\exp\left(\mathrm{i}\,\theta\,\frac{\tau_1}{2}\right)} = \begin{pmatrix}1 & 0 & 0\\ 0 & \cos\theta & \sin\theta\\ 0 & -\sin\theta & \cos\theta\end{pmatrix} \tag{2.59}$$

を得る．他の軸の周りも同様である．$R_{\exp\left(\mathrm{i}\,\theta_j\,\frac{\tau_j}{2}\right)}$ は j 軸周りの回転すべてを尽くすから，式 (2.54) の右辺は SO(3) を尽くす．ゆえに，R : SU(2) $\to$ SO(3) は全射である．

$U \in$ SU(2) に対して $(-U) \in$ SU(2) で，式 (2.50) から $R_{-U} = R_U$ である．2.6 節で SL$(2\,,\boldsymbol{C})$ が SO$(1\,,3)$ の二重被覆群である点を示すが，それと全く同じようにして，SO(3) の各元に対してちょうど二つの SU(2) の元が存在することが分かる．よって，SU(2) は SO(3) の二重被覆群である．

本来の興味であった SU(2) および SO(3) の既約表現の相違について戻る．$\mathfrak{su}(2)$ の $s \in \left\{0\,,\,\frac{1}{2}\,,\,1\,,\,\frac{3}{2}\,,\,\ldots\right\}$ に対応する既約表現 $\left(\rho_{\mathfrak{su}(2)\,,\,s}\,,\,V_s\right)$ は

$$\exp\left[\mathrm{i}\sum_{k=1}^{3}\alpha_k\,\rho_{\mathfrak{su}(2)\,,\,s}\,(\mathcal{J}_k)\right] \tag{2.60}$$

によって SU(2) の既約表現を与える．対して，厳密な意味で SO(3) の既約表現となるのは $s \in \{0\,,\,1\,,\,2\,,\,\ldots\}$ である．例えば，量子力学で $s = \dfrac{1}{2}$ の既約表現に属する電子の波動関数を学んだ際，3 軸周りの 2π 回転の下で符号が反転することを見た．$\rho_{\mathfrak{su}(2)\,,\,s}\,(\mathcal{J}_3) = \dfrac{\tau_3}{2}$ より，スピン成分が受ける回転が

$$\begin{pmatrix}e^{\mathrm{i}\frac{\theta}{2}} & 0\\ 0 & e^{-\mathrm{i}\frac{\theta}{2}}\end{pmatrix} \tag{2.61}$$

だからである．SO(3) では随伴表現が基本表現なので $\theta \approx \theta + 2\pi$ の周期性であり，この元はそれを尊重していない．対して，SU(2) では，同じ生成子を用いる場合，周期性

$\alpha_3 \approx \alpha_3 + 4\pi$ によりすべての要素を尽くすことで基本表現をなす．

確かに，半整数のスピンは SO(3) の表現ではないが，量子論ではその被覆群である SU(2) の表現に属する対象を活用してもよい理由がある．電子の例ではヒルベルト空間内の符号だけ異なるベクトルは同じ射に属するため，同一の状態を表す．量子論で物理的に意味のある量は射の代表元の取り方によらないから，半整数のスピンを含む量子系に矛盾は生じない．以上の理由から，群 G の表現ではないが，その二重被覆群 $\widehat{G}$ の表現となっているものを，G の二価表現として参照し活用していく．

2.4 ローレンツ代数

計量が $(\delta_{ij})_{i\,,\,j\,=\,1\,,\,\dots\,,\,d}$ である d ユークリッド空間の回転との比較から，ローレンツ群 $\mathrm{SO}(1\,,\,D-1)$ は計量 $(\eta_{\mu\nu})_{\mu\,,\,\nu\,=\,0\,,\,1\,,\dots\,,\,D-1}$ の空間における「回転」すべてがなす群であることを見た．まずは，独立な「回転」を表す連続パラメータの個数が幾つあるのかを調べる．一般次元では回転は面に付随するから，異なる面の選び方を数えればよい：D 個の座標軸から異なる 2 つの選び方の総数だから，$\mathrm{SO}(1\,,\,D-1)$ の連続パラメータの個数は，

$$\frac{D(D-1)}{2} = \underbrace{\frac{(D-1)(D-2)}{2}}_{\text{空間回転}} + \underbrace{(D-1)}_{\text{ブースト}} \tag{2.62}$$

となる．$D=4$ の場合のときにだけ回転の個数とブーストの個数が共に 3 で等しくなる．以下では $D=4$ に限って，ベクトル表現でのローレンツ代数を導出する．

各軸周りの空間回転は角運動量によって生成される．4 次元の立場からは回転を軸ではなく面に付随するものと考えたいので，行列要素 (2.39) を以下のように表す：

$$\begin{aligned}\left(\widetilde{M}_{ij}\right)^{k}{}_{l} &:= \sum_{m=1}^{3} \varepsilon_{ijm}\,(J_m)_{kl} = -\mathrm{i}\sum_{m=1}^{3} \varepsilon_{mij}\,\varepsilon_{mkl} \\ &= -\mathrm{i}\,(\delta_{ik}\,\delta_{jl} - \delta_{il}\,\delta_{jk}) = \mathrm{i}\left(\delta_{i}{}^{k}\,\eta_{jl} - \delta_{j}{}^{k}\,\eta_{il}\right)\,.\end{aligned} \tag{2.63}$$

こうすることで 4 次元の行列 M_{ij} へと昇格し易くなる：

$$(M_{ij})^{\mu}_{\ \nu} = \mathrm{i}\left(\delta_{i}{}^{\mu}\,\eta_{j\nu} - \delta_{j}{}^{k}\,\eta_{i\nu}\right). \tag{2.64}$$

$\mu=0$ もしくは $\nu=0$ の要素は 0 だから，M_{ij} で生成される変換は時間座標を変えない．

1 軸方向のブーストは座標系を負の向きに v の速さで動かす変換である．無限小変換を考えるには回転に似たように表すのが都合が良い．$\tanh(\omega) = \dfrac{v}{c} = \beta$ で決まる ω を用いると $\cosh\omega = \dfrac{1}{\sqrt{1-\beta^2}}$, $\sinh\omega = \dfrac{\beta}{\sqrt{1-\beta^2}}$ だから*5)

$$\begin{pmatrix} x^0_{(1)\,,\,\omega} \\ x^1_{(1)\,,\,\omega} \\ x^2_{(1)\,,\,\omega} \\ x^3_{(1)\,,\,\omega} \end{pmatrix} = \begin{pmatrix} \cosh\omega & \sinh\omega & 0 & 0 \\ \sinh\omega & \cosh\omega & 0 & 0 \\ 0 & 0 & 1 & 0 \\ 0 & 0 & 0 & 1 \end{pmatrix} \begin{pmatrix} x^0 \\ x^1 \\ x^2 \\ x^3 \end{pmatrix} \tag{2.65}$$

---

*5) $\sinh\omega$ の前の符号は，動いている座標系の原点（$x^1_\omega = 0$ など）が時刻 $t=0$ で原点（$x^1=0$ など）を通過し，1 軸の負の向きに速さ v で運動する（$x^1(t) = -vt$）ことから分かる．

と書ける．2 軸，3 軸方向のブーストの変換も同様に書き下すことができる．j 軸方向のブーストの生成子 K_j を

$$(K_j)^{\mu}{}_{\nu} = \mathrm{i}\left(\delta_0{}^{\mu}\,\eta_{j\,\nu} - \delta_j{}^{\mu}\,\eta_{0\,\nu}\right) \tag{2.66}$$

と定義すると，j 軸方向のパラメータ ω 分のブーストは $\exp(\mathrm{i}\omega K_j)$ で再現される．この行列はローレンツ群のベクトル表現によるものであるが，$\cosh\omega$ などの要素は際限なく大きくなり，直交行列ではない．K_j はエルミート行列ではないが，$M_{0j} = K_j$ とすれば，回転の生成子 (2.64) とブーストの生成子 (2.66) が

$$(M_{\mu\nu})^{\lambda}{}_{\rho} = \mathrm{i}\left(\delta_{\mu}{}^{\lambda}\,\eta_{\nu\rho} - \delta_{\nu}{}^{\lambda}\,\eta_{\mu\rho}\right) \tag{2.67}$$

のように統一的に表される．$M_{\nu\mu} = -M_{\mu\nu}$ とすると，それらは以下の交換関係を満たす：

$$\begin{aligned}\left[M_{\mu_{(1)}\nu_{(1)}}\,,\,M_{\mu_{(2)}\nu_{(2)}}\right] = (-\mathrm{i})\,\{\,&\eta_{\mu_{(1)}\mu_{(2)}}\,M_{\nu_{(1)}\nu_{(2)}} - \eta_{\mu_{(1)}\nu_{(2)}}\,M_{\nu_{(1)}\mu_{(2)}}\\ &+\eta_{\nu_{(1)}\nu_{(2)}}\,M_{\mu_{(1)}\mu_{(2)}} - \eta_{\nu_{(1)}\mu_{(2)}}\,M_{\mu_{(1)}\nu_{(2)}}\}\,.\end{aligned} \tag{2.68}$$

この式は，**ローレンツ代数** $\mathfrak{so}(1\,,3)$ の基底 $\{\mathcal{M}_{\mu\nu} = -\mathcal{M}_{\nu\mu}\}_{0\le\mu<\nu\le 3}$ に関するリー積

$$\begin{aligned}&\left[\mathcal{M}_{\mu_{(1)}\nu_{(1)}}\,,\,\mathcal{M}_{\mu_{(2)}\nu_{(2)}}\right]_{\mathfrak{so}(1\,,3)}\\ &= (-\mathrm{i})\,\{\,\eta_{\mu_{(1)}\mu_{(2)}}\,\mathcal{M}_{\nu_{(1)}\nu_{(2)}} - \eta_{\mu_{(1)}\nu_{(2)}}\,\mathcal{M}_{\nu_{(1)}\mu_{(2)}}\\ &\qquad +\eta_{\nu_{(1)}\nu_{(2)}}\,\mathcal{M}_{\mu_{(1)}\mu_{(2)}} - \eta_{\nu_{(1)}\mu_{(2)}}\,\mathcal{M}_{\mu_{(1)}\nu_{(2)}}\}\end{aligned} \tag{2.69}$$

がベクトル表現の行列 (2.67) によって再現されたものである．一般論で見たように，ローレンツ代数の表現は，抽象的な式 (2.69) を，ベクトル空間上の線形変換もしくは行列を用いて再現する役割を担う．なお，$\mathfrak{so}(1\,,3)$ は $\{\mathcal{M}_{\mu\nu}\}_{0\le\mu<\nu\le 3}$ の実数係数で張られるベクトル空間で，$\boldsymbol{R}$ 上のリー代数である．

2.5 ローレンツ群の既約表現

ローレンツ代数の様々な既約表現を調べるため，ローレンツ代数 (2.69) を回転とブーストの生成子を用いて書き直す：

$$\begin{aligned}&[\mathcal{J}_i\,,\,\mathcal{J}_j]_{\mathfrak{so}(1\,,3)} = \mathrm{i}\sum_{k=1}^{3}\varepsilon_{ijk}\,\mathcal{J}_k\,,\quad [\mathcal{J}_i\,,\,\mathcal{K}_j]_{\mathfrak{so}(1\,,3)} = \mathrm{i}\sum_{k=1}^{3}\varepsilon_{ijk}\,\mathcal{K}_k\,,\\ &[\mathcal{K}_i\,,\,\mathcal{K}_j]_{\mathfrak{so}(1\,,3)} = -\mathrm{i}\sum_{k=1}^{3}\varepsilon_{ijk}\,\mathcal{J}_k\,.\end{aligned} \tag{2.70}$$

例えば，$\mathcal{J}_1$ と $\mathcal{K}_2$ のリー積は

$$[\mathcal{J}_1\,,\,\mathcal{K}_2]_{\mathfrak{so}(1\,,3)} = [\mathcal{M}_{23}\,,\,\mathcal{M}_{02}]_{\mathfrak{so}(1\,,3)} = (-\mathrm{i})\cdot(-1)\eta_{22}\,\mathcal{M}_{30} = \mathrm{i}\,\mathcal{K}_3 \tag{2.71}$$

のようにして得られる．$\mathfrak{so}\,(1\,,3)$ の既約表現の特定にはリー代数の複素化を行う．

一般に，$\boldsymbol{R}$ 上のリー代数 $\mathfrak{L}$ の基底の一つを $\{a_i\}_{i=1\,,\ldots\,,\dim\,\mathfrak{L}}$ とするとき，

$$\mathfrak{L}_{\boldsymbol{C}} := \left\{ \sum_{j=1}^{\dim \mathfrak{L}} (\alpha_j + \mathrm{i}\,\beta_j)\, a_j \,\middle|\, \alpha_j\,, \beta_j \in \boldsymbol{R}\ (j = 1, \ldots, \dim \mathfrak{L}) \right\} \tag{2.72}$$

とする．このとき，$\boldsymbol{C}$ 上のベクトル空間 $\mathfrak{L}_{\boldsymbol{C}}$ を $\mathfrak{L}$ の**複素化**といい，

$$\mathfrak{L}_{\boldsymbol{C}} = \{ a + \mathrm{i}b \mid a\,, b \in \mathfrak{L} \} \tag{2.73}$$

が成り立つ．$\mathfrak{L}_{\boldsymbol{C}}$ 上のリー積の候補は以下のものである（$a\,, b\,, c\,, d \in \mathfrak{L}$）：

$$[(a + \mathrm{i}b)\,, (c + \mathrm{i}d)]_{\mathfrak{L}_{\boldsymbol{C}}} := [a\,, c]_{\mathfrak{L}} - [b\,, d]_{\mathfrak{L}} + \mathrm{i}\,[a\,, d]_{\mathfrak{L}} + \mathrm{i}\,[b\,, c]_{\mathfrak{L}}\,. \tag{2.74}$$

実際，双線形性に関しては，（$\alpha\,, \beta \in \boldsymbol{R}$）

$$\begin{aligned}
&[(\alpha + \mathrm{i}\beta)\,(a + \mathrm{i}b)\,, (c + \mathrm{i}d)]_{\mathfrak{L}_{\boldsymbol{C}}} \\
&= [\{(\alpha a - \beta b) + \mathrm{i}\,(\alpha b + \beta a)\}\,, (c + \mathrm{i}d)]_{\mathfrak{L}_{\boldsymbol{C}}} \\
&= [(\alpha a - \beta b)\,, c]_{\mathfrak{L}} - [(\alpha b + \beta a)\,, d]_{\mathfrak{L}} + \mathrm{i}\,[(\alpha a - \beta b)\,, d]_{\mathfrak{L}} + \mathrm{i}\,[(\alpha b + \beta a)\,, c]_{\mathfrak{L}} \\
&= (\alpha + \mathrm{i}\beta)\,\{[a\,, c]_{\mathfrak{L}} - [b\,, d]_{\mathfrak{L}} + \mathrm{i}\,[a\,, d]_{\mathfrak{L}} + \mathrm{i}\,[b\,, c]_{\mathfrak{L}}\} \\
&= (\alpha + \mathrm{i}\beta)\,[(a + \mathrm{i}b)\,, (c + \mathrm{i}d)]_{\mathfrak{L}_{\boldsymbol{C}}}\,.
\end{aligned} \tag{2.75}$$

ヤコビ恒等式を満たすことも示せるから，$\mathfrak{L}_{\boldsymbol{C}}$ は $\boldsymbol{C}$ 上のリー代数である．

重要となる準備として，$\mathfrak{so}\,(1\,, 3)$ の複素化 $\mathfrak{so}_{\boldsymbol{C}}\,(1\,, 3)$ において（$\alpha_j\,, \beta_j \in \boldsymbol{R}$）

$$\sum_{j=1}^{3} (\alpha_j \mathcal{J}_j + \beta_j \mathcal{K}_j) = \sum_{j=1}^{3} \left\{ (\alpha_j - \mathrm{i}\,\beta_j)\,\frac{\mathcal{J}_j + \mathrm{i}\mathcal{K}_j}{2} + (\alpha_j + \mathrm{i}\,\beta_j)\,\frac{\mathcal{J}_j - \mathrm{i}\mathcal{K}_j}{2} \right\} \tag{2.76}$$

という関係を確認した上で，$\mathfrak{so}_{\boldsymbol{C}}\,(1\,, 3)$ の生成子として

$$\mathcal{L}_j := \frac{1}{2}\,(\mathcal{J}_j + \mathrm{i}\,\mathcal{K}_j)\,, \quad \mathcal{R}_j := \frac{1}{2}\,(\mathcal{J}_j - \mathrm{i}\,\mathcal{K}_j) \quad (j = 1\,, 2\,, 3) \tag{2.77}$$

を考えると，式 (2.70) から

$$\begin{aligned}
&[\mathcal{L}_i\,, \mathcal{L}_j]_{\mathfrak{so}_{\boldsymbol{C}}(1\,,3)} = \mathrm{i}\sum_{k=1}^{3} \varepsilon_{ijk}\,\mathcal{L}_k\,, \quad [\mathcal{R}_i\,, \mathcal{R}_j]_{\mathfrak{so}_{\boldsymbol{C}}(1\,,3)} = \mathrm{i}\sum_{k=1}^{3} \varepsilon_{ijk}\,\mathcal{R}_k\,, \\
&[\mathcal{L}_i\,, \mathcal{R}_j]_{\mathfrak{so}_{\boldsymbol{C}}(1\,,3)} = 0 \quad (i\,, j = 1\,, 2\,, 3)
\end{aligned} \tag{2.78}$$

を得る．$\mathfrak{su}(2)$ の複素化 $\mathfrak{su}_{\boldsymbol{C}}\,(2)$ は特殊線形群 $\mathrm{SL}(2\,, \boldsymbol{C})$ のリー代数 $\mathfrak{sl}(2\,, \boldsymbol{C})$ と同型である．$\{\mathcal{R}_j\}_{j=1,2,3}$ を生成子として持つ $\mathfrak{sl}(2\,, \boldsymbol{C})_R$ と，$\{\mathcal{L}_j\}_{j=1,2,3}$ を生成子として持つ $\mathfrak{sl}(2\,, \boldsymbol{C})_L$ を用いると，式 (2.78) は，$\mathfrak{so}_{\boldsymbol{C}}\,(1\,, 3)$ が実質的にこれらのリー代数としての直和であることを意味する：

$$\mathfrak{so}_{\boldsymbol{C}}\,(1\,, 3) \cong \mathfrak{sl}(2\,, \boldsymbol{C})_L \oplus \mathfrak{sl}(2\,, \boldsymbol{C})_R\,. \tag{2.79}$$

ローレンツ代数 $\mathfrak{so}(1\,, 3)$ の元は，$\mathcal{L}_j\,, \mathcal{R}_j$ により式 (2.76) のように表されたから，

$$\mathfrak{sl}(2\,, \boldsymbol{C})_L = \left\{ \sum_{j=1}^{3} \gamma_{L\,,j}\,\mathcal{L}_j \,\middle|\, \gamma_{L\,,j} \in \boldsymbol{C}\ (j = 1\,, 2\,, 3) \right\}, \tag{2.80}$$

$$\mathfrak{sl}(2\,,\,\boldsymbol{C})_R = \left\{ \sum_{j=1}^{3} \gamma_{R\,,\,j}\,\mathcal{R}_j \,\middle|\, \gamma_{R\,,\,j} \in \boldsymbol{C}\ (j\ =\ 1\,,\,2\,,\,3) \right\} \tag{2.81}$$

とすると，

$$\mathfrak{so}\,(1\,,\,3) \cong [\mathfrak{sl}(2\,,\,\boldsymbol{C})_L \oplus \mathfrak{sl}(2\,,\,\boldsymbol{C})_R]_{\gamma_{R\,,j}=\gamma^*_{L\,,j}} \tag{2.82}$$

と言えるであろう．実のところ，$\mathfrak{su}(2)$ の既約表現の同値類の分類は，その複素化である $\mathfrak{sl}\,(2\,,\,\boldsymbol{C}) \cong \mathfrak{su}_{\boldsymbol{C}}(2)$ の既約表現の同値類の分類を介して考察されていた：$\mathfrak{sl}\,(2\,,\,\boldsymbol{C})$ の既約表現は $s \in \left\{0\,,\,\frac{1}{2}\,,\,1\,,\,\frac{3}{2}\,,\ldots\right\}$ でラベルされ，その表現空間は複素 $(2s+1)$ 次元である．特に $s = \frac{1}{2}$ は 2 次元表現で $\mathfrak{sl}\,(2\,,\,\boldsymbol{C})$ の基本表現である．

式 (2.82) の関係を踏まえ，2 つの $\boldsymbol{K}$ 上のリー代数 $\mathfrak{L}_1\,,\,\mathfrak{L}_2$ の直和 $\mathfrak{L}_1 \oplus \mathfrak{L}_2$ の表現について少し見ておきたい．以降，$r\ =\ 1, 2$，および，$a_r\,,b_r\,,c_r \in \mathcal{L}_r$，$\alpha\,,\,\beta \in \boldsymbol{K}$ とし，$\mathfrak{L}_1 \oplus \mathfrak{L}_2$ の元を $(a_1\,,\,a_2)$ などと示す．$\mathfrak{L}_1 \oplus \mathfrak{L}_2$ 上のスカラー倍と和は

$$\alpha\,(a_1,\,a_2) + \beta\,(b_1,\,b_2) \coloneqq (\alpha a_1 + \beta b_1\,,\,\alpha a_2 + \beta b_2) \tag{2.83}$$

である．これらが結合律を満たし，$\mathfrak{L}_1 \oplus \mathfrak{L}_2$ が $\boldsymbol{K}$ 上のベクトル空間であることは線形代数で学んだ．$\mathfrak{L}_1 \oplus \mathfrak{L}_2$ 上の写像 $[,]_{\mathfrak{L}_1\oplus\mathfrak{L}_2} : (\mathfrak{L}_1 \oplus \mathfrak{L}_2) \otimes (\mathfrak{L}_1 \oplus \mathfrak{L}_2) \to \mathfrak{L}_1 \oplus \mathfrak{L}_2$ を

$$[(a_1,\,a_2)\ ,\,(b_1,\,b_2)]_{\mathfrak{L}_1\oplus\mathfrak{L}_2} \coloneqq \big([a_1,\,b_1]_{\mathfrak{L}_1}\ ,\,[a_2,\,b_2]_{\mathfrak{L}_2}\big) \tag{2.84}$$

で定義する．これが $\mathfrak{L}_1 \oplus \mathfrak{L}_2$ 上のリー積である点を確認するには，まず，

$$[(a_1,\,a_2)\ ,\,(a_1,\,a_2)]_{\mathfrak{L}_1\oplus\mathfrak{L}_2} = \big([a_1\,,\,a_1]_{\mathfrak{L}_1}\,,\,[a_2\,,\,a_2]_{\mathfrak{L}_2}\big) = 0\,. \tag{2.85}$$

同様にヤコビ恒等式を満たす点も定義 (2.84) から自明であろう．双線形性に関しては，

$$\begin{aligned}
&[\alpha\,(a_1\,,\,a_2) + \beta\,(b_1\,,\,b_2)\,,\,(c_1\,,\,c_2)]_{\mathfrak{L}_1\oplus\mathfrak{L}_2} \\
&= [(\alpha a_1 + \beta b_1\,,\,\alpha a_2 + \beta b_2)\ ,\,(c_1\,,\,c_2)]_{\mathfrak{L}_1\oplus\mathfrak{L}_2} \\
&= \big([\alpha a_1 + \beta b_1\,,\,c_1]_{\mathfrak{L}_1}\,,\,[\alpha a_2 + \beta b_2\,,\,c_2]_{\mathfrak{L}_2}\big) \\
&= \big(\alpha\,[a_1\,,\,c_1]_{\mathfrak{L}_1} + \beta\,[b_1\,,\,c_1]_{\mathfrak{L}_1}\,,\,\alpha\,[a_2\,,\,c_2]_{\mathfrak{L}_2} + \beta\,[b_2\,,\,c_2]_{\mathfrak{L}_2}\big) \\
&= \alpha\,\big([a_1\,,\,c_1]_{\mathfrak{L}_1}\,,\,[a_2\,,\,c_2]_{\mathfrak{L}_2}\big) + \beta\,\big([b_1\,,\,c_1]_{\mathfrak{L}_1}\,,\,[b_2\,,\,c_2]_{\mathfrak{L}_2}\big)\ \ (\text{式 (2.83) より}) \\
&= \alpha\,[(a_1\,,\,a_2)\,,\,(c_1\,,\,c_2)]_{\mathfrak{L}_1\oplus\mathfrak{L}_2} + \beta\,[(b_1\,,\,b_2)\,,\,(c_1\,,\,c_2)]_{\mathfrak{L}_1\oplus\mathfrak{L}_2}
\end{aligned} \tag{2.86}$$

から分かる．

$(\rho_r,\,V_r)$ を $\mathfrak{L}_r$ の表現とする．$\rho_1 \otimes \rho_2 : \mathfrak{L}_1 \oplus \mathfrak{L}_2 \to \mathrm{End}(V_1 \otimes V_2)$ を，V_r 上の恒等変換 $\mathbb{I}_{V_r} \in \mathrm{End}(V_r)$ を用いて

$$(\rho_1 \otimes \rho_2)\,(a_1\,,\,a_2) \coloneqq \rho_1(a_1) \otimes \mathbb{I}_{V_2} + \mathbb{I}_{V_1} \otimes \rho_2(a_2) \tag{2.87}$$

で与える．このとき，ペア $(\rho_1 \otimes \rho_2\,,\,V_1 \otimes V_2)$ はリー代数 $\mathfrak{L}_1 \oplus \mathfrak{L}_2$ の表現である．まず，線形性を見てみる：

$$(\rho_1 \otimes \rho_2)\,(\alpha\,(a_1\,,\,a_2) + \beta\,(b_1\,,\,b_2))$$

$$
\begin{aligned}
&= (\rho_1 \otimes \rho_2)\,(\alpha a_1 + \beta b_1\,,\,\alpha a_2 + \beta b_2) \\
&= \rho_1\,(\alpha a_1 + \beta b_1) \otimes \mathbb{I}_{V_2} + \mathbb{I}_{V_1} \otimes \rho_2\,(\alpha a_2 + \beta b_2) \\
&= (\alpha\rho_1(a_1) + \beta\rho_1(b_1)) \otimes \mathbb{I}_{V_2} + \mathbb{I}_{V_1} \otimes (\alpha\rho_2(a_2) + \beta\rho_2(b_2)) \\
&= \alpha\,(\rho_1(a_1) \otimes \mathbb{I}_{V_2} + \mathbb{I}_{V_1} \otimes \rho_2(a_2)) + \beta\,(\rho_1(b_1) \otimes \mathbb{I}_{V_2} + \mathbb{I}_{V_1} \otimes \rho_2(b_2)) \\
&= \alpha\,(\rho_1 \otimes \rho_2)\,(a_1,\,a_2) + \beta\,(\rho_1 \otimes \rho_2)\,(b_1,\,b_2)\,. \qquad (2.88)
\end{aligned}
$$

次にリー代数としての準同型性を確認する：

$$
\begin{aligned}
&(\rho_1 \otimes \rho_2)\left([(a_1\,,\,a_2)\,,\,(b_1\,,\,b_2)]_{\mathfrak{L}_1 \otimes \mathfrak{L}_2}\right) \\
&= (\rho_1 \otimes \mathbb{I}_{V_2} + \mathbb{I}_{V_1} \otimes \rho_2)\left([a_1\,,\,b_1]_{\mathfrak{L}_1}\,,\,[a_2\,,\,b_2]_{\mathfrak{L}_2}\right) \\
&= \rho_1\left([a_1\,,\,b_1]_{\mathfrak{L}_1}\right) \otimes \mathbb{I}_{V_2} + \mathbb{I}_{V_1} \otimes \rho_2\left([a_2\,,\,b_2]_{\mathfrak{L}_2}\right) \\
&= [\rho_1(a_1)\,,\,\rho_1(b_1)]_\circ \otimes \mathbb{I}_{V_2} + \mathbb{I}_{V_1} \otimes [\rho_2(a_2)\,,\,\rho_2(b_2)]_\circ \\
&= [\rho_1(a_1) \otimes \mathbb{I}_{V_2}\,,\,\rho_1(b_1) \otimes \mathbb{I}_{V_2}]_\circ + [\mathbb{I}_{V_1} \otimes \rho_2(a_2)\,,\,\mathbb{I}_{V_1} \otimes \rho_2(b_2)]_\circ \\
&= [\rho_1(a_1) \otimes \mathbb{I}_{V_2} + \mathbb{I}_{V_1} \otimes \rho_2(a_2)\,,\,\rho_1(b_1) \otimes \mathbb{I}_{V_2} + \mathbb{I}_{V_1} \otimes \rho_2(b_2)]_\circ \\
&= [(\rho_1 \otimes \rho_2)\,(a_1\,,\,a_2)\,,\,(\rho_1 \otimes \rho_2)\,(b_1\,,\,b_2)]_\circ\,. \qquad (2.89)
\end{aligned}
$$

なお，これまでの議論で $\mathfrak{L}_1 = \mathfrak{L}_2 := \mathfrak{L}$ とすれば，$\mathfrak{L}$ の二つの表現 $\left(\rho_{(1)}\,,V_{(1)}\right)$，$\left(\rho_{(2)}\,,V_{(2)}\right)$ の**テンソル表現**の構成となる．

リー代数の直和の表現 $(\rho_1 \otimes \rho_2\,,V_1 \otimes V_2)$ で表現空間が直積である点は，対応するリー群の表現としても自然であろう．式 (2.82) を含む以上の考察から，ローレンツ群 SO (1, 3) の二価表現も含む既約表現の同値類は，ペア $(s_L\,,\,s_R)$ $\left(s_L\,,\,s_R \in \left\{0\,,\,\frac{1}{2}\,,\,1\,,\,\frac{3}{2}\,,\ldots\right\}\right)$ で分類される．対応する表現の次元は $(2s_L+1)(2s_R+1)$ である*6)．

$\left(\frac{1}{2}\,,\,0\right)$ に対応する SO (1, 3) の既約表現は複素 2 次元の表現空間を持つ．式 (2.80) の $\mathcal{L}_j$ がパウリ行列 $\frac{\tau_j}{2}$ で表される．式 (2.81) の $\mathcal{R}_j$ は 1 次元表現の 0 である．式 (2.76) を思い出して，式 (2.80) のパラメータ $\gamma_{L\,,\,j}$ を，回転の実パラメータ α_j とブーストの実パラメータ β_j を用いて

$$
\gamma_{L\,,\,j} = \alpha_j - \mathrm{i}\beta_j \qquad (2.90)
$$

と置く．この $\gamma_{L\,,\,j}$ による $\frac{\tau_j}{2}$ の線形結合を用いた行列

*6) ローレンツ群・ローレンツ代数の既約表現を詳しく解説している教科書[1], [10], [11]では「ローレンツ代数は $\mathfrak{so}(1\,,3) \cong \mathfrak{su}(2)_L \oplus \mathfrak{su}(2)_R$ と表されるから，2 つのスピンのペア $(s_L\,,\,s_R)$ で既約表現の同値類は完全に分類される」としている．しかし，以下の理由からこれは正しくないと思われる．致命的な欠陥は $\left(\frac{1}{2}\,,\,0\right)$ に対応する表現を考える段階で現れる：$\mathfrak{su}(2)_L$ の基本表現に対応して 3 個の実数パラメータしか導入されない．一見，文献では 6 個の実数パラメータが導入されているように見えるが，「$\mathfrak{su}(2)_R$ に対応する 2 次元表現行列を 0_2 と置き」，$\mathfrak{su}(2)_L$ の 2 次元表現との線形結合から回転とブーストの生成子を導出した後で，それぞれに 3 個の実数パラメータを割り当てる．しかし，$\left(\frac{1}{2}\,,\,0\right)$ の $s_R = 0$ は 1 次元既約表現を意味しており，この括弧の中の内容は意味をなさず，そのような導出は決してできない．対して，$\mathfrak{sl}(2\,,\,\boldsymbol{C})_L$ の $\frac{1}{2}$ には 3 個の複素パラメータが直に割り当てられる．

$$W_L(\alpha, \beta) \coloneqq \exp\left[\mathrm{i}\sum_{j=1}^{3}(\alpha_j - \mathrm{i}\beta_j)\frac{\tau_j}{2}\right] \tag{2.91}$$

は行列式が 1 であるから，SL (2, $\boldsymbol{C}$) の基本表現行列でもある．式 (2.91) の指数関数の引数の量は $\mathfrak{sl}(2, \boldsymbol{C})$ の元である．以下では SL (2, $\boldsymbol{C}$) の任意の元を W_L と書く．式 (2.91) のように $\mathfrak{sl}(2, \boldsymbol{C})$ の元の指数関数として表せるものの全体 $\mathrm{SL}_0(2, \boldsymbol{C})$ は，

$$\begin{pmatrix} -1 & 1 \\ 0 & -1 \end{pmatrix} \tag{2.92}$$

に代表される SL (2, $\boldsymbol{C}$) 内の 2 次元部分多様体を含まない．しかし，$\mathrm{SL}_0(2, \boldsymbol{C})$ は SL (2, $\boldsymbol{C}$) で緻密であることが知られており，以下の考察でも式 (2.91) を参照していく．

$\left(0, \dfrac{1}{2}\right)$ に対応する式 (2.81) の $\mathcal{R}_j$ の表現は $\dfrac{\tau_j}{2}$ で，式 (2.80) の $\mathcal{L}_j$ の表現は 1 次元の 0 である．式 (2.76) から，式 (2.81) のパラメータ $\gamma_{R,j}$ は回転の実パラメータ α_j とブーストの実パラメータ β_j を用いて

$$\gamma_{R,j} = \alpha_j + \mathrm{i}\beta_j = (\gamma_{L,j})^* \tag{2.93}$$

に対応する．よって，SO (1, 3) の元の $\left(0, \dfrac{1}{2}\right)$ での表現行列を W_R と書くことにすると，ほとんどは

$$W_R(\alpha, \beta) \coloneqq \exp\left[\mathrm{i}\sum_{j=1}^{3}(\alpha_j + \mathrm{i}\beta_j)\frac{\tau_j}{2}\right] \tag{2.94}$$

のように表すことができる．

また，$\mathfrak{so}(1, 3)$ の基本表現の行列が 4 次元正方行列 $M_{\lambda\rho}$ であったから，

$$\Lambda(\alpha, \beta) = \exp\left(\mathrm{i}\sum_{j=1}^{3}\alpha_j\sum_{k,l=1}^{3}\frac{1}{2}\varepsilon_{jkl}M_{kl} + \mathrm{i}\sum_{j=1}^{3}\beta_j M_{0j}\right) \tag{2.95}$$

である．これが実際に $\left(\dfrac{1}{2}, \dfrac{1}{2}\right)$ に対応する既約表現であることは 2.7 節で示す．この点が確認されれば，$\left(\dfrac{1}{2}, 0\right)$ の回転，ブーストはそれぞれ $\beta_j = 0$，$\alpha_j = 0$ として得られるであろう．

2.6 ローレンツ群の被覆群

2 次元エルミート行列の全体 $\mathfrak{H}_2$ を考える．4 つの 2 次元エルミート行列のセット $(\sigma_\mu)_{\mu=0,1,2,3}$：

$$\sigma_0 = \mathbb{I}_2, \quad \sigma_j = \tau_j \ (j = 1, 2, 3) \tag{2.96}$$

は $\mathfrak{H}_2$ の基底をなすから，$\mathfrak{H}_2$ の任意の元 $H(h)$ は $(\sigma_\mu)_{\mu=0,1,2,3}$ に関して展開できる：

$$H(h) \coloneqq \begin{pmatrix} h^0 + h^3 & h^1 - \mathrm{i}\, h^2 \\ h^1 + \mathrm{i}\, h^2 & h^0 - h^3 \end{pmatrix} = \sigma_\mu\, h^\mu\,. \tag{2.97}$$

$H(h)$ の行列式は，(h^μ) を成分として持つ 4 次元ベクトルのミンコフスキー計量に関する長さの 2 乗である：

$$\det H(h) = h^2 \coloneqq h^\mu \eta_{\mu\nu} h^\nu\,. \tag{2.98}$$

$H(h)$ を $\mathrm{SL}\,(2\,,\boldsymbol{C})$ の 2 次元行列 W_L で変換する：

$$H(h) \to H_{W_L}(h) = W_L\, H(h)\, W_L^\dagger\,. \tag{2.99}$$

このとき h は $\mathrm{SO}\,(1\,,3)$ のベクトル表現として変換する：

$$H_{W_L}(h) = H\left(\Lambda_{W_L} h\right)\,, \quad (\Lambda_{W_L} h)^\mu \coloneqq \left(\Lambda_{W_L}\right)^\mu{}_\nu\, h^\nu\,. \tag{2.100}$$

これが成り立つ理由を述べていこう．

1. $H_{W_L}(h)$ はエルミートである：

$$H_{W_L}(h)^\dagger = W_L\, H(h)^\dagger\, W_L^\dagger = H_{W_L}(h)\,. \tag{2.101}$$

よって，$(\sigma_\mu)_{\mu=0\,,1\,,2\,,3}$ に関して一意に展開できる：

$$H_{W_L}(h) = \sigma_\mu (h_{W_L})^\mu\,. \tag{2.102}$$

2. W_L の行列式は 1 であることと式 (2.98) を用いることで，h_{W_L} の長さの 2 乗が h のそれに等しいことが分かる：

$$h^2 = \det\left(H(h)\right) = \det\left(H_{W_L}(h)\right) = \left(h_{W_L}\right)^2\,. \tag{2.103}$$

3. 長さの 2 乗を不変にするのは並進およびローレンツ変換であるが，W_L は並進を誘導しないから，h_{W_L} は h とローレンツ変換で結ばれる：

$$(h_{W_L})^\mu = \left(\Lambda_{W_L}\right)^\mu{}_\nu\, h_\nu\,. \tag{2.104}$$

4. 式 (2.104) を式 (2.102) に代入し，式 (2.99) を使うと

$$\left(W_L \sigma_\mu W_L^\dagger\right) h^\mu = \left(\sigma_\nu \left(\Lambda_{W_L}\right)^\nu{}_\mu\right) h^\mu\,. \tag{2.105}$$

これが任意の 4 次元ベクトル h で成り立つから

$$W_L \sigma_\mu W_L^\dagger = \sigma_\nu \left(\Lambda_{W_L}\right)^\nu{}_\mu \tag{2.106}$$

を得る．なお，$\{\overline{\sigma}^\mu\}_{\mu=0\,,1\,,2\,,3}$ を

$$\overline{\sigma}^0 = \mathbb{I}_2\,, \quad \overline{\sigma}^j = \tau^j \ (j = 1\,,2\,,3) \tag{2.107}$$

と定義すると，

$$\mathrm{tr}\left(\overline{\sigma}^\mu\, \sigma_\nu\right) = 2\,\delta^\mu_\nu \tag{2.108}$$

より，

$$(\Lambda_{W_L})^{\nu}{}_{\mu} = \frac{1}{2}\,\mathrm{tr}\left(\overline{\sigma}^{\nu}\,W_L\,\sigma_{\mu}\,W_L^{\dagger}\right) \tag{2.109}$$

と表すことができる．

5. SL$\,(2\,,\boldsymbol{C})$ は連結成分は一つである．2×2 の行列全体（実 8 次元の連結多様体）から可逆でないもの（$\det M_2 = 0$）を除くとき，高々 2 次元しか落ちないため，複数の連結成分に分かれることはないからである．$W_L \in$ SL$\,(2\,,\boldsymbol{C})$ を $\Lambda_{W_L} \in$ O$\,(1\,,3)$ へ写す連続写像の下で，任意の W_L に対応する Λ_{W_L} と O$\,(1\,,3)$ の単位元 $\mathbb{I}_4$ は同じ連結成分に写される．よって，$\Lambda_{W_L} \in$ SO$\,(1\,,3)$ である．

SO$\,(1\,,3)$ と SL$\,(2\,,\boldsymbol{C})$ の間の関係として基本的なことをまとめる：

1. SU(2) と SO(3) との対応で行ったのと同様に，SL$\,(2\,,\boldsymbol{C})$ から SO$\,(1\,,3)$ への写像は準同型（$\Lambda_{W_{L\,(1)}W_{L\,(2)}} = \Lambda_{W_{L\,(1)}}\Lambda_{W_{L\,(2)}}$）で，SO$\,(1\,,3)$ の各回転・ブーストを与えるような SL$\,(2\,,\boldsymbol{C})$ の元を直ぐに見出せるから，この写像は全射である．
2. SL$\,(2\,,\boldsymbol{C})$ が SO$\,(1\,,3)$ の二重被覆群である点を確認するため，W_L と W_L' が同じ Λ_{W_L} を与えると仮定する．$\left\{H(h)|\ h\in\boldsymbol{R}^4\right\} = \mathfrak{H}_2$ より，それは

$$W_L H W_L^{\dagger} = W_L' H W_L'^{\dagger} \quad (\forall H \in \mathfrak{H}_2)\,, \tag{2.110}$$

あるいは，

$$\left(W_L'^{-1}\,W_L\right) H \left(W_L'^{-1}\,W_L\right)^{\dagger} = H \quad (\forall H \in \mathfrak{H}_2) \tag{2.111}$$

を意味する．特に $H = \mathbb{I}_2$ と置くと，

$$\left(W_L'^{-1}\,W_L\right)\left(W_L'^{-1}\,W_L\right)^{\dagger} = \mathbb{I}_2\,, \tag{2.112}$$

つまり，$\left(W_L'^{-1}\,W_L\right)$ はユニタリ行列である．これを式 (2.111) に用いると，

$$\left(W_L'^{-1}\,W_L\right) H = H\left(W_L'^{-1}\,W_L\right) \quad (\forall h \in \mathfrak{H}_2) \tag{2.113}$$

となる．任意の 2×2 行列 M_2 に対して，$H_1 := \dfrac{M_2 + M_2^{\dagger}}{2}$，$H_2 := \dfrac{M_2 - M_2^{\dagger}}{2\mathrm{i}}$ は共にエルミート行列だから式 (2.113) を満たし，$M_2 = H_1 + \mathrm{i}H_2$ より

$$\left(W_L'^{-1}\,W_L\right) M_2 = M_2\left(W_L'^{-1}\,W_L\right) \\ \left(\text{すべての } 2\times2 \text{ 行列 } M_2 \text{ について}\right) \tag{2.114}$$

を得る．これから $W_L'^{-1}\,W_L$ は単位行列に比例する，$W_L'^{-1}\,W_L = c\mathbb{I}_2$ が，$c^2 = \det\left(W_L'^{-1}\,W_L\right) = \det\left(W_L'\right)^{-1}\det\left(W_L\right) = 1$ より，$c = \pm1$，つまり，

$$W_L'^{-1}\,W_L = \pm\mathbb{I}_2 \tag{2.115}$$

となる．ゆえに，$W_L \to \Lambda_{W_L}$ の対応では，同じ h_{W_L} を与える SL$\,(2\,,\boldsymbol{C})$ の元が W_L と $(-W_L)$ のちょうど二つであることが分かった．
3. $(s_L + s_R)$ が整数の $(s_L\,,s_R)$ に対応する SO$\,(1\,,3)$ の既約表現は一価表現で，半整数のものに対応する既約表現は二価表現である．

2.7 場と素粒子模型

ローレンツ変換の下で良い振舞いをする場とは，SO(1, 3) の表現に値をとる場のことである．素粒子は二つ以上の構成要素に分割できない対象としたいから，素粒子を表す場は既約表現に値をとるべきである．低い次元の既約表現から幾つか見てみよう：

- $(0, 0)$ に値をとる場のローレンツ変換の下での変換性は

$$\varphi(x) \to \varphi_\Lambda(x_\Lambda) = \varphi(x) \tag{2.116}$$

で与えられる．我々のローレンツ変換は座標を変えているので，x_Λ と x はミンコフスキー空間内の同じ点を指している．上の式は，$\varphi_\Lambda(x_\Lambda)$ は同じ時空点での座標変換後の場の値がもとの座標系での値と等しい，という意味である．このような変換をする場を（ローレンツ・）スカラー場と呼ぶ．スカラー場の値を実数に制限する式：$\varphi(x)^* = \varphi(x)$ はローレンツ変換後も成立するから，実スカラー場 $\varphi(x)$ $(\varphi(x) \in \boldsymbol{R})$ を変数として活用することが可能である．

- $\left(\dfrac{1}{2}, 0\right)$ に値をとる場 $\xi(x)$ は複素 2 成分からなり，ローレンツ変換の下で

$$\xi(x) \to \xi_{\Lambda(\alpha, \beta)}(x_{\Lambda(\alpha, \beta)}) = W_L(\alpha, \beta)\,\xi(x) \tag{2.117}$$

と変換する．ここで，$W_L(\alpha, \beta)$ は式 (2.91)，$\Lambda(\alpha, \beta)$ は式 (2.95) で与えられる．式 (2.117) のように変換する場を左巻きカイラリティのスピノール場という．

- $\left(0, \dfrac{1}{2}\right)$ に値をとる場 $\eta(x)$ は複素 2 成分からなり，ローレンツ変換の下で式 (2.94) の $W_R(\alpha, \beta)$ により

$$\eta(x) \to \eta_{\Lambda(\alpha, \beta)}(x_{\Lambda(\alpha, \beta)}) = W_R(\alpha, \beta)\,\eta(x) \tag{2.118}$$

と変換される．ローレンツ変換の下で式 (2.118) の変換性を呈する場を右巻きカイラリティのスピノール場という．

- $\left(\dfrac{1}{2}, \dfrac{1}{2}\right)$ に対応する表現がベクトル表現である．この点を確認するには相応の準備を要する．$\left(\dfrac{1}{2}, \dfrac{1}{2}\right)$ に対応する表現に属する変数を 2 つの添字で表したい．まず，それぞれ左巻きスピノール場の値の成分を ξ_α のように下付きの添字 α で区別する．また，右巻きスピノール場の値の成分を $\eta^{\dot\beta}$ のように上付きの添字 $\dot\beta$ で区別する．$\dot\beta$ のドットは，SL$(2, \boldsymbol{C})$ の基本表現に属する変数 ξ_α の複素共役と同じ変換を受ける量 $(\xi^*)_{\dot\alpha}$ の添字という意味で用いる．上の添字，下の添字は以下の要素からなる反対称行列

$$(\varepsilon_2)^{\alpha\beta} = \begin{pmatrix} 0 & 1 \\ -1 & 0 \end{pmatrix} = (\varepsilon_2)^{\dot\alpha\dot\beta} = -(\varepsilon_2)_{\alpha\beta} = -(\varepsilon_2)_{\dot\alpha\dot\beta} \tag{2.119}$$

を用いて入れ換える．以下，スピノールの上下同じ添字のペアについてもアインシュタインの慣習を用いて可能な添字の値について和をとることにすると，

$$(\varepsilon_2)^{\alpha\gamma}(\varepsilon_2)_{\gamma\beta} = \delta^\alpha{}_\beta \tag{2.120}$$

などが成り立つ．場である点は関係ないため，x などをしばらく略すると

$$\xi^{\alpha} \coloneqq (\varepsilon_2)^{\alpha\beta}\,\xi_{\beta}\,, \quad \xi_{\alpha} = (\varepsilon_2)_{\alpha\beta}\,\xi^{\beta}\,,$$
$$\eta_{\dot\alpha} \coloneqq (\varepsilon_2)_{\dot\alpha\dot\beta}\,\eta^{\dot\beta}\,, \quad \eta^{\dot\alpha} = (\varepsilon_2)^{\dot\alpha\dot\beta}\,\eta_{\dot\beta}\,. \tag{2.121}$$

$\left(0\,,\,\dfrac{1}{2}\right)$ で変換する量を $\eta^{\dot\beta}$ と上付きの添字にした理由を見るため，式 (2.117) の複素共役を考える：

$$\left(\xi^{*}_{\Lambda(\alpha\,,\,\beta)}\right)_{\dot\alpha} = (W_L(\alpha\,,\,\beta)^{*})_{\dot\alpha}^{\ \dot\beta}\,(\xi^{*})_{\dot\beta}\,. \tag{2.122}$$

$(\tau_j)^{*} = \varepsilon_2^{-1}(-\tau_j)\varepsilon_2$ を用いて $W_L(\alpha\,,\,\beta)^{*}$ を書き直すと

$$\begin{aligned} W_L(\alpha\,,\,\beta)^{*} &= \exp\left[\sum_{j=1}^{3}\left(-\mathrm{i}\,\alpha_j\,\frac{(\tau_j)^{*}}{2} + \beta_j\,\frac{(\tau_j)^{*}}{2}\right)\right] \\ &= \varepsilon_2^{-1}\exp\left[\sum_{j=1}^{3}\left(\mathrm{i}\,\alpha_j\,\frac{\tau_j}{2} + \beta_j\left(-\frac{\tau_j}{2}\right)\right)\right]\varepsilon_2 \\ &= \varepsilon_2^{-1}\,W_R(\alpha\,,\,\beta)\,\varepsilon_2\,. \end{aligned} \tag{2.123}$$

これに添字を割り当てたものは自然には

$$(W_L(\alpha\,,\,\beta)^{*})_{\dot\alpha}^{\ \dot\beta} = (\varepsilon_2)_{\dot\alpha\dot\gamma}\,W_R(\alpha\,,\,\beta)^{\dot\gamma}_{\ \dot\delta}\,(\varepsilon_2)^{\dot\delta\dot\beta} \tag{2.124}$$

のようになるであろう．$W_R(\alpha\,,\,\beta)$ の添字の構造から $\left(0\,,\,\dfrac{1}{2}\right)$ の既約表現に属する変数の添字を $\eta^{\dot\beta}$ とすべき点が察せられる．実際，これを式 (2.122) に代入すると

$$\left(\xi^{*}_{\Lambda(\alpha\,,\,\beta)}\right)_{\dot\kappa} = (\varepsilon_2)_{\dot\kappa\dot\gamma}\,W_R(\alpha\,,\,\beta)^{\dot\gamma}_{\ \dot\beta}\,(\xi^{*})^{\dot\beta}\,. \tag{2.125}$$

この両辺に $\varepsilon^{\dot\alpha\dot\kappa}$ をかけて得られる

$$\left(\xi^{*}_{\Lambda(\alpha\,,\,\beta)}\right)^{\dot\alpha} = W_R(\alpha\,,\,\beta)^{\dot\alpha}_{\ \dot\beta}\,(\xi^{*})^{\dot\beta} \tag{2.126}$$

は，$(\xi^{*})^{\dot\alpha}$ が $\left(0\,,\,\dfrac{1}{2}\right)$ に対応する表現に属することを示している．

以上の準備の下で $\left(\dfrac{1}{2}\,,\,\dfrac{1}{2}\right)$ の既約表現に属する変数のローレンツ変換を調べる．$\left(\dfrac{1}{2}\,,\,0\right)$ 表現と $\left(0\,,\,\dfrac{1}{2}\right)$ 表現の添字で表される $H_{\alpha}^{\ \dot\beta}$ という量が $\left(\dfrac{1}{2}\,,\,\dfrac{1}{2}\right)$ で変換されるものであろう：

$$H_{\alpha}^{\ \dot\beta} \to \left(H_{\Lambda(\alpha\,,\,\beta)}\right)_{\alpha}^{\ \dot\beta} = W_L\,(\alpha\,,\,\beta)_{\alpha}^{\ \gamma}\,W_R\,(\alpha\,,\,\beta)^{\dot\beta}_{\ \dot\delta}\,H_{\gamma}^{\ \dot\delta}\,. \tag{2.127}$$

$H_{\alpha\,\dot\beta} = \varepsilon_{\dot\beta\dot\beta'}\,H_{\alpha}^{\ \dot\beta'}$ という添字を下げたものを考えると，

$$\begin{aligned} H_{\alpha\,\dot\beta} \to \left(H_{\Lambda(\alpha\,,\,\beta)}\right)_{\alpha\,\dot\beta} &= W_L\,(\alpha\,,\,\beta)_{\alpha}^{\ \gamma}\left(\varepsilon_{\dot\beta\,\dot\beta'}W_R\,(\alpha\,,\,\beta)^{\dot\beta'}_{\ \dot\delta}\,\varepsilon^{\dot\delta\,\dot\delta'}\right)H_{\gamma\,\dot\delta'} \\ &= \left[W_L\,(\alpha\,,\,\beta)\;H\,W_L\,(\alpha\,,\,\beta)^{\dagger}\right]_{\alpha\,\dot\beta}\,. \end{aligned} \tag{2.128}$$

ここで式 (2.124) を用いた．この変換性は式 (2.99) にほかならない．そのように変換するものが

$$H_{\alpha\dot{\beta}} = (\sigma_\nu)_{\alpha\dot{\beta}}\, h^\nu \tag{2.129}$$

と展開できる点は次のようにして分かる．まず，式 (2.128) の変換性は $H_{\alpha\dot{\beta}}$ を要素に持つ行列にヘルミート性を課すことと矛盾しない．エルミートな H は式 (2.129) のように展開できる．一般の H は 2 つのエルミート行列 $H_{(1)}$，$H_{(2)}$ を用いて $H = H_{(1)} + \mathrm{i}\,H_{(2)}$ と書けるから，それぞれの展開から $h_{(1)}$, $h_{(2)}$ を得て $h := h_{(1)} + \mathrm{i}\,h_{(2)}$ とすればよい．この h は式 (2.100) よりベクトル表現に属する．以上の考察から $\left(\dfrac{1}{2}, \dfrac{1}{2}\right)$ がベクトル表現であることが分かった．ベクトル表現も実数に限定する条件がローレンツ変換の下で保持される．

ベクトル場 $A^\mu(x)$ は実ベクトル表現に値をとる場で，ローレンツ変換の下で

$$A^\mu(x) \to A^\mu_\Lambda(x_\Lambda) = \Lambda^\mu{}_\nu\, A^\nu(x) \tag{2.130}$$

のように振る舞う．慣習により，座標 x^μ と同じ変換をするベクトル v^μ を**反変ベクトル**という．v^μ から足を下げて得られるベクトル

$$u_\mu := v^\nu\, \eta_{\nu\mu} \tag{2.131}$$

は $v^\mu = u_\nu \eta^{\nu\mu}$ を満たす．u_μ の変換性は，式 (2.12) を用いて

$$\begin{aligned} u_\mu \to (u_\Lambda)_\mu &= v^\nu_\Lambda \eta_{\nu\mu} = \Lambda^\nu{}_\lambda v^\lambda \eta_{\nu\mu} = u_\rho \left(\eta^{\rho\lambda} \left(\Lambda^t\right)_\lambda{}^\nu\, \eta_{\nu\mu}\right) \\ &= u_\rho \left(\Lambda^{-1}\right)^\rho{}_\mu \end{aligned} \tag{2.132}$$

となる．つまり，**共変ベクトル**は反変ベクトルとは逆の変換を受ける．これから，反変ベクトル v^μ の上付き添字 μ と共変ベクトル w_μ の下付き添字 μ について和をとって得られる量 $v^\mu w_\mu$ は，ローレンツ不変量となる．共変ベクトル u_μ として導された対象に対し，u^μ は計量 $\eta_{\mu\nu}$ で足を上げて得られる反変ベクトルである．

重要な共変ベクトルの一つが偏微分演算子 $\partial_\mu := \dfrac{\partial}{\partial x^\mu}$ である．実際，ローレンツ不変量 $x^\lambda \eta_{\lambda\rho} x^\rho$ に対する作用

$$\partial_\mu \left(x^\lambda x_\lambda\right) = 2\, x_\mu \tag{2.133}$$

から，∂_μ と x_μ は同じ変換をする，つまり，∂_μ は共変ベクトルであることが分かる．実スカラー場 $\varphi(x)$ の偏微分 $\partial_\mu \varphi(x)$ は共変ベクトル場，さらに

$$|\partial_\mu \varphi(x)|^2 := \partial_\mu \varphi(x)\, \eta^{\mu\nu}\, \partial_\nu \varphi(x) \tag{2.134}$$

はスカラー場である．この量は実スカラー場の作用を構成する上で大切な項を与える．

素粒子模型を場の理論で記述するためには，異なる素粒子毎に別々の場の変数を導入する．素粒子模型を一つ構築する第一歩は，（近似的かもしれない）対称性 G を推測し，G のどのような既約表現に値をとる場を導入するかを決定することである．ローレンツ群 SO (1, 3) は G の一つの例である．

電子を記述するためには $\left(\frac{1}{2}, 0\right)$ に属する場 $e_L(x)$ と $\left(0, \frac{1}{2}\right)$ に属する場 $e_R(x)$ を用いる．上で述べた内容との整合性からは，$\left(\frac{1}{2}, 0\right)$ に属する左巻きカイラリティの電子と $\left(0, \frac{1}{2}\right)$ に属する右巻きカイラリティの電子を有する素粒子模型を考えてみることにし，これら 2 種類の場を導入することにした，というほうがより適切であろう．$e_L(x)$ と $e_R(x)$ を量子化した場は電子の生成・消滅のみでなく，電子の反粒子である陽電子の生成・消滅の役割も担う．SO(1, 3) のローレンツ変換の下では $e_L(x)$ の成分と $e_R(x)$ の成分は互いに混じり合うことはないので，両者が全く異なる相互作用するような素粒子模型を構築可能である．例えば，ベータ崩壊に関連する弱い相互作用は $e_L(x)$ のみに導入する．他方，空間反転 $\mathscr{P}$ は e_L と e_R を入れ替える（$e_{L,R}(x) \to e_{R,L}(x_{\mathscr{P}})$）ため，カイラル非対称な系は $\mathscr{P}$ 対称性を破ることになる．

電磁場を記述するために導入されるベクトル場 $A_\mu(x)$ に付随する素粒子は光子である．つまり，その量子場が光子を生成・消滅する役割を担う．4 章で見るように，この $A_\mu(x)$ は可換群 U(1) のゲージ場という特殊な役割をする．それによって光子が質量 0 である点をほぼ保証する[*7)]．**量子電磁力学**（quantum electrodynamics, **QED**）は，電荷を帯びた対象の間で働くあらゆる電磁相互作用は電荷間での光子の交換により生じている，という微視的理解を与える．

このように場の量子論は，力の起源と発生機構，電子をはじめとする物質の構成要素のいずれも，量子場という共通の道具によって記述する試みを素粒子模型構築に提供する．

*7) 量子力学で学んだスピンを念頭に据えながら「光子のスピンは 1」という主張も見受けられるが，これまでの議論から誤りであることは明白であろう．光子は光の速さでしか動かないため，$\mathfrak{so}(3)$ の既約表現には属さず，そのヘリシティは $+1$ と -1 のみである．筆者の大学院入試面接で終状態の「光子のスピン」から始状態を問う出題がされたが，この話をしたことをよく覚えている．

第 3 章
場の解析力学と量子化

電磁場の解析力学は少し難しい特徴があるため，そのような特徴がない単純な場の例として，一つの実スカラー場 $\varphi(x)$ からなる系を通して，場の解析力学と量子化を見ていく．

3.1　場の解析力学

3.1.1　ラグランジアン密度による作用

実スカラー場 $\varphi(x)$ を一つ含む系の作用として，**ラグランジアン密度**

$$\mathscr{L}(x) = \frac{1}{2}\left|\partial_\mu\varphi(x)\right|^2 - V\left(\varphi(x)\right) \tag{3.1}$$

を全時空間にわたって積分したもの

$$S\left[\varphi\right] = \int d^D x\,\frac{1}{c}\,\mathscr{L}(x) \tag{3.2}$$

を考える．$\left|\partial_\mu\varphi(x)\right|^2$ は式 (2.134) で与えられ，スカラー場として振る舞った．$V(a)$ はポテンシャル項で各実数 a に対して実数を与える．量子系として非摂動的に不安定になることはないように，$V(a)$ は十分大きな $|a|$ では単調増加とする．総じて，ラグランジアン密度 (3.1) はローレンツ変換の下でスカラー場として振る舞うから，その積分である作用 $S\left[\varphi\right]$ はローレンツ不変である．また，$a \in \boldsymbol{R}^D$ 分の並進で $\mathcal{L}(x) \to \mathcal{L}(x-a)$ となるから作用は並進不変である．

ラグランジアン密度 (3.1) のもう一つ重要な特徴は局所性である．$V\left(\varphi(x)\right)$，$\partial_\mu\varphi(x)$ のいずれも注目している点 x の近傍の φ の値にしか依存していない．非局所的な項を含むと因果律をたいてい破ってしまうことから局所性を要求する（局所的な項だけでも量子化後に因果律を破る例は沢山知られている）．局所性を尊重する系では場の共役運動量が特別な形で得られる点を後で見る．

3.1.2　場の共役運動量を得る試み

では場の正準形式への移行を試みよう．その際，場の正準共役運動量を得る必要である．質点の位置変数の共役運動量の求め方と同様に定義してみる．実スカラー場の系のラグランジアン L も，それを時間について積分した際には作用となるものだから，ラグランジアン密度を空間積分して得られるであろう：

$$L\left(\varphi(x^0, \cdot), \dot{\varphi}(x^0, \cdot)\right) := \int d^{D-1}\boldsymbol{x}\,\mathscr{L}(x)\ . \tag{3.3}$$

ここで，ある時刻スライス上に乗っている場の変数のセットを $\varphi(x^0, \cdot) := \left\{\varphi(x^0, \boldsymbol{x})\right\}_{\boldsymbol{x}\in\boldsymbol{R}^{D-1}}$ などと示した．共役運動量を時刻 0 のスライス上でラグランジアンを空間点 $\boldsymbol{x}$ での $\dot{\varphi}(0, \boldsymbol{x})$ に関して微分することで定義したい．変数が連続無限個あるため，ディラックのデルタ関数 $\delta^{D-1}(\boldsymbol{y}, \boldsymbol{x}) := \delta^{D-1}(\boldsymbol{y}-\boldsymbol{x})$ を用いて $\dot{\varphi}(0, \boldsymbol{y})$ の値を少しずらした際のラグランジアンの値の変化を評価して微分を得ることになる：

$$\begin{aligned}
\Pi(\boldsymbol{x}) &\overset{(?)}{:=} \lim_{\epsilon\to 0}\frac{1}{\epsilon}\left\{L\left(\varphi(0,\cdot), \dot{\varphi}(0,\cdot)+\epsilon\,\delta^{D-1}(\cdot, \boldsymbol{x})\right) - L\left(\varphi(0,\cdot), \dot{\varphi}(0,\cdot)\right)\right\} \\
&= \lim_{\epsilon\to 0}\frac{1}{\epsilon}\int d^{D-1}\boldsymbol{y}\left\{\frac{1}{2c^2}\left(\dot{\varphi}(0\,,\boldsymbol{y})+\epsilon\,\delta^{D-1}(\boldsymbol{y}, \boldsymbol{x})\right)^2\right. \\
&\qquad\qquad\qquad\qquad\left. -\frac{1}{2c^2}\left(\dot{\varphi}(0\,,\boldsymbol{y})\right)^2\right\} \\
&= \frac{1}{c^2}\,\dot{\varphi}(0, \boldsymbol{x}) + \lim_{\epsilon\to 0}\epsilon\int d^{D-1}\boldsymbol{y}\left(\delta^{D-1}(\boldsymbol{y}, \boldsymbol{x})\right)^2\ .
\end{aligned} \tag{3.4}$$

右辺の第 2 項は無限大であるため，この試みは失敗と認めたほうが良いであろう．

しかし，式 (3.4) の第 1 項には期待したものが現れており，発散がデルタ関数の 2 乗によるものということが分かっているのだから，完全に捨て去るのは忍びない．ディラックのデルタ関数を「正則化」，つまり，ずらし分 $\epsilon\,\delta^{D-1}(\cdot, \boldsymbol{x})$ が有限であるようにした上で差分をとれば，第 2 項は $\epsilon\to 0$ で消えそうである．以降の議論も見越し，ここでは空間方向を**格子正則化**してこれを遂行したい．

3.1.3　1 次元時空の場の理論

先に進む前に $D=1$，つまり，1 次元時空上の場の理論について考察しておく．

1 次元時空だから空間はない．したがって，実際は，式 (3.4) の試みはこの場合に限っては問題なかった．その理由は，「1 次元時空上の場の理論は質点の力学と等価」だからである．

質点の座標を表す変数のセットを $\{q_i(t)\}_{t\in\mathcal{T}\,;\,i\in I}$ と書くが，各々は座標 t を持つ 1 次元時空上の実スカラー場 $\varphi_i(ct)$ にほかならない：$\varphi_i(ct) := q_i(t)$．1 次元ミンコフスキー空間にはローレンツ変換は自明なもの（単位元）しかないため，スカラー場しかない．

したがって，1 次元時空上の場の共役運動量だけでなく，ポアソン括弧やハミルトニアンに関しても，質点の力学系と同様に取り扱えばよい．1 次元時空上の場の量子化も，量子力学における処方をそのまま適用することで完了する．

本書では，1 次元時空上の場の理論と質点の力学系との等価性を活用することによって，他の次元 $(D\geq 2)$ の時空上の場の理論の解析力学および量子化処方を「導出」する．次節で展開する D 次元時空上の場の格子正則化が，1 次元時空上の場の理論との橋渡しをする．

3.1.4　格子模型による場の解析力学の構築

空間を各 j 方向に間隔 a で N 個の格子点が並ぶように離散化する $(j=1,\ldots,D-1)$．実スカラー場の理論を正則化する格子模型の変数は格子点上のみに置く：

$$\left\{\varphi(x^0\,,\,a\boldsymbol{n})\,\middle|\,\boldsymbol{n}\in\boldsymbol{Z}_N^{D-1}\right\},$$
$$\boldsymbol{Z}_N^{D-1}:=\{\boldsymbol{n}\,|\,n_j\in\{0,\,...\,,N-1\}\quad(j=1,\ldots,D-1)\}\,. \tag{3.5}$$

空間方向に関する場の偏微分は差分にいったん置き換えることになる．格子正則化の代償は，時空間の対称性を損なう点である．連続理論での並進対称性・ローレンツ対称性は，時間方向の並進・空間内の離散的並進・離散的回転の下での不変性にまで落ちる．古典論・量子論の双方で連続極限 $a\to 0$ では連続理論の対称性が回復するものと楽観視する．

一辺の長さが a の $(D-1)$ 次元立方格子が最小体積要素に相当するため，積分記号 $\int d^{D-1}\boldsymbol{x}$ は $a^{D-1}\sum_{\boldsymbol{n}\in\boldsymbol{Z}_N^{D-1}}$ に置き換わる．これより，ディラックのデルタ関数 $\delta^{D-1}(\boldsymbol{y}-\boldsymbol{x})$ の正則化は $\frac{1}{a^{D-1}}\,\delta^N_{\boldsymbol{n}_{(1)}\,,\,\boldsymbol{n}_{(2)}}$ で与えられることが分かる．ここで $\delta^N_{\boldsymbol{n}_{(1)}\,,\,\boldsymbol{n}_{(2)}}$ は法 N でのクロネッカー・デルタ

$$\delta^N_{\boldsymbol{n}_{(1)}\,,\,\boldsymbol{n}_{(2)}}:=\prod_{j=1}^{D-1}\delta^N_{n^j_{(1)}\,,\,n^j_{(2)}}\,,\qquad \delta^N_{m\,,\,n}:=\begin{cases}1 & m=n\quad \bmod N,\\ 0 & \text{その他}\end{cases} \tag{3.6}$$

である．なぜなら

$$\lim_{a\to 0}\frac{1}{a^{D-1}}\,\delta^N_{\boldsymbol{n}_{(1)},\,\boldsymbol{n}_{(2)}}=\begin{cases}\infty & \left(\boldsymbol{n}_{(1)}=\boldsymbol{n}_{(2)}\quad \bmod N\right),\\ 0 & \left(\boldsymbol{n}_{(1)}\neq\boldsymbol{n}_{(2)}\quad \bmod N\right),\end{cases}$$
$$a^{D-1}\sum_{\boldsymbol{n}\in\boldsymbol{Z}_N^{D-1}}\frac{1}{a^{D-1}}\,\delta^N_{\boldsymbol{n},\,\boldsymbol{0}}=1 \tag{3.7}$$

だからである．$\dot{\varphi}(0,\,a\boldsymbol{m})$ を $\epsilon\,\frac{1}{a^{D-1}}\,\delta^N_{\boldsymbol{m},\,\boldsymbol{n}}$ 分ずらした際のラグランジアンの変化を評価する．極限操作は $\lim_{a\to 0}\lim_{\epsilon\to 0}$ である．この順序だから $\epsilon\,\frac{1}{a^{D-1}}\to\epsilon$ と再定義してもよい．

格子模型の作用を書くために次の操作を行おう：

1. 変数 (3.5) を次のように書き直す：

$$\varphi\,(ct,\,a\boldsymbol{n})=a^{-\frac{D-1}{2}}\,\phi_{\boldsymbol{n}}(t)\quad\left(\boldsymbol{n}\in\boldsymbol{Z}_N^{D-1}\right)\,. \tag{3.8}$$

$\phi_{\boldsymbol{n}}(t)$ は $\boldsymbol{n}$ でラベル付けされる 1 次元時空上の場という視点に切り換えるために導入した．有限個の格子点としたのは 1 次元の場の個数を有限にするためである．

2. 空間方向の偏微分 $\partial_j\varphi(x)$ は差分

$$\frac{1}{a}\left(\varphi(ct\,,\,a\boldsymbol{n}+a\boldsymbol{e}_j)-\varphi\,(ct\,,\,a\boldsymbol{n})\right)=a^{-\frac{D-1}{2}}\,\frac{1}{a}\left(\phi_{\boldsymbol{n}+\boldsymbol{e}_j}(t)-\phi_{\boldsymbol{n}}(t)\right) \tag{3.9}$$

に置き換える．ここで $\boldsymbol{e}_j$ は j 方向の $(D-1)$ 次元単位ベクトルである．この差分の式が $n_j=N-1$ でも成り立つように変数は周期的境界条件を満たすものとする：

$$\phi_{\boldsymbol{n}+N\boldsymbol{e}_j}(t)=\phi_{\boldsymbol{n}}(t)\,. \tag{3.10}$$

3. 積分 $\int d^Dx$ を $\int cdt\,a^{D-1}\sum_{\boldsymbol{n}\in\mathbb{Z}_N^{D-1}}$ に置き換える．

以上の操作により以下のような格子模型の作用を得る：

$$S_a[\phi] = \int dt \left[\sum_{\boldsymbol{n} \in \mathbb{Z}_N^{D-1}} \frac{1}{2} \left(\frac{1}{c} \dot{\phi}_{\boldsymbol{n}}(t) \right)^2 - \mathcal{V}\left(\{\phi_{\boldsymbol{n}}(t)\}_{\boldsymbol{n} \in \mathbb{Z}_N^{D-1}} \right) \right] . \tag{3.11}$$

ここで

$$\begin{aligned} &\mathcal{V}\left(\{\phi_{\boldsymbol{n}}(t)\}_{\boldsymbol{n} \in \mathbb{Z}_N^{D-1}} \right) \\ &:= \sum_{\boldsymbol{n} \in \mathbb{Z}_N^{D-1}} \left\{ \sum_{j=1}^{D-1} \frac{1}{a^2} \left(\phi_{\boldsymbol{n}+\boldsymbol{e}_j}(t) - \phi_{\boldsymbol{n}}(t) \right)^2 + a^{D-1} V\left(a^{-\frac{D-1}{2}} \varphi_{\boldsymbol{n}}(t) \right) \right\} \end{aligned} \tag{3.12}$$

は 1 次元の場の理論としてのポテンシャル・エネルギーを与える．作用 (3.11) の被積分関数が 1 次元場の理論としてのラグランジアンだから，次のようにして共役運動量 $\Pi_{\boldsymbol{n}}$ が得られる：

$$\begin{aligned} \Pi_{\boldsymbol{n}} &= \frac{\partial L_a\left(\phi(0)\,,\, \dot{\phi}(0)\right)}{\partial \dot{\phi}_{\boldsymbol{n}}(0)} = \frac{\partial}{\partial \dot{\phi}_{\boldsymbol{n}}(0)} \sum_{\boldsymbol{m} \in \mathbb{Z}_N^{D-1}} \frac{1}{2} \left(\frac{1}{c} \dot{\phi}_{\boldsymbol{m}}(0) \right)^2 \\ &= \frac{1}{c^2} \dot{\phi}_{\boldsymbol{n}}(0) . \end{aligned} \tag{3.13}$$

これが a を有限にして $\epsilon \to 0$ を先に実行して得た結果である．$\varphi(0, \boldsymbol{x})$ の連続極限での共役運動量 $\Pi(\boldsymbol{x})$ を次のように定義する*1)：

$$\begin{aligned} \Pi(\boldsymbol{x}) &= \lim_{a \to 0} a^{-\frac{D-1}{2}} \Pi_{\boldsymbol{n}=\boldsymbol{x}/a} \\ &= \lim_{a \to 0} \frac{\partial}{\partial \left(a^{-\frac{D-1}{2}} \dot{\phi}_{\boldsymbol{n}}(0) \right)} \frac{1}{2} \left(\frac{1}{c} a^{-\frac{D-1}{2}} \phi_{\boldsymbol{n}=\boldsymbol{x}/a}(0) \right)^2 \\ &= \frac{\partial}{\partial \left(\dot{\varphi}(0\,,\, \boldsymbol{x}) \right)} \frac{1}{2} \left(\frac{1}{c} \dot{\varphi}(0\,,\, \boldsymbol{x}) \right)^2 \\ &= \frac{\partial \mathscr{L}(0, \boldsymbol{x})}{\partial \dot{\varphi}(0, \boldsymbol{x})} . \end{aligned} \tag{3.15}$$

これが「導きたかった」結果である：局所性を尊重する系における場の共役運動量は同じ時空点における「ラグランジアン密度」を場の時間微分で微分して得られる．場の量子論の教科書では，場の共役運動量を唐突にそのように定義するが，その背景にあるのは作用の局所性である．今後は正則化を経ることなくそのように共役運動量を求めればよい．

ハミルトニアンを求めておこう．格子模型のハミルトニアンはいつものルジャンドル変換により

$$\begin{aligned} H_a &= \sum_{\boldsymbol{n} \in \boldsymbol{Z}_N^{D-1}} \frac{1}{2} \left(c\Pi_{\boldsymbol{n}} \right)^2 + \mathcal{V}\left(\{\phi_{\boldsymbol{n}}(0)\}_{\boldsymbol{n} \in \boldsymbol{Z}_N^{D-1}} \right) \\ &= a^{D-1} \sum_{\boldsymbol{n} \in \boldsymbol{Z}_N^{D-1}} \left[\frac{1}{2} \left(c a^{-\frac{D-1}{2}} \Pi_{\boldsymbol{n}} \right)^2 \right. \end{aligned}$$

*1) $\boldsymbol{x} = a_0\, \boldsymbol{n}_0$ $(\boldsymbol{n}_0 \in \boldsymbol{Z}_{N_0}^{D-1})$ を固定したままでの連続極限 $a \to 0$ とは

$$\boldsymbol{x} = \left(2^{-m} a_0 \right) \left(2^m \boldsymbol{n}_0 \right) \tag{3.14}$$

と書いた上での極限 $m \to \infty$，$a = 2^{-m} a_0 \to 0$，$N = 2^m N_0 \to \infty$ を意味する．

$$+\sum_{j=1}^{D-1}\left\{\frac{1}{a}\left(a^{-\frac{D-1}{2}}\phi_{\boldsymbol{n}+\boldsymbol{e}_j}(0)-a^{-\frac{D-1}{2}}\phi_{\boldsymbol{n}}(0)\right)\right\}^2$$
$$+V\left(a^{-\frac{D-1}{2}}\phi_{\boldsymbol{n}}(0)\right)\Bigg] \tag{3.16}$$

となる．連続極限により場の理論のハミルトニアンとして以下のものを得る：

$$H=\int d^{D-1}\boldsymbol{x}\left[\frac{1}{2}\left(c\Pi(\boldsymbol{x})\right)^2+\frac{1}{2}\sum_{j=1}^{D-1}\left(\partial_j\varphi(0,\boldsymbol{x})\right)^2+V\left(\phi(0,\boldsymbol{x})\right)\right]. \tag{3.17}$$

これはルジャンドル変換

$$\int d^{D-1}\boldsymbol{x}\ \{\Pi(\boldsymbol{x})\,\dot{\varphi}(0,\boldsymbol{x})-\mathscr{L}\,(0,\boldsymbol{x})\} \tag{3.18}$$

により直接得ることができるため，今後はそのようにすればよい．

最後に場の理論におけるポアソン括弧が何かを調べる．1 次元の場の理論である格子模型でのポアソン括弧は

$$[\phi_{\boldsymbol{m}}(0)\,,\,\Pi_{\boldsymbol{n}}]_P=\delta^N_{\boldsymbol{m}\,,\,\boldsymbol{n}}\,,\quad [\phi_{\boldsymbol{m}}(0)\,,\,\phi_{\boldsymbol{n}}(0)]_P=0=[\Pi_{\boldsymbol{m}}\,,\,\Pi_{\boldsymbol{n}}]_P\,. \tag{3.19}$$

この両辺を a^{D-1} で割って連続極限をとると，場のポアソン括弧が以下のようなものであることが分かる

$$[\varphi\,(0\,,\boldsymbol{x})\,,\,\Pi(\boldsymbol{y})]_P=\delta^{D-1}\,(\boldsymbol{x}-\boldsymbol{y})\,,$$
$$[\varphi\,(0\,,\boldsymbol{x})\,,\,\varphi\,(0\,,\boldsymbol{y})]_P=0=[\Pi(\boldsymbol{x})\,,\,\Pi(\boldsymbol{y})]_P\,. \tag{3.20}$$

3.2 D 次元時空上の実スカラー場の正準量子化

場の解析力学の構築と同様にして D 次元時空上の実スカラー場の量子化の処方箋を得ることができる．

D 次元時空上の場の正則化は 1 次元時空上の場 $\{\phi_{\boldsymbol{n}}(t)\}_{\boldsymbol{n}\in\boldsymbol{Z}_N^{D-1}}$ と作用 (3.11) によって実現された．1 次元時空上の場の量子化は，量子力学での処方箋に従う．すなわち，

- $\phi_{\boldsymbol{n}}(0)$ をエルミート演算子 $\widehat{\phi}_{\boldsymbol{n}}(0)$ に，また，$\Pi_{\boldsymbol{n}}$ をエルミート演算子 $\widehat{\Pi}_{\boldsymbol{n}}$ に置き換える．
- 同時にポアソン括弧 $[A\,,\,B]_P$ を対応する演算子間の交換子間の交換子 $\dfrac{1}{\mathrm{i}\hbar}\left[\widehat{A}\,,\,\widehat{B}\right]$ に置き換える．

この処方箋により，特に式 (3.19) のポアソン括弧は

$$\left[\widehat{\phi}_{\boldsymbol{m}}(0)\,,\,\widehat{\Pi}_{\boldsymbol{n}}\right]=\mathrm{i}\,\hbar\,\delta^N_{\boldsymbol{m}\,,\,\boldsymbol{n}}\,,\quad \left[\widehat{\phi}_{\boldsymbol{m}}(0)\,,\,\widehat{\phi}_{\boldsymbol{n}}(0)\right]=0=\left[\widehat{\Pi}_{\boldsymbol{m}}\,,\,\widehat{\Pi}_{\boldsymbol{n}}\right] \tag{3.21}$$

に置き換わる．古典論の変数との対応と同様の関係 (3.8), (3.15) を演算子にも求めるのが自然であろう：

$$a^{-\frac{D-1}{2}}\,\widehat{\phi}_{\boldsymbol{n}=\boldsymbol{x}/a}(0)\to\widehat{\varphi}\,(0,\boldsymbol{x})\,,\quad a^{-\frac{D-1}{2}}\,\widehat{\Pi}_{\boldsymbol{n}=\boldsymbol{x}/a}\to\widehat{\Pi}\,(\boldsymbol{x})\quad(a\to0)\,. \tag{3.22}$$

式 (3.21) の両辺を a^{D-1} で割って連続極限をとると以下のような交換子を得る：

$$\left[\widehat{\varphi}(0\,,\,\boldsymbol{x})\,,\,\widehat{\Pi}(\boldsymbol{y})\right] = \mathrm{i}\hbar\,\delta^{D-1}(\boldsymbol{x}-\boldsymbol{y})\,,$$
$$[\widehat{\varphi}(0\,,\,\boldsymbol{x})\,,\,\widehat{\varphi}(0\,,\,\boldsymbol{y})] = 0 = \left[\widehat{\Pi}(\boldsymbol{x}),\,\widehat{\Pi}(\boldsymbol{y})\right]\,. \tag{3.23}$$

ポアソン括弧 (3.20) とこの式の比較から，以下の場の正準量子化の処方箋を得る：

- $\varphi(0\,,\,\boldsymbol{x})$ をエルミート演算子 $\widehat{\varphi}(0\,,\,\boldsymbol{x})$ に，また，$\Pi(\boldsymbol{x})$ をエルミート演算子 $\widehat{\Pi}(\boldsymbol{x})$ に置き換える．
- 同時にポアソン括弧 $[A\,,\,B]_P$ を，対応する演算子間の交換子 $\dfrac{1}{\mathrm{i}\hbar}\left[\widehat{A},\,\widehat{B}\right]$ に置き換える．

量子化条件 (3.23) に現れているのはいずれも同時刻の交換関係である．異なる時刻の演算子間の交換関係にはハミルトニアン演算子による時間発展が介在するため，その結果は系の量子論的力学に依存することに注意しよう．

以上のように，我々は新たな洞察を模索することなく，一般次元の時空上の場の量子化の処方箋に辿り着くことができた．

量子化時には古典場の値が演算子となる点に留意したい．x は演算子ではなく量子化後も座標のままである．実在する馴染み深い古典場の一つと言えば，電場 $\boldsymbol{E}(x) = \left(E^1(x)\,,\,E^2(x)\,,\,E^3(x)\right)$ であるが，各時空点で 3 個の演算子 $\left(\widehat{E}^1(x)\,,\,\widehat{E}^2(x)\,,\,\widehat{E}^3(x)\right)$ に値にとる量子電場がこの宇宙に漂っていることになる．

3.3 なぜ場の量子論は必要なのか

これまで場の量子化に向かって真っしぐらに進んできたが，改めて「なぜ場の量子論が必要なのか」という疑問を考え，先に進む動機付けをすることができれば，と思う．

学部で学んだ量子力学が対象とするのは，非相対論的極限の粒子である．特殊相対論は「質量はエネルギーの一形態に過ぎない」と主張する．よって，十分なエネルギーは，保存則などに反しない限り，粒子群の質量に転換することができる．ここで考察したいのは，量子力学で非弾性散乱を記述することは可能か，という点である*2)．

非弾性散乱の例として $e^-e^+ \to \mu^-\mu^+$ を考える．ぶつけるのは，電子 e^- と，電子の**反粒子**「**陽電子** e^+」である．陽電子は電子と同じ質量と電荷の大きさを持つが，電荷の符号は逆である（$Q(e^+) = -Q(e^-)$）．終状態として生成するのは**ミュー粒子** μ^- と呼ばれる電子よりも約 140 倍重たく電子と同じ電荷を持つ素粒子である．**反ミュー粒子** μ^+ はミュー粒子と同じ質量（$m_\mu := m_{\mu^-} = m_{\mu^+}$）を持ち，その電荷は陽電子と同じである．始状態と終状態のいずれの全電荷も 0 なので電荷の保存は満たされている．重心系での全運動量は始状態・終状態共に $\mathbf{0}$ だから運動量保存も問題ない．エネルギーの保存に関してはどうか？ 十分互いに離れたミュー粒子・反ミュー粒子の運動量をそれぞれ $\boldsymbol{p}_\mu$，$(-\boldsymbol{p}_\mu)$ とするとミュー粒子・反ミュー粒子のエネルギーは共に $c\sqrt{m_\mu^2c^2 + |\boldsymbol{p}_\mu|^2}$ だから，始状態の全エネルギー E が $(2m_\mu c^2)$ 以上の場合に限り $e^-e^+ \to \mu^-\mu^+$ は起こり得る．「起こり得る」と述べたのは，量子論なので個々の散乱は非弾性散乱であるとは限らないからである．量子論が予言するのは衝突を任意回繰り返した上で非弾性散乱が起こる割合である．

---

*2) 相対論的粒子の量子力学もあるが，結果は変わらないので，そのまま非相対論的量子力学を使う．

量子力学で $e^-e^+ \to \mu^-\mu^+$ を記述を試みるに当たって必要となる変数を正準形式で見てみる：

1. 始状態の内容に応じ，電子の位置演算子と運動量演算子 $(\widehat{\boldsymbol{x}}_{e^-}, \widehat{\boldsymbol{p}}_{e^-})$ と陽電子の位置演算子と運動量演算子 $(\widehat{\boldsymbol{x}}_{e^+}, \widehat{\boldsymbol{p}}_{e^+})$.
2. 終状態の内容に応じ，ミュー粒子の位置演算子と運動量演算子 $\left(\widehat{\boldsymbol{x}}_{\mu^-}, \widehat{\boldsymbol{p}}_{\mu^-}\right)$ と反ミュー粒子の位置演算子と運動量演算子 $\left(\widehat{\boldsymbol{x}}_{\mu^+}, \widehat{\boldsymbol{p}}_{\mu^+}\right)$.

ハイゼンベルグ描像では $(\widehat{\boldsymbol{x}}_{e^-}, \widehat{\boldsymbol{p}}_{e^-})$ と $(\widehat{\boldsymbol{x}}_{e^+}, \widehat{\boldsymbol{p}}_{e^+})$ が衝突前まで時間発展し，衝突後は $\left(\widehat{\boldsymbol{x}}_{\mu^-}, \widehat{\boldsymbol{p}}_{\mu^-}\right)$ と $\left(\widehat{\boldsymbol{x}}_{\mu^+}, \widehat{\boldsymbol{p}}_{\mu^+}\right)$ が時間発展する．しかし，これから分かる通り，衝突時に $(\widehat{\boldsymbol{x}}_{e^-}, \widehat{\boldsymbol{p}}_{e^-})$ と $(\widehat{\boldsymbol{x}}_{e^+}, \widehat{\boldsymbol{p}}_{e^+})$ は消え去り，$\left(\widehat{\boldsymbol{x}}_{\mu^-}, \widehat{\boldsymbol{p}}_{\mu^-}\right)$ と $\left(\widehat{\boldsymbol{x}}_{\mu^+}, \widehat{\boldsymbol{p}}_{\mu^+}\right)$ が生み出されることが要求されている．しかし，量子力学にはこのような演算子を消したり作り出したりするような機能は備わっていない．

特殊相対論を尊重する場の量子論が実現すべき事項の一つは，粒子の生成・消滅という現象の記述である．

3.4 自由な実スカラー場の量子化

3.4.1 自由場と相対論的粒子の接点

相互作用していない場を，**自由な場**という．ここでは自由な実スカラー場を量子化する．

自由な実スカラー場の系は，場について 2 次の項のみからなるラグランジアン密度で与えられる：

$$\mathscr{L}_f(x) = \frac{1}{2}\left(\partial_\mu \varphi(x)\right)^2 - \frac{1}{2}\frac{m^2c^2}{\hbar^2}\left(\varphi(x)\right)^2 . \tag{3.24}$$

慣例として頻繁に用いられていることから m は質量を表すものと想像されるであろう．場の一般の配位は空間的に広がっている．質量というのは，むしろ粒子の属性の一つと考えるのが自然であろう．興味深いことに，量子化していない場の理論でも，広がった対象に粒子としての性質を垣間見ることができる．

それを見るために自由な場の系の運動方程式を調べてみよう．場を $\varphi(x) \to \varphi(x) + \delta\varphi(x)$ と少し変えた際にラグランジアン密度 (3.24) の全時空間積分である作用の変化の $\delta\varphi$ に比例する部分は以下のようになる：

$$\begin{aligned}\delta S[\varphi] &:= \left(S[[\varphi + \delta\varphi] - S[\varphi]\right)_{\delta\varphi\,\text{の}\,1\,\text{次}} \\ &= \int d^D x \left[\partial_\mu\left(\delta\varphi(x)\,\partial^\mu\varphi(x)\right)\right. \\ &\qquad \left. -\delta\varphi(x)\left(\partial_\mu\partial^\mu\varphi(x) + \frac{m^2c^2}{\hbar^2}\varphi(x)\right)\right] .\end{aligned} \tag{3.25}$$

第 1 項は中括弧の中の量の $x^\mu \to \pm\infty$ の値の差であるが，変分 $\delta\varphi$ としてバルク内の 1 点 $x_{(0)}$ の近傍に局在したものを考えていれば 0 としてよい．よって，作用の極値を与える $\varphi(x)$ は以下の**クライン–ゴルドン方程式**を満たす：

$$\Box\varphi(x) + \frac{m^2c^2}{\hbar^2}\varphi(x) = 0 . \tag{3.26}$$

ここで $\square := \partial_\mu \partial^\mu$ は**ダランベルシアン**と呼ばれる．式 (3.26) が線形方程式という点が，場の 2 次のみからなる作用の運動方程式の特徴である．その解は一般解の重ね合わせで与えられる．解としては次のような平面波を表す関数が候補となる：

$$\exp\left(\pm \mathrm{i}\,\frac{p\cdot x}{\hbar}\right). \tag{3.27}$$

ここで p^μ は運動量の次元を持つ D 次元ベクトルで，$p\cdot x := p^\mu \eta_{\mu\nu} x^\nu$ はミンコフスキー空間の内積である．$p^0 > 0$ に限定し，位相として二つの符号を用意すると，それらは互いに独立である．式 (3.27) の関数をクライン–ゴルドン方程式 (3.26) に代入すると

$$\frac{1}{\hbar^2}\left(-p^2 + m^2c^2\right)\exp\left(\pm \mathrm{i}\,\frac{p\cdot x}{\hbar}\right) = 0 \tag{3.28}$$

を得る．つまり p^μ が

$$p^2 = m^2c^2 \tag{3.29}$$

を満たす関数 (3.27) はクライン–ゴルドン方程式 (3.26) の解である．式 (3.29) は「質量 m で D 元運動量 p を持つ相対論的粒子に対する質量核条件」である．先に述べておいたように時間成分 p^0 は正に限定したから

$$p^0 = \frac{E_{|\boldsymbol{p}|}}{c} = \sqrt{|\boldsymbol{p}|^2 + m^2c^2}\,. \tag{3.30}$$

ここでは，「場という広がった対象に相対論的粒子の側面を見出せた」点が重要である．

クライン–ゴルドン方程式 (3.26) の一般解は，質量殻条件を満たす p の関数 (3.27) を，$\varphi(x)$ が実数に値をとる制約に従い重ね合わせて得られる：

$$\varphi(x) = \int \frac{d^{D-1}\boldsymbol{p}}{(2\pi\hbar)^{D-1}\ 2E_{|\boldsymbol{p}|}/c}\left(a(\boldsymbol{p})\ e^{-\mathrm{i}\frac{p\cdot x}{\hbar}} + a(\boldsymbol{p})^*\ e^{+\mathrm{i}\frac{p\cdot x}{\hbar}}\right). \tag{3.31}$$

右辺の p^0 は与えられた $\boldsymbol{p}$ に対して式 (3.30) で与える．ローレンツ変換 $\mathrm{SO}(1\,,\,D-1)$ の下で不変となるような積分測度を採用した．その場合の係数 $a(\boldsymbol{p})$ がローレンツ変換の表現（今の場合スカラー表現）に属するようになる．量子場に進む前にこの不変性を確認しておこう．

直接示すほうが簡単だが，あえて遠回りする．$(D-1)$ 次元運動量積分を D 次元の運動量積分，ただし，質量殻上かつ正のエネルギー成分に限るもの，に書き直す：

$$\begin{aligned}&\int \frac{d^{D-1}\boldsymbol{p}}{(2\pi\hbar)^{D-1}\ 2E_{|\boldsymbol{p}|}/c} f(\boldsymbol{p})\\ &= \int \frac{d^{D-1}\boldsymbol{p}}{(2\pi\hbar)^{D-1}} \int_{-\infty}^{\infty} dp^0\,\theta(p^0)\,\delta(p^2 - m^2c^2)\,f(\boldsymbol{p})\,.\end{aligned} \tag{3.32}$$

ここで $\theta\left(p^0\right)$ は階段関数である：

$$\theta(p^0) = \begin{cases} 1 & p^0 \geq 0 \text{ のとき,} \\ 0 & p^0 < 0 \text{ のとき.} \end{cases} \tag{3.33}$$

実際，p^0 積分は以下のようになる：

$$
\begin{aligned}
&\int_{-\infty}^{\infty} dp^0\, \delta(p^2 - m^2c^2)\, \theta(p^0)\, F(p^0) \\
&= \int_{-\infty}^{\infty} dp^0\, \theta(p^0)\, \delta\left(\left(p^0 - \frac{E_{|\boldsymbol{p}|}}{c} \right) \left(p^0 + \frac{E_{|\boldsymbol{p}|}}{c} \right) \right) F(p^0) \\
&= \int_0^{\infty} dp^0 \delta\left(2\, \frac{E_{|\boldsymbol{p}|}}{c} \left(p^0 - \frac{E_{|\boldsymbol{p}|}}{c} \right) \right) F(p^0) = \frac{1}{2\, E_{|\boldsymbol{p}|}/c}\, F\left(\frac{E_{|\boldsymbol{p}|}}{c} \right). \qquad (3.34)
\end{aligned}
$$

$d^D p$ と $\delta(p^2 - m^2c^2)$ はローレンツ不変だから，残りの $\theta(p^0)$ の不変性を調べる．一般に，「時間的 D 次元ベクトル v の v^0 の符号は $\mathrm{SO}(1\,,\, D-1)$ の下で不変である」．D 次元ベクトル v が時間的とは，$v^\mu\, \eta_{\mu\nu}\, v^\nu > 0$，つまり，$\left|v^0\right| > |\boldsymbol{v}|$ という場合を指す．例えば，0 でない質量の相対論的粒子の質量殻上にある D 元運動量 p は**時間的ベクトル**だから，「ある座標系でエネルギー成分 p^0 が正であれば，$\mathrm{SO}(1\,,\, D-1)$ の変換で写る他の座標系でもエネルギーは正である」ことをこの命題は保証する．これが証明できれば，問題の積分は時間的 D 次元運動量に関する積分だから $\theta(p^0)$ の不変性が分かる．

$\left|v^0\right| > 0$ より，まず $v^0 > 0$ の場合を調べよう．$\Lambda \in \mathrm{SO}(1\,,\, D-1)$ により変換された $v^\mu_\Lambda = \Lambda^\mu{}_\nu\, v^\nu$ の時間成分を具体的に書き下す：

$$
v^0_\Lambda = \Lambda^0{}_0\, v^0 + \sum_{j=1}^{D-1} \Lambda^0{}_j\, v^j. \qquad (3.35)
$$

$\Lambda \in \mathrm{SO}(1\,,\, D-1)$ だから $\Lambda^0{}_0 \geq 1$ より $\Lambda^0{}_0\, v^0 > 0$．よって，式 (3.35) の空間和の量が 0 以上のときは $v^0_\Lambda > 0$ となる．空間和の量が負の場合には，二つの $(D-1)$ 次元ベクトル $\left(\Lambda^0{}_j\right)$，$(v^j)$ の内積と考えると，その大きさはそれぞれのベクトルの大きさの積で上から抑えられるから

$$
v^0_\Lambda = \Lambda^0{}_0\, v^0 - \left| \sum_{j=1}^{D-1} \Lambda^0{}_j\, v^j \right| \geq \Lambda^0{}_0\, v^0 - \sqrt{\sum_{j=1}^{D-1} \left(\Lambda^0{}_j\right)^2} \cdot |\boldsymbol{v}|\,. \qquad (3.36)
$$

$\Lambda \in \mathrm{SO}(1\,,\, D-1)$ は式 (2.20) を満たすから

$$
\begin{aligned}
v^0_\Lambda &\geq v^0 \sqrt{1 + \sum_{j=1}^{D-1} \left(\Lambda^0{}_j\right)^2} - |\boldsymbol{v}| \sqrt{\sum_{j=1}^{D-1} \left(\Lambda^0{}_j\right)^2} \\
&> \left(v^0 - |\boldsymbol{v}|\right) \sqrt{\sum_{j=1}^{D-1} \left(\Lambda^0{}_j\right)^2} > 0 \qquad (3.37)
\end{aligned}
$$

が従う．$v^0 < 0$ の場合には，$v'^\mu = -v^\mu$ という時間的な D 次元ベクトルに対して今示した結果を適用できるから，$v^0_\Lambda < 0$ が得られる．

3.4.2 生成・消滅演算子

$\varphi(x)$ を量子化時には，式 (3.31) の右辺の係数 $a\,(\boldsymbol{p})$，$a\,(\boldsymbol{p})^*$ が演算子に置き換わる：

$$
\widehat{\varphi}(x) = \int \frac{d^{D-1}\boldsymbol{p}}{(2\pi\hbar)^{D-1}\; 2E_{|\boldsymbol{p}|}/c}\, \hbar \left(\widehat{a}\,(\boldsymbol{p})\; e^{-\mathrm{i}\,\frac{p\cdot x}{\hbar}} + \widehat{a}\,(\boldsymbol{p})^\dagger\; e^{+\mathrm{i}\,\frac{p\cdot x}{\hbar}} \right). \qquad (3.38)
$$

実は $\widehat{a}\,(\boldsymbol{p})$ が運動量 $\boldsymbol{p}$ の粒子を消滅する演算子，$\widehat{a}\,(\boldsymbol{p})^\dagger$ が運動量 $\boldsymbol{p}$ の粒子を生成する演算

子である．以下ではこの点を順を追って見ていきたい．

最初に，$\widehat{a}\,(\boldsymbol{p}), \widehat{a}\,(\boldsymbol{p})^\dagger$ が満たす代数を調べたい．そのためには共役運動量演算子 $\widehat{\Pi}(\boldsymbol{x})$ の展開式が必要となる：

$$\begin{aligned}\widehat{\Pi}(\boldsymbol{x}) &= \frac{1}{c}\left[\partial_0 \widehat{\varphi}(x)\right]_{x^0=0} \\ &= \int \frac{d^{D-1}\boldsymbol{p}}{2\,(2\pi\hbar)^{D-1}}(-\mathrm{i})\frac{1}{c}\left(\widehat{a}\,(\boldsymbol{p})\;e^{+\mathrm{i}\,\frac{\boldsymbol{p}\cdot\boldsymbol{x}}{\hbar}} - \widehat{a}\,(\boldsymbol{p})^\dagger\;e^{-\mathrm{i}\,\frac{\boldsymbol{p}\cdot\boldsymbol{x}}{\hbar}}\right). \end{aligned} \tag{3.39}$$

式 (3.38) を逆フーリエ変換すると

$$\int d^{D-1}\boldsymbol{x}\,e^{-\mathrm{i}\boldsymbol{q}\cdot\boldsymbol{x}}\,\frac{E_{|\boldsymbol{q}|}}{c\hbar}\,\widehat{\varphi}(0\,,\,\boldsymbol{x}) = \frac{1}{2}\left(\widehat{a}\,(\boldsymbol{q}) + \widehat{a}\,(-\boldsymbol{q})^\dagger\right). \tag{3.40}$$

式 (3.39) を逆フーリエ変換すると

$$\int d^{D-1}\boldsymbol{x}\,e^{-\mathrm{i}\boldsymbol{q}\cdot\boldsymbol{x}}\,(\mathrm{i}\,c)\,\widehat{\Pi}(\boldsymbol{x}) = \frac{1}{2}\left(\widehat{a}\,(\boldsymbol{q}) - \widehat{a}\,(-\boldsymbol{q})^\dagger\right). \tag{3.41}$$

これと式 (3.40) から

$$\begin{aligned}\widehat{a}\,(\boldsymbol{p}) &= \int d^{D-1}\boldsymbol{x}\,e^{-\mathrm{i}\boldsymbol{p}\cdot\boldsymbol{x}}\left(\frac{E_{|\boldsymbol{p}|}}{c\hbar}\,\widehat{\varphi}(0\,,\,\boldsymbol{x}) + \mathrm{i}\,c\,\widehat{\Pi}(\boldsymbol{x})\right), \\ \widehat{a}\,(\boldsymbol{q})^\dagger &= \int d^{D-1}\boldsymbol{y}\,e^{+\mathrm{i}\boldsymbol{q}\cdot\boldsymbol{y}}\left(\frac{E_{|\boldsymbol{q}|}}{c\hbar}\,\widehat{\varphi}(0\,,\,\boldsymbol{y}) - \mathrm{i}\,c\,\widehat{\Pi}(\boldsymbol{y})\right)\end{aligned} \tag{3.42}$$

を得る．右辺に現れる演算子間の同時刻交換関係 (3.23) を使うことで $\widehat{a}\,(\boldsymbol{p}), \widehat{a}\,(\boldsymbol{p})^\dagger$ は以下のような交換子を満たすことが分かる：

$$\begin{aligned}&\left[\widehat{a}\,(\boldsymbol{p})\;,\,\widehat{a}\,(\boldsymbol{q})^\dagger\right] = (2\pi\hbar)^{D-1}\,2\,E_{|\boldsymbol{p}|}\,\delta^{D-1}\,(\boldsymbol{p}-\boldsymbol{q})\;, \\ &\left[\widehat{a}\,(\boldsymbol{p})\;,\,\widehat{a}\,(\boldsymbol{q})\right] = 0 = \left[\widehat{a}\,(\boldsymbol{p})^\dagger\;,\,\widehat{a}\,(\boldsymbol{q})^\dagger\right]. \end{aligned} \tag{3.43}$$

$\widehat{a}\,(\boldsymbol{p}), \widehat{a}\,(\boldsymbol{p})^\dagger$ が系のエネルギーの増減に関連することを見るため，ハミルトニアン演算子をこれらで表しておきたい．自由な実スカラー場の系のハミルトニアンは式 (3.17) で $V(a) = \dfrac{m^2c^2}{\hbar^2}\,a^2$ としたものであるが，古典場を量子場に置き換えたものを考えてみる：

$$\begin{aligned}\widehat{H}_{f,\,\mathrm{tmp}} = \int d^{D-1}\boldsymbol{x}\Biggl\{&\frac{1}{2}\left(c\widehat{\Pi}(\boldsymbol{x})\right)^2 + \frac{1}{2}\sum_{j=1}^{D-1}\left(\partial_j\widehat{\varphi}\,(0\,,\,\boldsymbol{x})\right)^2 \\ &+\frac{1}{2}\frac{m^2c^2}{\hbar^2}\left(\widehat{\varphi}\,(0\,,\,\boldsymbol{x})\right)^2\Biggr\}. \end{aligned} \tag{3.44}$$

これに式 (3.38) と式 (3.39) を代入すると，例えば，第 2 項は次のようになる：

$$\begin{aligned}&\int d^{D-1}\boldsymbol{x}\,\frac{1}{2}\sum_{j=1}^{D-1}\left(\partial_j\widehat{\varphi}\,(0\,,\,\boldsymbol{x})\right)^2 \\ =&\int \frac{d^{D-1}\boldsymbol{p}}{(2\pi\hbar)^{D-1}\;2E_{|\boldsymbol{p}|}/c}\int \frac{d^{D-1}\boldsymbol{q}}{(2\pi\hbar)^{D-1}\;2E_{|\boldsymbol{q}|}/c}\,\frac{1}{2}\,(\boldsymbol{p}\cdot\boldsymbol{q}) \\ &\times\int d^{D-1}\boldsymbol{x}\left(-\widehat{a}\,(\boldsymbol{p})\,\widehat{a}\,(\boldsymbol{q})\,e^{\mathrm{i}\,\frac{(\boldsymbol{p}+\boldsymbol{q})\cdot\boldsymbol{x}}{\hbar}} - \widehat{a}\,(\boldsymbol{p})^\dagger\,\widehat{a}\,(\boldsymbol{q})^\dagger\,e^{-\mathrm{i}\,\frac{(\boldsymbol{p}+\boldsymbol{q})\cdot\boldsymbol{x}}{\hbar}}\right.\end{aligned}$$

$$+\,\widehat{a}(\boldsymbol{p})\,\widehat{a}(\boldsymbol{q})^\dagger\, e^{\mathrm{i}\frac{(\boldsymbol{p}-\boldsymbol{q})\cdot\boldsymbol{x}}{\hbar}} + \widehat{a}(\boldsymbol{p})^\dagger\,\widehat{a}(\boldsymbol{q})\, e^{-\mathrm{i}\frac{(\boldsymbol{p}-\boldsymbol{q})\cdot\boldsymbol{x}}{\hbar}}\Big)$$

$$= \int \frac{d^{D-1}\boldsymbol{p}}{(2\pi\hbar)^{D-1}} \left(\frac{c}{2E_{|\boldsymbol{p}|}}\right)^2 \frac{|\boldsymbol{p}|^2}{2} \times \Big(\widehat{a}(\boldsymbol{p})\,\widehat{a}(-\boldsymbol{p}) + \widehat{a}(\boldsymbol{p})^\dagger\,\widehat{a}(-\boldsymbol{p})^\dagger + \widehat{a}(\boldsymbol{p})\,\widehat{a}(\boldsymbol{p})^\dagger + \widehat{a}(\boldsymbol{p})^\dagger\,\widehat{a}(\boldsymbol{p})\Big)\,. \tag{3.45}$$

式 (3.44) の他の項も同様に計算し，和をとり式 (3.43) における $\widehat{a}(\boldsymbol{p})$ と $\widehat{a}(\boldsymbol{p})^\dagger$ の間の交換子を用いると

$$\begin{aligned}\widehat{H}_{f,\,\mathrm{tmp}} &= \int \frac{d^{D-1}\boldsymbol{p}}{(2\pi\hbar)^{D-1}}\,\frac{1}{4}\Big(\widehat{a}(\boldsymbol{p})\,\widehat{a}(\boldsymbol{p})^\dagger + \widehat{a}(\boldsymbol{p})^\dagger\,\widehat{a}(\boldsymbol{p})\Big) \\ &= \int \frac{d^{D-1}\boldsymbol{p}}{2\,(2\pi\hbar)^{D-1}}\Big(\widehat{a}(\boldsymbol{p})^\dagger\,\widehat{a}(\boldsymbol{p}) + (2\pi\hbar)^{D-1}\,2E_{|\boldsymbol{p}|}\,\delta^{D-1}(\boldsymbol{0})\Big)\end{aligned} \tag{3.46}$$

を得る．定数項はひどく発散している．量子力学の 1 次元調和振動子に対して我々は同様の計算をした．その際に現れた定数項は基底状態でも存在する量子揺らぎに由来するエネルギーと解釈され保持していた．これまでの計算から分かるように自由場のハミルトニアン演算子は運動量に依存する振動数 $\omega_{|\boldsymbol{p}|} = E_{|\boldsymbol{p}|}/\hbar$ の D 次元調和振動子の寄与をすべての運動量にわたって足し上げたものだから，必然的にその零点エネルギー部分は発散する．場の量子論では状態間のエネルギー差にのみ注目することにし，発散項をいったん忘れて以下のものをハミルトン演算子と定義する：

$$\widehat{H}_f := \int \frac{d^{D-1}\boldsymbol{q}}{(2\pi\hbar)^{D-1}\,2\,E_{|\boldsymbol{q}|}}\,E_{|\boldsymbol{q}|}\,\widehat{a}(\boldsymbol{q})^\dagger\,\widehat{a}(\boldsymbol{q})\,. \tag{3.47}$$

この $\widehat{H}_f$ は式 (3.44) の右辺の正規順序積をとって得られる．生成演算子 $\widehat{a}(\boldsymbol{p})^\dagger$ と消滅演算子 $\widehat{a}(\boldsymbol{p})$ で書かれた積が一つある場合，どの生成演算子もすべての消滅演算子よりも左に位置するように，交換関係による定数部分を無視して並べ替えて得られる積を**正規順序積**という．

式 (3.47) のハミルトニアン演算子は量子力学の 1 次元調和振動子のハミルトニアン演算子をエネルギーを上げる演算子 $\widehat{c}^\dagger$ と下げる演算子 $\widehat{c}$ で書いたものに似ている．この点を踏まえて自由スカラー場の状態空間の様相と $\widehat{a}(\boldsymbol{p}), \widehat{a}(\boldsymbol{p})^\dagger$ の機能について見ていこう：

1. 自由スカラー場の量子論でも基底状態 $|0\rangle$*3) を以下の条件を満たすものと定義する：

$$\widehat{a}(\boldsymbol{p})\,|0\rangle = 0 \quad \left(\forall \boldsymbol{p} \in \boldsymbol{R}^{D-1}\right), \quad \||0\rangle\| = 1\,. \tag{3.48}$$

   式 (3.47) のハミルトニアン演算子では基底状態のエネルギーは 0 である．

2. 質量 m が 0 でない限り，$|0\rangle$ に $\widehat{a}(\boldsymbol{p})$ を作用させて得られるどの状態も 0 より大きなエネルギーを持つ．この点を確認するには，式 (3.43) の交換関係から得られる

$$\left[\widehat{H}_f\,,\,\widehat{a}(\boldsymbol{p})^\dagger\right] = E_{|\boldsymbol{p}|}\,\widehat{a}(\boldsymbol{p})^\dagger \tag{3.49}$$

   を用いればよい：

*3) 量子論における各状態は射で表されるから，正確には，ベクトル $|0\rangle$ は基底状態を表す射の代表元である．以降，ベクトルを状態と述べた場合，対応する射の代表元を意味するものとする．

$$\widehat{H}_f\left(\widehat{a}\left(\boldsymbol{p}\right)^{\dagger}|0\rangle\right)=E_{|\boldsymbol{p}|}\left(\widehat{a}\left(\boldsymbol{p}\right)^{\dagger}|0\rangle\right). \tag{3.50}$$

3. 確かに $\widehat{a}(\boldsymbol{p})^{\dagger}$ はエネルギーを上げる役割をするのであるが，それだけではない．ちょうど一つの相対論的粒子のエネルギー $E_{|\boldsymbol{p}|}$ 分上昇させていることから，「$\widehat{a}(\boldsymbol{p})^{\dagger}$ は系に運動量 $\boldsymbol{p}$ を持つ粒子を追加している」と考えるのが自然であろう．これが $\widehat{a}(\boldsymbol{p})^{\dagger}$ を**生成演算子**と呼ぶ理由である．
4. $\widehat{a}(\boldsymbol{p})^{\dagger}$ にエルミート共役な演算子 $\widehat{a}(\boldsymbol{p})$ は粒子を消滅させる機能を有すると解釈するのが自然であろう．
5. 場の量子論において基底状態 $|0\rangle$ は系のエネルギーが最も低いだけではない．式(3.48) は「$|0\rangle$ という状態にある系からはこれ以上粒子を取り除いて非自明な状態を作ることができない」と解釈できる．よって，$|0\rangle$ は系に粒子が全くない状況を表す．このことから場の量子論の基底状態 $|0\rangle$ を**真空**という．
6. $|\boldsymbol{p}\rangle := \widehat{a}(\boldsymbol{p})^{\dagger}|0\rangle$ は 1 粒子状態に相当する．実際には，この状態は決まった運動量 $\boldsymbol{p}$ を持っているため全空間にわたって広がる，波極限にある対象を表している．場の量子論はこのように波の面から量子化することで，粒子の生成・消滅の現象の記述を容易にする．
7. 運動量 $\boldsymbol{p}_{(1)}$，$\boldsymbol{p}_{(2)}$ を有する二つの粒子からなる状態は以下のように定義するのが自然であろう：

$$\left|\boldsymbol{p}_{(1)}\boldsymbol{p}_{(2)}\right\rangle := \widehat{a}\left(\boldsymbol{p}_{(1)}\right)^{\dagger}\widehat{a}\left(\boldsymbol{p}_{(2)}\right)^{\dagger}|0\rangle. \tag{3.51}$$

$\widehat{a}\left(\boldsymbol{p}_{(1)}\right)^{\dagger}$ と $\widehat{a}\left(\boldsymbol{p}_{(2)}\right)^{\dagger}$ は可換だから $\left|\boldsymbol{p}_{(1)}\boldsymbol{p}_{(2)}\right\rangle=\left|\boldsymbol{p}_{(2)}\boldsymbol{p}_{(1)}\right\rangle$ である．これは実スカラー粒子がボーズ統計に従うことを意味する．フェルミ統計に従う粒子の記述は式(3.43) のような交換子ではなく反交換関係を使って実現されると期待される．

8. 最後に場の理論における生成・消滅演算子と量子力学における上昇・下降演算子との違いをまとめておく．場の理論における生成・消滅演算子はそれぞれ系に粒子を生成・消滅することによってエネルギーの上げ下げも行う．対して，1 次元調和振動子の量子力学の演算子 $\widehat{c}^{\dagger}$，$\widehat{c}$ はあくまで 1 個の調和振動子のエネルギーを上げ下げする機能しか備えていない：基底状態・すべての励起状態はいずれも 1 個の調和振動子の状態である．

第 4 章
電磁場の古典論

電磁場と電荷を帯びた物質との相互作用を記述する基本方程式としてマクスウェル方程式を学ぶが，それをもう一度見直してみると，実際のところは基本方程式ではなく，ほとんど役に立たないことが分かる．電磁場の理論を解析力学により捉え直すと，電磁場と物質からなる系の可換ゲージ理論としての定式化へと導かれる．特に，電磁場と電荷を帯びた物質または場との相互作用は，ゲージ場との相互作用によって与えられることを見る．

4.1　マクスウェル方程式に関する再考

我々の日常生活は電気的な力と重力によってほぼ支配されていると言っても過言ではない．電気的な力のみの系を扱う電磁気学は物理学科のみならず工学部全般の学部授業で必須科目の一つである．現宇宙におけるマクロ的諸現象がマクスウェル方程式によって記述できる，と学んだ際には，感銘を覚えた方々も多数おられるものと想像する．

同時に，授業や教科書で学んだ際にその方程式はそれほど単純と言えるのか，と疑問を抱いたこともあるのではなかろうか？ 現在，国内の教科書のほとんどで掲載されたり，筆者の大学の授業で学ぶ**マクスウェル方程式**は以下のようなものである：

$$
\begin{aligned}
&\nabla\cdot\boldsymbol{B}(x)=0\,,\\
&\nabla\times\boldsymbol{E}(x)=-\frac{\partial\boldsymbol{B}(x)}{\partial t}\,,\\
&\nabla\cdot\boldsymbol{D}(x)=\rho_0(x)\,,\\
&\nabla\times\boldsymbol{H}(x)=\boldsymbol{j}_0(x)+\frac{\partial\boldsymbol{D}(x)}{\partial t}\,.
\end{aligned}
\tag{4.1}
$$

ここで，$\rho_0(x)$，$\boldsymbol{j}_0(x)$ はそれぞれ**電荷密度**，**電流密度**である．場の変数を表す記号を何度も再定義することを避けるため，4 次元座標 x を用いている．一般に 3 次元ベクトル場 $\boldsymbol{C}(x)=\big(C^1(x)\,,C^2(x)\,,C^3(x)\big)$ の発散 $\nabla\cdot\boldsymbol{C}(x)$ と回転 $\nabla\times\boldsymbol{C}(x)$ は

$$
\nabla\cdot\boldsymbol{C}(x)\coloneqq\sum_{j=0}^{3}\frac{\partial C^j}{\partial x^j}(x)\,,\quad \big(\nabla\times\boldsymbol{C}(x)\big)^i\coloneqq\sum_{k=1}^{3}\varepsilon_{ijk}\,\frac{\partial C^k}{\partial x^j}(x)
\tag{4.2}
$$

で与えられる．**電場** $\boldsymbol{E}$ と**電束密度** $\boldsymbol{D}$ は，**誘電分極** $\boldsymbol{P}$ と真空の**誘電率** ε_0 を用いて

$$\epsilon_0 \boldsymbol{E} = \boldsymbol{D} - \boldsymbol{P} \tag{4.3}$$

という関係にある．また，**磁界** $\boldsymbol{H}$ と**磁束密度** $\boldsymbol{B}$ は，**磁化** $\boldsymbol{M}$ と真空の**透磁率** μ_0 を用いて

$$\boldsymbol{H} = \frac{1}{\mu_0}\boldsymbol{B} - \boldsymbol{M} \tag{4.4}$$

のように関係する．$\boldsymbol{E}$ と $\boldsymbol{D}$ の関係をテンソル量 $\left(\varepsilon^j{}_k\right)$ を用いて $D^j = \sum_{k=1}^{3} \varepsilon^j{}_k E^k$ と表すこともあるが，これは $\boldsymbol{E}(x)$ に関する線形近似が妥当な場合に正しい．このように振り返ってみると状況は極めて複雑である．

複雑さの要因は，$\boldsymbol{E}$ と $\boldsymbol{D}$ の区別，$\boldsymbol{B}$ と $\boldsymbol{H}$ の区別である．「真空中の系に限定した場合には $\boldsymbol{P} = \boldsymbol{0}$, $\boldsymbol{M} = \boldsymbol{0}$ だから $\boldsymbol{E}$ と $\boldsymbol{B}$ だけで書けて」単純になる．しかし，誘電体などの媒質を含む系を記述するためには，$\boldsymbol{E}$ と $\boldsymbol{D}$ の区別，$\boldsymbol{B}$ と $\boldsymbol{H}$ の区別が必須であり，一般的な方程式 (4.1) を要するのだ，と学ぶ．

筆者は，以上のような複雑さは一切忘れても構わない，と考える．その理由を見るため，効率化・単純化を試みる観点から式 (4.3) と (4.4) を式 (4.1) に代入して以下のように整理してみよう：

$$\begin{aligned}
&\nabla \cdot \boldsymbol{B}(x) = 0\,, \\
&\nabla \times \boldsymbol{E}(x) = -\frac{\partial \boldsymbol{B}(x)}{\partial t}\,, \\
&\epsilon_0\, \nabla \cdot \boldsymbol{E}(x) = \rho_0(x) - \nabla \cdot \boldsymbol{P}(x)\,, \\
&\frac{1}{\mu_0} \times \cdot \boldsymbol{B}(x) = \left(\boldsymbol{j}_0(x) + \nabla \times \boldsymbol{M}(x) + \frac{\partial \boldsymbol{P}(x)}{\partial t}\right) + \epsilon_0 \frac{\partial \boldsymbol{E}(x)}{\partial t}\,.
\end{aligned} \tag{4.5}$$

そこで，$\rho(x)$，$\boldsymbol{j}(x)$ を

$$\begin{aligned}
&\rho(x) := \rho_0(x) - \nabla \cdot \boldsymbol{P}(x)\,, \\
&\boldsymbol{j}(x) := \boldsymbol{j}_0(x) + \nabla \times \boldsymbol{M}(x) + \frac{\partial \boldsymbol{P}(x)}{\partial t}
\end{aligned} \tag{4.6}$$

と定義すれば，式 (4.5) は「通常，真空中のマクスウェル方程式として言及されているもの」に帰着する：

$$\begin{aligned}
&\nabla \cdot \boldsymbol{B}(x) = 0\,, \\
&\nabla \times \boldsymbol{E}(x) = -\frac{\partial \boldsymbol{B}(x)}{\partial t}\,, \\
&\nabla \cdot \boldsymbol{E}(x) = \frac{1}{\epsilon_0}\,\rho(x)\,, \\
&\nabla \times \boldsymbol{B}(x) = \mu_0\, \boldsymbol{j}(x) + \frac{1}{c^2}\frac{\partial \boldsymbol{E}(x)}{\partial t}\,.
\end{aligned} \tag{4.7}$$

ここで

$$\sqrt{\mu_0 \varepsilon_0} = \frac{1}{c} \tag{4.8}$$

を用いた．今世紀に入って出版された電磁気学の教科書[13]でも一般的なマクスウェル方程式は式 (4.1) とされているが，本書を作成するに当たって再考する中で，式 (4.1) はただ冗長であり，式 (4.7) に帰着されると結論した．

式 (4.5) という式操作は「両辺から」双極子の効果を取り除いたことに相当するため，やはり式 (4.7) は媒質中の電磁現象を記述できない方程式だ，という反論も予想される．しかし，電磁気学の教科書として著名な本[12]を読み返してみると，式 (4.7) の電荷密度 $\rho(x)$ と電流密度 $\boldsymbol{j}(x)$ に含まれる双極子の寄与を取り除くことで式 (4.1) に至っていることが分かる．よって，式 (4.5) は双極子などによる諸々の副次的な効果を $\rho(x)$ と $\boldsymbol{j}(x)$ のほうに取り込んだ，と言える．

式 (4.1)，(4.3)，(4.4) は古い時代における現象論的な遺物であり，それらを捨て去り，物質に関わるすべての諸性質の記述は $\rho(x)$，$\boldsymbol{j}(x)$ にすべて負担してもらう，という内容が方程式 (4.7) である．今後は電束密度 $\boldsymbol{D}$ と磁界 $\boldsymbol{H}$ を一切忘れてよい．

4.2 マクスウェル方程式の相対論的記述

マクスウェル方程式 (4.7) は特殊相対論の意味での共変な形に書き表すことが可能である．まず電場 $\boldsymbol{E}(x)$ と磁束密度 $\boldsymbol{B}(x)$ を 2 階の反対称テンソル場 $F^{\mu\nu}(x) = -F^{\nu\mu}(x)$ に含める：

$$F^{0j}(x) = -\frac{1}{c}\,E^j(x) = -F^{j0}(x)\,, \quad F^{ij}(x) = -\sum_{k=1}^{3} \varepsilon^{ijk}\,B^k(x)\,. \tag{4.9}$$

反対称テンソル場はローレンツ変換の下で

$$F^{\mu\nu}(x) \to F_\Lambda^{\mu\nu}(x') = \Lambda^\mu{}_\lambda\,\Lambda^\nu{}_\rho\,F^{\lambda\rho}(x) \tag{4.10}$$

のように振る舞う．反対称性は変換後も維持され，$F_\Lambda^{\mu\nu}(x')$ を電場と磁場に分けることができる．ある座標系で電場のみしかなくても，ローレンツ・ブーストで変換後の座標系では非自明な磁場が存在する：

$$F_\Lambda^{ij}(x') = \sum_{k=1}^{3} \left(\Lambda^i{}_0\,\Lambda^j{}_k - \Lambda^j{}_0\,\Lambda^i{}_k\right) F^{0k}(x)\,. \tag{4.11}$$

4 次元ベクトル場 $J^\mu(x)$ に $\rho(x)$ と $\boldsymbol{j}(x)$ を含める：

$$J^0(x) = c\,\rho(x)\,, \quad J^k(x) = j^k(x)\ (k = 1, 2, 3) \tag{4.12}$$

と，マクスウェル方程式 (4.7) で $J^\mu(x)$ を含むものは

$$\partial_\nu F^{\nu\mu}(x) = \mu_0\,J^\mu(x) \tag{4.13}$$

と書くことができる．それ以外のものは $F_{\mu\nu}(x) := \eta_{\mu\lambda}\,\eta_{\nu\rho}\,F^{\lambda\rho}(x)$ と

$$\varepsilon^{\mu\nu\rho\lambda} = \begin{cases} +1 & \text{もしも } \mu\nu\lambda\rho \text{ が } 0123 \text{ の偶置換で得られるとき,} \\ -1 & \text{もしも } \mu\nu\lambda\rho \text{ が } 0123 \text{ の奇置換で得られるとき,} \\ 0 & \mu\nu\lambda\rho \text{ の中に等しいものが二つ以上あるとき} \end{cases}$$

を用いて

$$\varepsilon^{\mu\nu\lambda\rho}\,\partial_\nu F_{\mu\rho}(x) = 0 \tag{4.14}$$

と表すことができる．実際，

$$\begin{aligned}
0 &= \sum_{i\,,\,j\,,\,k\,=\,1}^{3} \varepsilon^{0ijk}\,\partial_i F^{jk} = \sum_{i\,,\,j\,,\,k\,=\,1}^{3} \varepsilon^{ijk}\,\partial_i F^{jk}(x) = -2\,\nabla\cdot\boldsymbol{B}(x)\,,\\
0 &= \sum_{j\,,\,k\,=\,1}^{3} \varepsilon^{i0jk}\,\partial_0 F^{jk}(x) - \sum_{j\,,\,k\,=\,1}^{3} \varepsilon^{ij0k}\,\partial_j F^{0k}(x) - \sum_{j\,,\,k\,=\,1}^{3} \varepsilon^{ijk0}\,\partial_j F^{k0}(x)\\
&= \frac{2}{c}\left\{\frac{\partial B^i(x)}{\partial t} + (\nabla\times\boldsymbol{E}(x))^i\right\}.
\end{aligned} \tag{4.15}$$

式 (4.13) のほうは

$$\begin{aligned}
\rho(x) &= \frac{1}{c}\,J^0(x) = \frac{1}{c\,\mu_0}\sum_{k\,=\,0}^{3} \partial_k F^{k0}(x) = \varepsilon_0 \nabla\cdot\boldsymbol{E}(x)\,,\\
\mu_0 j^i(x) &= \partial_0 F^{i0}(x) + \sum_{k\,=\,1}^{3} \partial_k F^{ki}(x) = -\frac{1}{c^2}\,\frac{\partial E^i(x)}{\partial t} + (\nabla\times\boldsymbol{B}(x))^i\,.
\end{aligned} \tag{4.16}$$

ローレンツ変換 (4.10) から，$F^{\mu\nu}(x)$ はローレンツ群の表現に値をとる場の一つである．電場と磁場は各時空点で計 6 成分からなるため，実数で 6 次元表現に値をとる場 $F^{\mu\nu}(x)$ に含めた．$(0\,,\,0)$ や $\left(\frac{1}{2}\,,\,\frac{1}{2}\right)$ を含む $(s_L\,,\,s_R)$ で $s_L = s_R$ のタイプの既約表現ではその値を実数に制限することができるが，実 6 次元の既約表現はない．ローレンツ群の既約表現で 6 次元となり得るのは $\left(\frac{1}{2}\,,\,1\right)$，$\left(1\,,\,\frac{1}{2}\right)$，$\left(\frac{5}{2}\,,\,0\right)$，$\left(0\,,\,\frac{5}{2}\right)$ であるが，いずれも値を実数に制限できない．$(1\,,\,0)$ と $(0\,,\,1)$ は互いに複素共役で移り合う複素 3 次元の既約表現であり，これら二つを活用することで以下のように実 6 次元の表現が得られる．まず，

$$F^{\mu\nu} = \frac{1}{2}\left(F^{\mu\nu} + \mathrm{i}\,\varepsilon^{\mu\nu\lambda\rho}\,F_{\lambda\rho}\right) + \frac{1}{2}\left(F^{\mu\nu} - \mathrm{i}\,\varepsilon^{\mu\nu\lambda\rho}\,F_{\lambda\rho}\right) \tag{4.17}$$

と書く．右辺の第 1 項は，**自己双対条件**

$$\mathrm{i}\,\frac{1}{2}\,\varepsilon^{\mu\nu}{}_{\lambda\rho}\,F^{(+)\,\lambda\rho} = F^{(+)\,\mu\nu} \tag{4.18}$$

を満たし，第 2 項は**反自己双対条件**

$$\mathrm{i}\,\frac{1}{2}\,\varepsilon^{\mu\nu}{}_{\lambda\rho}\,F^{(-)\,\lambda\rho} = -F^{(-)\,\mu\nu} \tag{4.19}$$

を満たす．ミンコフスキー空間の場合には

$$\mathrm{i}\,\frac{1}{2}\,\varepsilon^{\mu\nu\lambda'\rho'}\,\eta_{\lambda'\lambda}\,\eta_{\rho'\rho}\,\mathrm{i}\,\frac{1}{2}\,\varepsilon^{\lambda\rho\sigma'\kappa'}\eta_{\sigma'\sigma}\,\eta_{\kappa'\kappa} = \frac{1}{2}\left(\delta^\mu{}_\sigma\,\delta^\nu{}_\kappa - \delta^\mu{}_\kappa\,\delta^\nu{}_\sigma\right) \tag{4.20}$$

だから，2 階の反対称テンソルからなるベクトル空間上の演算子

$$\left(P_{(\pm)}\right)^{\mu\nu}{}_{\lambda\rho} := \frac{1}{2}\left\{\frac{1}{2}\left(\delta^\mu{}_\lambda\,\delta^\nu{}_\rho - \delta^\mu{}_\rho\,\delta^\nu{}_\rho\right) \pm \mathrm{i}\,\varepsilon^{\mu\nu}{}_{\lambda\rho}\right\} \tag{4.21}$$

が射影演算子となるには，$\varepsilon^{\mu\nu}{}_{\lambda\rho}$ の前の虚数単位が必要なのである．式 (4.17) は $F^{\mu\nu}$ がこれら 2 つの量に分解されることを示している．逆に，式 (4.18) の解 $F^{(+)\,\mu\nu}$ を基本変数

とすると，その複素共役 $\left(F^{(+)\,\mu\nu}\right)^*$ は式 (4.19) を満たし，

$$F^{\mu\nu} = F^{(+)\,\mu\nu} + \left(F^{(+)\,\mu\nu}\right)^* \tag{4.22}$$

という実 6 次元の量を与える．ローレンツ変換の下で $F^{(+)\,\mu\nu}$ と $\left(F^{(+)\,\mu\nu}\right)^*$ は互いに混じり合わないから，$F^{\mu\nu}$ は可約表現と結論付けられる．

すでに解答を提示しているが，いったん忘れて議論を進めてみよう．光子は現時点で素粒子の一つだと考えられている．よって，ローレンツ代数の既約表現に値をとるような場を割り当てたい．$F^{\mu\nu}$ の可約性は光子の生成・消滅を記述する量子場は電磁場とは全く関係ないことを意味するのであろうか？

自由な電場・磁場に対応する量子場は光子を生成・消滅することができる．しかし，それらは実スカラー場の例でいうところの基本変数 $\varphi(x)$ に相当するものではない，ということである．この点について少し考えてみよう．

電磁場の作用が

$$S_{\mathrm{EM},\,0} = \int d^4x\,\frac{1}{c}\left(\frac{\varepsilon_0}{2}\,|\boldsymbol{E}(x)|^2 - \frac{1}{\mu_0}\,\frac{1}{2}\,|\boldsymbol{B}(x)|^2\right) \tag{4.23}$$

で与えられると学ばれた読者も多いであろう．式 (4.9) と $F_{\mu\nu}(x) = \eta_{\mu\lambda}\,\eta_{\nu\rho}\,F^{\lambda\rho}(x)$ を用いると，作用 $S_{\mathrm{EM},\,0}$ はローレンツ対称性が明白な

$$S_{\mathrm{EM},\,0} = \int d^4x\,\frac{1}{c}\,\frac{1}{\mu_0}\left(-\frac{1}{4}\,F_{\mu\nu}(x)\,F^{\mu\nu}(x)\right) \tag{4.24}$$

のように書ける．もしも $\boldsymbol{E}(x)$，$\boldsymbol{B}(x)$ を基本変数とすると，ラグランジアン密度はこれらの時間微分を含まないから，それらに共役な運動量は 0 となる．したがって，ルジャンドル変換で自由な電磁場のハミルトニアン

$$H_{\mathrm{EM}} = \int d^3\boldsymbol{x}\left(\frac{\varepsilon_0}{2}\,|\boldsymbol{E}(x)|^2 + \frac{1}{\mu_0}\,\frac{1}{2}\,|\boldsymbol{B}(x)|^2\right) \tag{4.25}$$

を導くことは決してできない．

4.3 自由な電磁場の解析力学

既に述べたように，電磁気学のラグランジアン密度や作用を与える基本変数は，ベクトル表現に値をとるゲージ場 $A_\mu(x)$ である．4 次元では，式 (4.14) を満たすように

$$F_{\mu\nu}(x) := \partial_\mu A_\nu(x) - \partial_\nu A_\mu(x) \tag{4.26}$$

となる．この関係は物質の存在により $J^\mu(x)$ がある系でも成り立つ．与えられた $A_\mu(x)$ から $F_{\mu\nu}(x)$ をそのように与えるという了解の下で，物質場を一切含まない電磁気学の作用 (4.24) をゲージ場 A_μ の汎関数と考える：

$$S_{\mathrm{EM}}[A] = \int d^4x\,\frac{1}{c}\left(-\frac{1}{4}\,F_{\mu\nu}(x)\,F^{\mu\nu}(x)\right). \tag{4.27}$$

ここで，これ以後，μ_0 を残すのは煩雑なため，$A_\mu(x) \to \sqrt{\mu_0}\,A_\mu(x)$ とリスケールさせて吸収した．物質の存在に関わる部分でも 4 次元電流密度 J^μ を $J^\mu(x) \to \mu_0^{-\frac{1}{2}} J^\mu(x)$ とリ

スケールとすれば μ_0 が現れないようにできる．必要な場合には，逆のリスケールをさせて μ_0 を再登場させることができる．

物質が全くない場合には．自由な電磁場の系となる．自由な電磁場の解析力学を通して，実スカラー場の系にはない特徴を見ていく．

実のところ，$A_\mu(0\,,\boldsymbol{x})$ の共役運動量を求める段階で，その特徴に遭遇する．共役運動量は自由電磁場の系のラグランジアン密度 $\mathcal{L}_{\rm EM}(x)$ を $\dot{A}_\mu(0\,,\boldsymbol{x}) = \partial_t A_\mu(0\,,\boldsymbol{x})$ で微分して求めるのであった．しかし，$F_{\mu\nu} = -F_{\nu\mu}$ だからラグランジアン密度には $\dot{A}_0(0\,,\boldsymbol{x})$ が含まれていない．よって，

$$\Pi^0(\boldsymbol{x}) = \frac{\partial \mathcal{L}_{\rm EM}(x)}{\partial \dot{A}_0(0\,,\boldsymbol{x})} = 0\,. \tag{4.28}$$

位相空間は，正準共役なペア $\{(A_\mu(0\,,\boldsymbol{x})\,,\Pi^\mu(\boldsymbol{x}))\}_{\boldsymbol{x}\in\boldsymbol{R}^3\,;\,\mu=0\,,1\,,2\,,3}$ を座標として持つものとする：

$$\begin{aligned}
&[A_\mu(0\,,\boldsymbol{x})\,,\Pi^\nu(\boldsymbol{y})]_P = \delta_\mu{}^\nu\,\delta^3(\boldsymbol{x}-\boldsymbol{y})\,,\\
&[A_\mu(0\,,\boldsymbol{x})\,,A_\nu(0\,,\boldsymbol{y})]_P = 0 = [\Pi^\mu(\boldsymbol{x})\,,\Pi^\nu(\boldsymbol{y})]_P\,.
\end{aligned} \tag{4.29}$$

この観点から式 (4.28) が意味することは，逆解きして $\dot{A}_0(0\,,\boldsymbol{x})$ を $\Pi^0(\boldsymbol{x})$ により一意に与えることができない，ということである．我々は $\Pi^0(\boldsymbol{x})$ を座標として含む位相空間上で分析を進めて行きたいため，式 (4.28) を

$$\Pi^0(\boldsymbol{x}) \approx \frac{\partial \mathcal{L}_{\rm EM}(x)}{\partial \dot{A}_0(0\,,\boldsymbol{x})} = 0 \tag{4.30}$$

と書く．$\approx$ という**弱い等号**は，自由電磁場の系を記述する候補となる位相空間中の点は $\Pi^0(\boldsymbol{x}) = \dfrac{\partial \mathcal{L}_{\rm EM}(x)}{\partial \dot{A}_0(0\,,\boldsymbol{x})} = 0$ を満たす点であることを意味する．「候補となる」と述べた理由は，他に独立な拘束条件があるかもしれないからである．このように共役運動量を定義する際に現れる拘束条件を**プライマリー拘束**条件という．他の場 $A_j(0\,,\boldsymbol{x})$ の共役運動量は

$$\begin{aligned}
\Pi^j(\boldsymbol{x}) &= \frac{1}{c}\frac{\partial \mathcal{L}_{\rm EM}(x)}{\partial(\partial_0 A_j(0\,,\boldsymbol{x}))} = -\frac{1}{c}F^{0j}(0\,,\boldsymbol{x})\\
&= \frac{1}{c^2}\,E^j(0\,,\boldsymbol{x})
\end{aligned} \tag{4.31}$$

で与えられ，この式は逆解きすることで $\dot{A}_j(0\,,\boldsymbol{x})$ に唯一つの解を与える．電磁場の解析力学では，電場 $E^j(0\,,\boldsymbol{x})$ はゲージ場の空間成分 $A_j(0\,,\boldsymbol{x})$ の共役運動量である点が確認された．対して，磁場 $B^j(0\,,\boldsymbol{x})$ は時刻 $t=0$ スライス上のゲージ場の空間方向の変化から割り出せる量に過ぎない．

全ハミルトニアンは，$u(\boldsymbol{x})$ をラグランジュ未定係数場として

$$\begin{aligned}
H_{\rm EM} &= \int d^3\boldsymbol{x}\left[\sum_{j=1}^{3}\Pi^j(\boldsymbol{x})\,\dot{A}_j(0\,,\boldsymbol{x}) - \mathcal{L}_{\rm EM}(0\,,\boldsymbol{x}) + u(\boldsymbol{x})\,\Pi^0(\boldsymbol{x})\right]\\
&= \int d^3\boldsymbol{x}\left[\sum_{j=1}^{3}\Pi^j(\boldsymbol{x})\left\{c^2\Pi^j(\boldsymbol{x}) + c\,\partial_j A_0(0\,,\boldsymbol{x})\right\}\right.
\end{aligned}$$

$$
-\left\{\frac{1}{2}\sum_{j=1}^{3}\left(c\Pi^j(\boldsymbol{x})\right)^2+\frac{1}{4}\sum_{j,k=1}^{3}\left(F_{jk}(0,\boldsymbol{x})\right)^2\right\}+u(\boldsymbol{x})\,\Pi^0(\boldsymbol{x})\Bigg]
$$

$$
=H_{\mathrm{EM},c}+\int d^3\boldsymbol{x}\left(\sum_{j=1}^{3}c\Pi^j(\boldsymbol{x})\,\partial_j A_0(0,\boldsymbol{x})+u(\boldsymbol{x})\,\Pi^0(\boldsymbol{x})\right),
$$

$$
H_{\mathrm{EM},c}:=\int d^3\boldsymbol{x}\,\frac{1}{2}\left(\sum_{j=1}^{3}\left(c\Pi^j(x)\right)^2+|\boldsymbol{B}(x)|^2\right) \tag{4.32}
$$

で与えられる．最初の等式で $\dot{A}^0(0,\boldsymbol{x})\,\Pi^0(\boldsymbol{x})$ のような項は $u(\boldsymbol{x})$ の再定義で吸収した．$A_\mu(x)$ を $\sqrt{\mu_0}$ 倍リスケールして得た点を思い起こした上で，式 (4.8) と (4.31) を用いれば，正準ハミルトニアン $H_{\mathrm{EM},c}$ は馴染み深いハミルトニアン (4.25) に一致する．

我々は時刻 $t=0$ のスライス上で考察しているから，$t=0$ での正準変数に初期値を与えた上で系を時間発展させよう．初期値としては，プライマリー拘束条件 (4.30) を満たすような場の配位を選ぶのが自然であろう．しかし，時間発展後でも拘束条件を満たし続ける保証はない．式 (4.32) の全ハミルトニアン H_{EM} で $\Pi^0(\boldsymbol{x})$ を時間発展させる場合，もしも $t=0$ でその一階微分が弱い等号で消える，すなわち

$$
0\approx\dot{\Pi}^0(\boldsymbol{x})\approx\left[\Pi^0(\boldsymbol{x}),\,H_{\mathrm{EM}}\right]_P\approx c\sum_{j=1}^{3}\partial_j\Pi^j(\boldsymbol{x}) \tag{4.33}
$$

ならば，微小時間 Δt 後にもプライマリー拘束条件 (4.30) が満たされる．ここで，ポアソン括弧で非自明に残るのは，式 (4.32) の中括弧内の $A_0(0,\boldsymbol{x})$ を含む項のみであることを使った．この要求 (4.33) はプライマリー拘束条件 $\Pi^0(\boldsymbol{x})\approx 0$ を課しても自動的に満たされることはないから，新たな拘束条件として課す必要がある．一般に，拘束条件の時間微分を 0 とするために新たに課す必要がある拘束条件を**セカンダリー拘束**条件という．自由電磁場の系では，セカンダリー拘束条件としてガウス拘束条件を課す必要性が生じた：

$$
G(\boldsymbol{x}):=\sum_{j=1}^{3}\partial_j\Pi^j(\boldsymbol{x})\approx 0. \tag{4.34}
$$

この時点で，$\approx$ はプライマリー拘束条件とガウス拘束条件の両方を課す，という意味に変わった．$\dot{G}(\boldsymbol{x})\approx 0$ は $G(\boldsymbol{x})$ と H_{EM} 内の磁場の項とのポアソン括弧を計算して容易に確認できるから，自由電磁場の拘束条件は以上の 2 種類である．$\Pi^0(\boldsymbol{x})$ と $G(\boldsymbol{x})$ は，拘束条件に関する解析性の要求である正則条件を満たしているため，これら二つの条件を共に満たす点全体の集合は部分多様体をなし，それを**拘束面**という．拘束面近傍では，拘束面から離れる方向の局所座標として $\Pi^0(\boldsymbol{x})$ と $G(\boldsymbol{x})$ を採用できる．そして，拘束面上では期待通り $H_{\mathrm{EM}}\approx H_{\mathrm{EM},c}$ となる．

拘束という言葉に関してコメントしておく：「拘束条件」というのは，正準形式の枠組みでの言語である．条件には必ず運動量が入ってくる点，および拘束条件の種別（第 1 種か第 2 種か）を知るにはポアソン括弧による計算が必要だからである．

拘束条件を直に解くことなく拘束系を正準量子化するには，ディラック括弧が必要であった．それ以前に，すべての拘束条件が**第 2 種拘束**でなければ，ハミルトン方程式の初

期値問題が意味をなさないのであった．自由電磁場の系では，$\Pi^0(\boldsymbol{x})$ と $G(\boldsymbol{x})$ は共に**第 1 種拘束**条件である．計算を要しそうなのは $\Pi^0(\boldsymbol{x})$ と $G(\boldsymbol{y})$ の間のポアソン括弧であるが，式 (4.29) より直ちに 0 と分かるからである．

第 1 種拘束条件がある場合には，$\mathbb{I}$ に連結なゲージ変換が拘束面上に生成する各軌道から 1 点だけを選択するため，相応の個数のゲージ固定条件を課す．$\Pi^0(\boldsymbol{x})$ を生成子とする微小ゲージ変換は $O(\boldsymbol{x})$ を

$$\delta^\lambda O(\boldsymbol{x}) = \int d^3\boldsymbol{y}\,(-\lambda(\boldsymbol{y}))\left[O(\boldsymbol{x}),\,\Pi^0(\boldsymbol{y})\right]_P \tag{4.35}$$

分変化させる．よって，それは，$A_0(0,\boldsymbol{x})$ にのみ非自明に作用するシフト $A_0(0,\boldsymbol{x}) \to A_0(0,\boldsymbol{x}) - \lambda(\boldsymbol{x})$ である．$G(\boldsymbol{x})$ はゲージ場の空間成分のみに $A_j(0,\boldsymbol{x}) \to A_j(0,\boldsymbol{x}) + \partial_j\Lambda(\boldsymbol{x})$ と作用するゲージ変換を生成する．ゲージ固定条件として相応しい点の確認やディラック括弧を定義し易いものは，テンポラル・ゲージとクーロン・ゲージであろう：

$$A_0(0,\boldsymbol{x}) \approx 0\,, \quad F(\boldsymbol{x}) \coloneqq \sum_{j=1}^{3} \partial_j A_j(0,\boldsymbol{x}) \approx 0\,. \tag{4.36}$$

拘束条件ではないが，拘束面内の点を抽出する条件，という意味で $\approx$ を使う．任意の $A_0(0,\boldsymbol{x})$ に対して $\lambda(\boldsymbol{x}) = A_0(0,\boldsymbol{x})$ でシフトすれば**テンポラル・ゲージ**を満たすようにできる．与えられた $A_j(0,\boldsymbol{x})$ に対して

$$\Lambda(\boldsymbol{x}) = \int d^3\boldsymbol{y} \int \frac{d^3\boldsymbol{k}}{(2\pi)^3}\, e^{\mathrm{i}\boldsymbol{k}\cdot(\boldsymbol{x}-\boldsymbol{y})}\, \frac{1}{|\boldsymbol{k}|^2} \sum_{k=1}^{3} \partial_k A_k(0,\boldsymbol{y}) \tag{4.37}$$

でゲージ変換すれば，空間成分 $A_{\Lambda,j}(0,\boldsymbol{x})$ は**クーロン・ゲージ**条件を満たす：

$$\sum_{j=1}^{3} \partial_j A_{\Lambda,j}(0,\boldsymbol{x}) = \sum_{j=1}^{3} \left(\partial_j A_j(0,\boldsymbol{x}) + \partial_j\,\partial_j\Lambda(\boldsymbol{x})\right) = 0\,. \tag{4.38}$$

ミンコフスキー空間上では自明なゲージ変換に連続的に繋がるゲージ変換で式 (4.36) を満たす解の唯一性が分かるから，条件 (4.36) はゲージ固定条件として相応しい．拘束条件とゲージ固定条件の間のポアソン括弧は

$$\begin{pmatrix} \left[A_0(0,\boldsymbol{x}),\,\Pi^0(\boldsymbol{z})\right]_P & \left[A_0(0,\boldsymbol{x}),\,G(\boldsymbol{w})\right]_P \\ \left[F(\boldsymbol{y}),\,\Pi^0(\boldsymbol{z})\right]_P & \left[F(\boldsymbol{y}),\,G(\boldsymbol{w})\right]_P \end{pmatrix}$$
$$= \begin{pmatrix} \delta^3(\boldsymbol{x}-\boldsymbol{z}) & 0 \\ 0 & -\nabla_{\boldsymbol{y}}^2\,\delta^3(\boldsymbol{y}-\boldsymbol{w}) \end{pmatrix}. \tag{4.39}$$

これの逆を使うことで採用しているゲージ固定条件下でのディラック括弧が得られる．ゲージ固定条件下でのハミルトン方程式は，$t=0$ で必要かつ十分な変数の初期値を与えれば，それらの時間発展を一意的に決める．

電磁場の単位体積当たりの実質的な自由度 N が 2 である点を確認しよう．正準共役変数の総数は $2N \times V$（V は空間の体積），位相空間の座標の総数は $2 \times 4 \times V$，第 1 種拘束条件の総数は $2 \times V$，およびゲージ固定条件の総数が $2 \times V$ であるから

$$2NV = (8-2-2)V\,. \tag{4.40}$$

よって，$N=2$ である．これは独立な横波成分数もしくは光子の独立なヘリシティ成分数と一致する．

これまで物質に関係する変数が全くない系を考えてきた．最後に，電荷を帯びたスカラー粒子を記述する複素スカラー場 $\Phi(x)$ を含む系を少し調べて本章を終える．

系がゲージ対称性を有するように複素スカラー場がゲージ場に結合するようにしたい．そのため，運動項が，局所的な位相変換（Q_Φ は電荷素量 e を単位とした Φ の電荷である）

$$\Phi(x) \to \Phi_\theta(x) := e^{\mathrm{i}\, Q_\Phi\, e\, \theta(x)}\, \Phi(x) \tag{4.41}$$

の下で不変となるよう要求する．しかし，

$$\partial_\mu \Phi(x) \to \partial_\mu \Phi_\theta(x) = e^{\mathrm{i}\, Q_\Phi\, e\, \theta(x)} \left\{\partial_\mu \Phi(x) + \mathrm{i}\, Q_\Phi\, e\, \partial_\mu \theta(x)\right\} \tag{4.42}$$

だから，$(\partial^\mu \Phi(x))^*\, \partial_\mu \Phi(x)$ は局所的位相変換の下で不変ではない．そこで，ゲージ場と

$$D(A)_\mu \Phi(x) := \partial_\mu \Phi(x) - \mathrm{i}\, Q_\Phi\, e\, A_\mu(x)\, \Phi(x) \tag{4.43}$$

のように結合させ，

$$A_\mu(x) \to A_{\theta\,,\,\mu}(x) := A_{\theta\,,\,\mu}(x) + \partial_\mu \theta(x) \tag{4.44}$$

と変換させることにすると，**共変微分**は

$$\begin{aligned} D(A)_\mu\, \Phi(x) \to D(A_\theta)_\mu\, \Phi_\theta(x) &= \partial_\mu \Phi_\theta(x) - \mathrm{i}\, Q_\Phi\, e\, A_{\theta\,,\,\mu}(x) \Phi_\theta(x) \\ &= e^{\mathrm{i}\, Q_\Phi\, e\, \theta(x)} \left\{\partial_\mu \Phi(x) + \mathrm{i}\, Q_\Phi\, e\, \partial_\mu \theta(x) \right. \\ &\qquad\qquad \left. - \mathrm{i}\, Q_\Phi\, e \left(A_{\mu(x)} + \partial_\mu \theta(x)\right)\right\} \\ &= e^{\mathrm{i}\, Q_\Phi\, e\, \theta(x)}\, D(A)_\mu\, \Phi(x) \end{aligned} \tag{4.45}$$

のように，$\Phi(x)$ と同じ変換をするから，ラグランジアン密度

$$\mathscr{L}_\Phi(x) := \left(D(A)_\mu\, \Phi(x)\right)^*\, D(A)^\mu\, \Phi(x) - m^2\, |\Phi(x)|^2 \tag{4.46}$$

は局所位相変換の下で不変である．

以上見てきたように，ゲージポテンシャル $A_\mu(x)$ との結合を通して物質場は電磁場と相互作用する．なお，複素スカラー場による電荷密度および電流密度は，4 次元ベクトル*1)

$$\begin{aligned} J_\mu(x) = &-\mathrm{i}\, Q_\Phi\, e \left\{\Phi(x)^* \partial_\mu \Phi(x) - \left(\partial_\mu \Phi(x)\right)^*\, \Phi(x)\right\} \\ &- 2\, \left(Q_\Phi\, e\right)^2 A_\mu(x)\, |\Phi(x)|^2 \end{aligned} \tag{4.47}$$

で与えられる．このように，電荷密度・電流密度は物質に関わる変数のみで書けるわけではない．$\dot{\Pi}^k(x)$ を与えるハミルトン方程式は $J_k(x)$，したがって，$A_k(x)$ を含むから，微小時間 Δt 後の $\Pi^k(x^0 + c\Delta t\,, \boldsymbol{x})$ の値を決めるには，$B_k(x)$ ではなく $A_k(x)$ の値を与える必要がある．複素スカラー場と電磁場の系という簡単な例からも，マクスウェル方程式は今や単なる象徴に過ぎず，ゲージ理論に対する解析力学が電磁相互作用の記述には不可欠であることが分かる．

---

*1)　$J_\mu(x)$ は共変微分を用いて書けるからゲージ不変である．

第 5 章
場の量子論における摂動計算

ここでは，実スカラー場一つからなる系の量子論を通して，量子補正の摂動計算の基本的な事項，具体的には，ファインマン図やファインマン規則について学ぶ．

5.1 ウィックの縮約

単一の実スカラー場 $\varphi(x)$ を力学変数とし作用 $S[\varphi]$ で記述される系に着目してファインマン規則の導出の仕方を見ていきたい．なお，これ以降は基本的に自然単位系 $\hbar = 1 = c$ を採用する．

自由実スカラー場の 2 点グリーン関数を求める際には，外部ソース $J(x)$ を線形に結合させた系の汎関数

$$Z_0[J] = \frac{\displaystyle\int D\varphi \, \exp\left(\mathrm{i}\, S_0[\varphi] + \mathrm{i} J \cdot \varphi\right)}{\displaystyle\int D\varphi \, \exp\left(\mathrm{i}\, S_0[\varphi]\right)} = \exp\left(\frac{1}{2}(\mathrm{i}J) \cdot (\mathrm{i}\,\Delta_F) \cdot (\mathrm{i}J)\right) \tag{5.1}$$

を考えた．$S_0[\varphi]$ は自由スカラー場の作用で $\mathrm{i}\varepsilon$ を $(m^2 - \mathrm{i}\varepsilon)\varphi(x)^2$ のように含む．それは経路積分として自由な実スカラー場の演算子形式での時間順序積の真空期待値

$$\mathrm{i}\,\Delta_F(x) \coloneqq \langle 0|\, \mathscr{T}\left[\widehat{\varphi}(x)\widehat{\varphi}(0)\right] |0\rangle = \int \frac{d^D p}{(2\pi)^D}\, e^{-\mathrm{i}p\cdot x}\, \frac{\mathrm{i}}{p^2 - m^2 + \mathrm{i}\varepsilon} \tag{5.2}$$

を再現するように導入された*1)．それを用いて，

$$(\mathrm{i}J) \cdot (\mathrm{i}\,\Delta_F) \cdot (\mathrm{i}J) \coloneqq \int d^D x \int d^D y \,\mathrm{i}J(x)\,\mathrm{i}\,\Delta_F(x\,,\,y)\,\mathrm{i}J(y) \tag{5.3}$$

である．ページ数の制約上，経路積分に関する解説は削除せざるを得なかったが，式 (5.1) の導出は容易である．

---

*1) 式 (5.2) の導出には式 (3.38) と階段関数の積分表示

$$\theta(\pm x^0) = \int_{-\infty}^{\infty} \frac{d\omega}{2\pi\mathrm{i}}\, e^{\mp\mathrm{i}\omega x^0}\, \frac{\mp 1}{\omega \pm \mathrm{i}\,\varepsilon}$$

を用いる．

相互作用がある場合も，同様に，外部ソース $J(x)$ を線形に結合させて

$$Z[J] := \langle 0|\, \mathscr{T}\left[\exp\left(\mathrm{i}\, J \cdot \widehat{\varphi}\right)\right] |0\rangle \,, \quad Z[0] = 1 \tag{5.4}$$

に着目する．$Z[J]$ を必要な回数 $J(x)$ について汎関数微分することで，$\widehat{\varphi}(x)$ の時間順序積の期待値が得られる：

$$\langle 0|\, \mathscr{T}\left[\widehat{\varphi}(x_{(1)}) \ldots \widehat{\varphi}(x_{(n)})\right] |0\rangle = \left.\frac{\delta^n Z[J]}{\delta\left(\mathrm{i}\, J(x_{(1)})\right) \ldots \delta\left(\mathrm{i}\, J(x_{(n)})\right)}\right|_{J \to 0} . \tag{5.5}$$

ここで，$Z[J]$ の経路積分による表式は，$\mathrm{i}\varepsilon$ 項を含む $S[\varphi]$ を用いて以下のようになる：

$$Z[J] = \frac{\displaystyle\int D\varphi \exp\left(\mathrm{i}\, S[\varphi] + \mathrm{i}J \cdot \varphi\right)}{\displaystyle\int D\varphi \exp\left(\mathrm{i}\, S[\varphi]\right)} . \tag{5.6}$$

摂動計算には，厳密に解くことができる摂動の 0 次項 $S_0[\varphi]$ と，効果を逐次取り入れていく残りの部分 $S_{\mathrm{int}}[\varphi] := S[\varphi] - S_0[\varphi]$ に分離する．詳しい分け方については後ほど見ることにする．まず，

$$\exp\left(\mathrm{i}\, S_{\mathrm{int}}[\varphi]\right) \exp\left(\mathrm{i}\, J \cdot \varphi\right) = \exp\left(\mathrm{i}\, S_{\mathrm{int}}\left[\frac{\delta}{\delta\left(\mathrm{i}\, J\right)}\right]\right) \exp\left(\mathrm{i}\, J \cdot \varphi\right) \tag{5.7}$$

とすることで，自由場の理論での $Z_0[J]$ を得る：

$$\begin{aligned}
&\int D\varphi \exp\left(\mathrm{i}\, S[\varphi] + \mathrm{i}J \cdot \varphi\right) \\
&= \exp\left(\mathrm{i}\, S_{\mathrm{int}}\left[\frac{\delta}{\delta\left(\mathrm{i}\, J\right)}\right]\right) \int D\varphi \exp\left(\mathrm{i}\, S_0[\varphi] + \mathrm{i}J \cdot \varphi\right) \\
&= \int D\varphi \exp\left(\mathrm{i}\, S_0[\varphi]\right) \exp\left(\mathrm{i}\, S_{\mathrm{int}}\left[\frac{\delta}{\delta\left(\mathrm{i}\, J\right)}\right]\right) Z_0[J] .
\end{aligned} \tag{5.8}$$

式 (5.1) の $Z_0[J]$ を代入し，補助的なスカラー場 $\phi(x)$ を用いることで

$$\begin{aligned}
&\exp\left(\mathrm{i}\, S_{\mathrm{int}}\left[\frac{\delta}{\delta\left(\mathrm{i}\, J\right)}\right]\right) Z_0[J] \\
&= \left[\exp\left(\mathrm{i}\, S_{\mathrm{int}}\left[\frac{\delta}{\delta(\mathrm{i}\, J)}\right]\right) \exp\left(\frac{1}{2}(\mathrm{i}J) \cdot (\mathrm{i}\,\Delta_F) \cdot (\mathrm{i}J)\right) \exp\left(\mathrm{i}\, J \cdot \phi\right)\right]_{\phi \to 0} \\
&= \left[\exp\left(\mathrm{i}\, S_{\mathrm{int}}\left[\frac{\delta}{\delta\left(\mathrm{i}\, J\right)}\right]\right) \exp\left(\frac{1}{2}\frac{\delta}{\delta\phi} \cdot (\mathrm{i}\Delta_F) \cdot \frac{\delta}{\delta\phi}\right) \exp\left(\mathrm{i}J \cdot \phi\right)\right]_{\phi \to 0} \\
&= \left[\exp\left(\frac{1}{2}\frac{\delta}{\delta\phi} \cdot (\mathrm{i}\Delta_F) \cdot \frac{\delta}{\delta\phi}\right) \exp\left(\mathrm{i}\, S_{\mathrm{int}}\left[\frac{\delta}{\delta\left(\mathrm{i}\, J\right)}\right]\right) \exp\left(\mathrm{i}J \cdot \phi\right)\right]_{\phi \to 0} \\
&= \left[\exp\left(\frac{1}{2}\frac{\delta}{\delta\phi} \cdot (\mathrm{i}\Delta_F) \cdot \frac{\delta}{\delta\phi}\right) \exp\left(\mathrm{i}\, S_{\mathrm{int}}\,[\phi]\right) \exp\left(\mathrm{i}J \cdot \phi\right)\right]_{\phi \to 0} \\
&:= \left\langle \exp\left(\mathrm{i}\, S_{\mathrm{int}}\,[\phi]\right) \exp\left(\mathrm{i}J \cdot \phi\right) \right\rangle
\end{aligned} \tag{5.9}$$

を得る．この $\langle\, ,\, \rangle$ というのは期待値ではなく，一つ前の表式の演算として定義される．それを用いると

$$Z[J] = \frac{\left\langle \exp\left(\mathrm{i}\, S_{\mathrm{int}}\,[\phi]\right) \exp\left(\mathrm{i}J \cdot \phi\right) \right\rangle}{\left\langle \exp\left(\mathrm{i}\, S_{\mathrm{int}}\,[\phi]\right) \right\rangle} \tag{5.10}$$

と書ける．分子・分母を厳密に計算できれば，$Z[J]$，したがって式 (5.5) の期待値が求まるが，直接的には不可能である．摂動近似とは $S_{\rm int}[\phi]$ の有限次の冪で近似することを指す．以下では，演算 $\langle\,,\,\rangle$ がいかなるものかを順を追って調べていくことにする．

まずは，$\exp\left(\mathrm{i}\,S_{\rm int}\,[\phi]\right)$ または $\exp\left(\mathrm{i}J\cdot\phi\right)$ から 2 つの $\phi(x)$ が供給される場合の演算 $\langle\phi(x)\,\phi(y)\rangle$ を考えてみる：

$$\begin{aligned}\langle\phi(x)\,\phi(y)\rangle &= \left[\exp\left(\frac{1}{2}\frac{\delta}{\delta\phi}\cdot(\mathrm{i}\Delta_F)\cdot\frac{\delta}{\delta\phi}\right)\phi(x)\,\phi(y)\right]_{\phi\to 0} \\ &= \left[\left\{1+\frac{1}{2}\frac{\delta}{\delta\phi}\cdot(\mathrm{i}\Delta_F)\cdot\frac{\delta}{\delta\phi}\right.\right. \\ &\qquad \left.\left.+\frac{1}{2!}\left(\frac{1}{2}\frac{\delta}{\delta\phi}\cdot(\mathrm{i}\Delta_F)\cdot\frac{\delta}{\delta\phi}\right)^2+\cdots\right\}\phi(x)\,\phi(y)\right]_{\phi\to 0}\quad . \end{aligned}\tag{5.11}$$

ここで，式 (5.11) について，次のことがいえる：

- 汎関数微分を含まない 1 の項は，ϕ が残っているから $\phi\to 0$ で消える．
- 汎関数微分を 4 つ以上含む項は 0 となる．
- よって，ちょうど 2 つの汎関数微分を含む項だけが残る．
- $\phi(x)$ は 2 つの汎関数微分のうちのいずれかで消されるが，どちらで消されても同じ寄与を与える．

以上の考察から

$$\langle\phi(x)\,\phi(y)\rangle = \frac{2}{2}\int d^D z\,\mathrm{i}\Delta_F(x-z)\frac{\delta}{\delta\phi(z)}\,\phi(y) = \mathrm{i}\,\Delta_F(x-y) \tag{5.12}$$

を得る．

今度は 4 つの ϕ を含む $\left\langle\phi(x_{(1)})\,\phi(x_{(2)})\,\phi(x_{(3)})\,\phi(x_{(4)})\right\rangle$ を考えてみよう．式 (5.11) の $\langle\phi(x)\,\phi(y)\rangle$ と同様に指数を展開した上で実質的に残るのは 4 つの ϕ をちょうど消し去る 4 つの汎関数微分を含む項だけである：

$$\begin{aligned}&\left\langle\phi(x_{(1)})\,\phi(x_{(2)})\,\phi(x_{(3)})\,\phi(x_{(4)})\right\rangle \\ &= \frac{1}{2!}\left(\frac{1}{2}\frac{\delta}{\delta\phi}\cdot(\mathrm{i}\Delta_F)\cdot\frac{\delta}{\delta\phi}\right)^2\phi(x_{(1)})\,\phi(x_{(2)})\,\phi(x_{(3)})\,\phi(x_{(4)})\,. \end{aligned}\tag{5.13}$$

$\phi(x_{(1)})$ は 4 つ微分のどれで消されても同じ寄与を与えるが，それは 2 つの $\left(\frac{1}{2}\frac{\delta}{\delta\phi}\cdot(\mathrm{i}\Delta_F)\cdot\frac{\delta}{\delta\phi}\right)$ のどちらで，さらに，2 つのうちのどちらの $\frac{\delta}{\delta\phi}$ で消されるか，ということで，総計 2^2 分の同じ寄与がある．よって，ここまでのところ，

$$\begin{aligned}&\left\langle\phi(x_{(1)})\,\phi(x_{(2)})\,\phi(x_{(3)})\,\phi(x_{(4)})\right\rangle \\ &= \left(\frac{1}{2}\frac{\delta}{\delta\phi}\cdot(\mathrm{i}\Delta_F)\cdot\frac{\delta}{\delta\phi}\right)\int d^D y\,\mathrm{i}\,\Delta_F(x_{(1)}-z)\,\frac{\delta}{\delta\phi(z)} \\ &\quad\times\phi(x_{(2)})\,\phi(x_{(3)})\,\phi(x_{(4)}) \end{aligned}\tag{5.14}$$

という状況にある．今度は $\dfrac{\delta}{\delta\phi(z)}$ が $\phi(x_{(2)})\,,\,\phi(x_{(3)})\,,\,\phi(x_{(4)})$ のうちのどれを消すか，によって互いに異なる寄与 $\mathrm{i}\,\Delta_F(x_{(1)}-x_{(r)})$ $(r\;=\;2\,,3\,,4)$ を与える．残ったものは

$\mathrm{i}\,\Delta_F(x-y)$

図 5.1　$\lambda\varphi^4$ 理論のファインマン図における線に対応させる量.

$\langle\phi(x)\,\phi(y)\rangle$ を形成せざるを得ないから,

$$
\begin{aligned}
&\left\langle\phi(x_{(1)})\,\phi(x_{(2)})\,\phi(x_{(3)})\,\phi(x_{(4)})\right\rangle \\
&= \left\langle\phi(x_{(1)})\,\phi(x_{(2)})\right\rangle\left\langle\phi(x_{(3)})\,\phi(x_{(4)})\right\rangle + \left\langle\phi(x_{(1)})\,\phi(x_{(3)})\right\rangle\left\langle\phi(x_{(2)})\,\phi(x_{(4)})\right\rangle \\
&\quad + \left\langle\phi(x_{(1)})\,\phi(x_{(4)})\right\rangle\left\langle\phi(x_{(2)})\,\phi(x_{(3)})\right\rangle
\end{aligned}
\tag{5.15}
$$

となる. $\mathrm{i}\,\Delta_F(x-y)$ ではなく**ウィックの縮約**と呼ばれる $\langle\phi(x)\,\phi(y)\rangle$ で表したほうが, ϕ のペアを組むという基本単位の操作を使い, $\langle\,,\,\rangle$ の性質を把握し易い：

- 奇数個の $\phi(x)$ への作用は 0 である：

$$
\left\langle\phi(x_{(1)})\,\ldots\,\phi(x_{(2n+1)})\right\rangle = 0\,. \tag{5.16}
$$

- 1 から $2n$ の数字のあらゆるペアの組からなる集合を S_{2n} とすると, 偶数個の $\phi(x)$ への作用の結果は, n 回のウィックの縮約で得られる結果をすべての取り方にわたって足したものである：

$$
\begin{aligned}
&\left\langle\phi(x_{(1)})\,\ldots\,\phi(x_{(2n)})\right\rangle \\
&\quad= \sum_{\{(i_1\,,\,j_2)\,,\,\ldots\,,\,(i_n\,,\,j_n)\}\,\in\,S_{2n}} \langle\phi(x_{i_1})\,\phi(x_{j_1})\rangle\cdots\langle\phi(x_{i_n})\,\phi(x_{j_n})\rangle\,.
\end{aligned}
\tag{5.17}
$$

図 5.1 で示すように, $\langle\phi(x)\,\phi(y)\rangle = \mathrm{i}\,\Delta_F(x-y)$ は, 実スカラー場を含む系でファインマン図を参照しながら振幅を計算する際に, 図の中の線に対して割り当てられる量である.

ウィックの縮約の演算についてさらに経験を積むと同時に, ファインマン規則を推測するために

$$
S_{\mathrm{pert}}[\varphi] = \int d^D z\left(-\frac{\lambda}{4!}\,\varphi(z)^4\right) \tag{5.18}
$$

という自己相互作用をする実スカラー場からなる系（**$\lambda\varphi^4$ 理論**という）で, 具体的に式 (5.10) に現れる分子の量を摂動的に計算してみよう*2)：

$$
\begin{aligned}
\left\langle\mathrm{i}\,S_{\mathrm{pert}}[\phi]\,e^{\mathrm{i}\,J\cdot\phi}\right\rangle &= \left\langle\left(-\mathrm{i}\,\frac{\lambda}{4!}\int d^D z\,\phi(z)^4\right)e^{\mathrm{i}J\cdot\phi}\right\rangle \\
&= \left(\mathrm{i}\,v_1 + \mathrm{i}\,D_1[J] + \mathrm{i}\,V_1[J]\right)\left\langle e^{\mathrm{i}J\cdot\phi}\right\rangle\,.
\end{aligned}
\tag{5.19}
$$

$e^{\mathrm{i}\,S_{\mathrm{pert}}[\phi]}$ の展開の最低次は図 5.2 に示すような三つの異なる寄与を与える. 図中の頂点は $\lambda\varphi^4$ 相互作用が働くことを表す. φ^4 の場合, 頂点には計 4 本の線がくっつくことができる. このような点を 4 点頂点という. QED の相互作用は計 3 本の線がくっつくことができるので 3 点頂点となる. また, $\times$ は外部ソース $\mathrm{i}J(x)$ がくっついていることを表す.

図 5.2 の (v_1) で表される寄与は外部ソース J によらない：

*2)　$\lambda\varphi^4$ 理論でも S_{pert} は相互作月のごく一部である. S_{int} の全体に関しては第 5.3 節を参照のこと.

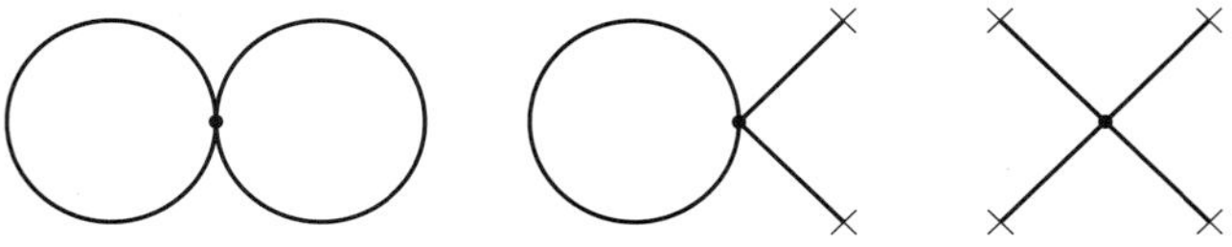

図 5.2　$\lambda\varphi^4$ 理論における $Z[J]$ の分子に $O(\lambda)$ で寄与するファインマン図．

$$v_1 = \left\langle\left(-\frac{\lambda}{4!}\int d^D z\,\phi(z)^4\right)\right\rangle = -\frac{\lambda}{4\cdot 2}\int d^D z\,\left(\langle\phi(z)\,\phi(z)\rangle\right)^2\ . \tag{5.20}$$

図 5.2 の (v_1) のように，外部ソース J に全く繋がらないファインマン図のことを真空図と呼ぶ．この場合，四つの $\phi(z)$ はその中でウィックの縮約を 2 回とらねばならず，ペアの組み方は 3 通りだから上の結果を得る．

図 5.2 の (D_1) は $\phi(z)^4$ の中で二つだけがペアを組み，残り二つは $e^{\mathrm{i}\,J\cdot\phi}$ から供給される 2 つの ϕ とペアを組んで得られる寄与である：

$$D_1[J] = -\frac{\lambda}{2}\int d^D z\ \langle\phi(z)\,\phi(z)\rangle\left(\langle\phi(z)\,(\mathrm{i}J\cdot\phi)\rangle\right)^2\ . \tag{5.21}$$

これを導くには $e^{\mathrm{i}J\cdot\phi}$ のべき級数展開で 2 次以上の項の寄与 $\dfrac{1}{n!}\,(\mathrm{i}J\cdot\phi)^n$ を用意しておく．まずは式 (5.19) の第一の等式の右辺における四つの $\phi(z)$ のうち，どの二つをウィックの縮約するかで 4×3 通りある．残りの二つの $\phi(z)$ はそれぞれ $(\mathrm{i}J\cdot\phi)^n$ のいずれかの ϕ とウィックの縮約をするが，その場合の数は $n(n-1)$ である．ウィックの縮約されずに残った $\dfrac{1}{(n-2)!}\,(\mathrm{i}J\cdot\phi)^{n-2}$ をすべて集めると $e^{\mathrm{i}J\cdot\phi}$ となるから，式 (5.21) の $D_1[J]$ の表式で式 (5.19) の第 2 項を得る．

図 5.2 の (V_1) は $\phi(z)^4$ のどれもが $e^{\mathrm{i}J\cdot\phi}$ から供給される ϕ とウィックの縮約をとって得られるものである：

$$V_1[J] = -\frac{\lambda}{4!}\int d^D z\left(\langle\phi(z)\,(\mathrm{i}J\cdot\phi)\rangle\right)^4\ . \tag{5.22}$$

v_1 と $D_1[J]$ は $\langle\phi(z)\,\phi(z)\rangle = \mathrm{i}\Delta_F(0)$ を含んでいるため発散しているが，今は気にしないでおく．

$Z[J]$ を $(\mathrm{i}J(x))$ に関して微分したのちに $J\to 0$ とすることでグリーン関数が得られるのであった．特に，

$$\mathrm{i}\,\frac{\delta^2 D_1[J]}{\delta(\mathrm{i}\,J(x))\,\delta(\mathrm{i}\,J(y))} \tag{5.23}$$

は 2 点グリーン関数 $\langle 0|\,\mathscr{T}[\widehat{\varphi}(x)\,\widehat{\varphi}(y)]\,|0\rangle$ に対する $O(\lambda)$ の量子補正を与える：

$$\begin{aligned}&\langle 0|\,\mathscr{T}[\widehat{\phi}(x)\,\widehat{\phi}(y)]\,|0\rangle\\ &= \mathrm{i}\,\Delta_F(x-y) + (-\mathrm{i}\,\lambda)\int d^D z\,\mathrm{i}\,\Delta_F(x-z)\,\mathrm{i}\,\Delta_F(z-z)\,\mathrm{i}\,\Delta_F(z-y) + O(\lambda^2)\,.\end{aligned} \tag{5.24}$$

他方，

$$\mathrm{i}\,\frac{\delta^4 V[J]}{\delta(\mathrm{i}\,J(x_{(1)}))\,\delta(\mathrm{i}\,J(x_{(2)}))\,\delta(\mathrm{i}\,J(x_{(3)}))\,\delta(\mathrm{i}\,J(x_{(4)}))} \tag{5.25}$$

は 4 点グリーン関数 $\langle 0|\,\mathscr{T}\left[\widehat{\varphi}(x_{(1)})\,\widehat{\varphi}(x_{(2)})\,\widehat{\varphi}(x_{(3)})\,\widehat{\varphi}(x_{(4)})\right]|0\rangle$ の摂動 0 次項を与える：

$$\begin{aligned}&\langle 0|\,\mathscr{T}\left[\widehat{\varphi}(x_{(1)})\,\widehat{\varphi}(x_{(2)})\,\widehat{\varphi}(x_{(3)})\,\widehat{\varphi}(x_{(4)})\right]|0\rangle\\ &= (-\mathrm{i}\,\lambda)\int d^D z\,\prod_{r=1}^{4}\mathrm{i}\,\Delta_F(x_{(r)}-z)+O(\lambda^2)\,.\end{aligned} \tag{5.26}$$

5.2 ファインマン図の連結性，1 粒子既約性

ファインマン図は一つのグラフである．よって，より基本的な単位へと分解できる可能性がある．ファインマン図の場合には，繰り込みを効率的に遂行したいという観点から，ある特定の基本的単位の図に着目し，対応する量を有限にすれば，いかなるファインマン図に対応する量も有限となるというシナリオを描く．幾つかのタイプの 1 粒子既約なファインマン図というのが基本的単位に相当する点を，順を追って見ていきたい．

$Z[J]$ の表式 (5.10) における分母は $Z[0] = 1$ を保証するが，ファインマン図の立場からその量がどのような役割を担っているかを調べておく．分子における真空図による効果を完全に除去するのが分母である．式 (5.6) の分母はすべての真空図に対応する寄与である．少なくとも一つの J に繋がるファインマン図で真空図を部分に一切含まないものに対応する寄与 $G[J]$ を考えよう．そのファインマン図とすべての可能な真空図を含む図の寄与は

$$G[J]\cdot\langle\exp\left(\mathrm{i}\,S_{\mathrm{int}}\,[\phi]\right)\rangle \tag{5.27}$$

で与えられる．よって，分子で $G[J]$ と同様に少なくとも一つの J に繋がるファインマン図で部分に真空図を一切含まないものに対応する寄与の総和を $A[J]$ とすると，$A[0] = 0$ および $Z[0] = 1$ から，式 (5.10) の分子は（1 は $J = 0$ の寄与）

$$\langle\exp\left(\mathrm{i}\,S_{\mathrm{int}}\,[\phi]\right)\exp\left(\mathrm{i}J\cdot\phi\right)\rangle = (1+A[J])\,\langle\exp\left(\mathrm{i}\,S_{\mathrm{int}}\,[\phi]\right)\rangle \tag{5.28}$$

であることが分かる．ゆえに，

$$Z[J] = 1 + A[J]\,. \tag{5.29}$$

グリーン関数 (5.5) は $Z[J]$ の J に関する微分と関係しているから，真空図に対応する寄与を一切含まない．

$A[J]$ を与えるファインマン図が複数の J を含んでいる場合，二つの J を結ぶような線のセットがないかもしれない．その場合，ファインマン図はグラフとして 2 個以上の連結成分からなる．今，$\lambda\varphi^4$ 理論で連結なファインマン図として図 5.2 の (D_1) を取り上げ，それを 3 個含むファインマン図が $A[J]$ に与える寄与 $G_3[J]$ を考えよう．それは

$$\left\langle \frac{1}{6!}\,(\mathrm{i}J\cdot\phi)^6\,\frac{1}{3!}\left(-\mathrm{i}\,\frac{\lambda}{4!}\int d^D z\,\phi(z)^4\right)^3\right\rangle \tag{5.30}$$

で三つの $\lambda\varphi^4$ 相互作用の間では一切ウィックの縮約を全く取らない寄与に相当する．それぞれの相互作用内の四つの $\phi(z)$ を $(\mathrm{i}J\cdot\phi)$ とペアを組む場合の数は 6! だから，

$$G_3[J] = \frac{1}{3!}\,(\mathrm{i}\,D_1[J])^3\ . \tag{5.31}$$

ここで見たかったのは，この $\frac{1}{3!}$ という因子であり，元をたどると式 (5.30) の $\frac{1}{3!}$ がそのまま残っている．同じ連結成分が n 個の場合には $\frac{1}{n!}$ となり，それらがすべて足し合わさって $A[J]$ へ寄与していくことになる．この例から推測するに，連結なファインマン図に対応する寄与すべての和を $\mathrm{i}\,C[J]$ とすると，

$$Z[J] = \exp\left[\mathrm{i}\,C[J]\right] \tag{5.32}$$

と書けるであろう．

場を基本変数とするため，これまでは実空間で作業をしてきたが，振幅を書き下した後の作業を少なくするためには，運動量空間での作業に移行したほうが都合がよい．伝搬関数の運動量空間の表示は

$$\mathrm{i}\,D_{(0)}(p^2) = \int d^Dx\, e^{\mathrm{i}p\cdot x}\,\mathrm{i}\,\Delta_F(x) = \frac{\mathrm{i}}{p^2 - m^2 + \mathrm{i}\varepsilon} \tag{5.33}$$

であった．対応して，近似なしの 2 点グリーン関数の運動量空間の表示を

$$\mathrm{i}\,D(p^2) := \int d^Dx\, e^{\mathrm{i}p\cdot x}\,\langle 0|\,\mathscr{T}\left[\widehat{\varphi}(x)\,\widehat{\varphi}(0)\right]|0\rangle \tag{5.34}$$

とする．摂動論では $\varphi(x)$ の真空期待値は生成されないため，$D(p^2)$ は連結なファインマン図に対応する寄与の総和である．まず，$D(p^2)$ へ寄与を及ぼす 1 個の連結ファインマン図 G の寄与を考えてみよう：

1. G は必ず一番外側に 2 本の線を持つが，それらを外線と呼び*3)，取り除いておく．外線以外のファインマン図内の線を内線と呼ぶ．
2. 外線を除いた連結ファインマン図は，1 本の内線を切った場合に 2 つの非自明なファインマン図に分割されるかもしれない．そのようなファインマン図を **1 粒子可約**なファインマン図と呼ぶ．
3. 式 (5.23) の量を与えるファインマン図で 2 本の外線を除いた図は，内線を切っても二つに分離されないため，**1 粒子既約**（以降，しばしば 1PI と略す）なファインマン図である．
4. 分割されたファインマン図はそれぞれ外線を 2 本持つ図になっているから，これらの外線をすべて取り去った上で，再びそれぞれが 1 粒子可約かどうかを問う．このような問いを繰り返すことで，注目している連結ファインマン図 G に含まれる 1PI ファインマン図のセット $\left\{G_{(1)},\ldots,G_{(R)}\right\}$ を得る．これらがこの順番に並んでいるとし，それぞれのファインマン図に対応する寄与を $\frac{1}{\mathrm{i}}\,\Sigma_{G_r}(p^2)$ $(r = 1,\ldots,R)$ とすると，隣どうしは一本の内線でのみ繋がっているから，G が $D(p^2)$ に及ぼす寄与 $D_G(p^2)$ は

*3) 実空間での $\mathrm{i}\,\Delta_F(x-y)$ では 2 本の外線はそれぞれ x，y を片方の端として持つ．運動量空間ではこれらの端がなくなり，2 本の外線は片方が開放された状況になる．

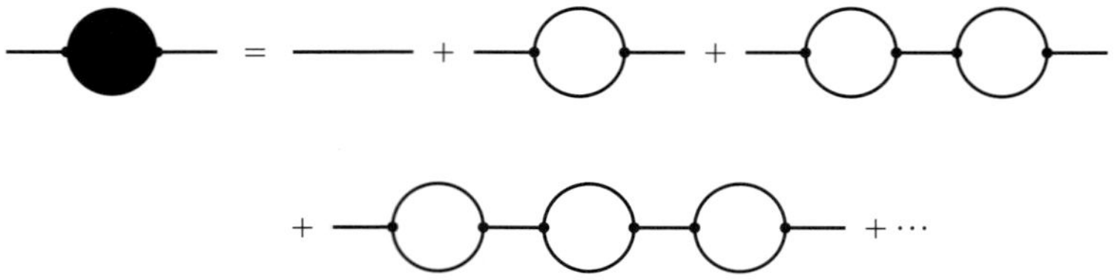

図 5.3　全 2 点グリーン関数 $\mathrm{i}\,D(p^2)$（左辺）と自己エネルギー $\frac{1}{\mathrm{i}}\,\Sigma(p^2)$（2 個の頂点を持つ白丸部分）の関係．

$$\mathrm{i}\,D_G(p^2) = \mathrm{i}\,D_0(p^2)\,\frac{\Sigma_{G_{(1)}}(p^2)}{\mathrm{i}}\,\mathrm{i}\,D_0(p^2)\,\frac{\Sigma_{G_{(2)}}(p^2)}{\mathrm{i}}\,\mathrm{i}\,D_0(p^2)\times\cdots \times \mathrm{i}\,\frac{\Sigma_{G_{(R)}}(p^2)}{\mathrm{i}}\,\mathrm{i}\,D_0(p^2) \tag{5.35}$$

で与えられる．

以上の観察を踏まえると，2 点グリーン関数に関わるすべての 1PI ファインマン図による寄与を $\frac{1}{\mathrm{i}}\,\Sigma(p^2)$ とすると，$\mathrm{i}\,D(p^2)$ は

$$\mathrm{i}\,D(p^2) = \mathrm{i}\,D_0(p^2)\sum_{r=0}^{\infty}\left(\frac{\Sigma(p^2)}{\mathrm{i}}\,\mathrm{i}\,D_0(p^2)\right)^r = \frac{\mathrm{i}}{p^2 - m^2 - \Sigma(p^2) + \mathrm{i}\,\varepsilon} \tag{5.36}$$

となる（図 5.3 も参照のこと）．この式から $\Sigma(p^2)$ を有限とすれば $D(p^2)$ を有限にできることが分かる．特に特殊で，$D(p^2)$ を摂動のある次数までで近似する，というよりも，$D(p^2)^{-1}$，したがって，$\Sigma(p^2)$ を摂動のある次数まで近似計算する．$\Sigma(p^2)$ を φ の**自己エネルギー関数**と呼ぶ．

他のグリーン関数も 1PI ファインマン図からの寄与を基本単位として再構築できる．$\lambda\varphi^4$ 理論では自己エネルギー関数と共に重要な 4 点 1PI 関数 $\Gamma(p_{(1)}\,,\,p_{(2)}\,,\,p_{(3)})$ を例に見てみよう．まず，$\langle 0|\,\mathscr{T}\left[\widehat{\varphi}(x_{(1)})\,\widehat{\varphi}(x_{(2)})\,\widehat{\varphi}(x_{(3)})\,\widehat{\varphi}(x_{(4)})\right]|0\rangle$ への連結なファインマン図すべての寄与の運動量空間での表示 $G_4(p_{(1)}\,,\,p_{(2)}\,,\,p_{(3)})$ を

$$\begin{aligned}&\prod_{r=1}^{4}\int d^Dx\,e^{\mathrm{i}p_{(r)}\cdot x_{(r)}}\,\langle 0|\,\mathscr{T}\left[\widehat{\varphi}(x_{(1)})\,\widehat{\varphi}(x_{(2)})\,\widehat{\varphi}(x_{(3)})\,\widehat{\varphi}(x_{(4)})\right]|0\rangle_{\text{connected}}\\ &= (2\pi)^D\delta^D\left(\sum_{r=1}^{4}p_{(r)}\right)\times\mathrm{i}\,G_4(p_{(1)}\,,\,p_{(2)}\,,\,p_{(3)})\end{aligned} \tag{5.37}$$

で与える．今の $\lambda\varphi^4$ の場合には，$G_4(p_{(1)}\,,\,p_{(2)}\,,\,p_{(3)})$ を以下の形で与えるものを 4 点 1PI 関数 $\Gamma(p_{(1)}\,,\,p_{(2)}\,,\,p_{(3)})$ と呼ぶ：

$$\mathrm{i}\,G_4(p_{(1)}\,,\,p_{(2)}\,,\,p_{(3)}) = \prod_{r=1}^{4}\mathrm{i}\,D(p_{(r)}^2)\times\mathrm{i}\,\Gamma_4(p_{(1)}\,,\,p_{(2)}\,,\,p_{(3)}) \tag{5.38}$$

式 (5.38) および図 5.4 が示すように，4 点グリーン関数への連結なファインマン図すべての寄与から 4 つの全 2 点関数の寄与を取り除くことで 4 点 1PI 関数が得られる．もし 4 点関数へ寄与する連結なファインマン図が内線 1 本を除いた際に 2 つの部分図へ分割するならば，2 点関数へ寄与する連結図と 4 点関数へ寄与する連結図の組か，3 点関数へ寄与する連

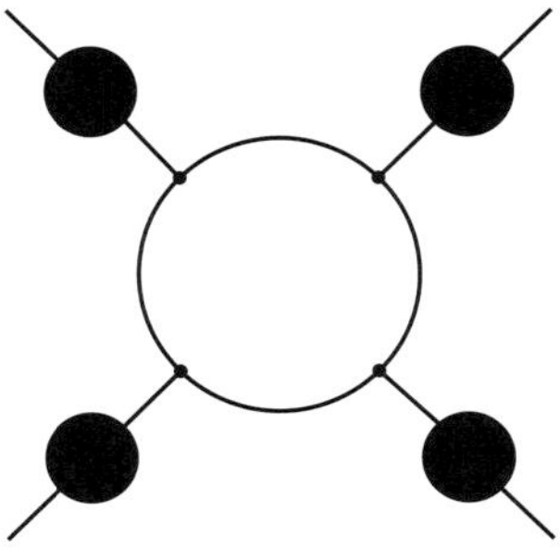

図 5.4　$\lambda\varphi^4$ 理論の 4 点 1PI 関数（4 つの頂点を持つ白部分）と 4 点グリーン関数への連結ファインマン図すべての寄与との関係．2 本の足を持つ黒部分は全 2 点関数を表す．

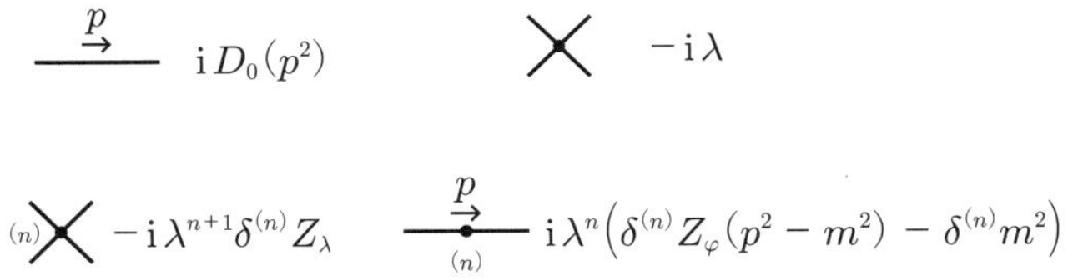

図 5.5　$\lambda\varphi^4$ 理論における線と頂点に割り当てる量．

結図二つのいずれかであるが，$\lambda\varphi^4$ 理論では後者の寄与はない．図 5.4 はこの観察を反映したものである．式 (5.26) は最低次数 $O(\lambda)$ での $\langle 0|\,\mathscr{T}\left[\phi(x_{(1)})\,\phi(x_{(2)})\,\phi(x_{(3)})\,\phi(x_{(4)})\right]|0\rangle$ であったから，$\Gamma_4(p_{(1)}\,,\,p_{(2)}\,,\,p_{(3)})$ の最低次は

$$\mathrm{i}\,\Gamma_4(p_{(1)}\,,\,p_{(2)}\,,\,p_{(3)})=\mathrm{i}(-\lambda)+O(\lambda^2) \tag{5.39}$$

であることが分かる．$\lambda\varphi^4$ 理論ではこの $O(\lambda)$ の寄与が，図 5.5 のように，ちょうど 4 本の線がくっつくことができる[*4)]頂点に対して割り当てられる量となる．完全なものは次節の解説を踏まえないと無理であるが，規則を与える準備はほぼ整ったため，この $\mathrm{i}(-\lambda)$ を与える頂点のみが相互作用だとした場合の $\lambda\varphi^4$ 理論において 1PI 関数を計算するためのファインマン規則をまとめる：

1. 摂動近似を 1 次分高めることを目的とする．
2. 各 1PI 関数の次の次数に関わるすべてのファインマン図を書き出す．自己エネルギー関数の場合には n 次，4 点 1PI 関数の場合には $(n+1)$ 次など．外部から流れ込む D 次元運動量を明らかにするため，取り除いた外線を一時的に復活させる．以降は個々のファインマン図に対応する振幅を書き下す過程である．
3. D 次元運動量の保存から独立な外線運動量のセットを決め，外線に割りふる．n 個の独立なループとそれに沿って流れる運動量 $l_{(r)}$ $(r=1,\,\ldots\,,\,n)$ を図に書き込む．各頂点での運動量保存をもとに各内線に流れる運動量を図に書き込む．
4. 運動量 k が流れる内線には $\mathrm{i}\,D_0(k^2)$ を割り当てる．
5. 頂点には $(-\mathrm{i}\,\lambda)$ を割り当てる．

*4)　n 点 1PI 関数への寄与だから本来は外線がない図であるが，計 n 本の線が常に頂点にくっつける事実を視覚化するために頂点に「補助的な外線」を n 本添えて書いている．

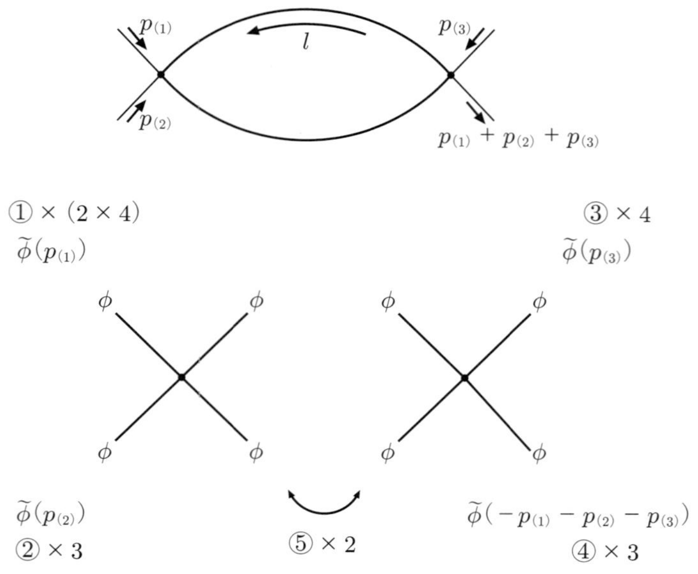

図 5.6　$O(\lambda^2)$ での 4 点 1PI 関数への補正の一つと重複度の勘定の仕方.

6. 振幅の式を得るため，それらの因子をすべて掛け合わせた式を書き下す.
7. n 個の独立なループ運動量に関する積分

$$\prod_{r=1}^{n}\int\frac{d^D l_{(r)}}{(2\pi)^D} \tag{5.40}$$

を式の一番左に書き込む.

8. 各ファインマン図を与えるようにウィックの縮約をすることで重複度を割り出して掛ける．そのためには外部運動量を運ぶ $\widetilde{\phi}(p)$

$$\widetilde{\phi}(p) := \int d^D x\, e^{-\mathrm{i}p\cdot x}\,\phi(x) \tag{5.41}$$

を用意して勘定をする必要がある．後で例を通して見てみることにする.

ファインマン規則を適用してどのような量を計算しているのかを予め正確に把握しておく必要がある．ここでの図と式の対応に従えば，自己エネルギー関数の場合は $\dfrac{1}{\mathrm{i}}\Sigma(p^2)$，4 点 1PI 関数の場合には $\mathrm{i}\,\Gamma_4(p_{(1)}, p_{(2)}, p_{(3)})$ を計算していることになる.

図 5.6 の上のファインマン図（頂点から出る外線は補助的なものである）の寄与をファインマン規則を適用して書き下す．ループ運動量 l を上の内線に反時計周りに流れるようにとると，下の内線には右向きに $(l+p_{(1)}+p_{(2)})$ の運動量が流れる．重複度は図 5.6 下の図を参考にして勘定できる：

① $\widetilde{\phi}(p_{(1)})$ を用意する．それは 2 個の $\lambda\varphi^4$ 結合のうちの一方に含まれる四つの ϕ のうちの一つとウィックの縮約がとられるから，重複度 2×4 を与える.

② $\widetilde{\phi}(p_{(2)})$ を用意する．それは $p_{(1)}$ が流れ込む $\lambda\varphi^4$ 結合に含まれる残りの三つの ϕ のうちの一つとウィックの縮約がとられるから．重複度 3 を与える.

③ $\widetilde{\phi}(p_{(3)})$ を用意する．それは手付かずの $\lambda\varphi^4$ 結合に含まれる四つの ϕ のうちの一つ

とウィックの縮約がとられるから，重複度 4 を与える．

④ $\widetilde{\phi}\left(-p_{(1))}-p_{(2))}-p_{(3))}\right)$ を用意する．それは $p_{(3)}$ が流れ込む $\lambda\varphi^4$ 結合に含まれる残りの三つの ϕ のうちの一つとウィックの縮約がとられるから．重複度 3 を与える．

⑤ これまでで両方の結合には二つの ϕ が残っている．ウィックの縮約の仕方は 2 通りあるから，重複度 2 を与える．四つの外線をすべて取り除く．

よって，図 5.6 の上のファインマン図に対応する寄与は以下のようなものである：

$$
\begin{aligned}
&\mathrm{i}\,\Gamma_4^{(1)\,s}(p_{(1)}\,,\,p_{(2)}\,,\,p_{(3)})\\
&=\frac{1}{2!}\left(-\mathrm{i}\,\frac{\lambda}{4!}\right)^2\times(2\times4\times3\times4\times3\times2)\\
&\quad\times\int\frac{d^Dl}{(2\pi)^D}\,\mathrm{i}\,D_0(l^2)\,\mathrm{i}\,D_0\left((l+p_{(1)}+p_{(2)})^2\right)\,. \qquad (5.42)
\end{aligned}
$$

これ以外の $O(\lambda^2)$ での 4 点 1PI 関数への寄与としては，$p_{(2)}$ を $p_{(3)}$ に置き換えたもの，$p_{(2)}$ を $p_{(4)}$ に置き換えたもの，および，$O(\lambda^2)$ の 4 点相殺項による寄与がある．

5.3 相殺項

先に進む前に摂動計算を系統的に行うために適した方法を要約しておく：

1. 場の変数 φ は，繰り込みを行うことを見据えて，繰り込まれた場とする．
2. 質量や結合定数なども繰り込まれた量とする．
3. $S_0[\varphi]$ は繰り込まれた場の自由スカラー場の作用である．
4. $S_{\mathrm{int}}[\varphi]$ は場について 3 次以上の単項式からなる $S_{\mathrm{pert}}[\varphi]$ だけでなく，相殺項からなる部分 $S_{\mathrm{count}}[\varphi]$ も含む：

$$S_{\mathrm{int}}[\varphi]=S_{\mathrm{pert}}[\varphi]+S_{\mathrm{count}}[\varphi]\,. \qquad (5.43)$$

相殺項とは計算の過程で遭遇する紫外発散を消し去る役割を担う項のことで，場の 2 次など対称性から許されるものがある．

例えば，$\lambda\varphi^4$ 理論では

$$S_{\mathrm{pert}}[\varphi]=\int d^Dx\left(-\frac{\lambda}{4!}\,\varphi(x)^4\right)\,, \qquad (5.44)$$

$$
\begin{aligned}
S_{\mathrm{count}}[\varphi]=\int d^Dx\Bigg\{&(Z_\varphi-1)\left(\frac{1}{2}\,|\partial_\mu\varphi(x)|^2-\frac{m^2}{2}\,\varphi(x)^2\right)\\
&-\frac{Z_\varphi\,\delta m^2}{2}\varphi(x)^2-(Z_\lambda-1)\,\frac{\lambda}{4!}\,\varphi(x)^4\Bigg\}\,. \qquad (5.45)
\end{aligned}
$$

全作用 $S[\varphi]$ は

$$
\begin{aligned}
S[\varphi]&=S_0[\varphi]+S_{\mathrm{int}}[\varphi]\\
&=\int d^Dx\left\{\frac{1}{2}\left|\partial_\mu\left(\sqrt{Z_\varphi}\,\varphi(x)\right)\right|^2-\frac{m^2+\delta m^2}{2}\left(\sqrt{Z_\varphi}\,\varphi(x)\right)^2\right.\\
&\qquad\left.-\frac{Z_\varphi^{-2}\,Z_\lambda\,\lambda}{4}\left(\sqrt{Z_\varphi}\,\varphi(x)\right)^4\right\}
\end{aligned}
$$

$$= \int d^D x \left\{ \frac{1}{2} \left| \partial_\mu \varphi_{\mathbf{B}}(x) \right|^2 - \frac{1}{2} m_{\mathbf{B}}^2 \varphi_{\mathbf{B}}(x)^2 - \frac{\lambda_{\mathbf{B}}}{4} \varphi_{\mathbf{B}}(x)^4 \right\} \tag{5.46}$$

である．ここで，裸の場 $\varphi_{\mathbf{B}}(x)$，裸の質量パラメータの 2 乗 $m_{\mathbf{B}}^2$，裸の結合定数 $\lambda_{\mathbf{B}}$ は以下で与えられる：

$$\varphi_{\mathbf{B}}(x) = \sqrt{Z_\varphi}\, \varphi(x)\,, \quad m_{\mathbf{B}}^2 = m^2 + \delta m^2\,, \quad \lambda_{\mathbf{B}} = Z_\varphi^{-2} Z_\lambda \lambda\,. \tag{5.47}$$

本書では，場の変数は繰り込まれた場で，相殺項により紫外発散を除去する，という計算方法を見ていく．経路積分の変数は繰り込まれた場である．他方，数値シミュレーションなど摂動展開をしない場合には裸の場を経路積分の変数とし，裸の場と裸のパラメータで計算を遂行する．実のところ，この節以前の $S[\varphi]$ の $\varphi(x)$，m^2 および λ は，それぞれ $\varphi_{\mathbf{B}}(x)$，$m_{\mathbf{B}}^2$ および $\lambda_{\mathbf{B}}$ だったのである．繰り込まれた場や繰り込まれたパラメータは繰り込み条件の具体的な内容に依存した無限の任意性を有するから，2 次的なものである．繰り込み条件に関しては後ほど詳しく見ることにする．

高次の摂動計算を系統的に行う上で重要なのは相殺項の扱い方である：

1. 相殺項の係数は，量子補正に含まれる紫外発散をキャンセルする役割を果たすため，摂動の 0 次よりも上の量と考えるべきである：

$$\begin{aligned} Z_\varphi - 1 &= \sum_{n=1}^{\infty} \lambda^n \delta^{(n)} Z_\varphi\,, \quad Z_\varphi \delta m^2 = \sum_{n=1}^{\infty} \lambda^n \delta^{(n)} m^2\,, \\ Z_\lambda - 1 &= \sum_{n=1}^{\infty} \lambda^n \delta^{(n)} Z_\lambda\,. \end{aligned} \tag{5.48}$$

係数 $\delta^{(n)} Z_\varphi$，$\delta^{(n)} m^2$ および $\delta^{(n)} Z_\lambda$ は結合定数 λ を含まない．

2. 式 (5.48) を式 (5.45) の $S_{\text{count}}[\varphi]$ に代入すると以下のように書くことができる：

$$\begin{aligned} S_{\text{count}}[\varphi] = \int d^D x \sum_{n=1}^{\infty} \lambda^n \bigg\{ & \delta^{(n)} Z_\varphi \left(\frac{1}{2} \left| \partial_\mu \varphi(x) \right|^2 - \frac{m^2}{2} \varphi(x)^2 \right) \\ & - \frac{\delta^{(n)} m^2}{2} \varphi(x)^2 - \frac{\delta^{(n)} Z_\lambda}{4!} \lambda \varphi(x)^4 \bigg\}\,. \end{aligned} \tag{5.49}$$

場 φ の自己エネルギー $\Sigma(p^2)$ と 4 点 1PI 関数 $\Gamma_4(p_{(1)}, p_{(2)}, p_{(3)})$ も同様に λ 依存性が露わとなるように表しておく：

$$\begin{aligned} \Sigma(p^2) &= \sum_{n=1}^{\infty} \lambda^n \Sigma^{(n)}(p^2)\,, \\ \Gamma_4(p_{(1)}, p_{(2)}, p_{(3)}) &= -\lambda + \lambda \sum_{n=1}^{\infty} \lambda^n \Gamma_4^{(n)}(p_{(1)}, p_{(2)}, p_{(3)})\,. \end{aligned} \tag{5.50}$$

3. 摂動の第 1 次近似には，$S_{\text{pert}}[\varphi]$ と $S_{\text{count}}[\varphi]$ の $n=1$ までを使う．ここでは計算の詳細には立ち入らずに大枠のみ見ておこう：
    - 自己エネルギーへの寄与は，$\lambda \Sigma^{(1)}(p^2)$ に相当する．この量は 3 つの寄与の和である．一つ目は $S_{\text{pert}}[\varphi]$ を 1 個用いて得られる寄与である．ファインマン図としてループを 1 個含むものに対応するものである．二つ目は $\delta^{(1)} Z_\varphi$ を係数とする $S_{\text{count}}[\varphi]$ の項を相互作用にとして得られる寄与である．三つ目は $\delta^{(1)} m^2$ を

係数とする $S_{\text{count}}[\varphi]$ の項を相互作用として得られる寄与である．ファインマン図としてはこれら二つは同じ 2 点頂点の相互作用として表されるから，今後はそれらをまとめて一つとして扱う．一つ目の 1 ループのファインマン図の寄与が紫外発散を含む．格子正則化した場合には，格子間隔 a の a^{-2} でスケールする発散と $\ln(a)$ でスケールするものの 2 種類がある．これらがキャンセルされ，さらに指定された繰り込み条件に従うように，$\delta^{(1)}m^2$ と $\delta^{(1)}Z_\varphi$ を決定する．

- 4 点 1PI 関数への最低次数は，$\lambda^2\,\Gamma_4^{(1)}(p_{(1)}\,,\,p_{(2)}\,,\,p_{(3)})$ である．それは $S_{\text{pert}}[\varphi]$ を 2 個使って得られる 1 ループ・ファインマン図（その一つが図 5.6 の上のファインマン図）の寄与と，$\delta^{(1)}Z_\lambda\lambda^2$ を係数として持つ $S_{\text{count}}[\varphi]$ 内の項を相互作用として得られる寄与の和で与えられる．1 ループ・ファインマン図の寄与は紫外発散を含むから，それをキャンセルさせ，同時に指定された繰り込み条件に従うように $\delta^{(1)}Z_\lambda$ を決定する．詳しい計算は第 6.1 節で行う．

4. $(n-1)$ 次までの摂動計算により，$\delta^{(k)}Z_\varphi$，$\delta^{(k)}m^2$，$\delta^{(k)}Z_\lambda$（$1\le k\le n-1$）は決まっているものとする．n 次の摂動項を求めるには，$S_{\text{pert}}[\varphi]$ と $S_{\text{count}}[\varphi]$ の n 次までを相互作用として使用して得られるすべての λ の n 次項（4 点 1PI 関数の場合には λ の $(n+1)$ 次項）を計算する．真の部分図に由来する紫外発散がある場合，いずれも $(n-1)$ 次以下のファインマン図に付随するものだから，発散をキャンセルするような相殺項由来の部分図を含むファインマン図の寄与が必ずある．よって，$\delta^{(k)}Z_\varphi$，$\delta^{(k)}m^2$ および $\delta^{(k)}Z_\lambda$ $(1\le k\le n-1)$ は真の部分図由来の発散すべてを除去する．これらの係数で除去し切れずに残る紫外発散は，n 個のループ運動量すべてが同時に大きくなるときに発生する**全体発散**である．繰り込み条件を満たしつつ，n 次での自己エネルギー関数への補正 $\Sigma^{(n)}(p^2)$，n 次での 4 点 1PI 関数への補正 $\Gamma_4^{(n)}(p_{(1)}\,,\,p_{(2)}\,,\,p_{(3)})$ が有限となるように $\delta^{(n)}Z_\varphi$，$\delta^{(n)}m^2$ および $\delta^{(n)}Z_\lambda$ を決定する．以上で，n 次摂動近似で $\lambda\varphi^4$ 理論を量子系として有限でき，同時に $(n+1)$ 次摂動計算のための準備が整った．
5. 高次摂動計算の系統性にとっては最も重要にもかかわらず，場の量子論の教科書では触れられないため，最後に強調しておく：「式 (5.49) で現れている無限個の相殺項を "別々の相互作用" として扱い」（例えば，$\dfrac{\lambda\,\delta^{(1)}m^2}{2}\varphi(x)^2$ と $\dfrac{\lambda^2\,\delta^{(2)}m^2}{2}\varphi(x)^2$ は別々の相互作用項として）ファインマン図を生成し，振幅の表式を書き出す．

このように，摂動の各次数で有限個の項の係数の調整により有限なグリーン関数を得ることができる場の量子論を，繰り込み可能な理論と呼ぶ．$\lambda\varphi^4$ 理論を例にとると，繰り込まれた質量 m^2 と結合定数 λ は，理論構造そのものからは決してそれらの値を決めることができない．$\lambda\varphi^4$ 理論で記述できる現実の物理系がある場合に限り，これら二つのパラメータを理論上決定可能な 2 個の物理量に関して実験と理論の予言を照らし合わせれば m^2 と λ を決めることができる．これらをいったん決めてしまえば，系の性質に関わる他の重要な諸量に対して $\lambda\varphi^4$ 理論から予言を引き出すことが可能となる．

5.4 摂動論の連続極限

$\lambda\varphi^4$ 理論と量子電磁力学（QED）はトリビアルな理論と言われる．いずれも繰り込み群変換の下では自明な紫外固定点しか持たず，その臨界面上では繰り込まれた結合定数パラメータ λ，e が 0 である．よって，0 でない λ，e では連続極限をとることができない．現在では，十分大きなエネルギースケール以下で適用できる量子論であれば構わないとされる．

確かにトリビアリティは連続極限を非摂動的に議論する上では避けることができないが，摂動論に限定すれば，相互作用がある量子系として意味を持たせることは可能だと思われる．例えば，QED による**荷電レプトン**（電子，ミュー粒子，**タウ・レプトン**）ψ の異常磁気双極子能率への輻射補正 a_ψ（7.4 節で詳しく述べる）の摂動展開を考えよう：

$$a_\psi = \sum_{n=1}^{\infty} a_\psi^{(2n)} \left(\frac{\alpha}{\pi}\right)^n . \tag{5.51}$$

ここで α は微細構造定数で，電荷素量 e を用いて

$$\alpha := \frac{e^2}{4\pi\,\varepsilon_0\,\hbar\, c} \tag{5.52}$$

で与えられる．QED は繰り込み可能な理論で，摂動計算は，「摂動の各展開係数 $a_\psi^{(n)}$ に対する連続極限」を予言する．$a_\psi^{(n)}$ を場の量子論の枠内での計算を通して決定しておけば，例えば，実験による電子の異常磁気能率 a_e の測定値と式 (5.51) を照合することで α の値，実質的には電荷素量 e の値を得ることができるであろう．以上が，摂動論の範疇での相互作用がある QED の連続極限の定義である．

第 6 章

繰り込み

$\lambda\varphi^4$ 理論を例にとり，次元正則化された振幅の計算と繰り込みを実践する．また，繰り込み条件についても見る．部分ファインマン図が潰れる際に生み出す部分発散を，その係数を低い次数で決めた相殺項が実際に差し引く点を確認する．

6.1 次元正則化

場の量子論での量子補正の評価には，ループ運動量の積分の発散をいったん食い止めておく正則化と呼ばれる手続きが必要である．まずはこれまでに開発されてきた幾つかの正則化について見ておく：

カットオフ正則化 ループ運動量の大きさに上限を設けるものである．場の量子論の概念的な議論でよく使用される．ループ運動量の上限を設ける都合上，任意性を伴うこと，およびゲージ対称性を尊重しないことから実用性は乏しい．

格子正則化 場の量子論の概念的な議論で使用される．ゲージ対称性も尊重でき，ユークリッド空間の場の理論で数値シミュレーションを実施することで系の非摂動的な特徴に迫ることが可能となる．空間の対称性を犠牲にしているため摂動計算は大変複雑になる．

パウリ–ヴィラス正則化 同じ相互作用などを持ち非常に大きい質量の「粒子」の伝搬関数による寄与を引くことによって発散を食い止める正則化である．例えばフェルミオン・ループの場合には統計性の異なる「粒子」のループの寄与で発散の次数を減らす．$\lambda\varphi^4$ やディラック場を含む QED のように対数発散よりも高い次数の発散を含む系の正則化には複数項による差し引きを要し，任意次数で系統的にできるのかは不明である．

次元正則化 場の理論の紫外発散は時空間の次元が低いほど緩和されるため，低次元で計算した量を次元 D の関数として解析接続する方法である．摂動計算に適しており現在のほとんどの研究で使用されている．質量次元のあるパラメータで正則化していないために 2 次発散の発生を確認できないなど，場の量子論の解説では避けられている．ここでは自己エネルギー関数を計算しないこともあり，この正則化を採用する．

事前の準備としてこれまでの結合定数 λ の次元を調べてみる．D 次元での $\varphi(x)$ の次元

$[\varphi]$ は，微分項から割り出せて $[\varphi]=\dfrac{D-2}{2}$ である．よって，λ の次元は

$$0=-D+[\lambda]+4\,[\varphi]=-D+[\lambda]+2(D-2) \tag{6.1}$$

より

$$[\lambda]=4-D\coloneqq 2\varepsilon \tag{6.2}$$

である．これまでの λ はエネルギーの次元を持つパラメータ μ を用いて，これから使用したい無次元の λ により

$$\text{これまでの}\lambda=\mu^{2\varepsilon}\left(\text{これから使用したい無次元の}\lambda\right) \tag{6.3}$$

のように関係する．次元正則化では質量の繰り込みが特徴的である．ほとんどの正則化はエネルギーの次元の量を用いて発散を凌ぐ．そのため質量の 2 乗の再定義に加法的演算項 δm^2 を要する．確かに，次元正則化ではエネルギースケール μ が導入されるが，次元調整の役割のみで μ^2 のような補正を自己エネルギーに誘導することはない．次元勘定から自己エネルギーへの摂動補正は運動量の大きさと質量を 0 とすれば 0 となる．よって，質量の繰り込みは乗法的であることが分かる：

$$m_{\mathbf{B}}^2=Z_\varphi^{-1}Z_{m^2}m^2\,. \tag{6.4}$$

式 (5.48) の展開はこの Z_{m^2} の摂動展開を含むものに変更される：

$$\begin{aligned}
&Z_\varphi-1=\sum_{n=1}^{\infty}\lambda^n\,\delta^{(n)}Z_\varphi\,,\quad Z_{m^2}-1=\sum_{n=1}^{\infty}\lambda^n\,\delta^{(n)}Z_{m^2}\,,\\
&Z_\lambda-1=\sum_{n=1}^{\infty}\lambda^n\,\delta^{(n)}Z_\lambda\,.
\end{aligned} \tag{6.5}$$

対応して相殺項は

$$\begin{aligned}
S_{\text{count}}[\varphi]=\int d^Dx\sum_{n=1}^{\infty}\lambda^n\biggl\{&\frac{\delta^{(n)}Z_\varphi}{2}\,|\partial_\mu\varphi(x)|^2-\frac{\delta^{(n)}Z_{m^2}}{2}\,m^2\,\varphi(x)^2\\
&-\frac{\delta^{(n)}Z_\lambda}{4!}\,\lambda\,\mu^{2\varepsilon}\,\varphi(x)^4\biggr\}
\end{aligned} \tag{6.6}$$

となる．式 (5.44) の $S_{\text{pert}}[\varphi]$ は

$$S_{\text{pert}}[\varphi]=\int d^Dx\left(-\frac{\lambda\,\mu^{2\varepsilon}}{4!}\,\varphi(x)^4\right) \tag{6.7}$$

に変更される．

次元正則化について見るために，式 (5.42) の量を低い次元 D の場の量子論で計算を進めていく．複数の伝搬関数を一つにまとめるため，ファインマン・パラメータ z による次の積分を用いる：

$$\int_0^1 dz\,\frac{1}{\{za+(1-z)b\}^2}=\frac{1}{ab}\,. \tag{6.8}$$

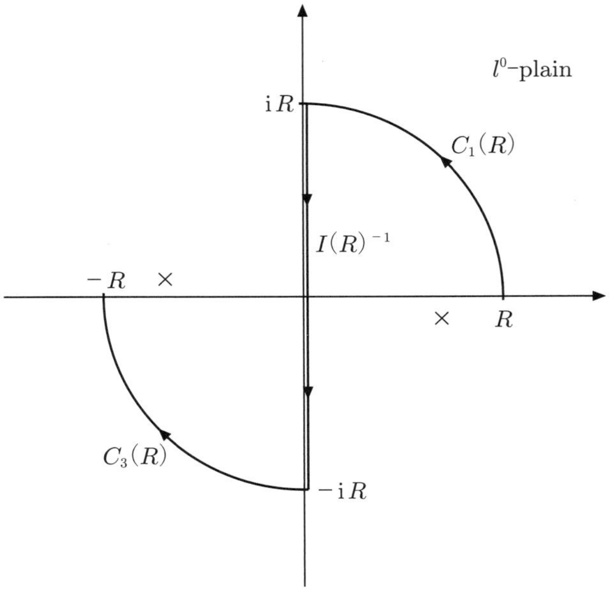

図 6.1　複素 l^0 面上の幾つかの道．× は被積分関数の極の位置を表す．

$a = (l+q)^2 - m^2 + \mathrm{i}\,\epsilon$　（以降，$q := p_{(1)} + p_{(2)}$ とする），$b = l^2 - m^2 + \mathrm{i}\,\epsilon$ として式 (5.42) に適用し，積分の順序を入れ換えると

$$
\begin{aligned}
&\Gamma_4^{(1)\,s}(p_{(1)}\,,\,p_{(2)}\,,\,p_{(3)}) \\
&= \frac{\mu^{4\varepsilon}\,\lambda^2}{2}\int_0^1 dz \int \frac{d^D l}{\mathrm{i}\,(2\pi)^D}\,\frac{1}{\left(l^2 + 2\,z\,l\cdot q + zq^2 - m^2 + \mathrm{i}\,\epsilon\right)^2}
\end{aligned}
\tag{6.9}
$$

となる．被積分関数の分母を l について平方完成する：

$$
l^2 + 2\,z\,l\cdot q + zq^2 - m^2 + \mathrm{i}\,\epsilon = (l+zq)^2 - C(z) + \mathrm{i}\,\epsilon\,. \tag{6.10}
$$

ここで，

$$
C(z) := z(1-z)(-q^2) + m^2 = z(1-z)(4m^2 - q^2) + m^2\,(1-2z)^2 \tag{6.11}
$$

は，$q^2 < 4m^2$ を仮定すれば，$0 < z < 1$ で正である．この条件を仮定して計算を進める．

ループ積分 l を $l \to l - zq$ とシフトし，ループ運動量の第 0 成分の積分を考える：

$$
\begin{aligned}
&\int \frac{d^D l}{\mathrm{i}\,(2\pi)^D}\,\frac{1}{\left(l^2 + 2\,z\,l\cdot q + zq^2 - m^2 + \mathrm{i}\,\epsilon\right)^2} \\
&= \int \frac{d^{D-1}\mathbf{l}}{(2\pi)^D}\int_{-\infty}^{\infty}\frac{dl^0}{\mathrm{i}}\,\frac{1}{\left\{(l^0)^2 - \left(|\mathbf{l}|^2 + C(z)\right) + \mathrm{i}\,\epsilon\right\}^2}\,.
\end{aligned}
\tag{6.12}
$$

複素 l^0 平面上で被積分関数の極は $l^0 = \pm\sqrt{|\mathbf{l}|^2 + C(z)} \mp \mathrm{i}\,\epsilon$ にある．$R > 0$ に対して，図 6.1 のように三つの道を

$$
C_1(R) = \left\{ R\,e^{\mathrm{i}\,\theta} \;\middle|\; 0 \le \theta \le \frac{\pi}{2} \right\}, \quad C_3(R) = \left\{ R\,e^{-\mathrm{i}\,\theta} \;\middle|\; \frac{\pi}{2} \le \theta \le \pi \right\},
$$

$$I(R)=\{\mathrm{i}\,y\,|\,-R\leq y\leq R\}\,, \tag{6.13}$$

とし，$I(R)^{-1}$ を $I(R)$ とは逆の道とすると，閉路 $[-R,\,R]\to C_1(R)\to I(R)^{-1}\to C_3(R)$ で囲まれた領域の中に式 (6.12) の被積分関数の極はないから，その閉路に沿った積分は 0 である．他方で，$C_1(R)$ と $C_3(R)$ 上の積分は $R\to\infty$ で 0 である．例えば $C_1(R)$ の積分は十分大きな R ($R>\sqrt{|\mathbf{l}|^2+C(z)}\coloneqq a>0$) で

$$\begin{aligned}
&\left|R\int_0^{\frac{\pi}{2}}d\theta\,e^{\mathrm{i}\,\theta}\,\frac{1}{\left(R^2e^{2\mathrm{i}\theta}-a\right)^2}\right|\\
&\leq R\int_0^{\frac{\pi}{2}}d\theta\,\frac{1}{R^4+a^2-2\,a\,R^2\,\cos(2\theta)}\\
&=R\int_0^{\frac{\pi}{2}}d\theta\,\frac{1}{(R^2-a)^2+2\,a\,R^2\,(1-\cos(2\theta))}\leq\frac{\pi}{2}\,\frac{R}{(R^2-a)^2}
\end{aligned} \tag{6.14}$$

だから $R\to\infty$ で 0 である．よって，

$$\begin{aligned}
&\int_{-\infty}^{\infty}\frac{dl^0}{\mathrm{i}}\,\frac{1}{\left\{(l^0)^2-\left(|\mathbf{l}|^2+C(z)\right)+\mathrm{i}\,\epsilon\right\}^2}\\
&=\lim_{R\to\infty}\int_{I(R)}\frac{dl^0}{\mathrm{i}}\,\frac{1}{\left\{(l^0)^2-\left(|\mathbf{l}|^2+C(z)\right)\right\}^2}\\
&=\int_{-\infty}^{\infty}dl^D\,\frac{1}{\left\{-(l^D)^2-\left(|\mathbf{l}|^2+C(z)\right)\right\}^2}
\end{aligned} \tag{6.15}$$

となる．最後の等式では，$l^0=\mathrm{i}\,l^D$ とした．今後は以上の計算過程を，ミンコフスキー空間のループ運動量 l の積分を，$\mathbf{l}$ と l^D を成分とする D 次元ユークリッド運動量 l_E に解析接続する，あるいは**ウィック回転**する，と言及することにする．今のところ

$$\Gamma_4^{(1)\,s}(p_{(1)}\,,\,p_{(2)}\,,\,p_{(3)})=\frac{\mu^{4\varepsilon}\,\lambda^2}{2}\int_0^1dz\int\frac{d^Dl_E}{(2\pi)^D}\,\frac{1}{\left(l_E^2+C(z)\right)^2}\,. \tag{6.16}$$

なお，ここまでの積分の計算はパウリ–ヴィラス正則化などでも共通に行うものである．

ループ積分を運動量 l_E の大きさ $|l_E|$ に関する積分と角度方向の積分に分ける：

$$\int\frac{d^Dl_E}{(2\pi)^D}\,\frac{1}{\left(l_E^2+C(z)\right)^2}=\int_0^{\infty}\frac{d\,|l_E|\,\,|l_E|^{D-1}}{\left(|l_E|^2+C(z)\right)^2}\,\frac{1}{(2\pi)^D}\int_{S^{D-1}}d\Omega_D\,. \tag{6.17}$$

被積分関数は $|l_E|$ にのみ依存する．よって，角度方向の積分は $(D-1)$ 次元単位球面の表面積に等しい：

$$\int_{S^{D-1}}d\Omega_D=\frac{2\,\pi^{\frac{D}{2}}}{\Gamma\left(\frac{D}{2}\right)}\,. \tag{6.18}$$

ここで $\Gamma(z)$ はガンマ関数である：

$$\Gamma(z)=\int_0^{\infty}d\tau\,\tau^{z-1}\,e^{-\tau}\,. \tag{6.19}$$

式 (6.18) を式 (6.17) に代入し，リスケール $|l_E| = s\sqrt{C(z)}$ により s の積分に換えると

$$\int \frac{d^D l_E}{(2\pi)^D} \frac{1}{\left(l_E^2 + C(z)\right)^2} = \frac{2}{(4\pi)^{\frac{D}{2}}\,\Gamma\left(\frac{D}{2}\right)} C(z)^{\frac{D}{2}-2} \int_0^\infty ds\, \frac{s^{D-1}}{(s^2+1)^2}\,. \tag{6.20}$$

s の積分は

$$\int_0^\infty ds\, \frac{s^\alpha}{(s^2+1)^n} = \frac{1}{2} \frac{\Gamma\left(n - \frac{\alpha+1}{2}\right)\Gamma\left(\frac{\alpha+1}{2}\right)}{\Gamma(n)} \tag{6.21}$$

で，$\alpha = D-1$，$n = 2$ とすれば

$$\int_0^\infty ds\, \frac{s^{D-1}}{(s^2+1)^2} = \frac{1}{2}\Gamma\left(2 - \frac{D}{2}\right)\Gamma\left(\frac{D}{2}\right)\frac{1}{\Gamma(2)} \tag{6.22}$$

となる．よって，

$$\Gamma_4^{(1)\,s}(p_{(1)}\,,\,p_{(2)}\,,\,p_{(3)}) = \frac{\mu^{4\varepsilon}\lambda^2}{2} \frac{\Gamma\left(2-\frac{D}{2}\right)}{(4\pi)^{\frac{D}{2}}\,\Gamma(2)} \int_0^1 dz\, C(z)^{\frac{D}{2}-2} \tag{6.23}$$

を得る．$\Gamma(z)$ は 0 および負の整数の 1 次の極を除いた複素平面上で有限であった．例えば，

$$\lim_{\varepsilon\to 0} \varepsilon\,\Gamma(\varepsilon) = \lim_{\varepsilon\to 0} \Gamma(\varepsilon+1) = 1 \tag{6.24}$$

より，$z = 0$ は $\Gamma(z)$ の 1 次の極で留数は 1 である．式 (6.23) で D に依存する部分を支障のない限り複素数に拡張して眺めてみると，特異性は $\Gamma\left(2 - \frac{D}{2}\right)$ に含まれている：

$$\Gamma\left(2 - \frac{D}{2}\right) = \Gamma(\varepsilon) = \frac{1}{\varepsilon} - \gamma_E + \varepsilon\,\frac{1}{2}\left(\gamma_E^2 + \frac{\pi^2}{6}\right) + O(\varepsilon^2)\,. \tag{6.25}$$

4 次元でのループ積分の表式で確認できる対数的発散

$$\int^\Lambda \frac{dl_E\, l_E^3}{(l_E^2 + C(z))^2} \sim \ln(\Lambda) \tag{6.26}$$

を，次元 D をパラメータとすることで $(4-D)$ に関する特異性として捉え直すのが**次元正則化**である．

式 (6.23) を $D = 4$ の周りで展開してみる．頂点関数の補正は正味 $O(\lambda)$ だから，$\mu^{2\,\varepsilon}\lambda$ で両辺を割った無次元の量を考えよう．$x^{-\varepsilon} = e^{-\varepsilon\ln(x)}$ を使って，

$$\begin{aligned}
&\frac{1}{\mu^{2\,\varepsilon}\lambda}\,\Gamma_4^{(1)\,s}(p_{(1)}\,,\,p_{(2)}\,,\,p_{(3)}) = \frac{1}{2}\,\frac{\lambda}{(4\pi)^2}\int_0^1 dz\,\Gamma(\varepsilon)\left(\frac{C(z)}{4\pi\mu^2}\right)^{-\varepsilon} \\
&= \frac{1}{2}\,\frac{\lambda}{(4\pi)^2}\int_0^1 dz\left(\frac{1}{\varepsilon} - \gamma_E + O(\varepsilon)\right)\left(1 - \varepsilon\ln\left(\frac{C(z)}{4\pi\mu^2}\right) + O(\varepsilon)\right) \\
&= \frac{1}{2}\,\frac{\lambda}{(4\pi)^2}\left\{\frac{1}{\varepsilon} - \gamma_E + \ln(4\pi) - \int_0^1 dz\ln\left(\frac{C(z)}{\mu^2}\right) + O(\varepsilon)\right\}.
\end{aligned} \tag{6.27}$$

オイラー定数 γ_E などを含めて

$$\Delta_\varepsilon := \frac{1}{\varepsilon} - \gamma_E + \ln(4\pi) \tag{6.28}$$

と置く．$C(z)$ を $C\left(z\,;\,(p_{(1)} + p_{(2)})^2\right)$ と書き直す．$O(\lambda^2)$ の 4 点 1PI 関数への補正は，

式 (6.27) の他に $p_{(2)}$ を $p_{(3)}$ に置き換えたものと，$p_{(2)}$ を $p_{(4)}$ に置き換えたもの，および相殺項からの寄与があったから，それらを加えると全部で

$$
\begin{aligned}
&\frac{1}{\mu^{2\varepsilon}\lambda}\,\Gamma_4^{(1)}(p_{(1)}\,,\,p_{(2)}\,,\,p_{(3)}) \\
&= \frac{3}{2}\,\frac{\lambda}{(4\pi)^2}\,\Delta_\varepsilon - \delta^{(1)}Z_\lambda\,\lambda \\
&\quad - \frac{1}{2}\,\frac{\lambda}{(4\pi)^2}\int_0^1 dz\left\{\ln\left(\frac{C\left(z\,;\,(p_{(1)}+p_{(2)})^2\right)}{\mu^2}\right)\right. \\
&\qquad\qquad + \ln\left(\frac{C\left(z\,;\,(p_{(1)}+p_{(3)})^2\right)}{\mu^2}\right) \\
&\qquad\qquad \left. + \ln\left(\frac{C\left(z\,;\,(p_{(1)}+p_{(4)})^2\right)}{\mu^2}\right)\right\}
\end{aligned}
\tag{6.29}
$$

となる．係数 $\delta^{(1)}Z_\lambda$ を

$$
\delta^{(1)}Z_\lambda = \frac{3}{2}\,\frac{1}{(4\pi)^2}\,\Delta_\varepsilon \tag{6.30}
$$

として，Δ_ε に比例する項を完全にキャンセルような繰り込みスキームを **$\overline{\mathbf{MS}}$ スキーム**という．実際のところ，このスキームを採用すれば，相殺項の寄与を逐一書き下さなくても，Δ_ε に比例する項を取り去ることで繰り込まれた 4 点 1PI 関数が得られる．繰り込み条件を参照することなく効率的に計算を進められるという点では，$\overline{\mathrm{MS}}$ スキームは次元正則化と大変相性が良いと言える．他方，このスキームがどのような繰り込み条件に対応しているのかを具体的に見た上で，他の繰り込み条件との比較を通してスキームの特徴・性質を把握することも必要である．

6.2 繰り込み条件

$\overline{\mathrm{MS}}$ スキームで繰り込まれた 4 点 1PI 関数 $\Gamma_4(p_{(1)}\,,\,p_{(2)}\,,\,p_{(3)})$ は

$$
\frac{1}{\mu^{2\varepsilon}\lambda}\;\Gamma_4(0\,,\,0\,,\,0)\big|_{m^2=\mu^2} = -1\,. \tag{6.31}
$$

を満たす．ここでの $\Gamma_4(p_{(1)}\,,\,p_{(2)}\,,\,p_{(3)})$ は，精査中の摂動の次数までの総計であることに注意する．$n=1$ から出発して逐次 n 次量子補正を計算する過程で，それは摂動の 0 次である $(-\mu^{2\varepsilon}\lambda)$ を必ず含む．よって，繰り込み条件 (6.31) は，$n\geq 1$ の n 次摂動補正項 $\Gamma_4^{(n)}(p_{(1)}\,,\,p_{(2)}\,,\,p_{(3)})$ を順次計算していく過程で

$$
\Gamma_4^{(n)}(0\,,\,0\,,\,0)\Big|_{m^2=\mu^2} = 0 \tag{6.32}
$$

を課すことと等価である．式 (6.30) の $\delta^{(1)}Z_\lambda$ によって得られる繰り込まれた 4 点 1PI 関数

$$
\frac{1}{\lambda}\,\Gamma_4^{(1)}(p_{(1)}\,,\,p_{(2)}\,,\,p_{(3)})
$$

$$
\begin{aligned}
= -\frac{1}{4}\,\frac{\lambda}{(4\pi)^2}\int_0^1 dz \Biggl\{ & \ln\left(\frac{C\left(z\,;\,(p_{(1)}+p_{(2)})^2\right)}{\mu^2}\right) \\
& + \ln\left(\frac{C\left(z\,;\,(p_{(1)}+p_{(3)})^2\right)}{\mu^2}\right) \\
& + \ln\left(\frac{C\left(z\,;\,(p_{(1)}+p_{(4)})^2\right)}{\mu^2}\right)\Biggr\}
\end{aligned}
\tag{6.33}
$$

が式 (6.32) を満たしていることは容易に分かる．4 点 1PI 関数しか見ていないが，条件 (6.31) には $\overline{\mathrm{MS}}$ スキームの特徴が反映されている：質量の 2 乗が，**繰り込み点**と呼ばれるエネルギー μ の 2 乗に置かれており，質量によらない繰り込み条件となっている．すでにお気づきの通り，繰り込み条件として μ でパラメトライズされる 1 パラメータの族を持っている．$\delta^{(1)}Z_\lambda$ をはじめ，$\delta^{(n)}Z_\lambda$ は無次元な量なため，繰り込み条件に現れる唯一のエネルギースケール μ^2 に直接に依存することがない．実際，式 (6.30) の $\delta^{(1)}Z_\lambda$ は μ^2 に依存していない．他方，式 (5.47) の裸の結合定数 $\lambda_{\mathbf{B}}$ との関係は無次元の λ を用いて

$$
\lambda_{\mathbf{B}} = Z_\varphi^{-2}\, Z_\lambda\, \lambda\, \mu^{2\varepsilon} \tag{6.34}
$$

と書くことができる．2 点関数の逆に対しても同様に質量によらない繰り込み条件

$$
\frac{d}{dp^2}\,D(p^2)^{-1}\bigg|_{p^2=0\,;\,m^2=\mu^2} = 1\,, \qquad \frac{d}{dm^2}\,D(p^2)^{-1}\bigg|_{p^2=0\,;\,m^2=\mu^2} = -1 \tag{6.35}
$$

を課す，または，1 次以降の n 次補正 $\Sigma^{(n)}(p^2)$ を順次計算していく過程で

$$
\frac{d}{dp^2}\,\Sigma^{(n)}(p^2)\bigg|_{p^2=0\,;\,m^2=\mu^2} = 0\,, \qquad \frac{d}{dm^2}\,\Sigma^{(n)}(p^2)\bigg|_{p^2=0\,;\,m^2=\mu^2} = 0 \tag{6.36}
$$

とすると，場の再規格化のための繰り込み定数 $\delta^{(n)}Z_\varphi$ も質量や μ に直接依存することはない．裸の結合定数 $\lambda_{\mathbf{B}}$ は繰り込み条件に依存しないから，μ を変えるときには式 (6.34) の右辺に現れる多くの量，一般に λ も変化することで一定の値を保つわけである．質量によらない繰り込み条件の特徴は λ が質量に依存する余地がない点である．$\lambda\varphi^4$ 理論では 1 ループの自己エネルギー関数は p^2 に依存しないため，波動関数の繰り込み定数 $\delta^{(1)}Z_\varphi$ は 0 である．それを使って λ の μ 依存性を摂動的に計算してみる：

1. 摂動の 0 次数でも時空間が 4 次元以外で λ は μ に依存し，一階微分は ε に比例する：

$$
\mu^2\,\frac{d}{d\mu^2}\,\lambda = \lambda_{\mathbf{B}}\,\mu^2\,\frac{d}{d\mu^2}\,(\mu^2)^{-\varepsilon} + O(\lambda^2) = -\varepsilon\,\lambda + O(\lambda^2)\,. \tag{6.37}
$$

2. 今度は λ の μ^2 による微分の $O(\lambda^2)$ までを追跡する：

$$
\begin{aligned}
0 = \mu^2\,\frac{d}{d\mu^2}\,\lambda_{\mathbf{B}} &= \mu^{2\epsilon}\left\{\left(\mu^2\,\frac{dZ_\lambda}{d\mu^2}\right)\lambda + Z_\lambda\left(\mu^2\,\frac{d\lambda}{d\mu^2}\right) + \varepsilon\,Z_\lambda\,\lambda\right\} \\
&= \mu^{2\epsilon}\Biggl\{\left(\delta^{(1)}Z_\lambda\,\mu^2\,\frac{d\lambda}{d\mu^2} + O(\lambda^2)\right)\lambda + \left(1+\delta^{(1)}Z_\lambda\,\lambda + O(\lambda^2)\right)\mu^2\,\frac{d\lambda}{d\mu^2} \\
&\qquad + \varepsilon\,\lambda\left(1+\delta^{(1)}Z_\lambda\,\lambda + O(\lambda^2)\right)\Biggr\}\,.
\end{aligned}
\tag{6.38}
$$

この右辺の｛　｝の中の各々の項は

$$\left(\delta^{(1)} Z_\lambda\, \mu^2 \frac{d\lambda}{d\mu^2} + O(\lambda^2)\right) \lambda = -\frac{3}{2} \frac{1}{(4\pi)^2} \lambda^2 + O(\lambda^3)\,,$$
$$\left(1 + \delta^{(1)} Z_\lambda\, \lambda + O(\lambda^2)\right) \mu^2 \frac{d\lambda}{d\mu^2} = \mu^2 \frac{d\lambda}{d\mu^2} - \frac{3}{2} \frac{1}{(4\pi)^2} \lambda^2 + O(\lambda^3)\,,$$
$$\varepsilon\, \lambda \left(1 + \delta^{(1)} Z_\lambda\, \lambda + O(\lambda^2)\right) = \varepsilon\, \lambda + \frac{3}{2} \frac{1}{(4\pi)^2} \lambda^2 + O(\lambda^3) \tag{6.39}$$

となる．これらを加えて 0 とおくことで，

$$\mu^2 \frac{d\lambda}{d\mu^2} = -\varepsilon\, \lambda + \frac{3}{2} \frac{1}{(4\pi)^2} \lambda^2 + O(\lambda^3) \tag{6.40}$$

を得る．4 次元では，μ^2 を大きくすると $\lambda(\mu^2)$ は大きくなる．式 (6.40) を結合定数 λ の**繰り込み群方程式**と呼ぶ．

6.3 部分ファインマン図からの発散と相殺項

ここでは，$O(\lambda)$ の 4 点 1PI 関数の繰り込みで決めた $\delta^{(1)} Z_\lambda$ が次の摂動次数 $O(\lambda^2)$ の自己エネルギー関数に生ずる部分発散を相殺する点を実際に確認することが目的である．

図 6.2 に $O(\lambda^2)$ の自己エネルギー関数に寄与するファインマン図すべてを書いた．まずは $(2\,,A)$ のファインマン図の寄与の振幅を書き下そう．重複度を割り出すと

$$\begin{aligned}
&\frac{1}{\mathrm{i}}\, \Sigma^{(2\,,A)}(p^2) \\
&:= \frac{1}{2!} \left(-\mathrm{i}\, \frac{\lambda \mu^{2\varepsilon}}{4!}\right)^2 \times (2 \times 4 \times 4 \times 3 \times 2) \int \frac{d^D l_{(1)}}{(2\pi)^D} \int \frac{d^D l_{(2)}}{(2\pi)^D}
\end{aligned}$$

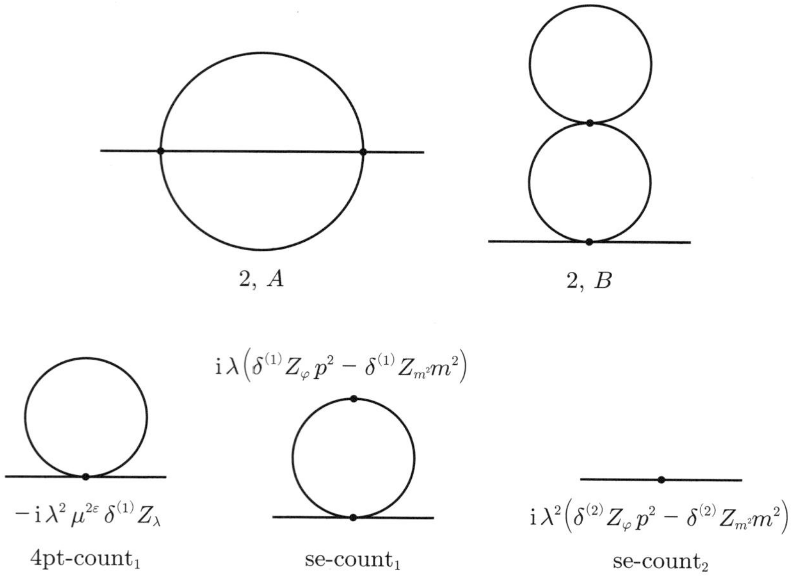

図 6.2　$O(\lambda^2)$ の自己エネルギー関数への量子補正に対応するファインマン図．外線は補助的なものである．

$$\times\, \mathrm{i}\, D_0(l_{(1)}^2)\, \mathrm{i}\, D_0\left(\left(l_{(1)} - l_{(2)} + p\right)^2\right)\, \mathrm{i}\, D_0(l_{(2)}^2) \tag{6.41}$$

のようになる．最初の (2×4) は，外部の $\widetilde{\phi}(p)$ とウィックの縮約をとる $\lambda\varphi^4$ 結合の選択の可能性が 2 で，四つの中のどの ϕ と縮約をとるかで可能性が計 4 だからである．他の外部の $\widetilde{\phi}(p)$ が別の $\lambda\varphi^4$ 結合内の四つの中のどの ϕ とウィックの縮約をとるかで，計 4 の可能性がある．これまでで二つの $\lambda\varphi^4$ 結合は共に三つの ϕ がまだ縮約されずに残っている．図 6.2 の $(2\,,\,A)$ を作る場合の数が最後の (3×2) である．よって，$l_{(2)} = -k$，$l_{(1)} = l$ とすると，

$$\begin{aligned}
&\Sigma^{(2\,,\,A)}(p^2) \\
&= \frac{1}{3}\left(\lambda\,\mu^{2\varepsilon}\right)\int \frac{d^D k}{\mathrm{i}\,(2\pi)^D}\, D_0(k^2)\frac{\lambda\,\mu^{2\varepsilon}}{2}\int \frac{d^D l}{\mathrm{i}\,(2\pi)^D}\, D_0(l^2)\, D_0\left((l+k+p)^2\right) \\
&= \frac{1}{3}\left(\lambda\,\mu^{2\varepsilon}\right)\int \frac{d^D k}{\mathrm{i}\,(2\pi)^D}\, D_0(k^2)\times \Gamma_4^{(1)\,s}\,(k\,,p\,,-k) \\
&= \frac{1}{3}\left(\lambda\,\mu^{2\varepsilon}\right)\int \frac{d^D k}{\mathrm{i}\,(2\pi)^D}\, D_0(k^2) \\
&\quad\times\left\{\frac{\delta^{(1)}Z_\lambda}{3}\,\lambda - \frac{1}{2}\,\frac{\lambda}{(4\pi)^2}\int_0^1 dz\,\ln\left(\frac{C\left(z\,;\,(k+p)^2\right)}{\mu^2}\right) + O(\varepsilon)\right\}.
\end{aligned} \tag{6.42}$$

ここで第 2 の等式は l 積分が $\Gamma_4^{(1)\,s}\,(k\,,p\,,-k)$ であることを用いた．今は l が k よりも先に任意に大きくなる寄与，ファインマン図としては 4 点 1PI 関数への 1 ループのファインマン図が先に潰れていくことで生ずる寄与を追跡している．この部分図が潰れた後に残るのは，自己エネルギー関数への 1 ループのファインマン図であり，$\delta^{(1)}Z_\lambda$ にかかる k 積分がそれに対応している．式 (6.42) は 3 本の内線のうちの 1 本の運動量を k としたものの評価である．他の 2 本の内線に流れる運動量を k としても同じ結果が得られるため，$\Sigma^{(2\,,\,A)}(p^2)$ の部分図による発散の総計は式 (6.42) に含まれるものの 3 倍，すなわち

$$\Sigma^{(2\,,\,A)}(p^2)\Big|_{\mathrm{subdiv}} = \frac{1}{3}\left(\lambda^2\,\mu^{2\varepsilon}\,\delta^{(1)}Z_\lambda\right)\int \frac{d^D k}{\mathrm{i}\,(2\pi)^D}\, D_0(k^2) \tag{6.43}$$

である．もう一つの 2 ループ自己エネルギー・ファインマン図（図 6.2 の $(2\,,\,B)$）が及ぼす寄与が含む 4 点 1PI 部分図由来の部分発散は，

$$\Sigma^{(2\,,\,B)}(p^2)\Big|_{\mathrm{subdiv}\,,\,4\mathrm{pt}} = \frac{1}{2}\left(\lambda^2\,\mu^{2\varepsilon}\,\frac{\delta^{(1)}Z_\lambda}{3}\right)\int \frac{d^D k}{\mathrm{i}\,(2\pi)^D}\, D_0(k^2)\,. \tag{6.44}$$

これは

$$\begin{aligned}
\frac{1}{\mathrm{i}}\,\Sigma^{(2\,,\,B)}(p^2) &= \frac{1}{2!}\left(-\mathrm{i}\,\frac{\lambda\mu^{2\varepsilon}}{4!}\right)^2\times(2\times 4\times 3\times 4\times 3) \\
&\quad\times\int \frac{d^D l_{(1)}}{(2\pi)^D}\int \frac{d^D l_{(2)}}{(2\pi)^D}\mathrm{i}\, D_0(l_{(1)}^2)\,\mathrm{i}\, D_0(l_{(2)}^2)\,\mathrm{i}\, D_0\left((l_{(2)}+p)^2\right) \\
&= \frac{1}{\mathrm{i}}\,\frac{1}{2}\left(\lambda\,\mu^{2\varepsilon}\right)\int \frac{d^D k}{\mathrm{i}\,(2\pi)^D}\, D_0(k^2)\times\Gamma_4^{(1)\,s}\,(p\,,-p\,,k)
\end{aligned} \tag{6.45}$$

から分かる．よって，2 種類の 2 ループ・ファインマン図が自己エネルギーへ及ぼす寄与

に含まれる 4 点 1PI 部分図由来の部分発散の総計は式 (6.43) と (6.44) の和である：

$$\frac{1}{\mathrm{i}}\,\Sigma^{(2)}(p^2)\Big|_{\mathrm{subdiv}\,,\,\mathrm{4pt}} = \Big(\mathrm{i}\,\lambda^2\,\mu^{2\varepsilon}\,\delta^{(1)}Z_\lambda\Big)\,\frac{1}{2}\int\frac{d^Dk}{(2\pi)^D}\,\mathrm{i}\,D_0(k^2)\,. \tag{6.46}$$

他方，$\big(-\lambda\,\mu^{2\varepsilon}\,\delta^{(1)}Z_\lambda\big)$ を係数とする相殺項は自己エネルギー関数へ

$$\frac{1}{\mathrm{i}}\Sigma^{(2)\,,\,\mathrm{4pt\text{-}count}}(p^2) = \Big(-\mathrm{i}\,\lambda^2\,\mu^{2\varepsilon}\,\delta^{(1)}Z_\lambda\Big)\,\frac{1}{2}\int\frac{d^Dk}{(2\pi)^D}\,\mathrm{i}\,D_0(k^2) \tag{6.47}$$

と寄与するから，期待通り式 (6.46) をキャンセルする：

$$\Sigma^{(2)}(p^2)\Big|_{\mathrm{subdiv}\,,\,\mathrm{4pt}} + \Sigma^{(2)\,,\,\mathrm{4pt\text{-}count}}(p^2) = 0\,. \tag{6.48}$$

以上，$\lambda\varphi^4$ 理論における自己エネルギーへの 2 ループ補正における 4 点 1PI 部分図が潰れる際に発生する部分発散を詳しく見た．この例を介して，対応する相殺項が提供する差し引き項は一般に，複数のファインマン図に共通する部分発散の総計をキャンセルするという点を確認した．$\delta^{(1)}Z_\lambda$ は 4 点 1PI 関数に対する 1 ループ・ファインマン図の全体発散をキャンセルするように決めた．そこでのファインマン図は s，t，u チャネルに相当する 3 個であった．自己エネルギーの 2 ループ・ファインマン図でその部分発散が $\delta^{(1)}Z_\lambda$ によってキャンセルされるに至ったのは，図 6.2 の $(2\,,A)$ に含まれる 3 個の部分図由来のものと，$(2\,,B)$ に含まれる一つの部分部図由来のものの総計である．

ここでは $\delta^{(1)}Z_{m^2}$ の計算を省略したが，以上で見てきたことに比べれば簡単である．$\Sigma^{(2)\,,(B)}(p^2)$ に含まれる 1 ループ自己エネルギー部分図が先に潰れることで生ずる部分発散が，相応の相殺項でキャンセルされることも確認できるであろう．さらに一つ確認できることは結合定数の場合と同様に，式 (6.4) の $m_{\mathbf{B}}^2$ が μ によらないように μ の変更と共に m^2 も変化する．$\overline{\mathrm{MS}}$ スキームの繰り込み条件 (6.35) は，伝搬関数が摂動 0 次での (p^2-m^2) が $p^2=0,\,m^2=\mu^2$ の周りで成り立つべし，という要求であろう．あくまで $\lambda(\mu^2)$，$m^2(\mu^2)$ は $\lambda\varphi^4$ 理論の繰り込まれた関数をパラメトライズする量である．

近似なしの場合にはどの μ でも同じ結果を得るが，実際には有限次数までしか計算できない．例えば，$\overline{\mathrm{MS}}$ スキームの下では $\Gamma_4(p_{(1)}\,,p_{(2)}\,,p_{(3)})$ の 2 次は式 (6.29) のファインマンパラメータ z の積分の項で与えられる．もしも $\Big|\big(p_{(1)}+p_{(3)}\big)^2\Big|$ が μ^2 よりもはるかに大きい場合に式 (6.29) を使うと，摂動項が大きくなってしまう．$\Big|\big(p_{(1)}+p_{(3)}\big)^2\Big|$ などに近い μ'^2 の繰り込み条件に移行することで，z の積分項は小さくなる．結合定数 $\lambda(\mu'^2)$ を方程式 (6.40) に従い得て式 (6.29) に代入した結果，摂動項が小さくなれば近似の精度を上げることに成功したことになる．

物理的質量 m_{phy} でパラメトライズする場合には質量殻繰り込み条件を使う：

$$\frac{d\,D(p^2)^{-1}}{dp^2}\bigg|_{p^2=m_{\mathrm{phy}}^2\,;\,m^2=m_{\mathrm{phy}}^2} = 1 = -\,\frac{d\,D(p^2)^{-1}}{dm^2}\bigg|_{p^2=m_{\mathrm{phy}}^2\,;\,m^2=m_{\mathrm{phy}}^2}\,. \tag{6.49}$$

第 7 章
フェルミオン場の量子論

量子電磁力学は電子などの荷電粒子と電磁場の相互作用を扱う理論である．興味がある系は電子に代表されるフェルミオンを含むから，この章ではディラック場について学ぶ．ディラック場の量子化を経路積分で行うため，古典ディラック場をグラスマン代数に値をとるものとして記述する．自由ディラック場の解とディラックによる g 因子に対する予言について見ていく．

7.1 グラスマン代数とコヒーレント状態

ここでは，フェルミ統計に従う場を経路積分により量子化する上で不可欠なグラスマン代数というものを見ていく．

$\left\{\chi_j\,,\,\chi^{+j}\right\}_{j=1,\ldots,N}$ はすべて互いに反可換とする（以下，$i,j,k\ \ldots\in\{1,\ldots,N\}$ などとする）：

$$\chi_j\,\chi_k+\chi_k\chi_j=0\,,\quad \chi^{+j}\,\chi^{+k}+\chi^{+k}\,\chi^{+j}=0\,,\quad \chi_j\,\chi^{+k}+\chi^{+k}\,\chi_j=0\,. \tag{7.1}$$

グラスマン代数 $\mathfrak{G}$ とは，$\left\{\chi_j\,,\,\chi^{+j}\right\}_{j=1,\ldots,N}$ により生成される $\boldsymbol{C}$ 上の代数である．式 (7.1) から $\mathfrak{G}$ は以下のような部分ベクトル空間の直和として表すことができる：

$$\mathfrak{G}=\bigoplus_{r\,,\,s=0}^{N}\mathfrak{G}_{(r)\,(s)}\,,$$
$$\mathfrak{G}_{(r)\,(s)}=\left\{\sum_{j_1<\cdots<j_r}\sum_{k_1<\cdots<k_s}\chi_{j_r}\cdots\chi_{j_1}\,\alpha^{j_1\cdots j_r}{}_{k_s\ldots k_1}\times\chi^{+k_1}\cdots\chi^{+k_s}\,\middle|\,\alpha^{j_1\cdots j_r}{}_{k_s\ldots k_1}\in\boldsymbol{C}\right\}. \tag{7.2}$$

$\mathfrak{G}_{(0)\,(0)}=\boldsymbol{C}$ で，$\alpha\in\boldsymbol{C}$ と $\chi_j\,,\,\chi^{+j}$ は互いに可換とする．$\mathfrak{G}_{(1)\,(0)}\oplus\mathfrak{G}_{(0)\,(1)}$ の元をグラスマン数という．$\mathfrak{G}$ が積について閉じていることは容易に示すことができる．

各 $\mathfrak{G}_{(r)\,(s)}$ の元 a には自然な Z_2 次数 ε_a が割り当てられる：

$$\varepsilon_a=\begin{cases}0 & \text{もし}\ r+s\ \text{が偶数のとき,}\\ 1 & \text{もし}\ r+s\ \text{が奇数のとき.}\end{cases} \tag{7.3}$$

例えば，$\chi_{i_1}\chi_{i_2}$ と $\chi_{j_1}\chi_{j_2}$ は可換である：

$$(\chi_{i_1}\chi_{i_2})(\chi_{j_1}\chi_{j_2}) = \chi_{i_1}(\chi_{j_1}\chi_{j_2})\chi_{i_2} = (\chi_{j_1}\chi_{j_2})(\chi_{i_1}\chi_{i_2})\,. \tag{7.4}$$

これらを一般化すると $a \in \mathfrak{G}_{(r_1)(s_1)}$，$b \in \mathfrak{G}_{(r_2)(s_2)}$ に対して

$$ba = (-1)^{\varepsilon_a \varepsilon_b} ab \tag{7.5}$$

が成り立つ．また，

$$\mathfrak{G}^h := \sum_{r=0}^{N} \mathfrak{G}_{(r)(0)}\,, \quad \mathfrak{G}^{\overline{h}} := \sum_{r=0}^{N} \mathfrak{G}_{(0)(r)} \tag{7.6}$$

は，それぞれ，$\{\chi_j\}_{j=1,\ldots,N}$，$\left\{\chi^{+j}\right\}_{j=1,\ldots,N}$ によって生成されるグラスマン代数で，$\mathfrak{G}$ の部分代数である．

$\mathfrak{G}$ の元 f を生成子の関数と考えた上で微分を定義するが，「χ_k（χ^{+k}）を少しシフトさせて」ということはしない．複雑さを避けるため，$f \in \mathfrak{G}^h$ とする．f の $\mathfrak{G}^h$ の基底に関する展開式中，χ_k を含む項で χ_k が最も左に位置するように移動させると（$\breve{\chi}$ は，χ がそこに存在しないことを表す）

$$\begin{aligned} f = \chi_k \Biggl\{ \sum_{n=1}^{N} \sum_{j_1<\cdots<j_{r-1}<k<j_{r+1}<\cdots<j_n} & (-1)^{n-r}\,\chi_{j_n}\cdots\chi_{j_{r+1}}\breve{\chi}_k\chi_{j_{r-1}}\cdots\chi_{j_1}\,\alpha^{j_1\cdots j_{r-1}\,k\,j_{r+1}\cdots j_n}(f) \\ & + \beta\,\chi_N\cdots\chi_k\cdots\chi_1 \Biggr\} + \left(\chi_k \text{ を含まない項}\right) \end{aligned} \tag{7.7}$$

となる．このとき，f の χ_k に関する左微分を

$$\begin{aligned} \frac{\partial^L f}{\partial \chi_k} := \sum_{n=1}^{N} \sum_{j_1<\cdots<j_{r-1}<k<j_{r-1}<\cdots<j_n} & (-1)^{n-r}\,\chi_{j_n}\cdots\chi_{j_{r+1}}\breve{\chi}_k\chi_{j_{r-1}}\cdots\chi_{j_1} \\ & \times \alpha^{j_1\cdots j_{r-1}\,k\,j_{r+1}\cdots j_n}(f) \end{aligned} \tag{7.8}$$

で定義する．χ_k を最も左に寄せた際の χ_k 以外のもの，としたいが，式 (7.7) のような不定性 β が存在する．右微分 $\dfrac{\partial^R f}{\partial \chi_k}$ も χ_k を最も右に移動させた量から同様に定義される．$f \in \mathfrak{G}$ に対して，および，χ^{+k} に関する左・右微分も同様である．

$\mathfrak{G}$ が微分形式の外積代数に同型である点を踏まえ，$f \in \mathfrak{G}$ の積分を最高次数項の係数を取り出す演算として定義する：

$$\begin{aligned} & \int d^N\chi^+ d^N\chi\, f(\chi^+, \chi) := \int d\chi^{+N}\cdots d\chi^{+1} d\chi_1\cdots d\chi_N\, f(\chi^+, \chi) \\ &= \int d\chi^{+N}\cdots d\chi^{+1} d\chi_1\cdots d\chi_N\,\chi_N\cdots\chi_1\,\chi^{+1}\cdots\chi^{+N}\alpha^{1\cdots N}{}_{N\cdots 1}(f) \\ &= \alpha^{1\cdots N}{}_{N\cdots 1}(f)\,. \end{aligned} \tag{7.9}$$

おおまかには，χ_i が $d\chi_i$ に遭遇して次々と消されている，という具合である．$\mathfrak{G}$ 上のデルタ関数 $\delta(\chi)$ は

$$\chi_j\,\delta(\chi^+,\chi)=0\,,\quad \chi^{+j}\,\delta(\chi^+,\chi)=0\,,\quad \int d^N\chi^+\,d^N\chi\,\delta(\chi^+,\chi)=1 \tag{7.10}$$

を満たすべきであろう．そのような $\delta(\chi^+,\chi)$ は

$$\delta(\chi^+,\chi) \coloneqq \chi_N\cdots\chi_1\,\chi^{+1}\cdots\chi^{+N} \tag{7.11}$$

で与えられる．このデルタ関数の形からも示唆されるグラスマン代数上の積分の重要な特徴がある．今，$\{\chi_j\}_{j=1,\ldots,N}$ の線形変換

$$\chi_{A,j}=\sum_{k=1}^{N}A_j{}^k\,\chi_k \tag{7.12}$$

で可逆なものを考える．このとき，積分測度 $d^N\chi$ は

$$d^N\chi_A=\frac{1}{\det(A)}\,d^N\chi \tag{7.13}$$

のように通常の座標変換の場合と逆となる．まず，$\dfrac{\partial^L\chi_{A,j}}{\partial\chi_k}=A_j{}^k$ が定数だから，可換な量 J を用いて $d^N\chi_A=J\,d^N\chi$ と書けるであろう．煩雑さを避けるため，$d^N\chi$ の部分だけ追跡することにすると，

$$\begin{aligned}\alpha^{N\cdots 1}(f)&=\int d^N\chi_A\,f(\chi_A)=J\int d^N\chi\,f(\chi_A)\\&=J\int d^N\chi\,\chi_{A,N}\,\cdots\,\chi_{A,1}\,\alpha^{N\cdots 1}(f)\\&=J\int d^N\chi\sum_{j_1,\ldots,j_N=1}^{N}A_N^{\;j_N}\,\cdots\,A_1^{\;j_1}\,\chi_{j_N}\,\cdots\,\chi_{j_1}\,\alpha^{N\cdots 1}(f)\\&=J\int d^N\chi\left(\sum_{j_1,\cdots,j_N=1}^{N}A_N^{\;j_N}\,\cdots\,A_1^{\;j_1}\,\varepsilon_{j_1\cdots j_N}\,\chi_N\,\cdots\,\chi_1\right)\alpha^{N\cdots 1}(f)\\&=J\,\det(A)\left(\int d^N\chi\,\chi_N\,\cdots\,\chi_1\right)\alpha^{N\cdots 1}(f)\\&=J\det(A)\,\alpha^{N\cdots 1}(f)\,.\end{aligned} \tag{7.14}$$

ここで，$\chi_{j_1}\,\cdots\,\chi_{j_N}$ は N 個の添字 $j_1,\ldots,j_N$ の入れ換えに関して完全反対称であるから，ε_{ijk} と同様に定義される N 階完全反対称テンソル $\varepsilon_{j_1\cdots j_N}$ により

$$\chi_{j_N}\,\cdots\,\chi_{j_1}=\varepsilon_{j_1\cdots j_N}\,\chi_N\,\cdots\,\chi_1 \tag{7.15}$$

と表されることを用いた．よって $J=\det(A)^{-1}$ が従う．

特に重要な積分は N 次元正方行列 D に関する

$$\int d^N\chi^+\,d^N\chi\,\exp\left(-\sum_{j,k=1}^{N}\chi^{+j}D_j{}^k\chi_k\right)=\det(D) \tag{7.16}$$

である．問題の積分に実質的に寄与するのは指数関数の展開の N 次のみである：

$$\int d^N\chi^+\,d^N\chi\,\exp\left[-\chi^+D\chi\right]$$

$$= \int d^N\chi^+ \, d^N\chi \, \frac{1}{N!} \sum_{j_1, j_2, \cdots, j_N = 1}^{N} \sum_{k_1, k_2, \cdots, k_N = 1}^{N}$$
$$\times \left(\chi_{j_N}\chi^{+k_N}\right)\cdots\left(\chi_{j_2}\chi^{+k_2}\right)\left(\chi_{j_1}\chi^{+k_1}\right) D_{k_N}^{j_N}\cdots D_{k_2}^{j_2} D_{k_1}^{j_1} . \tag{7.17}$$

$\left(\chi_{j_2}\chi^{+k_2}\right)\left(\chi_{j_1}\chi^{+k_1}\right) = \chi_{j_2}\chi_{j_1}\chi^{+k_1}\chi^{+k_2}$ のような符号が出ない入れ換えを繰り返すと，$\varepsilon_{j_1\cdots j_N}$ と同様に定義される $\varepsilon^{k_1\cdots k_N}$ を用いて

$$\begin{aligned}\left(\chi_{j_N}\chi^{+k_N}\right)\cdots\left(\chi_{j_1}\chi^{+k_1}\right) &= \chi_{j_N}\cdots\chi_{j_1}\,\chi^{+k_1}\cdots\chi^{+k_N} \\ &= \varepsilon_{j_1\cdots j_N}\,\chi_N\cdots\chi_1\,\varepsilon^{k_1\cdots k_N}\,\chi^{+1}\cdots\chi^{+N}\end{aligned} \tag{7.18}$$

となるから，

$$\begin{aligned}&\int d^N\chi^+ \, d^N\chi \, \exp\left[-\chi^+ D\chi\right] \\ &= \left(\int d^N\chi^+ \, d^N\chi \, \chi_N\cdots\chi_1\,\chi^{+1}\cdots\chi^{+N}\right) \\ &\quad\times\left(\frac{1}{N!}\sum_{j_1, \ldots, j_N = 1}^{N}\sum_{k_1, \ldots, k_N = 1}^{N} \varepsilon_{j_1\cdots j_N}\,\varepsilon^{k_1\cdots k_N}\,D_{k_1}^{j_1}\cdots D_{k_N}^{j_N}\right) \\ &= \det D\end{aligned} \tag{7.19}$$

を得る．積分測度の変換性 (7.13) と同様，積分 (7.16) は通常の積分

$$\int_{-\infty}^{\infty} dx \, \exp\left(-\frac{\alpha}{2}x^2\right) = \sqrt{\frac{2\pi}{\alpha}} \tag{7.20}$$

の逆に相当している．

一通りの準備が整ったため，自由な右巻きカイラル・スピノール場 $\eta^{\dot{\alpha}}(x)$ の系を調べてみよう．その 2 成分は複素グラスマン数に値をとる．このような場を一つ含む系は

$$S_R[\eta] = \int d^4x \, \frac{\mathrm{i}}{2}\, \eta(x)^\dagger \sigma^\mu \partial_\mu \eta(x) \tag{7.21}$$

という作用で記述される．ラグランジアン密度のローレンツ不変性は

$$\begin{aligned}&\eta(x)^\dagger \sigma^\lambda \partial_\mu \eta(x) \\ &\to \eta(x)^\dagger \left\{W_R(\alpha, \beta)^\dagger \, \sigma^\lambda \, W_R(\alpha, \beta)\, \partial_\rho \left(\Lambda(\alpha, \beta)^{-1}\right)^\rho_{\ \lambda}\right\} \eta(x)\end{aligned} \tag{7.22}$$

において，

$$W_R(\alpha, \beta) = \exp\left[\sum_{j=1}^{3}\left(\mathrm{i}\,\alpha_j\,\frac{\tau_j}{2} - \beta_j\,\frac{\tau_j}{2}\right)\right] = W_L(-\alpha, -\beta)^\dagger \tag{7.23}$$

と式 (2.106) を用いると

$$\begin{aligned}&W_R(\alpha, \beta)^\dagger \, \sigma^\lambda W_R(\alpha, \beta) \\ &= \eta^{\lambda\nu} W_L(-\alpha, -\beta)\, \sigma_\nu W_L(-\alpha, -\beta)^\dagger = \eta^{\lambda\nu}\sigma_\rho \Lambda(-\alpha, -\beta)^\rho_{\ \nu} \\ &= \sigma^\mu \left(\eta^{\lambda\nu}\,\Lambda(-\alpha, -\beta)^\rho_{\ \nu}\,\eta_{\rho\mu}\right) = \sigma^\mu \left(\Lambda(-\alpha, -\beta)^{-1}\right)^\lambda_{\ \mu}\end{aligned}$$

$$= \Lambda(\alpha, \beta)^{\lambda}{}_{\mu}\, \sigma^{\mu} \tag{7.24}$$

であるから

$$\begin{aligned} & W_R(\alpha, \beta)^{\dagger}\, \sigma^{\lambda} W_R(\alpha, \beta)\, \partial_{\rho} \left(\Lambda(\alpha, \beta)^{-1}\right)^{\rho}{}_{\lambda} \\ &= (\Lambda(\alpha, \beta))^{\lambda}{}_{\mu}\, \sigma^{\mu} \partial_{\rho} \left(\Lambda(\alpha, \beta)^{-1}\right)^{\rho}{}_{\lambda} \\ &= \sigma^{\mu} \partial_{\mu} \end{aligned} \tag{7.25}$$

より分かる．対称性のみならず，作用が普通の数となる要請より，式 (7.21) のようにスピノール場は必ず偶数次で作用に含まれなければならない．3 軸周りの 2π 回転でスピノール場単体は符号を換えるが，作用では相殺している．

作用の極値を調べる通常の方法から今の系の運動方程式

$$\sigma^{\mu}\, \partial_{\mu} \eta(x) = 0 \tag{7.26}$$

が導かれる．この両辺に $\overline{\sigma}^{\nu}\, \partial_{\nu}$ をかければ各成分が質量 0 のクライン–ゴルドン方程式

$$\Box \eta^{\dot{\alpha}}(x) = 0 \tag{7.27}$$

を満たすことが分かる．したがって，実スカラー場の系で学んだように $e^{\pm \frac{i}{\hbar} p\cdot x}$ $(p^0 \equiv |\mathbf{p}|)$ の線形結合が式 (7.26) の一般解である．式 (7.26) より線形結合の係数 $g(\mathbf{p})$ は

$$p_{\mu} \sigma^{\mu} g(\mathbf{p}) = 0 \tag{7.28}$$

を満たす．$p_{\mu}\sigma^{\mu}$ は式 (2.97) の $H(p)$ にほかならないから，$\det(p_{\mu}\sigma^{\mu}) = p^2 = 0$．よって，$p_{\mu}\sigma^{\mu}$ は 0 固有値を持つが，恒等的には 0 でないから階数は 1 である．$p^0 > 0$ の光的 4 元ベクトル p は座標の空間回転で $p^{\mu}_{(3)} = |\mathbf{p}|\,(1, 0, 0, 1) = \left(|\mathbf{p}|\,, \mathbf{p}_{(3)}\right)$ の形に持っていけるから，その座標系で式 (7.28) は

$$\begin{pmatrix} 1 & 0 \\ 0 & 0 \end{pmatrix} g(\mathbf{p}_{(3)}) = 0 \tag{7.29}$$

と簡単になる．これから直接その解は唯一つであることが分かる：

$$g(\mathbf{p}_{(3)}) = \begin{pmatrix} 0 \\ 1 \end{pmatrix}. \tag{7.30}$$

このように，右巻きカイラリティ・スピノール場の運動方程式の解を運動量空間で眺めてみると，運動量毎では正負の光円錐上それぞれで実質的に 1 自由度しかない．3 軸の向きを $\mathbf{p}$ へ回す回転の $\left(0, \dfrac{1}{2}\right)$ 表現を $g(\mathbf{p}_{(3)})$ に施して得られる結果を $g_+(\mathbf{p})$，また，負の光円錐上で同様にして得られるものを $g_-(\mathbf{p})$ とすると（$p^0 = |\mathbf{p}|$ として）

$$\eta^{\dot{\alpha}}(x) = \int \frac{d^3\mathbf{p}}{(2\pi)^3\, 2\,|\mathbf{p}|} \left(g_+^{\dot{\alpha}}(\mathbf{p})\, a(\mathbf{p})\, e^{-\mathrm{i}\, p\cdot x} + g_-^{\dot{\alpha}}(\mathbf{p})\, b(\mathbf{p})^*\, e^{+\mathrm{i}\, p\cdot x}\right) \tag{7.31}$$

と展開できる．右辺でグラスマン数に値をとっているのは $a(\mathbf{p})$，$b(\mathbf{p})^*$ である．量子化時には，$g_{\pm}^{\dot{\alpha}}(\mathbf{p})$ はそのままで，$\widehat{a}(\mathbf{p})$ を粒子を消滅する演算子，$\widehat{b}(\mathbf{p})^{\dagger}$ を反粒子を生成する演算子とする．粒子・反粒子のいずれも各運動量毎にヘリシティ 1 自由度を有する．

演算子形式から経路積分に移行するための準備をしておく．2^N 次元ベクトル空間 V に作用する演算子 $\left\{\widehat{a}_j\,,\,\widehat{a}^{\dagger j}\right\}$ は以下のような反交換関係（$\{\widehat{A},\,\widehat{B}\}:=\widehat{A}\widehat{B}+\widehat{B}\widehat{A}$）に従うものとする：

$$\{\widehat{a}_j\,,\,\widehat{a}_k\}=0=\left\{\widehat{a}^{\dagger j}\,,\,\widehat{a}^{\dagger k}\right\},\quad \left\{\widehat{a}_j\,,\,\widehat{a}^{\dagger k}\right\}=\delta_j{}^k\,\mathbb{I}_{2^N}\,. \tag{7.32}$$

$|\Omega\rangle\in V$ を $\widehat{a}_j\,|\Omega\rangle=0\ (j=1\,,\,\ldots\,,\,N)$ とするとき，V の基底は

$$\left\{\,|i_1\,,\,\ldots\,,\,i_n\rangle:=\widehat{a}^{\dagger\,i_1}\cdots\widehat{a}^{\dagger\,i_n}\,|\Omega\rangle\right|\,i_1<\cdots<i_n\,;\,n=0\,,\,\ldots\,,\,N\Big\} \tag{7.33}$$

で与えられる．任意の $|\Psi\rangle\in V$ は

$$|\Psi\rangle:=\sum_{n=0}^{N}\sum_{i_1<\cdots<i_n}|i_1\ldots i_n\rangle\,\Psi_{i_n\ldots i_1}\quad(\Psi_{i_n\ldots i_1}\in\boldsymbol{C}) \tag{7.34}$$

と表せるが，それを

$$\Psi(\chi^+):=\sum_{n=0}^{N}\sum_{i_1<\cdots<i_n}\chi^{+\,i_1}\cdots\chi^{+\,i_n}\,\Psi_{i_n\ldots i_1}\in\mathfrak{G}^{\overline{h}} \tag{7.35}$$

に対応させる写像は，V から $\mathfrak{G}^{\overline{h}}$ の上への同型写像である．V 上の内積 $(\,,\,)$ を $(\alpha\,|\Psi_1\rangle\,,\,\beta\,|\Psi_2\rangle)=\alpha^*\beta\,(|\Psi_1\rangle\,,\,|\Psi_2\rangle)$ を満たすように導入し，それに関し，$|\Omega\rangle$ のノルムは 1 で，$\widehat{a}^{\dagger i}$ は $\widehat{a}_i$ のエルミート共役とする：$(\widehat{a}_i)^\dagger=\widehat{a}^{\dagger i}$．さらに，$\left|\Psi_{(1)}\right\rangle$ と $\left|\Psi_{(2)}\right\rangle$ の内積を $\left\langle\Psi_{(1)}\right|\left.\Psi_{(2)}\right\rangle$ で表すと，$\langle i_1\,,\,\ldots\,,\,i_n|=\langle\Omega|\,\widehat{a}_{i_n}\cdots\widehat{a}_{i_1}$ で，

$$\sum_{n=0}^{N}\sum_{i_1<\cdots<i_n}|i_1\,,\,\ldots\,,\,i_n\rangle\,\langle i_1\,,\,\ldots\,,\,i_n|=\mathbb{I}_{2^N} \tag{7.36}$$

を満たす．V 上の線形演算子 $\widehat{F}$ の基底 (7.33) に関する行列要素を

$$F_{i_m\,\ldots\,i_1}{}^{j_1\,\cdots\,j_n}:=\langle i_1\,,\,\ldots\,,\,i_m|\,\widehat{F}\,|j_1\,,\,\ldots\,,\,j_n\rangle \tag{7.37}$$

とすると，

$$\begin{aligned}\widehat{F}&=\sum_{m\,,\,n=0}^{N}\sum_{i_1<\cdots<i_m}\sum_{j_1<\cdots<j_n}|i_1\,,\,\ldots\,,\,i_m\rangle\,F_{i_m\,\ldots\,i_1}{}^{j_1\,\cdots\,j_n}\,\langle j_1\,,\,\ldots\,,\,j_n|\\&=\sum_{m\,,\,n=0}^{N}\sum_{i_1<\cdots<i_m}\sum_{j_1<\cdots<j_n}\\&\qquad\times\widehat{a}^{\dagger\,i_1}\cdots\widehat{a}^{\dagger\,i_m}\,|\Omega\rangle\,F_{i_m\,\ldots\,i_1}{}^{j_1\,\cdots\,j_n}\widehat{a}_{j_n}\cdots\widehat{a}_{j_1}\,\langle\Omega|\end{aligned} \tag{7.38}$$

であるが，$\widehat{F}$ に対して以下のような $F(\chi^+\,,\,\chi)\in\mathfrak{G}$ を対応させる：

$$\begin{aligned}&F(\chi^+\,,\,\chi)\\&:=\sum_{m\,,\,n=0}^{N}\sum_{i_1<\cdots<i_m}\sum_{j_1<\cdots<j_n}\chi^{+\,i_1}\cdots\chi^{+\,i_m}\,F_{i_m\,\ldots\,i_1}{}^{j_1\,\cdots\,j_n}\chi_{j_n}\cdots\chi_{j_1}\,.\end{aligned} \tag{7.39}$$

$\widehat{F}\,|\Psi\rangle\in V$ に対応する $\mathfrak{G}^{\overline{h}}$ の元 $(\widehat{F}\Psi)(\chi^+)$ は以下のように与えられる：

$$(\widehat{F}\Psi)(\chi^+) = \int d^N\eta^+ d^N\eta \, \exp\left(-\sum_{i=1}^{N} \eta^{+\,i}\,\eta_i\right) F(\chi^+\,,\,\eta)\,\Psi(\eta^\dagger)\,. \tag{7.40}$$

$\left\{\eta^j\,,\,\eta^{+\,j}\right\}_{j=1,\ldots,N}$ は別のグラスマン代数の生成子で，いずれも $\chi_j\,,\chi^{+\,j}$ と反交換する．式 (7.40) を示すため，右辺の量を G とすると，

$$G = \sum_{k=0}^{N} \sum_{l_1<\cdots<l_k} \chi^{+\,l_1}\cdots\chi^{+\,l_k} \sum_{m,\,n=0}^{N} \sum_{i_1<\cdots<i_m} \sum_{j_1<\cdots<j_n} F_{l_k\ldots l_1}{}^{i_1\ldots i_m}$$
$$\times \int d^N\eta^+\, d^N\eta \, \exp\left(-\sum_{i=1}^{N}\eta^{+\,i}\,\eta_i\right)\eta_{i_m}\cdots\eta_{i_1}\eta^{+\,j_1}\cdots\eta^{+\,j_n}\,\Psi_{j_n\ldots j_1} \tag{7.41}$$

の積分は $m=n$ かつ $\{i_1\,,\ldots,\,i_n\}=\{j_1\,,\ldots,\,j_n\}$ に限り非自明で，$i_1<\cdots<i_n$，$j_1<\cdots<j_n$ より $i_1=i_1,\ldots,i_n=j_n$ である．$\eta_{i_n}\cdots\eta_{i_1}\eta^{+\,i_1}\cdots\eta^{+\,i_n} = (\eta_{i_1}\eta^{+\,i_1})\cdots(\eta_{i_n}\eta^{+\,i_n})$ に含まれない $\eta_j\eta^{+\,j}$ は指数関数から供給される：

$$\begin{aligned} G &= \sum_{k=0}^{N} \sum_{l_1<\cdots<l_k} \chi^{+\,l_1}\cdots\chi^{+\,l_k} \sum_{n=0}^{N} \sum_{i_1<\cdots<i_n} F_{l_k\ldots l_1}{}^{i_1\ldots i_n}\Psi_{i_n\ldots i_1} \\ &= \sum_{k=0}^{N} \sum_{l_1<\cdots<l_k} \chi^{+\,l_1}\cdots\chi^{+\,l_k}\,(F\Psi)_{l_k\ldots l_1} = (\widehat{F}\Psi)(\chi^+)\,. \end{aligned} \tag{7.42}$$

同様に，

$$\Psi^*(\chi) \coloneqq \sum_{n=0}^{N} \sum_{i_1<\cdots<i_n} (\Psi_{i_n\ldots i_1})^* \chi_{i_n}\cdots\chi_{i_1} \;\in \mathfrak{G}^h \tag{7.43}$$

とするとき，

$$\left\langle \Psi_{(1)} \middle|\, \Psi_{(2)} \right\rangle = \int d^N\chi^+\, d^N\chi \, \exp\left(-\sum_{i=1}^{N}\chi^{+\,i}\chi_i\right) \Psi^*_{(1)}(\chi)\,\Psi_{(2)}(\chi^+) \tag{7.44}$$

となる．

フェルミ統計に従う変数の経路積分で重要となるコヒーレント状態とその性質を見ておきたい．後の計算で式を短くするため，$\exp\left(-\dfrac{1}{2}\displaystyle\sum_{i=1}^{N}\chi^{+\,i}\chi_i\right)$ を含めてコヒーレント状態 $|\chi\,,\chi^+)$ を

$$\left|\chi\,,\,\chi^+\right) \coloneqq \exp\left(-\frac{1}{2}\sum_{i=1}^{N}\chi^{+\,i}\chi_i\right)\exp\left(-\sum_{k=1}^{N}\chi_k\,\widehat{a}^{\dagger\,k}\right)|\Omega\rangle \tag{7.45}$$

で与える．$|\chi\,,\,\chi^+)$ は $\widehat{a}_j$ の固有状態である：

$$\begin{aligned} \widehat{a}_j\left|\chi\,,\,\chi^+\right) &= \exp\left(-\frac{1}{2}\sum_{i=1}^{N}\chi^{+\,i}\chi_i\right)\sum_{n=1}^{\infty}\frac{1}{n!}\left[\widehat{a}_j\,,\left(-\sum_{k=1}^{N}\chi_k\widehat{a}^{\dagger\,k}\right)^n\right]|\Omega\rangle \\ &= \chi_j \exp\left(-\frac{1}{2}\sum_{i=1}^{N}\chi^{+\,i}\chi_i\right)\sum_{n=1}^{\infty}\frac{n}{n!}\left(-\sum_{k=1}^{N}\chi_k\widehat{a}^{\dagger\,k}\right)^{n-1}|\Omega\rangle \\ &= \chi_j\left|\chi\,,\,\chi^+\right)\,. \end{aligned} \tag{7.46}$$

同様に，

$$\left(\chi,\chi^{+}\right| \coloneqq \exp\left(-\frac{1}{2}\sum_{i=1}^{N}\chi^{+i}\chi_i\right)\langle\Omega|\exp\left(-\sum_{k=1}^{N}\widehat{a}_k\chi^{+k}\right) \tag{7.47}$$

が $\widehat{a}^{\dagger j}$ の固有状態であることが分かる：

$$\left(\chi,\chi^{+}\right|\widehat{a}^{\dagger j} = \left(\chi,\chi^{+}\right|\chi^{+j}. \tag{7.48}$$

そして，

$$\begin{aligned}
&\left(\eta,\eta^{+}\middle|\chi,\chi^{+}\right) \\
&= \exp\left(-\frac{1}{2}\sum_{i=1}^{N}\eta^{+i}\eta_i\right)\langle\Omega|\exp\left(\sum_{j=1}^{N}\eta^{+j}\widehat{a}_j\right)\left|\chi,\chi^{+}\right) \\
&= \exp\left(-\frac{1}{2}\sum_{i=1}^{N}\eta^{+i}\eta_i\right)\exp\left(\sum_{j=1}^{N}\eta^{+j}\chi_j\right)\left\langle\Omega\middle|\chi,\chi^{+}\right) \\
&= \exp\left[\sum_{j=1}^{N}\left\{-\frac{1}{2}\eta^{+j}\left(\eta_j-\chi_j\right)+\frac{1}{2}\left(\eta^{+j}-\chi^{+j}\right)\chi_j\right\}\right]
\end{aligned} \tag{7.49}$$

である．完全性はグラスマン数の積分により

$$\int d^N\chi^{+}\,d^N\chi\left|\chi,\chi^{+}\right)\left(\chi,\chi^{+}\right| = \mathbb{I}_{2^N} \tag{7.50}$$

と表すことができる．例えば，左辺で $|1\rangle = \widehat{a}_1^{\dagger}|\Omega\rangle$ を含む項は

$$\begin{aligned}
&\int d^N\chi^{+}\,d^N\chi\,\exp\left(-\sum_{i=1}^{N}\chi^{+i}\chi_i\right) \\
&\qquad\qquad\times\left(-\chi_1\widehat{a}^{\dagger 1}\right)|\Omega\rangle\langle\Omega|\exp\left(-\sum_{k=1}^{N}\widehat{a}_k\chi^{+k}\right) \\
&= \int d^N\chi^{+}\,d^N\chi\,\frac{1}{(N-1)!}\left(\sum_{i=1}^{N}\chi_i\chi^{+i}\right)^{N-1} \\
&\qquad\qquad\times\left(-\chi_1\widehat{a}^{\dagger 1}\right)|\Omega\rangle\langle\Omega|\exp\left(-\sum_{k=1}^{N}\widehat{a}_k\chi^{+k}\right) \\
&= \int d^N\chi^{+}\,d^N\chi\left\{\left(\chi_N\chi^{+N}\right)\cdots\left(\chi_2\chi^{+2}\right)\right\}\left(-\chi_1\right)\left(\widehat{a}^{\dagger 1}|\Omega\rangle\right)\langle\Omega|\left(-\widehat{a}_1\chi^{+1}\right) \\
&= \int d^N\chi^{+}\,d^N\chi\left(\chi_N\cdots\chi_1\chi^{+1}\cdots\chi^{+N}\right)\left(\widehat{a}^{\dagger 1}|\Omega\rangle\right)\left(\langle\Omega|\widehat{a}_1\right) \\
&= |1\rangle\langle 1|
\end{aligned} \tag{7.51}$$

として寄与する．式 (7.50) の左辺で $|i_1,\ldots,i_n\rangle = \widehat{a}^{\dagger i_1}\cdots\widehat{a}^{\dagger i_n}|\Omega\rangle$ を含む項では，グラスマン数の積の和の指数関数から $(N-n)$ 次の項が $\chi_N\cdots\chi_1$ を完成させるように寄与する．この際，指数関数は χ_k と同じ添字を持つ $(N-n)$ 種類の χ^{+k} を供給するから，今度は $\chi^{+1}\cdots\chi^{+N}$ を完成させるために $\widehat{a}^{\dagger i_r}$ と同じ添字の n 個の $\widehat{a}_{i_r}$ が

$\langle\Omega|\exp\left(-\sum_{k=1}^{N}\widehat{a}_k\,\chi^{+k}\right)$ から供給される．こうして，式 (7.50) の左辺が式 (7.36) の左辺の量になることが分かる．

7.2 フェルミ統計に従う変数の経路積分

7.2.1 ディラック場

ここでは，右巻きカイラリティ・スピノール場と左巻きカイラリティ・スピノール場のペアからなるディラック場について見ていく．

2 成分スピノール場と関連し，2 種類の 2×2 のエルミート行列，式 (2.96) の σ_μ と式 (2.107) の $\overline{\sigma}^\mu$，が登場した．それらを直接用いて，

$$(\sigma^\mu\,\overline{\sigma}^\nu+\sigma^\nu\,\overline{\sigma}^\mu)_\alpha^{\ \beta}=2\,\eta^{\mu\nu}\,\delta_\alpha^{\ \beta}\,,\quad(\overline{\sigma}^\mu\,\sigma^\nu+\overline{\sigma}^\nu\,\sigma^\mu)^{\dot\alpha}_{\ \dot\beta}=2\,\eta^{\mu\nu}\,\delta^{\dot\alpha}_{\ \dot\beta}\tag{7.52}$$

が分かる．このような特徴を持つ σ^μ と $\overline{\sigma}^\mu$ を用いて 4 次元正方行列 γ^μ を

$$\gamma^\mu:=\begin{pmatrix}0&\sigma^\mu\\\overline{\sigma}^\mu&0\end{pmatrix}\quad(\mu=0,1,2,3)\tag{7.53}$$

で与えると，以下の反交換関係を得る：

$$\gamma^\mu\gamma^\nu+\gamma^\nu\gamma^\mu=2\,\eta^{\mu\nu}\,\mathbb{I}_4\,.\tag{7.54}$$

γ^μ を**ガンマ行列**といい，$\{\gamma^\mu\}_{\mu=0,1,2,3}$ から生成される代数を，計量 $\{\eta^{\mu\nu}\}_{\mu,\nu=0,\ldots,3}$ に付随する**クリフォード代数**という．左巻きカイラリティ・スピノール場 $\xi_\alpha(x)$ と右巻きカイラリティ・スピノール場 $\eta^{\dot\beta}(x)$ を同時に含む場合，特にその運動項の和は

$$\begin{aligned}&(\xi^*)_{\dot\alpha}(x)\,\mathrm{i}\,(\overline{\sigma}^\mu)^{\dot\alpha\,\gamma}\,\partial_\mu\xi_\gamma(x)+(\eta^*)^\beta(x)\,\mathrm{i}\,(\sigma^\mu)_{\beta\,\dot\delta}\,\partial_\mu\eta^{\dot\delta}(x)\\&=\big((\eta^*)^\beta(x)\,,\,(\xi^*)_{\dot\alpha}(x)\big)\,\mathrm{i}\begin{pmatrix}0&(\sigma^\mu)_{\beta\,\dot\delta}\\(\overline{\sigma}^\mu)_{\dot\alpha\,\gamma}&0\end{pmatrix}\partial_\mu\begin{pmatrix}\xi_\gamma(x)\\\eta^{\dot\delta}(x)\end{pmatrix}\end{aligned}\tag{7.55}$$

のようになる．ここで，

$$\gamma^0=\begin{pmatrix}0&\mathbb{I}_2\\\mathbb{I}_2&0\end{pmatrix}\tag{7.56}$$

を用いて，スピノールの足の構造とは関係なく $\xi^*(x)$ と $\eta^*(x)$ を入れ換える：

$$\big(\xi(x)^\dagger\,,\,\eta(x)^\dagger\big)=\big(\eta(x)^\dagger\,,\,\xi(x)^\dagger\big)\,\gamma^0\tag{7.57}$$

と，4 成分からなる**ディラック場**

$$\psi(x):=\begin{pmatrix}\xi(x)\\\eta(x)\end{pmatrix}\tag{7.58}$$

を用いて

$$\xi(x)^\dagger\,\mathrm{i}\,\overline{\sigma}^\mu\,\partial_\mu\xi(x)+\eta(x)^\dagger\,\mathrm{i}\,\sigma^\mu\,\partial_\mu\eta(x)=\overline{\psi}(x)\,\mathrm{i}\,\gamma^\mu\partial_\mu\psi(x)\tag{7.59}$$

と表すことができる．ここで

$$\overline{\psi}(x) \coloneqq \psi(x)^\dagger \gamma^0 \tag{7.60}$$

とした．

式 (7.59) に含まれる項は $\xi(x)$ と $\eta(x)$ の独立な位相変換

$$\begin{aligned} &\xi_\alpha(x) \to e^{\mathrm{i}\,\theta_\xi}\,\xi_\alpha(x)\,, \quad \xi_\alpha(x)^* \to e^{-\mathrm{i}\,\theta_\xi}\,\xi_\alpha(x)^*\,, \\ &\eta^{\dot\beta}(x) \to e^{\mathrm{i}\,\theta_\eta}\,\eta^{\dot\beta}(x)\,, \quad \eta^{\dot\beta}(x)^* \to e^{-\mathrm{i}\,\theta_\eta}\,\eta^{\dot\beta}(x)^* \end{aligned} \tag{7.61}$$

の下で不変である．対して，ローレンツ不変なディラック型の質量項

$$-\frac{mc}{\hbar}\,\overline{\psi}(x)\,\psi(x) = -\frac{mc}{\hbar}\left\{(\eta^*)^\alpha(x)\,\xi_\alpha(x) + (\xi^*)_{\dot\beta}(x)\,\eta^{\dot\beta}(x)\right\} \tag{7.62}$$

は $\theta_\xi = \theta_\eta$ の位相変換の下でしか不変でない．電子と電磁場との相互作用は，この $\theta_\xi = \theta_\eta$ の位相変換のゲージ化に伴い導入された．4.3 節の複素スカラー場と同様に，

$$D_\mu\psi(x) \coloneqq \partial_\mu\psi(x) - \mathrm{i}\,Q_\psi\,e\,A_\mu(x)\,\psi(x) \tag{7.63}$$

は，ゲージ変換の下で $\psi(x)$ と同じ変換を受ける：

$$D_\mu\psi(x) \to e^{\mathrm{i}\,Q_\psi\,e\,\theta(x)}\,D_\mu\psi(x)\,. \tag{7.64}$$

これから，ローレンツ不変・ゲージ不変にディラック場を含むラグランジアン密度部分は

$$\begin{aligned} &\mathcal{L}_D(x) \coloneqq \overline{\psi}(x)\mathrm{i}\gamma^\mu D_\mu\psi(x) - m\,\overline{\psi}(x)\,\psi(x)\,, \\ &D_\mu\psi(x) \coloneqq \partial_\mu\psi(x) - \mathrm{i}\,e\,Q_\psi\,A_\mu(x)\,\psi(x) \end{aligned} \tag{7.65}$$

と構成できる．例えば，荷電粒子としては電子のみを含む系の電磁気学を考えたい場合には，$\psi(x)$ を電子の場，m を電子の質量*1)，$Q_\psi = -1$ と置いた $\mathcal{L}_D(x)$ の積分として得られる作用と式 (4.27) の $S_{\mathrm{EM}}[A]$ の和に対応する量子論によって，すべての電気・磁気が関わる現象や，それを介した電子・陽電子の対生成・消滅現象を記述することができる．

m が質量パラメータに相当する点の確認を先延ばしにしていた．いったん，電磁相互作用を切った場合（$e=0$）のディラック場の運動方程式（ディラック方程式）

$$\mathrm{i}\,\gamma^\mu\,\partial_\mu\psi(x) - \frac{mc}{\hbar}\,\psi(x) = 0 \tag{7.66}$$

の両辺を $\mathrm{i}\,\gamma^\nu\,\partial_\nu$ で微分すると，

$$\begin{aligned} 0 &= \mathrm{i}^2\frac{1}{2}\,(\gamma^\nu\gamma^\mu + \gamma^\mu\gamma^\nu)\,\partial_\mu\,\partial_\nu\,\psi(x) - \frac{mc}{\hbar}\,\mathrm{i}\,\gamma^\nu\partial_\nu\,\psi(x) \\ &= \left(-\Box - \frac{m^2c^2}{\hbar^2}\right)\psi(x) \end{aligned} \tag{7.67}$$

を得る．ゆえに，各成分 $\psi_\alpha(x)$ が質量 m のクライン–ゴルドン方程式 (3.26) に従う．

7.2.2 ディラック場の正準形式

ディラック場の経路積分表式を得るため，ディラック場の正準形式を調べよう．

*1) これは裸の質量パラメータで，我々が知っている電子の質量を値とするものではない．

$\psi(0\,,\,\boldsymbol{x})$ の共役運動量 $\Pi_\psi(0\,,\,\boldsymbol{x})$ は

$$\Pi_{\psi\,\alpha}(0\,,\,\boldsymbol{x}) \approx \frac{\partial^R \mathcal{L}_D(x)}{\partial \dot{\psi}_\alpha(0\,,\,\boldsymbol{x})} = \mathrm{i}\,\frac{1}{c}\,\psi_\alpha(0\,,\,\boldsymbol{x})^*\,. \tag{7.68}$$

$\psi(0\,,\,\boldsymbol{x})$，$\Pi_\psi(0\,,\,\boldsymbol{x})$，$\psi(0\,,\,\boldsymbol{x})^*$ およびその共役運動量 $\Pi_{\psi^*}(0\,,\,\boldsymbol{x})$ を座標とするような位相空間で系を考察する立場からは，式 (7.68) と

$$\Pi_{\psi^*\,\alpha}(0\,,\,\boldsymbol{x}) \approx \frac{\partial^L \mathcal{L}_D(x)}{\partial \dot{\psi}^*_\alpha(x)} = 0 \tag{7.69}$$

をプライマリー拘束条件として扱うことになる．その場合でもセカンダリー拘束条件はない．ここでは，これらの関係 (7.68), (7.69) を陽に解いて残る $\{(\psi(0\,,\,\boldsymbol{x})\,,\,\Pi(0\,,\,\boldsymbol{x}))\}$ $(\Pi(x) := \Pi_\psi(x))$ で張られる位相空間により正準形式を展開していく．ポアソン括弧は引数の入れ換えに関して反対称なものとして

$$\begin{aligned}
&\left[\psi_\alpha(x^0\,,\,\boldsymbol{x})\,,\,\Pi_\beta(x^0\,,\,\boldsymbol{y})\right]_{P\,,\,+} = \delta_{\alpha\,\beta}\,\delta^3\,(\boldsymbol{x}-\boldsymbol{y})\,,\\
&\left[\psi_\alpha(x^0\,,\,\boldsymbol{x})\,,\,\psi_\beta(x^0\,,\,\boldsymbol{y})\right]_{P\,,\,+} = 0\,,\quad \left[\Pi_\alpha(x^0\,,\,\boldsymbol{x})\,,\,\Pi_\beta(x^0\,,\,\boldsymbol{y})\right]_{P\,,\,+} = 0
\end{aligned} \tag{7.70}$$

とする．このとき，ハミルトニアン H_D は

$$\begin{aligned}
H_D(x^0) := &\int d^3\boldsymbol{x}\,\Bigg[\Pi_\alpha\,\dot{\psi}_\alpha(x) - \frac{\mathrm{i}}{c}\,\psi_\alpha(x)\left\{\dot{\psi}_\alpha(x) - \mathrm{i}\,c\,A_0(x)\,\psi_\alpha(x)\right\}\\
&\qquad -\mathrm{i}\,\psi(x)^\dagger\,\sum_{j\,=\,1}^{3}\gamma^0\gamma^j D_j\psi(x) + m\,\psi(x)^\dagger\gamma^0\psi(x)\Bigg]\\
= &\int d^3\boldsymbol{x}\,c\,\Pi(x)\\
&\times\left(\sum_{j\,=\,1}^{3}\gamma^0\gamma^j D_j\psi(x) - \mathrm{i}\,m\,\gamma^0\psi(x) + \mathrm{i}\,A_0(x)\,\psi(x)\right)\,.
\end{aligned} \tag{7.71}$$

よって，ハミルトン方程式は $\dot{\psi}_\alpha(x) = \left[\psi_\alpha(x)\,,\,H_D(x^0)\right]_P$ などとして得られるであろう．

7.2.3　自由ディラック場の経路積分表式

相互作用も含めてゲージ場と同時に導出するのは煩雑なので，ここでは自由ディラック場の経路積分表式を導く．

時刻 t_I で状態 Ψ_I から出発して時刻 t_F で状態 Ψ_F に遷移する確率の振幅 $\langle\Psi_F\,;\,t_F\,|\,\Psi_I\,;\,t_I\rangle$ を考える．時間幅 $(t_F - t_I)$ を K 個に等間隔 $\Delta t = \dfrac{t_F - t_I}{K}$ に区切って $t_{(r)} = t_I + (r-1)\Delta t$ とする（$t_{(0)} := t_I$，$t_K := t_F$）*2)．$\langle\Psi_F\,;\,t_F\,|$，$e^{-\frac{\mathrm{i}}{\hbar}\Delta t\,\widehat{H}}$ および $|\,\Psi_I\,;\,t_I\rangle$ の間に自然な順番で各時刻 $t_{(r)}$ $(r\,=\,0\,,\cdots,\,K)$ の完全系（$d\chi^+(t_{(r)})$ はすべての $\boldsymbol{x}\,\in\,\boldsymbol{R}^3$，$\alpha\,=\,1\,,\ldots\,,4$ にわたって $d\chi^+_\alpha(x^0_{(r)}\,,\boldsymbol{x})$ をかけたものの略など）

$$\mathbb{I} = \int d\chi^+(t_{(r)})\,d\chi(t_{(r)})\,\big|\,\chi(t_{(r)})\,,\,\chi^+(t_{(r)})\,;\,t_{(r)}\big\rangle$$

*2)　格子化された方向の微分を差分で置き換えたディラック場の系には大変思わしくない事態が生ずる[17], [18]が，ここではこの点を無視する．

$$\times \left(\chi(t_{(r)}) \,,\, \chi^+(t_{(r)}) \,;\, t_{(r)} \right| \tag{7.72}$$

を挿入して

$$\begin{aligned}
&\langle \Psi_F \,;\, t_F \mid \Psi_I \,;\, t_I \rangle \\
&= \prod_{s=0}^{K} \int d\psi^+(t_{(s)})\, d\psi(t_{(s)}) \left\langle \Psi_F \,;\, t_F \right| \chi(t_F) \,,\, \chi^+(t_F) \,;\, t_F \Big) \\
&\quad \times \prod_{r=0}^{K-1} \Big(\chi(t_{(r+1)}) \,,\, \chi^+(t_{(r+1)}) \,;\, t_{(r+1)} \Big| \, e^{-\frac{\mathrm{i}}{\hbar} \Delta t \widehat{H}_D} \\
&\qquad \times \Big| \chi(t_{(r)}) \,,\, \chi^+(t_{(r)}) \,;\, t_{(r)} \Big) \Big(\chi(t_I) \,,\, \chi^+(t_I) \,;\, t_I \Big| \, \Psi_I \,;\, t_I \rangle \,.
\end{aligned} \tag{7.73}$$

なお，非自明な量子化条件は

$$\left[\widehat{\psi}_\alpha(x^0 \,,\, \boldsymbol{x}) \,,\, \frac{1}{\mathrm{i}\,\hbar} \widehat{\Pi}_\beta(x^0 \,,\, \boldsymbol{y}) \right]_+ = \delta_{\alpha\,\beta}\, \delta^3\, (\boldsymbol{x} - \boldsymbol{y}) \tag{7.74}$$

だから，$\dfrac{1}{\mathrm{i}\,\hbar} \widehat{\Pi}_\beta(x^0 \,,\, \boldsymbol{y})$ を生成演算子と扱ってコヒーレント状態を構成したものとする[*3)]：

$$\begin{aligned}
&\Big(\chi(t_{(r)}) \,,\, \chi^+(t_{(r)}) \,;\, t_{(r)} \Big| \frac{1}{\mathrm{i}\,\hbar} \widehat{\Pi}_\beta(x^0_{(r)} \,,\, \boldsymbol{x}) \\
&= \Big(\chi(t_{(r)}) \,,\, \chi^+(t_{(r)}) \,;\, t_{(r)} \Big| \chi^+_\beta(x^0_{(r)} \,,\, \boldsymbol{x}) \,.
\end{aligned} \tag{7.75}$$

ハミルトニアン (7.71) のゲージ相互作用を無視した演算子を

$$\begin{aligned}
\widehat{H}_D(x^0) &= \widehat{\Pi}(x^0) \cdot \mathcal{H}(x^0) \cdot \widehat{\psi}(x^0) \\
&:= \int d^3\boldsymbol{x} \int d^3\boldsymbol{y}\, \widehat{\Pi}(x^0 \,,\, \boldsymbol{x})\, \mathcal{H}(x^0 \,,\, \boldsymbol{x} - \boldsymbol{y})\, \widehat{\psi}(x^0 \,,\, \boldsymbol{y})
\end{aligned} \tag{7.76}$$

と書く．ここで，

$$\mathcal{H}(x^0 \,,\, \boldsymbol{x} - \boldsymbol{y}) := c\, \gamma^0 \left(-\gamma^j \partial_j^{(\boldsymbol{x})} - \mathrm{i}\, m \right) \delta^3\, (\boldsymbol{x} - \boldsymbol{y}) \tag{7.77}$$

とした．指数関数を Δt の 1 次までで近似し，コヒーレント状態間の内積 (7.49) を用いると

$$\begin{aligned}
&\langle \Psi_F \,;\, t_F \mid \Psi_I \,;\, t_I \rangle \\
&= \prod_{s=0}^{K} \int d\chi^+(t_{(s)})\, d\chi(t_{(s)}) \left\langle \Psi_F \,;\, t_F \right| \chi(t_F) \,,\, \chi^+(t_F) \,;\, t_F \Big) \\
&\quad \times \prod_{r=0}^{K-1} \Big(\chi(t_{(r+1)}) \,,\, \chi^+(t_{(r+1)}) \,;\, t_{(r+1)} \Big| \\
&\qquad \times \Big(1 + \Delta t\, \chi^+(t_{(r+1)}) \cdot \mathcal{H}(x^0_{(r)}) \cdot \chi(t_{(r)}) \Big) \Big| \chi(t_{(r)}) \,,\, \chi^+(t_{(r)}) \,;\, t_{(r)} \Big) \\
&\quad \times \Big(\chi(t_I) \,,\, \chi^+(t_I) \,;\, t_I \Big| \, \Psi_I \,;\, t_I \rangle
\end{aligned}$$

---

*3)　コヒーレント状態を作り上げるための土台 $|\,\Omega\,;\,t\rangle$ $(\widehat{\psi}_\alpha(x^0 \,,\boldsymbol{x})\,|\,\Omega\,;\,t\rangle = 0)$ は，粒子・反粒子が全くない自由ディラック場の真空状態 $|0\rangle$ ではない．

$$
\begin{aligned}
&= \prod_{s=0}^{K} \int d\chi^{+}(t_{(s)})\, d\chi(t_{(s)}) \\
&\quad \times \exp\left[\Delta t \sum_{r=0}^{K-1} \left\{ -\frac{1}{2}\,\chi^{+}(t_{(r+1)}) \cdot \frac{\chi(t_{(r+1)}) - \chi(t_{(r)})}{\Delta t} \right.\right. \\
&\qquad\qquad + \frac{1}{2}\,\frac{\chi^{+}(t_{(r+1)}) - \chi^{+}(t_{(r)})}{\Delta t} \cdot \chi(t_{(r)}) \\
&\qquad\qquad \left.\left. + \chi^{+}(t_{(r+1)}) \cdot \mathcal{H}(x^{0}_{(r)}) \cdot \chi(t_{(r)}) \right\}\right] \\
&\quad \times \langle\, \Psi_F\,;\,t_F \big|\ \chi(t_F)\,,\,\chi^{+}(t_F)\,;\,t_F\big)\ \big(\chi(t_I)\,,\,\chi^{+}(t_I)\,;\,t_I\big|\ \Psi_I\,;\,t_I\rangle\,.
\end{aligned}
\tag{7.78}
$$

ここで,

$$
\chi^{+}(t_{(r+1)}) \cdot \chi(t_{(r)}) := \int d^3\boldsymbol{x}\, \chi^{+}\left(x^{0}_{(r+1)}\,,\,\boldsymbol{x}\right)\, \chi\left(x^{0}_{(r)}\,,\,\boldsymbol{x}\right) \tag{7.79}
$$

などとした. 一つ目の指数関数の引数として現れる量は $K \to \infty$, $\Delta t \to 0$ で

$$
\begin{aligned}
&\mathrm{i}\,\Delta t \sum_{r=0}^{K-1} \left\{ \mathrm{i}\,\frac{1}{2}\,\chi^{+}(t_{(r+1)}) \cdot \frac{\chi(t_{(r+1)}) - \chi(t_{(r)})}{\Delta t} \right. \\
&\qquad -\mathrm{i}\,\frac{1}{2}\,\frac{\chi^{+}(t_{(r+1)}) - \chi^{+}(t_{(r)})}{\Delta t} \cdot \chi(t_{(r)}) \\
&\qquad \left. + c \int d^3\boldsymbol{x}\, \chi^{+}(x^{0}_{(r+1)}\,,\,\boldsymbol{x})\,\gamma^{0} \left(\mathrm{i} \sum_{j=1}^{3} \gamma^{j}\partial_{j} - m\right) \chi(x^{0}_{(r)}\,,\,\boldsymbol{x}) \right\} \\
&\to \mathrm{i} \int_{x^0_I}^{x^0_F} dx^0 \int d^3\boldsymbol{x}\, \chi^{+}(x)\gamma^{0} \left(\frac{1}{2}\,\mathrm{i}\,\gamma^{\mu}\partial_{\mu} - \frac{1}{2}\,\mathrm{i}\,\gamma^{\mu} \overleftarrow{\partial}_{\mu} - m\right) \chi(x)
\end{aligned}
\tag{7.80}
$$

となる. $\overline{\chi}(x) := \chi^{+}(x)\,\gamma^{0}$ と置くと, $\det(\gamma^{0}) = 1$ より $\displaystyle\prod_{\alpha=1}^{4} d\chi^{+}_{\alpha}(x) = \prod_{\alpha=1}^{4} d\overline{\chi}_{\alpha}(x)$ だから,

$$
\begin{aligned}
&\langle \Psi_F\,;\,t_F \,|\ \Psi_I\,;\,t_I \rangle \\
&= \int D\overline{\chi} D\chi \exp\left(\mathrm{i}S_D\left[\overline{\chi}\,,\,\chi\right]\right) \\
&\quad \times \langle\, \Psi_F\,;\,t_F \big|\ \chi(t_F)\,,\,\chi^{+}(t_F)\,;\,t_F\big)\ \big(\chi(t_I)\,,\,\chi^{+}(t_I)\,;\,t_I\big|\ \Psi_I\,;\,t_I\rangle
\end{aligned}
\tag{7.81}
$$

を得る. ここで S_D は

$$
S_D\left[\chi\,,\,\overline{\chi}\right] := \int_{x^0_I}^{x^0_F} dx^0 \int d^3\boldsymbol{x}\, \overline{\chi}(x) \left(\frac{1}{2}\,\mathrm{i}\,\gamma^{\mu}\partial_{\mu} - \frac{1}{2}\,\mathrm{i}\,\gamma^{\mu} \overleftarrow{\partial}_{\mu} - m\right) \chi(x) \tag{7.82}
$$

である.

7.3 運動量空間におけるディラック方程式の解

運動量空間におけるディラック方程式

$$(\not{p}-m)\,\widetilde{\psi}(\boldsymbol{p})=0\,,\quad \not{p}:=p^\mu\gamma_\mu \tag{7.83}$$

の解を考える．そのためには，

$$\mathscr{P}_\pm := \frac{1}{2}\left(\mathbb{I}_4 \pm \frac{\not{p}}{m}\right) \tag{7.84}$$

が射影演算子

$$\mathscr{P}_+ + \mathscr{P}_- = \mathbb{I}_4\,,\quad (\mathscr{P}_\pm)^2 = \mathscr{P}_\pm\,,\quad \mathscr{P}_\pm\mathscr{P}_\mp = 0 \tag{7.85}$$

をなすことを使う．これから，$\mathscr{P}_\pm$ の核は 2 次元であり，ディラック方程式 (7.83) の解も互いに線形独立なものが二つ存在することが分かる．

例えば，$p^1=0=p^2$ の場合の $(\not{p}-m)$ は $\gamma^1\gamma^2$ と可換である：

$$\left[(\not{p}-m)\,,\,\gamma^1\gamma^2\right]_{p^1=0=p^2}=0\,. \tag{7.86}$$

これを一般化するには，

$$\gamma^1\gamma^2 \to \sum_{i\,,\,j\,,\,k\,=\,1}^{3} \varepsilon_{ijk}\,\gamma^i\gamma^j p^k \tag{7.87}$$

を考えればよいであろう．実際，$l\in\{1\,,2\,,3\}$ に対して

$$\gamma^l \sum_{i\,,\,j\,,\,k\,=\,1}^{3} \varepsilon_{ijk}\,\gamma^i\gamma^j p^k = -4\sum_{j\,,\,k\,=\,1}^{3}\gamma^j p^k \varepsilon_{ljk} + \left(\sum_{i\,,\,j\,,\,k\,=\,1}^{3} \varepsilon_{ijk}\,\gamma^i\gamma^j p^k\right)\gamma^l \tag{7.88}$$

だから，両辺に p^l をかけて l について和をとると，右辺の第 1 項は消えて，

$$\left[(\not{p}-m)\,,\,\sum_{i\,,\,j\,,\,k\,=\,1}^{3} \varepsilon_{ijk}\,\gamma^i\gamma^j p^k\right]=0 \tag{7.89}$$

を得る．そこで，4×4 行列[*4)]

$$\Sigma_k := \frac{1}{2\mathrm{i}}\sum_{i\,,\,j\,=\,1}^{3}\varepsilon_{kij}\,\gamma^i\gamma^j = \begin{pmatrix}\tau_k & 0\\ 0 & \tau_k\end{pmatrix} \tag{7.90}$$

を用いて

$$H(\boldsymbol{p}) := \frac{1}{2}\,\frac{\boldsymbol{p}}{|\boldsymbol{p}|}\cdot\boldsymbol{\Sigma} \tag{7.91}$$

とすると，式 (7.89) は

$$[H(\boldsymbol{p}),(\not{p}-m)]=0 \tag{7.92}$$

となる．$H(\boldsymbol{p})$ を**ヘリシティ演算子**，その固有値を**ヘリシティ** h と呼ぶことにしよう．ヘリシティ演算子と $(\not{p}-m)$ の可換性 (7.92) から，ディラック方程式の解をヘリシティ演算子の固有状態にとることができる．$(2H(\boldsymbol{p}))^2=\mathbb{I}_4$ より $H(\boldsymbol{p})$ の特性方程式は $(2h)^2-1=0$

---

*4)　2 番目の等式はカイラル表示とディラック表示のいずれにおいても成り立つ．

だから，$h \in \left\{\frac{1}{2}, -\frac{1}{2}\right\}$ に対する解を $\hat{u}(\boldsymbol{p}, h)$ と表す：

$$(\not{p} - m)\,\hat{u}(\boldsymbol{p}, h) = 0\,, \quad H(\boldsymbol{p})\hat{u}(\boldsymbol{p}, h) = h\,\hat{u}(\boldsymbol{p}, h)\,. \tag{7.93}$$

ヘリシティ演算子は $\boldsymbol{p} \neq 0$ の場合，例えば，質量が無視できる相対論的極限の現象を解析する上で有用であるが，興味の対象が非相対論的極限の場合には $|\boldsymbol{p}|$ の 0 次の記述が困難となる．その場合には，$\boldsymbol{p} \to \boldsymbol{0}$ で $\not{p} \to m\gamma^0$ となることを見越して，同じ座標系における特定の向きに関するスピン（例えば，$\frac{1}{2}\Sigma_3$）の固有値の 2 倍 $\iota \in \{+1, -1\}$ を用いることにして，解を $u(\boldsymbol{p}, \iota)$ と表す．実のところ，本書では非相対論的極限に使用したいから，$u(\boldsymbol{p}, \iota)$ のほうを詳しく見ていく．

解の具体形は $\boldsymbol{p} = \boldsymbol{0}$ のものしか必要ないのだが，ついでに与えておこう．それにはガンマ行列について概観しておく必要がある．ガンマ行列の具体形はミンコフスキー計量のクリフォード代数 (7.54) を満たせばよく一意ではない．式 (7.53) のものはカイラル表示と呼ばれる．名前の由来はカイラル行列

$$\gamma_5 := -\mathrm{i}\gamma^0\gamma^1\gamma^2\gamma^3 = \begin{pmatrix} -\mathbb{I}_2 & 0 \\ 0 & \mathbb{I}_2 \end{pmatrix} \tag{7.94}$$

がカイラル表示では対角となり，したがって，$\xi(x)$ と $\eta(x)$ が γ_5 の固有状態を与えるからである．カイラル表示から共通のユニタリ変換により得られる 4 つの行列もクリフォード代数を満たす．代表的なものは γ^0 を対角にするディラック表示である：

$$\gamma_D^\mu = U_D\gamma^\mu U_D^{-1}\,, \quad U_D = \frac{1}{\sqrt{2}}\begin{pmatrix} \mathbb{I}_2 & \mathbb{I}_2 \\ \mathbb{I}_2 & -\mathbb{I}_2 \end{pmatrix}. \tag{7.95}$$

具体的には

$$\gamma_D^0 = \begin{pmatrix} \mathbb{I}_2 & 0 \\ 0 & -\mathbb{I}_2 \end{pmatrix}, \quad \gamma_D^j = \begin{pmatrix} 0 & \tau_j \\ -\tau_j & 0 \end{pmatrix} \ (j = 1, 2, 3)\,. \tag{7.96}$$

ディラック表示における $\frac{\mathbb{I}_4 \pm \gamma_D^0}{2}$ は，それぞれ運動量 $\boldsymbol{0}$ の粒子と反粒子への射影演算子を与える．そのため，この表示は非相対論的極限のように反粒子の励起による量子効果が無視できる状況を記述する上で便利である．逆に，カイラル表示は，ディラック質量項による 2 つのカイラリティ成分を混ぜる効果が無視できる相対論的極限を追跡するのに適している．ガンマ行列の表示に応じて，ディラック方程式の解の基底も変更を受ける．

この節では以降，ガンマ行列としては式 (7.95) のディラック表示のものを，添字 D なしで使っていく．

ディラック方程式 (7.83) の解を以下のように構成する：

1. ベクトル空間 V 上に二つの射影演算子

$$\mathscr{P}_+ + \mathscr{P}_- = \mathbb{I}\,, \quad (\mathscr{P}_\pm)^2 = \mathscr{P}_\pm\,, \quad \mathscr{P}_\pm\mathscr{P}_\mp = 0 \tag{7.97}$$

があ る場合の一般的特徴を復習する：

(a) $\mathrm{Ker}(\mathscr{P}_+) \cap \mathrm{Ker}(\mathscr{P}_-) = \{0\}$ である．なぜなら，$v \in \mathrm{Ker}(\mathscr{P}_+) \cap \mathrm{Ker}(\mathscr{P}_-)$ な

らば，

$$v = \mathscr{P}_+ v + \mathscr{P}_- v = 0 + 0 = 0 \tag{7.98}$$

となるからである．

(b) $\mathrm{Im}\,(\mathscr{P}_+) \cup \mathrm{Im}\,(\mathscr{P}_-) = V$ である．なぜなら，任意の $v \in V$ に対して $v = \mathscr{P}_+ v + \mathscr{P}_- v \in \mathrm{Im}\,(\mathscr{P}_+) \cup \mathrm{Im}\,(\mathscr{P}_-)$ だからである．

(c) $\mathrm{Im}\,(\mathscr{P}_\pm) = \mathrm{Ker}\,(\mathscr{P}_\mp)$ である．まず，$\mathscr{P}_\mp \mathscr{P}_\pm = 0$ より，$\mathrm{Im}\,(\mathscr{P}_\pm) \subseteq \mathrm{Ker}\,(\mathscr{P}_\mp)$ は明らかである．逆に，例えば，$v \in \mathrm{Ker}\,(\mathscr{P}_-)$ とすると，$v = \mathscr{P}_+ v + \mathscr{P}_- v = \mathscr{P}_+ v \in \mathrm{Im}\,(\mathscr{P}_+)$ より，$\mathrm{Ker}\,(\mathscr{P}_-) \subseteq \mathrm{Im}\,(\mathscr{P}_+)$ だから，$\mathrm{Ker}\,(\mathscr{P}_-) = \mathrm{Im}\,(\mathscr{P}_+)$ が成り立つ．

(d) (c) と (a) から，$\mathrm{Im}\,(\mathscr{P}_+) \cap \mathrm{Im}\,(\mathscr{P}_-) = \{0\}$ である．

(e) (c) と (b) から，$\mathrm{Ker}\,(\mathscr{P}_+) \cup \mathrm{Ker}\,(\mathscr{P}_-) = V$ である．つまり，任意の $v \in V$ は，

$$v = \mathscr{P}_+ v + \mathscr{P}_- v \quad (\mathscr{P}_\pm v \in \mathrm{Ker}\,(\mathscr{P}_\mp)) \tag{7.99}$$

のように分解できる．

2. ディラック方程式の解は $\mathrm{Ker}\,(\mathscr{P}_-) = \mathrm{Im}\,(\mathscr{P}_+)$ の元である．そこで，ディラック・スピノールのペア $\left\{\chi^{(\iota)}\right\}_{\iota \in \{1\,,\,-1\}}$ で，以下のような性質を満たすものを用意する：

$$\mathscr{P}_+ \left(\sum_{\iota \in \{+1\,,\,-1\}} a_\iota \chi^{(\iota)} \right) \neq 0 \quad (\forall (a_{+1}\,,\, a_{-1})^t \in \boldsymbol{C}^2 - \{0\})\,. \tag{7.100}$$

3. 性質 (7.100) を満たす $\left\{\chi^{(\iota)}\right\}_{\iota \in \{+1\,,\,-1\}}$ に対して，$\mathscr{P}_+ \chi^{(+1)}$ と $\mathscr{P}_+ \chi^{(-1)}$ は互いに線形独立である．なぜなら，それらが互いに線形従属であると仮定すると，$(a_{+1}\,,\, a_{-1})^t \in \boldsymbol{C}^2 - \{0\}$ で

$$0 = \sum_{\iota \in \{+1\,,\,-1\}} a_\iota \mathscr{P}_+ \chi^{(\iota)} = \mathscr{P}_+ \left(\sum_{\iota \in \{+1\,,\,-1\}} a_\iota \chi^{(\iota)} \right) \tag{7.101}$$

を満たすものが存在するが，これは先ほどの性質 (7.100) に矛盾するからである．

4. $\left\{\chi^{(\iota)}\right\}_{\iota \in \{+1\,,\,-1\}}$ として，下 2 成分が 0 のディラック・スピノール

$$\chi^{(\iota)} = \begin{pmatrix} \zeta^{(\iota)} \\ 0 \end{pmatrix}, \quad \zeta^{(+1)} = \begin{pmatrix} 1 \\ 0 \end{pmatrix}, \quad \zeta^{(-1)} = \begin{pmatrix} 0 \\ 1 \end{pmatrix} \tag{7.102}$$

を考え，

$$\begin{aligned} u\,(\boldsymbol{p}\,,\,\iota) &:= \frac{1}{\sqrt{E_{|\boldsymbol{p}|} + m}}\,(\not{p} + m)\,\chi^{(\iota)} \\ &= \frac{1}{\sqrt{E_{|\boldsymbol{p}|} + m}} \begin{pmatrix} (E_{|\boldsymbol{p}|} + m)\,\zeta^{(\iota)} \\ \boldsymbol{p} \cdot \boldsymbol{\tau}\,\zeta^{(\iota)} \end{pmatrix} \end{aligned} \tag{7.103}$$

とする．4 成分中の上 2 成分から，式 (7.102) の $\chi^{(\iota)}$ が式 (7.100) を満たすことは明らかである．

5. 特に，$\boldsymbol{p} = \boldsymbol{0}$ では

$$u(\mathbf{0}\,,\,\iota) = \sqrt{2m}\begin{pmatrix} \zeta^{(\iota)} \\ 0 \end{pmatrix} \tag{7.104}$$

だから，望み通り $\dfrac{1}{2}\Sigma_3$ の固有状態となっている．

規格化および直交性は

$$\overline{u}(\boldsymbol{p}\,,\,\iota)\;u(\boldsymbol{p}\,,\,\iota') = 2\,m\delta_{\iota\iota'}\,, \tag{7.105}$$

$$\sum_{\iota\in\{+1\,,\,-1\}} u(\boldsymbol{p}\,,\,\iota)_\alpha\,\overline{u}(\boldsymbol{p}\,,\,\iota)_\beta = (\not{p}+m)_{\alpha\beta} \tag{7.106}$$

に従う．実際，式 (7.103) の 2 番目の等式の右辺を使うと，

$$\overline{u}(\boldsymbol{p},\iota) = \frac{1}{\sqrt{E_{|\boldsymbol{p}|}+m}}\Big(\;(E_{|\boldsymbol{p}|}+m)\,\zeta^{(\iota)\,\dagger},\quad -\zeta^{(\iota)\,\dagger}\boldsymbol{p}\cdot\boldsymbol{\tau}\;\Big) \tag{7.107}$$

で，$\displaystyle\sum_{\iota\in\{+1\,,\,-1\}} \zeta^{(\iota)}\zeta^{(\iota)\,\dagger} = \mathbb{I}_2$ だから，

$$\sum_{\iota\in\{+1\,,\,-1\}} u(\boldsymbol{p}\,,\,\iota)_\alpha\,\overline{u}(\boldsymbol{p}\,,\,\iota)_\beta$$

$$= \begin{pmatrix} (E_{|\boldsymbol{p}|}+m)\,\mathbb{I}_2 & -\boldsymbol{p}\cdot\boldsymbol{\tau} \\ \boldsymbol{p}\cdot\boldsymbol{\tau} & -\dfrac{|\boldsymbol{p}|^2}{E_{|\boldsymbol{p}|}+m}\mathbb{I}_2 \end{pmatrix}_{\alpha\beta} = (\not{p}+m)_{\alpha\beta} \tag{7.108}$$

となる．

自由ディラック場演算子は，$u(\boldsymbol{p}\,,\,\iota)$ を用いて

$$\widehat{\psi}_\alpha(x) = \int \frac{d^3\boldsymbol{p}}{(2\pi)^3\,2E_{|\boldsymbol{p}|}} \sum_{\iota\in\{+1\,,\,-1\}} \Big\{\,\widehat{a}(\boldsymbol{p}\,,\,\iota)\,u(\boldsymbol{p}\,,\,\iota)_\alpha\;e^{-\mathrm{i}p\cdot x} + \widehat{b}(\boldsymbol{p}\,,\,\iota)^\dagger\,v(\boldsymbol{p}\,,\,\iota)_\alpha\;e^{+\mathrm{i}p\cdot x}\Big\} \tag{7.109}$$

と表すことができる．ただし，$p^0 = E_{|\boldsymbol{p}|}$ である．$\widehat{a}(\boldsymbol{p}\,,\,\iota)$ と $\widehat{b}(\boldsymbol{p}\,,\,\iota)^\dagger$ は，それぞれ粒子の消滅演算子，反粒子の生成演算子で，反交換関係

$$\begin{aligned}
&\Big[\widehat{a}(\boldsymbol{p}\,,\,\iota)\,,\,\widehat{a}(\boldsymbol{p}'\,,\,\iota')^\dagger\Big]_+ = \delta_{\iota\iota'}\,(2\pi)^3\,2E_{|\boldsymbol{p}|}\,\delta(\boldsymbol{p}-\boldsymbol{p}') = \Big[\widehat{b}(\boldsymbol{p}\,,\,\iota)\,,\,\widehat{b}(\boldsymbol{p}'\,,\,\iota')^\dagger\Big]_+\,,\\
&\Big[\widehat{a}(\boldsymbol{p}\,,\,\iota)\,,\,\widehat{b}(\boldsymbol{p}'\,,\,\iota')^\dagger\Big]_+ = 0 = \Big[\widehat{b}(\boldsymbol{p}\,,\,\iota)\,,\,\widehat{a}(\boldsymbol{p}'\,,\,\iota')^\dagger\Big]_+\,,\\
&[\widehat{c}(\boldsymbol{p}\,,\,\iota)\,,\,\widehat{c}'(\boldsymbol{p}'\,,\,\iota')]_+ = 0 = \Big[\widehat{c}(\boldsymbol{p}\,,\,\iota)^\dagger\,,\,\widehat{c}'(\boldsymbol{p}'\,,\,\iota')^\dagger\Big]_+ \quad (c\,,\,c'\in\{a\,,\,b\})
\end{aligned} \tag{7.110}$$

に従う．粒子・反粒子が全くない状態の代表元 $|0\rangle$ を

$$\widehat{a}(\boldsymbol{p}\,,\,\iota)\,|0\rangle = 0 = \widehat{b}(\boldsymbol{p}\,,\,\iota)\,|0\rangle \quad \big(\forall\boldsymbol{p}\in\boldsymbol{R}^3\,,\,\iota\in\{+1\,,\,-1\}\big) \tag{7.111}$$

とするとき，1 粒子状態 $|\boldsymbol{p}\,,\,\iota\rangle$，2 粒子状態 $|\boldsymbol{p}_1\,,\,\iota_1\,;\,\boldsymbol{p}_2\,,\,\iota_2\rangle$ をそれぞれ

$$|\boldsymbol{p}\,,\,\iota\rangle \coloneqq \widehat{a}(\boldsymbol{p}\,,\,\iota)^\dagger\,|0\rangle\,,\quad |\boldsymbol{p}_1\,,\,\iota_1\,;\,\boldsymbol{p}_2\,,\,\iota_2\rangle \coloneqq \widehat{a}(\boldsymbol{p}_1\,,\,\iota_1)^\dagger\,\widehat{a}(\boldsymbol{p}_2\,,\,\iota_2)^\dagger\,|0\rangle \tag{7.112}$$

と定義する．実スカラー場のときと同じく，1 粒子状態と言っても，実際には，局在

どころか，全空間にわたり一様に漂う平面波に相当している．2 粒子状態は入れ換え $(\boldsymbol{p}_1\,,\,\iota_1) \Leftrightarrow (\boldsymbol{p}_2\,,\,\iota_2)$ に関して反対称である．

反粒子の生成演算子にかかる $v\,(\boldsymbol{p}\,,\,\iota)$ は，反粒子に対する $u\,(\boldsymbol{p}\,,\,\iota)$ の類似物である．その具体形を得るには，荷電共役変換 $\mathscr{C}$ のディラック場への作用 $\mathscr{C}\,:\,\psi(x) \to \psi^C(x)$ を明らかにする必要がある．$\psi^C(x)$ はカイラル表示で $\xi(x)$ と $\eta(x)$ の役割を反転させるもの，すなわち

$$\psi^C(x) := \begin{pmatrix} (\eta^*)_{\alpha}(x) \\ (\xi^*)^{\dot\beta}(x) \end{pmatrix} = \begin{pmatrix} (\varepsilon_2)_{\alpha\gamma}\,(\eta^*)^{\gamma}(x) \\ (\varepsilon_2)^{\dot\beta\dot\delta}\,(\xi^*)_{\dot\delta}(x) \end{pmatrix} \tag{7.113}$$

として定義される．これを $\psi(x) = \big(\xi_\delta(x)\,,\,\eta^{\dot\gamma}(x)\big)^t$ で表すには，

$$\overline{\psi}(x)^t = \begin{pmatrix} (\eta^*)^{\gamma}(x) \\ (\xi^*)_{\dot\delta}(x) \end{pmatrix} \tag{7.114}$$

と

$$C_C := \begin{pmatrix} -\varepsilon_2 & 0 \\ 0 & \varepsilon_2 \end{pmatrix} \tag{7.115}$$

を使えばよい：

$$\psi^C(x) = C_C\overline{\psi}(x)^t\,. \tag{7.116}$$

式 (7.115) はカイラル表示のものなので，ディラック表示のもの

$$C := UC_CU^\dagger = \begin{pmatrix} 0 & -\varepsilon_2 \\ -\varepsilon_2 & 0 \end{pmatrix} \tag{7.117}$$

を用意する．$\varepsilon_2\tau_j^t\varepsilon_2^{-1} = -\tau_j$ を用いると，

$$v\,(\boldsymbol{p}\,,\,\iota) := C\,\overline{u}\,(\boldsymbol{p}\,,\,\iota)^t = \frac{1}{\sqrt{E_{|\boldsymbol{p}|}+m}} \begin{pmatrix} -\boldsymbol{p}\cdot\boldsymbol{\tau}\,\varepsilon_2\zeta^{(\iota)} \\ -\big(E_{|\boldsymbol{p}|}+m\big)\,\varepsilon_2\zeta^{(\iota)} \end{pmatrix} \tag{7.118}$$

を得る．規格化は

$$\overline{v}\,(\boldsymbol{p}\,,\,\iota)\,v\,(\boldsymbol{p}\,,\,\iota') = -2\,m\delta_{\iota\iota'}\,, \qquad \sum_{\iota\in\{+1\,,\,-1\}} v\,(\boldsymbol{p}\,,\,\iota)_\alpha\,\overline{v}\,(\boldsymbol{p}\,,\,\iota)_\beta = (\not{p}-m)_{\alpha\beta} \tag{7.119}$$

に従う．また，

$$\overline{v}\,(\boldsymbol{p}\,,\,\iota)\,u\,(\boldsymbol{p}\,,\,\iota') = 0 = \overline{u}\,(\boldsymbol{p}\,,\,\iota)\,v\,(\boldsymbol{p}\,,\,\iota') \tag{7.120}$$

である．

7.4 g 因子

ここでは，自由ディラック場で書かれたカレント演算子 $\widehat{J}^\mu(x) := \overline{\widehat{\psi}}(x)\gamma^\mu\widehat{\psi}(x)$ を外場 $A_\mu(x)$ に結合させた系に着目する．その系の電磁相互作用のハミルトニアン部分は

$$\widehat{H}^{\text{ext}} = \int d^3\boldsymbol{x} \left(-\widehat{J}^{\mu}(x)\, A_{\mu}(x) \right) \tag{7.121}$$

である．$\widehat{H}^{\text{ext}}$ の 1 粒子状態間の行列要素は $\widehat{J}^{\mu}(x)$ に対するそれから得られるであろう：

$$\begin{aligned}
&\langle \boldsymbol{p}_F\,, \iota_F |\, \widehat{J}^{\mu}(x)\, | \boldsymbol{p}_I\,, \iota_I \rangle \\
&= Q_{\psi} e \int \frac{d^3\boldsymbol{k}}{(2\pi)^3\, 2E_{|\boldsymbol{k}|}} \int \frac{d^3\boldsymbol{k}'}{(2\pi)^3\, 2E_{|\boldsymbol{k}'|}} e^{\mathrm{i}\left(E_{|\boldsymbol{k}|} - E_{|\boldsymbol{k}'|}\right) x^0} \\
&\qquad \times e^{-\mathrm{i}\left(\boldsymbol{k}-\boldsymbol{k}'\right)\cdot\boldsymbol{x}} \sum_{s\,,\,s'} \langle \boldsymbol{p}_F\,, \iota_F |\, \widehat{a}(\boldsymbol{k}\,,\,\iota)^{\dagger}\, \widehat{a}(\boldsymbol{k}'\,,\,\iota')\, | \boldsymbol{p}_I\,, \iota_I \rangle \\
&\qquad \times \overline{u}\,(\boldsymbol{k}\,,\,\iota)\, \gamma^{\mu} u\,(\boldsymbol{k}'\,,\,\iota') \\
&= e^{\mathrm{i}\left(E_{|\boldsymbol{p}_F|} - E_{|\boldsymbol{p}_I|}\right) x^0}\, e^{-\mathrm{i}(\boldsymbol{p}_F - \boldsymbol{p}_I)\cdot\boldsymbol{x}}\, Q_{\psi} e\, \overline{u}\,(\boldsymbol{p}_F\,,\,\iota_F)\, \gamma^{\mu} u\,(\boldsymbol{p}_I\,,\,\iota_I)\,.
\end{aligned} \tag{7.122}$$

$u\,(\boldsymbol{k}\,,\,\iota)$ で与えられている部分を

$$p_F = p + \frac{q}{2}\,, \quad p_I = p - \frac{q}{2} \tag{7.123}$$

という分解を用いて表すと，

$$\begin{aligned}
&\overline{u}\,(\boldsymbol{p}_F\,,\,\iota_F)\, \gamma^{\mu} u\,(\boldsymbol{p}_I\,,\,\iota_I) = \frac{1}{2m} \overline{u}\,(\boldsymbol{p}_F\,,\,\iota_F)\, (\not{p}_F \gamma^{\mu} + \gamma^{\mu} \not{p}_I)\, u\,(\boldsymbol{p}_I\,,\,\iota_I) \\
&= \frac{1}{2m} \overline{u}\,(\boldsymbol{p}_F\,,\,\iota_F) \left\{ (\not{p}\gamma^{\mu} + \gamma^{\mu}\not{p}) + \frac{1}{2}\,(\not{q}\gamma^{\mu} - \gamma^{\mu}\not{q}) \right\} u\,(\boldsymbol{p}_I\,,\,\iota_I) \\
&= \overline{u}\,(\boldsymbol{p}_F\,,\,\iota_F) \left(\frac{p^{\mu}}{m} - \frac{1}{4m}\,[\gamma^{\mu}\,,\,\gamma^{\nu}]\, q_{\nu} \right) u\,(\boldsymbol{p}_I\,,\,\iota_I)
\end{aligned} \tag{7.124}$$

を得る．この第 1 項の波動関数の部分の q についての展開の主要項は，式 (7.105) より

$$\begin{aligned}
&\left[\langle \boldsymbol{p}_F\,, \iota_F |\, \widehat{H}^{\text{ext}}\, | \boldsymbol{p}_I\,, \iota_I \rangle \right]_1 \\
&= 2\,m \int d^3\boldsymbol{x}\, e^{\mathrm{i}\left(E_{|\boldsymbol{p}_F|} - E_{|\boldsymbol{p}_I|}\right) x^0}\, e^{\mathrm{i}\boldsymbol{q}\cdot\boldsymbol{x}} A_{\mu}(x)\, \delta_{\iota_F\,,\,\iota_I} \left(-Q_{\psi} e \frac{p^{\mu}}{m} + O(q) \right)
\end{aligned} \tag{7.125}$$

となる．場の量子論の 1 粒子状態は，実際には，局在の逆の極限である平面波であった．よって，式 (7.125) は伝導電流によるエネルギーへの寄与を表す．

式 (7.124) の第 2 項の波動関数の q についての主要項および $\dfrac{|\boldsymbol{p}|}{m}$ についての展開の 0 次について調べるため，以下の量を計算する：

$$\begin{aligned}
&\overline{u}\,(\boldsymbol{0}\,,\,\iota_F)\, \left[\gamma^i\,,\gamma^j\right] u\,(\boldsymbol{0}\,,\,\iota_I) = 4m\,\mathrm{i} \sum_{k\,=\,1}^{3} \varepsilon^{ijk}\, \zeta^{(\iota_F)\,\dagger} \tau_k\, \zeta^{(\iota_I)}\,, \\
&\overline{u}\,(\boldsymbol{0}\,,\,\iota_F)\, \left[\gamma^0\,,\gamma^i\right] u\,(\boldsymbol{0}\,,\,\iota_I) = 0\,.
\end{aligned} \tag{7.126}$$

これから A_0 との結合などは無視でき，外場の部分は磁束密度となる：

$$\int d^3\boldsymbol{x} \sum_{i\,,\,j\,,\,k\,=\,1}^{3} \varepsilon^{ijk} \underbrace{\left(\mathrm{i}\, q_j\, e^{\mathrm{i}\boldsymbol{q}\cdot\boldsymbol{x}}\right)}_{=\,\partial_j e^{\mathrm{i}\boldsymbol{q}\cdot\boldsymbol{x}}} A_i(x) = \int d^3\boldsymbol{x}\, e^{\mathrm{i}\boldsymbol{q}\cdot\boldsymbol{x}}\, B^k(x)\,. \tag{7.127}$$

ここで，式 (4.9) と (4.26) から得られる

$$\partial_i A_j(x) - \partial_j A_i(x) = \sum_{k=1}^{3} \varepsilon^{ijk} B^k(x), \quad B^k(x) = \sum_{i,j=1}^{3} \varepsilon^{kij}\, \partial_i A_j(x) \tag{7.128}$$

を用いた．これから，式 (7.124) の第 2 項は，電子のスピンと磁場との結合

$$\begin{aligned}&\left[\langle \boldsymbol{p}_F\,, \iota_F|\, \widehat{H}^{\mathrm{ext}}\, |\boldsymbol{p}_I\,, \iota_I\rangle\right]_2 \\ &= 2\,m \int d^3\boldsymbol{x}\, e^{\mathrm{i}\left(E_{|\boldsymbol{p}_F|} - E_{|\boldsymbol{p}_I|}\right) x^0}\, e^{\mathrm{i}\boldsymbol{q}\cdot\boldsymbol{x}}\, \boldsymbol{B}(x) \cdot \left(g_0 \frac{Q_\psi\, e}{2m}\, \zeta^{(\iota_F)\,\dagger} \frac{\boldsymbol{\tau}}{2} \zeta^{(\iota_I)}\right)\end{aligned} \tag{7.129}$$

を与える．ただし，$g_0 = 2$ とおいた．積分の前の $2m$ は $u(\boldsymbol{p}_I\,, \iota_I)$ の規格化に依存するから，式 (7.125) との相対的な大きさ・符号が意味がある．$\frac{\tau_j}{2}$ がスピン行列だから，括弧の中の量は，自由ディラック粒子のスピンに由来する磁気双極子能率に相当する．標準的な値 $\frac{Q_\psi\, e}{2m}$ を単位として測ったときの磁気双極子能率の大きさを **g 因子**という．式 (7.129) は，自由ディラック粒子の g 因子がその電荷や質量によらずに 2 で与えられる，というディラックにより発見された結果を表す．

$g_0 = 2$ は古典近似での値であり，実際の g 因子は量子効果によって 2 からずれる．そのずれはディラック場の種類 ψ 毎に異なり得るため，

$$a_\psi = \frac{1}{2}\,(g_\psi - 2) \tag{7.130}$$

と表す．a_ψ を粒子 ψ の**異常磁気双極子能率**，**異常磁気能率**，または，**$g-2$** という．

a_ψ は，荷電レプトン ψ の属性の一つであるが*5)，アップクォーク・ダウンクォークが電荷を帯びているため，原子核を構成する強い相互作用のゲージ理論 QCD の力学も a_ψ に影響する．さらに，β 崩壊を誘発する弱い相互作用も，ミュー粒子の異常磁気能率 a_μ に対し，その測定の誤差に比べて無視できない程の大きさの量子効果を及ぼす．そこで，

$$a_\psi = a_\psi(\mathrm{QED}) + a_\psi(\mathrm{QCD}) + a_\psi(\mathrm{weak}) \tag{7.131}$$

と 3 種類の寄与に分けた上で，素粒子の標準模型による a_ψ の予言値を引き出す．これら 3 つは以下のように互いに排他的に定義される：

- $a_\psi(\mathrm{QED})$ は，レプトンの QED により決まる量である．
- $a_\psi(\mathrm{QCD})$ は，ファインマン図としてはクォーク・ループを少なくとも一つは必ず含むように，(QCD + QED) の理論で計算されるべき量である．
- $a_\psi(\mathrm{weak})$ は，Z ボゾン，W ボゾン，ヒッグス場のいずれかの媒介が少なくとも一つ含まれるような素粒子標準模型の量子ダイナミクスで与えられる．

$a_\psi(\mathrm{QCD})$ を得るには，QCD に関する非摂動的解析を要する．特に，ミュー粒子の異常磁気能率 a_μ における $a_\mu(\mathrm{QCD})$ の $O(0.1)\,\%$ の精度での決定が，a_μ の標準模型による予言と測定値との間のずれの存在の有無を左右する事態に至っている．

本書では $a_\psi(\mathrm{QED})$ に焦点を絞るため，今後は $a_\psi(\mathrm{QED})$ を a_ψ と略する．a_e と a_μ を比較して，QED にも非自明な力学がある点を確認して本節を終える．

QED 補正 a_ψ に関しては，摂動展開 (5.51) の係数 $a_\psi^{(2n)}$ を摂動計算で求めることによって，その予言値を与えることができる．以下の議論では，$a_\psi^{(2n)}$ が無次元な量である点が

*5) 例えば a_μ は弱い相互作用などの 0 次摂動の状態空間に関して定義される．

重要となる．特に，ψ のみからなる QED で決定される寄与 $A_1^{(2n)}$ ($A_1^{(2)} = 0.5$) は，粒子 ψ の種類によらない一つの数値である（この意味については式 (7.134) を参照のこと）．それ以外 $\left(a_\psi^{(2n)} - A_1^{(2n)}\right)$ は粒子 ψ に依存する．今，荷電レプトンは計 3 種類で，しかも互いに異なる質量を持っているから，

$$a_e^{(2n)} = A_1^{(2n)} + A_2^{(2n)}\left(\frac{m_e}{m_\mu}\right) + A_2^{(2n)}\left(\frac{m_e}{m_\tau}\right) + A_3^{(2n)}\left(\frac{m_e}{m_\mu}, \frac{m_e}{m_\tau}\right), \tag{7.132}$$

$$a_\mu^{(2n)} = A_1^{(2n)} + A_2^{(2n)}\left(\frac{m_\mu}{m_e}\right) + A_2^{(2n)}\left(\frac{m_\mu}{m_\tau}\right) + A_3^{(2n)}\left(\frac{m_\mu}{m_e}, \frac{m_\mu}{m_\tau}\right) \tag{7.133}$$

のように，二つの関数 $A_2^{(2n)}(x)$，$A_3^{(2n)}(x, y) = A_3^{(2n)}(y, x)$ で表せる．ここで，

- $A_2^{(2n)}\left(\dfrac{m_e}{m_\mu}\right)$ は，電子とミュー粒子からなる QED で，"電子の異常磁気能率" を計算するのであるが，"ミュー粒子のループ" を少なくとも 1 個含むような n ループ・ファインマン図からの寄与の総和を指す．
- 対して，$A_2^{(2n)}\left(\dfrac{m_\mu}{m_e}\right)$ は，電子とミュー粒子からなる QED で，"ミュー粒子の異常磁気能率" を計算するのであるが，"電子のループ" を少なくとも 1 個含むような n ループ・ファインマン図からの寄与の総和を指す．
- 両者は質量の比への依存性としては，関数 $A_2^{(2n)}(x)$ を共有する．

$A_2^{(2n)}(x)$ は $n \geq 2$ から現れ，$A_3^{(2n)}(x, y)$ は $n \geq 3$ から現れる．

式 (7.132) の $a_e^{(2n)}$ と式 (7.133) の $a_\mu^{(2n)}$ とでは，以下のように主要項が異なるため，より高次になるほど，より大きな差が生じていく：

1. 電子にとって，ミュー粒子とタウ・レプトンは共に自身よりも重いから，電子の異常磁気能率 $a_e^{(2n)}$ では，$A_1^{(2n)}$ が主要項である．
2. ミュー粒子にとって電子は非常に軽い粒子だから，$n \geq 2$ のミュー粒子の異常磁気能率 $a_\mu^{(2n)}$ では，$A_2^{(2n)}\left(\dfrac{m_\mu}{m_e}\right)$ が主要な項である．

$A_2(x)$ と $A_3(x, y)$ の項の大きさの予言には，レプトンの質量の値に関する測定値を必要とする．3 ループでの主要項の大きさを比較すると[4]，

$$\begin{aligned} A_1^{(6)} &= \frac{83}{72}\pi^2\zeta(3) - \frac{215}{24}\zeta(5) - \frac{239}{2160}\pi^4 + \frac{139}{18}\zeta(3) \\ &\quad - \frac{298}{9}\pi^2\ln 2 + \frac{17101}{810}\pi^2 + \frac{28259}{5184} \\ &\quad + \frac{100}{3}\left\{\mathrm{Li}_4\left(\frac{1}{2}\right) - \frac{1}{24}\left(\pi^2 - (\ln 2)^2\right)(\ln 2)^2\right\} \end{aligned} \tag{7.134}$$

$$= 1.181\,241\,456\cdots, \tag{7.135}$$

$$A_2^{(6)}\left(\frac{m_\mu}{m_e}\right) = 22.868\,380\,04\,(23) \tag{7.136}$$

となる．ここで，

$$\mathrm{Li}_4\left(\frac{1}{2}\right) = \sum_{n=1}^{\infty}\frac{1}{2^n n^4} = 0.517\,479\,061\cdots \tag{7.137}$$

である．また，式 (7.136) の右辺の括弧内の 2 桁の数字は，直前の数値の有効数字に含まれる理論計算の不定性を表す．このように QED 力学が両者の間で異なる結果として，

$a_e^{(2n)}$ と $a_\mu^{(2n)}$ の間には有意な差が生じる．

n を一つ上げる摂動計算で最も労力を要するのは，$A_1^{(2n)}$ である．$A_1^{(2n)}$ への寄与を与えるファインマン図は，フェルミオン・ループを含むものと，全く含まないものとに分けられる．後者のみを与える QED を**クェンチ QED** と定義する．

第 8 章

QED 摂動論の準備

ここでは相殺項を用いた QED の摂動展開についてまとめる．古典論におけるカレント保存に対応してウォード–高橋恒等式が得られる．その結果，繰り込みに必要な相殺項の削減と電荷の繰り込みの普遍性が導かれる．

8.1 電磁場の繰り込みとウォード–高橋恒等式

裸のゲージ場 $A_{\mathbf{B},\mu}(x)$ および $F_{\mathbf{B},\mu\nu}(x) := \partial_\mu A_{\mathbf{B},\nu}(x) - \partial_\nu A_{\mathbf{B},\mu}(x)$ と裸のゲージ固定パラメータ $\alpha_{\mathbf{B}}$ で書かれている電磁場の作用

$$S_{\mathrm{G}}[A_{\mathbf{B}}] = \int d^D x \left(-\frac{1}{4} F_{\mathbf{B},\mu\nu}(x) F_{\mathbf{B}}^{\mu\nu}(x) - \frac{1}{2\,\alpha_{\mathbf{B}}} \left(\partial_\mu A_{\mathbf{B}}^\mu(x)\right)^2 \right) \tag{8.1}$$

から出発する．ゲージ場の再規格化定数を Z_A とし，繰り込まれた場 $A_\mu(x)$ を

$$A_{\mathbf{B},\mu}(x) = \sqrt{Z_A}\, A_\mu(x) \tag{8.2}$$

とする．共変ゲージ固定のパラメータ α と $\alpha_{\mathbf{B}}$ が

$$\alpha_{\mathbf{B}} = Z_A\, \alpha \tag{8.3}$$

と関係するならば，ゲージ固定項は相殺項を生み出さない：

$$-\frac{1}{2\alpha_{\mathbf{B}}} \left(\partial_\mu A_{\mathbf{B}}^\mu(x)\right)^2 = -\frac{1}{2\alpha} \left(\partial_\mu A^\mu(x)\right)^2 . \tag{8.4}$$

式 (8.1) の $S_{\mathrm{G}}[A]$ は摂動の 0 次の作用 $S_{\mathrm{G},0}[A]$ と相殺項 $S_{\mathrm{G},\mathrm{count}}[A]$ に分けられる：

$$\begin{aligned}
S_{\mathrm{G}}[A_{\mathbf{B}}] &= S_{\mathrm{G},0}[A] + S_{\mathrm{G},\mathrm{count}}[A], \\
S_{\mathrm{G},0}[A] &= \int d^D x \left(-\frac{1}{4} F_{\mu\nu}(x)\, F^{\mu\nu}(x) - \frac{1}{2\alpha} \left(\partial_\mu A^\mu(x)\right)^2 \right), \\
S_{\mathrm{G},\mathrm{count}}[A] &= \int d^D x \left(-(Z_A - 1)\, \frac{1}{4} F_{\mu\nu}(x)\, F^{\mu\nu}(x) \right) .
\end{aligned} \tag{8.5}$$

この相殺項で十分なのかは重要だから，ディラック場の部分を見る前に確認しておく．

QED における $O\left(\psi_{\mathbf{B}}, \overline{\psi}_{\mathbf{B}}, A_{\mathbf{B}}\right)$ の時間順序積の真空期待値を，iε 項を含む S_{QED} を

用いて

$$\langle O\rangle_{\text{QED}} := \langle 0|\,\mathscr{T}[O]\,|0\rangle = \frac{1}{Z_{\text{QED}}}\int DA_{\mathbf{B}}\,D\overline{\psi}_{\mathbf{B}}\,D\psi_{\mathbf{B}}\,e^{\mathrm{i}\,S_{\text{QED}}[\psi_{\mathbf{B}}\,,\,\overline{\psi}_{\mathbf{B}}\,,\,A_{\mathbf{B}}]}O\left(\psi_{\mathbf{B}}\,,\,\overline{\psi}_{\mathbf{B}}\,,\,A_{\mathbf{B}}\right) \tag{8.6}$$

と書くことにする．2つのカレントの時間順序積の運動量空間へのフーリエ変換を

$$(-\mathrm{i})\Pi_f^{\mu\nu}(q) := \int d^Dx\,e^{\mathrm{i}\,q\cdot x}\,\langle J^\mu(x)J^\nu(0)\rangle_{\text{QED}} \tag{8.7}$$

とする．$\Pi_f^{\mu\nu}(q)$ は光子の全伝搬関数 $(-\mathrm{i})G^{\mu\nu}(p^2)$ を

$$(-\mathrm{i})G^\mu{}_\nu(p^2) = (-\mathrm{i})G^\mu_{0\,,\,\nu}(p^2) + (-\mathrm{i})G^\mu_{0\,,\,\lambda}(p^2)(\mathrm{i}\,e)^2(-\mathrm{i})\Pi^\lambda_{f\,,\,\rho}(q)\,(-\mathrm{i})G^\rho_{0\,,\,\nu}(p^2) \tag{8.8}$$

と表すものに過ぎないから，1粒子可約なファインマン図の寄与も含んでいる．そこで，すべての1PIファインマン図のみの寄与を

$$(-\mathrm{i})\Pi^{\mu\nu}(q) := \int d^Dx\,e^{\mathrm{i}\,q\cdot x}\,\langle J^\mu(x)J^\nu(0)\rangle^{\text{1PI}}_{\text{QED}} \tag{8.9}$$

と書いて区別する．

$O[\psi\,,\,\overline{\psi}\,,\,A]$ はグラスマン・パリティが偶とする．ゲージ場の経路積分は関係ないので，ディラック場に関する経路積分のみに着目する．自明な恒等式*1)

$$\int D\overline{\psi}'\,D\psi'\,e^{\mathrm{i}S_\psi[\psi'\,,\,\overline{\psi}'\,,\,A]}\,O[\psi'\,,\,\overline{\psi}'\,,\,A] = \int D\overline{\psi}\,D\psi\,e^{\mathrm{i}S_\psi[\psi\,,\,\overline{\psi}\,,\,A]}\,O[\psi\,,\,\overline{\psi}\,,\,A]$$

で，次のような関係を考える：

$$\psi'(x) = e^{\mathrm{i}\,\Lambda(x)}\,\psi(x)\,,\quad \overline{\psi}'(x) = \overline{\psi}(x)\,e^{-\mathrm{i}\,\Lambda(x)}\,. \tag{8.10}$$

位相が積分測度内でキャンセルする，すなわち

$$D\overline{\psi}'\,D\psi' = D\overline{\psi}\,D\psi \tag{8.11}$$

となるような正則化を仮定すると，

$$\int D\overline{\psi}\,D\psi\left(e^{\mathrm{i}S_\psi[e^{\mathrm{i}\,\Lambda}\,\psi\,,\,\overline{\psi}\,e^{-\mathrm{i}\,\Lambda}\,,\,A]}\,O\left[e^{\mathrm{i}\,\Lambda}\,\psi\,,\,\overline{\psi}\,e^{-\mathrm{i}\,\Lambda}\,,\,A\right] - e^{\mathrm{i}S_\psi[\psi\,,\,\overline{\psi}\,,\,A]}\,O\left[\psi\,,\,\overline{\psi}\,,\,A\right]\right) = 0\,. \tag{8.12}$$

あえてゲージ場を変換していないから，$S_\psi\left[e^{\mathrm{i}\,\Lambda}\,\psi\,,\,\overline{\psi}\,e^{-\mathrm{i}\,\Lambda}\,,\,A\right]$ から $\Lambda(x)$ の微分に比例する項が出る：

$$S_\psi\left[e^{\mathrm{i}\,\Lambda}\,\psi\,,\,\overline{\psi}\,e^{-\mathrm{i}\,\Lambda}\,,\,A\right] = S_\psi\left[\psi\,,\,\overline{\psi}\,,\,A\right] + \int d^Dx\,\Lambda(x)\,\partial_\mu J^\mu(x)\,. \tag{8.13}$$

ここで $\Lambda(x)$ は十分局在しているため部分積分の表面項は0である．フェルミオン場のみのカレント $J^\mu(y) = \overline{\psi}(y)\gamma^\mu\psi(y)$ のように，O がゲージポテンシャル $A_\mu(x)$ を含まず，今の位相変換で不変と仮定すると，$\Lambda(x)$ に関する汎関数微分をした後でそれを0とおき，

*1) しばらく **B** の添字は省略する．

ゲージ場の作用と積分を戻して，

$$\partial_\mu \left\langle J^\mu(x)\, O\left[\psi\,,\,\overline{\psi}\,,\,A\right]\right\rangle_{\rm QED} = 0 \tag{8.14}$$

を得る．カレントの 4 次元発散を含む時間順序積の真空期待値が 0 であることを示すこの式を**ウォード–高橋恒等式**という．特に O を $J^\nu(0)$ と置くと

$$\partial_\mu \left\langle J^\mu(x)\, J^\nu(0)\right\rangle_{\rm QED} = 0\,. \tag{8.15}$$

これをフーリエ変換すると，$\Pi_f^{\mu\nu}(q)$ に関するウォード–高橋恒等式

$$q_\mu\, \Pi_f^{\mu\nu}(q) = 0\,. \tag{8.16}$$

を得る．$\Pi^{\mu\nu}(q)$ は q のみの関数でローレンツ変換の下で 2 階のテンソルとして変換するから，このウォード–高橋恒等式を満たすものは，スカラー関数 $\Pi_f(q^2)$ を用いて

$$\Pi_f^{\mu\nu}(q) = \left(\eta^{\mu\nu}\, q^2 - q^\mu q^\nu\right)\Pi_f(q^2) \tag{8.17}$$

と表すことができる．

しばしば式 (8.17) を得た段階で終えている書物を見かける．しかし，これでは何の知見も得られていない．我々がここで導きたいのは，式 (8.9) の 2 点 1PI 関数 $\Pi^{\mu\nu}(q)$ が式 (8.17) と同じ形で書けるということである．なぜなら，1PI 関数を有限にするための相殺項が式 (8.5) の $S_{\rm G\,,\,count}[A]$ で十分ということを示したいからである．

そのために，$\Pi_f^{\mu\nu}(q)$ と $\Pi^{\mu\nu}(q)$ の間の関係を求めよう．解析には式 (8.5) の $S_{\rm G\,,\,0}[A]$ に関連した光子の摂動 0 次の伝搬関数

$$(-{\rm i})G_{0\,,\,\mu\nu}(q) = (-{\rm i})\frac{1}{q^2+{\rm i}\,\varepsilon}\left(\eta^{\mu\nu} - (1-\alpha)\,\frac{q^\mu q^\nu}{q^2}\right) \tag{8.18}$$

が必要となる．実スカラー場の系で行ったのと同様に，1PI ファインマン図すべての寄与を自由光子の線で結んだものに対応するから，

$$\begin{aligned}(-{\rm i})\,\Pi^\mu_{f\,,\,\nu}(q) &= (-{\rm i})\,\Pi^\mu{}_\nu(q) + (-{\rm i})\,\Pi^\mu{}_\lambda(q)\,({\rm i}\,e)^2(-{\rm i})G_0^\lambda{}_\rho(q)\,(-{\rm i})\Pi^\rho{}_\nu(q)\\ &\quad + (-{\rm i})\Pi^\mu{}_\lambda(q)\,\left(\left(e^2\,G_0(q)\cdot\Pi(q)\right)^2\right)^\lambda{}_\nu + \cdots\\ &= (-{\rm i})\left(\Pi(q)\cdot\frac{1}{1-e^2\,G_0(q)\cdot\Pi(q)}\right)^\mu{}_\lambda\,.\end{aligned} \tag{8.19}$$

これを逆解きして $\Pi^{\mu\nu}(q)$ を $\Pi_f^{\mu\nu}(q)$ で表したい．テンソルの足を省くと，両辺の逆は

$$\begin{aligned}\Pi_f(q)^{-1} &= \left(1-e^2\,G_0(q)\cdot\Pi(q)\right)\cdot\Pi(q)^{-1} = \Pi(q)^{-1} - e^2\,G_0(q)\,,\\ \Pi(q)^{-1} &= \Pi_f(q)^{-1} + e^2\,G_0(q) = \left(1+e^2\,G_0(q)\cdot\Pi_f(q)\right)\cdot\Pi_f(q)^{-1}\,.\end{aligned} \tag{8.20}$$

両辺の逆をとって

$$\Pi^\mu{}_\nu(q) = \Pi^\mu_{f\,,\,\lambda}(q)\left(\frac{1}{1+e^2\,G_0(q)\cdot\Pi_f(q)}\right)^\lambda{}_\nu \tag{8.21}$$

を得る．$\Pi^\lambda_{f\,,\,\nu}(q)$ に式 (8.17) の形を用いて $\left(G_0(q)\cdot\Pi_f(q)\right)^\mu{}_\nu$ を評価すると，

$$(G_0(q)\cdot\Pi_f(q))^\mu{}_\nu = \frac{1}{q^2+\mathrm{i}\,\varepsilon}\left(\delta^\mu{}_\lambda - (1-\alpha)\frac{q^\mu q_\lambda}{q^2}\right)\left(\delta^\lambda{}_\nu\, q^2 - q^\lambda q_\nu\right)\Pi_f(q^2)$$
$$= \left(\delta^\mu{}_\nu - \frac{q^\mu q_\nu}{q^2}\right)\Pi_f(q^2) \tag{8.22}$$

のようにゲージ固定項のパラメータに依存する項が消えている．式 (8.21) を幾何級数で表し直したものに式 (8.22) の結果を代入すれば

$$\Pi^\mu{}_\nu(q) = \left(\delta^\mu{}_\nu\, q^2 - q^\mu q_\nu\right)\frac{\Pi_f(q^2)}{1+e^2\,\Pi_f(q^2)} \tag{8.23}$$

となる．よって，

$$\Pi_f(q^2) = \frac{\Pi(q^2)}{1-e^2\,\Pi(q^2)} \tag{8.24}$$

を得る．まとめると，カレントの 2 点関数に対する 1PI ファインマン図すべての寄与 $\Pi^{\mu\nu}(q)$ は，**真空分極** $\Pi(q^2)$ を用いて

$$\Pi^{\mu\nu}(q) = \left(\eta^{\mu\nu}\, q^2 - q^\mu q^\nu\right)\Pi(q^2) \tag{8.25}$$

と表される．他方，式 (8.5) の $S_{\mathrm{G,count}}[A]$ は $(\mathrm{i}\,e)^2(-\mathrm{i})\Pi^{\mu\nu}(q)$ へ

$$(-\mathrm{i})\,(Z_A-1)\left(\eta^{\mu\nu}\, q^2 - q^\mu q^\nu\right) \tag{8.26}$$

という寄与を与える．以上の議論から，ゲージ固定パラメータに比例する項に対応する相殺項は必要なく，$S_{\mathrm{G,count}}[A]$ で十分なことが分かった．この事情は各摂動の次数毎でも成り立つ．Z_A は（質量殻上の繰り込み条件では $\mu^2=0$ として）

$$-e^2\,\Pi(q^2=-\mu^2) + Z_A - 1 = 0 \tag{8.27}$$

を摂動展開した次数毎で決めることになる．

相殺項が式 (8.26) ということは，ゲージ場の質量項が繰り込みを受けないことも意味する．この結果を導く過程で起点となっているのはウォード–高橋恒等式 (8.14)，さらに元を辿れば積分測度の不変性 (8.11) である．案に何らかの正則化が図られて有限な量で計算しているが，もしもその正則化が式 (8.11) を損なうような場合にはウォード–高橋恒等式 (8.14) が得られず，必要となる相殺項が増える場合がある．

よく知られている例は，$\Pi^{\mu\nu}(q)$ への $O(e^2)$ 補正を**カットオフ正則化**の下で計算すると，2 次発散が発生することであろう．$\Pi^{\mu\nu}(q)$ は次元 2 だから，背後にあるゲージ対称性が式 (8.25) の形を保証して発散が対数的にまで落ちなければ 2 次発散が生じる：

$$\Pi^{\mu\nu}(q) \propto \int^\Lambda d^4k\, \frac{k^\mu k^\nu}{(k^2)^2} \sim \Lambda^2\,\eta^{\mu\nu}\,. \tag{8.28}$$

この発散を差し引くには，ゲージ場 $A_\mu(x)$ の質量項が相殺項として新たに必要となる．カットオフ正則化は式 (8.11) を損なう，というよりも，以下のように，局所的位相変換の下で変数の集合が不変に保たれないことが要因だと思われる．$O(e^2)$ 補正は荷電粒子の 1 ループであるから，ここでは $\psi(x)$（$\overline{\psi}(x)$）のフーリエ変換の成分 $\widetilde{\psi}(k)$（$\widetilde{\overline{\psi}}(k)$）を $K_\Lambda := \left\{k\in\boldsymbol{R}^D \,\middle|\, |k^\mu|<\Lambda\ (\mu=0,\cdots,D-1)\right\}$ に限定することで経路積分を正則化

しよう．つまり，カットオフ正則化された理論でのフェルミオン場の積分は

$$\prod_{k\in K_\Lambda}\int d\widetilde{\overline{\psi}}(k)\,d\widetilde{\psi}(k) \tag{8.29}$$

である．変数を局所的な位相変換をするということは，

$$\widetilde{\psi}(k)\to\int d^Dx\,e^{\mathrm{i}\,k\cdot x}\,e^{\mathrm{i}\,\alpha(x)}\left(\psi(x):=\int_{K_\Lambda}\frac{d^Dq}{(2\pi)^D}\,e^{-\mathrm{i}\,q\cdot x}\,\widetilde{\psi}(q)\right) \tag{8.30}$$

であるから，局所的位相変換は $\left\{\widetilde{\psi}(k)\,\middle|\,k\in K_\Lambda\right\}$ の配位空間上の変換ではない：積分領域外への写像となっているため，カットオフ正則化された理論にはゲージ対称性がない，といえる．位相変換のパラメータ $\alpha(x)$ をカットオフ正則化しても事情を好転しようがない．

8.2　ディラック場を含む 1PI 関数の繰り込み

ディラック場の自己エネルギー関数は 4 次元正方行列なので，場の繰り込み定数 Z_ψ を得るには工夫を要する．

QED はローレンツ対称性，空間反転対称性，荷電共役対称性を有する．よって，$\Sigma_{\mathbf{B}}(p)$ は 4 次元単位ベクトル $\mathbb{I}_4$ に比例する部分と $\not{p}=p_\mu\gamma^\mu$ に比例する部分からなる．質量殻上の繰り込み条件のためには，繰り込まれた質量 m を用いて次のように表す*2)：

$$\Sigma_{\mathbf{B}}(p)=W(p^2)+A(p^2)\,(\not{p}-m)\ . \tag{8.31}$$

$W(p^2)$ と $A(p^2)$ を m^2 の周りで展開したものを裸の全伝搬関数 $\mathrm{i}\,S_{\mathbf{B}}(p)$ に代入して以下を得る：

$$\begin{aligned}S_{\mathbf{B}}(p)^{-1}&=\not{p}-m_{\mathbf{B}}-\Sigma_{\mathbf{B}}(p)\\&=-\left(m_{\mathbf{B}}-m+W(m^2)\right)-\frac{dW}{dp^2}(m^2)\left(p^2-m^2\right)\\&\quad+O\left((p^2-m^2)^2\right)\\&\quad+(\not{p}-m)\left\{1-A(m^2)-\frac{dA}{dp^2}(m^2)\left(p^2-m^2\right)\right.\\&\qquad\qquad\left.+\,O\left((p^2-m^2)^2\right)\right\}\ .\end{aligned} \tag{8.32}$$

質量殻上の繰り込み条件を課す上で欲しいのは，$S_{\mathbf{B}}(p)^{-1}$ の $(\not{p}-m)$ に関する展開である．そのために

$$p^2-m^2=2\,m\,(\not{p}-m)+(\not{p}-m)^2 \tag{8.33}$$

を式 (8.32) に代入すると

$$\begin{aligned}S_{\mathbf{B}}(p)^{-1}&=-\left(m_{\mathbf{B}}-m+W(m^2)\right)\\&\quad+(\not{p}-m)\left\{1-A(m^2)-2m\,\frac{dW}{dp^2}(m^2)\right\}\end{aligned}$$

*2)　本書では，$\not{p}-m:=\not{p}-m\mathbb{I}_4$ と示す．

$$+\,O\left((\not{p}-m)^2\right) \tag{8.34}$$

を得る．よって，繰り込み定数 δm，Z_ψ は

$$m_{\mathbf{B}} = m + \delta m\,, \quad \delta m := -W(m^2), \tag{8.35}$$

$$Z_\psi^{-1} = 1 - A(m^2) - 2m\,\frac{dW}{dp^2}(m^2) \tag{8.36}$$

で与えられる．実際，このとき式 (8.34) は

$$S_{\mathbf{B}}(p)^{-1} = Z_\psi^{-1}\,(\not{p}-m) + O\left((\not{p}-m)^2\right)\,. \tag{8.37}$$

となるから，質量殻上の繰り込み条件に従う繰り込まれた全伝搬関数 $\mathrm{i}S(p)$ が次のようにして得られる：

$$S(p)^{-1} := Z_\psi S_{\mathbf{B}}(p)^{-1} = (\not{p}-m) + O\left((\not{p}-m)^2\right)\,. \tag{8.38}$$

今，クリフォード代数に値をとる量を $F(p)$ とするとき，$\mathrm{Sp}(F(p))$ を

$$\mathrm{Sp}(F(p)) := \lim_{p^2\to m^2}\frac{1}{4}\,\mathrm{tr}\left(\left(1+\frac{\not{p}}{m}\right)F(p)\right) \tag{8.39}$$

で定義する．$D=4$ では，以下のようにして得られる：

$$\delta m = -\mathrm{Sp}\left(\Sigma_{\mathbf{B}}(p)\right)\,, \quad Z_\psi^{-1} = 1 - \mathrm{Sp}\left(\frac{p^\mu}{m}\,\frac{\partial\Sigma_{\mathbf{B}}}{\partial p^\mu}(p)\right)\,. \tag{8.40}$$

裸の電荷素量と繰り込まれた量の関係を見るため，裸のディラック場を含む作用

$$\begin{aligned} &S\left[\psi_{\mathbf{B}}\,,\overline{\psi}_{\mathbf{B}}\,,A_B\right] \\ &= \int d^Dx\,\left\{\overline{\psi}_{\mathbf{B}}(x)\,\mathrm{i}\,\gamma^\mu\,D_{\mathbf{B}\,,\mu}\,\psi_{\mathbf{B}}(x) - m_{\mathbf{B}}\,\overline{\psi}_{\mathbf{B}}(x)\,\psi_{\mathbf{B}}(x)\right\}\,, \\ &D_{\mathbf{B}\,,\mu}\,\psi_{\mathbf{B}}(x) := \partial_\mu\psi_{\mathbf{B}}(x) - \mathrm{i}\,Q_\psi\,e_{\mathbf{B}}\,A_{\mathbf{B}\,,\mu}\,\psi_{\mathbf{B}}(x) \end{aligned} \tag{8.41}$$

から出発する．繰り込まれた場 $\psi(x)$, $\overline{\psi}(x)$ はディラック場の再規格化定数 Z_ψ により

$$\psi_{\mathbf{B}}(x) = \sqrt{Z_\psi}\,\psi(x)\,, \quad \overline{\psi}_{\mathbf{B}}(x) = \sqrt{Z_\psi}\,\overline{\psi}(x) \tag{8.42}$$

で与えられる．ゲージ相互作用が

$$\begin{aligned} &Q_\psi\,e_{\mathbf{B}}\,\overline{\psi}_{\mathbf{B}}(x)\,\gamma^\mu\,A_{\mathbf{B}\,,\mu}(x)\,\psi_{\mathbf{B}}(x) = Q_\psi\,e_{\mathbf{B}}\,\sqrt{Z_A}Z_\psi\overline{\psi}(x)\,\gamma^\mu\,A_\mu(x)\,\psi(x) \\ &= Q_\psi\,Z_e\,e\,\overline{\psi}(x)\,\gamma^\mu\,A_\mu(x)\,\psi(x) \end{aligned} \tag{8.43}$$

となることを要請すると，

$$e_{\mathbf{B}} = Z_e\,Z_\psi^{-1}\,Z_A^{-\frac{1}{2}}\,e \tag{8.44}$$

を得る．

8.3 QED の相殺項のまとめ

これまで電磁場のみの部分とディラック場を含む部分に分けて観察してきたため，相殺

項を用いる QED の摂動論のまとめをしておこう．

QED の全作用

$$
\begin{aligned}
&S_{\mathrm{QED}}[\,\psi_{\mathbf{B}}\,,\,\overline{\psi}_{\mathbf{B}}\,,\,A_{\mathbf{B}}] \\
&= \int d^D x \left\{ -\frac{1}{4}\, F_{\mathbf{B}\,,\mu\nu}(x)\, F^{\mu\nu}_{\mathbf{B}}(x) - \frac{1}{2\,\alpha_{\mathbf{B}}}\, \left(\partial_\mu A^\mu_{\mathbf{B}}(x)\right)^2 \right. \\
&\qquad \left. +\, \overline{\psi}_{\mathbf{B}}(x)\,\mathrm{i}\,\gamma^\mu \left(\partial_\mu - \mathrm{i}\,Q_\psi\, e_{\mathbf{B}}\, A_{\mathbf{B}\,,\mu}(x)\right) \psi_{\mathbf{B}}(x) -\, m_{\mathbf{B}}\, \overline{\psi}_{\mathbf{B}}(x)\, \psi_{\mathbf{B}}(x) \right\}
\end{aligned}
\tag{8.45}
$$

を QED の摂動 0 次

$$
\begin{aligned}
S_0[\,\psi\,,\,\overline{\psi}\,,\,A] = \int d^D x &\left\{ -\frac{1}{4}\, F_{\mu\nu}(x)\, F_{\mu\nu}(x) - \frac{1}{2\,\alpha}\, \left(\partial_\mu A^\mu(x)\right)^2 \right. \\
&\left. +\, \overline{\psi}(x)\,\mathrm{i}\,\gamma^\mu\,\partial_\mu\,\psi(x) - m\,\overline{\psi}(x)\,\psi(x) \right\}
\end{aligned}
\tag{8.46}
$$

と相互作用項 $S_{\mathrm{int}}[\psi\,,\,\overline{\psi}\,,\,A]$ に分ける

$$
S_{\mathrm{QED}}[\,\psi_{\mathbf{B}}\,,\,\overline{\psi}_{\mathbf{B}}\,,\,A_{\mathbf{B}}] = S_0[\psi\,,\,\overline{\psi}\,,\,A] + S_{\mathrm{int}}[\psi\,,\,\overline{\psi}\,,\,A]\,.
\tag{8.47}
$$

$S_{\mathrm{int}}[\psi\,,\,\overline{\psi}\,,\,A]$ は二つの部分からなる*3)

$$
\begin{aligned}
&S_{\mathrm{int}}[\psi\,,\,\overline{\psi}\,,\,A] = S_{\mathrm{pert}}[\psi\,,\,\overline{\psi}\,,\,A] + S_{\mathrm{count}}[\psi\,,\,\overline{\psi}\,,\,A]\,, \\
&S_{\mathrm{pert}}[\psi\,,\,\overline{\psi}\,,\,A] = \int d^D x\, Q_\psi\, e\, \mu^\varepsilon\, \overline{\psi}(x)\, \gamma^\mu\, A_\mu(x)\, \psi(x)\,, \\
&S_{\mathrm{count}}[\psi\,,\,\overline{\psi}\,,\,A] \\
&= \int d^D x \sum_{n=1}^{\infty} \left(\frac{\alpha}{\pi}\right)^2 \left[-\delta^{(n)} Z_A\, \frac{1}{4}\, F_{\mu\nu}(x)\, F_{\mu\nu}(x) \right. \\
&\qquad +\, \delta^{(n)} Z_\psi \left\{ \overline{\psi}(x)\,\mathrm{i}\,\gamma^\mu\,\partial_\mu\,\psi(x) - m\,\overline{\psi}(x)\,\psi(x) \right\} - \delta^{(n)} m\, \overline{\psi}(x)\,\psi(x) \\
&\qquad \left. +\, \delta^{(n)} Z_e\, Q_\psi\, e\, \mu^\varepsilon\, \overline{\psi}(x)\, \gamma^\mu\, A_\mu(x)\, \psi(x) \right]\,.
\end{aligned}
\tag{8.48}
$$

次元正則化も想定して繰り込まれた電荷素量 e が無次元となるようにした．μ のべきは以下のようにして決めた．ゲージ場の空間成分 $A_j(x)$ が標準な規格化に従うときには結合定数が共変微分に入っているから，スカラー場と同じく運動項からその次元は $[A_\mu] = \dfrac{D-2}{2}$ である．共変微分の次元は 1 より裸の電荷素量 $e_{\mathbf{B}}$ の次元は

$$
[e_{\mathbf{B}}] = 1 - \frac{D-2}{2} = \frac{4-D}{2} = \varepsilon
\tag{8.49}
$$

である．電荷を持った場を複数含む系を扱う場合には質量パラメータと繰り込みパラメータを m_ψ などとし，Z_e を $Z_{e\,,\psi}$ としてディラック場 ψ を含む項について和をとる．

式 (8.48) のべき級数展開は e の偶数次数の展開であるが，その解説をまだしていなかった．それは，電磁相互作用が "電荷間に" 働く力だから，である．

---

*3) $Z_\psi\,\delta m = \displaystyle\sum_{n=1}^{\infty} \left(\frac{\alpha}{\pi}\right)^n \delta^{(n)} m$ である．

$$\alpha \xrightarrow{\;\;p\;\;} \beta \quad \mathrm{i}\,S_{0,\,\alpha\beta}(p) \qquad \mu \sim\!\!\!\!\!\!\!\!\sim\!\!\!\!\!\!\!\!\sim \stackrel{q}{} \nu \quad (-\mathrm{i})\,G_{0,\,\mu\nu}(q)$$

$$\mu \sim\!\!\!\!\!\!\!\!\sim \stackrel{q}{}_{(n)} \nu \quad (-\mathrm{i})\left(\frac{\alpha}{\pi}\right)^{n}\delta^{(n)}Z_{A}(\eta_{\mu\nu}q^{2}-q_{\mu}q_{\nu})$$

$$\alpha \xrightarrow{\;p\;}_{(n)} \beta \quad \mathrm{i}\left(\frac{\alpha}{\pi}\right)^{n}\{\delta^{(n)}Z_{\psi}((\slashed{p})_{\alpha\beta}-m\,\delta_{\alpha\beta})-\delta^{(n)}m\,\delta_{\alpha\beta}\}$$

Vertex: $\mathrm{i}\,Q_{\psi}e\,\mu^{\varepsilon}(\gamma^{\mu})_{\alpha\beta}$; $\;\mathrm{i}\,Q_{\psi}e\,\mu^{\varepsilon}\left(\dfrac{\alpha}{\pi}\right)^{n}\delta^{(n)}Z_{e}(\gamma^{\mu})_{\alpha\beta}$

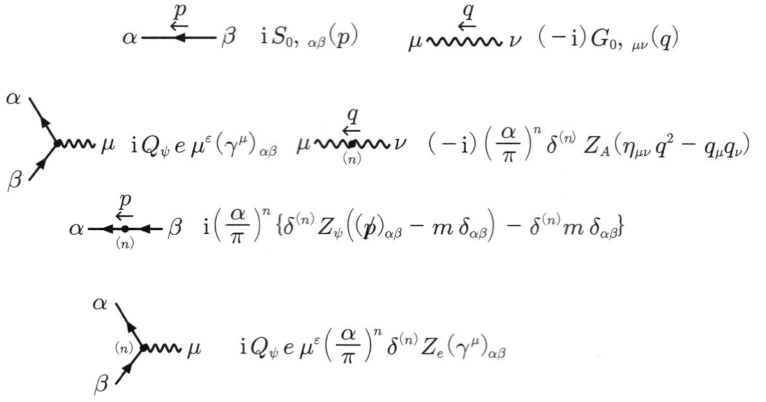

図 8.1　QED における線と頂点に対して割り当てる量.

別の見方をするため，ゲージ場を $A_{\mu}(x) \to \dfrac{1}{e}A_{\mu}(x)$ とリスケールして共変微分に結合定数が現れないようにすると，摂動 0 次の運動項とゲージ固定項の全体に $\dfrac{1}{e^{2}}$ がかかる．e^{2} は唯一，摂動 0 次の伝搬関数に $(-\mathrm{i})e^{2}\,G_{0,\,\mu\nu}(q)$ として現れる．電磁相互作用は電荷間の光子の伝搬により引き起こされるから，QED の摂動展開は e^{2} のべき級数展開となる．

ディラック場の摂動 0 次の伝搬関数は

$$\mathrm{i}\,S_{0}(p) = \frac{\mathrm{i}}{\slashed{p}-m+\mathrm{i}\varepsilon} \tag{8.50}$$

で与えられる．必要となった場合には光子の全伝搬関数を $(-\mathrm{i})G_{\mathbf{B},\,\mu\nu}(q)$，または $(-\mathrm{i})G_{\mu\nu}(q)$ で表す．

QED のファインマン図で線と頂点に対して割り当てる量を図 8.1 にまとめる．ただ，このファインマン規則は理論的な議論には大変好都合であるが，$\delta^{(n)}Z_{e}$ などが全 n ループ・ファインマン図からの寄与の総和と関連する量であるため，愚直な摂動計算に適用することはできない．実際的な方法については高次摂動計算に関する節で触れることにする．

8.4　$Z_{\psi}=Z_{e}$ と電荷素量の普遍性

ここでは，QED では繰り込み定数 Z_{ψ} と Z_{e} が関係する点とその意味を見たい．

古典論でカレント $J^{\mu}(z)$ の 4 次元発散が 0 を示す際，運動方程式を使った：

$$\begin{aligned}
\partial_{\mu}J^{\mu}(z) &= \left(\partial_{\mu}\overline{\psi}_{\mathbf{B}}(z)\right)\gamma^{\mu}\psi_{\mathbf{B}}(z)+\overline{\psi}_{\mathbf{B}}(z)\gamma^{\mu}\left(\partial_{\mu}\psi_{\mathbf{B}}(z)\right)\\
&= \left(\overline{\psi}_{\mathbf{B}}(z)\overleftarrow{D}_{\mathbf{B},\,\mu}\,\gamma^{\mu}\right)\psi_{\mathbf{B}}(z)+\overline{\psi}_{\mathbf{B}}(z)\,\gamma^{\mu}\,D_{\mathbf{B},\,\mu}\psi_{\mathbf{B}}(z)\\
&= \mathrm{i}\left\{\frac{\delta^{R}S_{\mathrm{QED}}}{\delta\psi_{\mathbf{B}}(z)}\,\psi_{\mathbf{B}}(z)-\overline{\psi}_{\mathbf{B}}(z)\,\frac{\delta^{L}S_{\mathrm{QED}}}{\delta\overline{\psi}_{\mathbf{B}}(z)}\right\}.
\end{aligned} \tag{8.51}$$

無論，経路積分の文脈では作用の一階汎関数微分を 0 としない．さらに，グラスマン・パリティが隅の量 O を含む以下の積を，汎関数全微分が現れるように書き直すと[*4)]

[*4)]　2 点に分ける正則化ではウィルソン・ライン $\exp\left(\pm\mathrm{i}\displaystyle\int_{w}^{z}dy^{\mu}A_{\mu}(y)\right)$ などを含めるべきだが，省略する．

$$
\begin{aligned}
&e^{\mathrm{i}\,S_{\mathrm{QED}}}\,(\partial_\mu J^\mu(z))\,O \\
&= \lim_{w\to z} e^{\mathrm{i}\,S_{\mathrm{QED}}}\,\mathrm{i}\left\{\frac{\delta^R S_{\mathrm{QED}}}{\delta\psi_{\mathbf{B}}(z)}\,\psi_{\mathbf{B}}(w) - \overline{\psi}_{\mathbf{B}}(w)\,\frac{\delta^L S_{\mathrm{QED}}}{\delta\overline{\psi}_{\mathbf{B}}(z)}\right\} O \\
&= \lim_{w\to z}\sum_\sigma \left\{-\frac{\delta^R}{\delta\psi_{\mathbf{B},\sigma}(z)}\left(e^{\mathrm{i}\,S_{\mathrm{QED}}}\,\psi_{\mathbf{B},\sigma}(w)\,O\right)\right. \\
&\qquad\qquad + e^{\mathrm{i}\,S_{\mathrm{QED}}}\,\delta_{\sigma\sigma}\,\delta^D(z-w)\,O + e^{\mathrm{i}\,S_{\mathrm{QED}}}\psi_{\mathbf{B},\sigma}(w)\frac{\delta^R O}{\delta\psi_{\mathbf{B},\sigma}(z)} \\
&\qquad\qquad + \frac{\delta^L}{\delta\overline{\psi}_{\mathbf{B},\sigma}(z)}\left(e^{\mathrm{i}\,S_{\mathrm{QED}}}\overline{\psi}_{\mathbf{B},\sigma}(w)\,O\right) \\
&\qquad\qquad \left. - e^{\mathrm{i}\,S_{\mathrm{QED}}}\,\delta_{\sigma\sigma}\,\delta^D(z-w)\,O + e^{\mathrm{i}\,S_{\mathrm{QED}}}\overline{\psi}_{\mathbf{B},\sigma}(w)\,\frac{\delta^L O}{\delta\overline{\psi}_{\mathbf{B},\sigma}(z)}\right\}. \qquad (8.52)
\end{aligned}
$$

デルタ関数を含む項は互いにキャンセルする．汎関数全微分の積分は 0 と定義するから，

$$
\begin{aligned}
\langle(\partial_\mu J^\mu(z))\;O\rangle_{\mathrm{QED}} &= \left\langle\sum_\sigma \psi_{\mathbf{B},\sigma}(z)\frac{\delta^R O}{\delta\psi_{\mathbf{B},\sigma}(z)}\right\rangle_{\mathrm{QED}} \\
&\quad + \left\langle\sum_\sigma \overline{\psi}_{\mathbf{B},\sigma}(z)\,\frac{\delta^L O}{\delta\overline{\psi}_{\mathbf{B},\sigma}(z)}\right\rangle_{\mathrm{QED}}. \qquad (8.53)
\end{aligned}
$$

これが一般のウォード–高橋恒等式であろう．

$Z_e = Z_\psi$ を示すには $O = \psi_{\mathbf{B},\alpha}(x)\,\overline{\psi}_{\mathbf{B},\beta}(y)$ のものに興味がある．このとき式 (8.53) は

$$
\begin{aligned}
\left\langle\psi_{\mathbf{B},\alpha}(x)\;(\partial_\mu J^\mu(z))\;\overline{\psi}_{\mathbf{B},\beta}(y)\right\rangle_{\mathrm{QED}} &= -\,\delta^D(z-x)\,\left\langle\psi_{\mathbf{B},\alpha}(z)\,\overline{\psi}_{\mathbf{B},\beta}(y)\right\rangle_{\mathrm{QED}} \\
&\quad + \delta^D(z-y)\left\langle\psi_{\mathbf{B},\alpha}(x)\,\overline{\psi}_{\mathbf{B},\beta}(z)\right\rangle_{\mathrm{QED}} \qquad (8.54)
\end{aligned}
$$

となる．右辺の運動量空間へのフーリエ変換は以下のようになる：

$$
\begin{aligned}
&\int d^Dx\,e^{\mathrm{i}\,p_F\cdot x}\int d^Dy\,e^{-\mathrm{i}\,p_I\cdot y}\int d^Dz\,e^{-\mathrm{i}\,q\cdot z}\,\delta^D(z-x)\,\left\langle\psi_{\mathbf{B},\alpha}(z)\,\overline{\psi}_{\mathbf{B},\beta}(y)\right\rangle_{\mathrm{QED}} \\
&= (2\pi)^D\;\delta^D(p_F-p_I-q)\,\mathrm{i}\,S_{\mathbf{B}}(p_I)_{\alpha\beta}\,, \\
&\int d^Dx\,e^{\mathrm{i}\,p_F\cdot x}\int d^Dy\,e^{-\mathrm{i}\,p_I\cdot y}\int d^Dz\,e^{-\mathrm{i}\,q\cdot z}\,\delta^D(z-y)\left\langle\psi_{\mathbf{B},\alpha}(x)\,\overline{\psi}_{\mathbf{B},\beta}(z)\right\rangle_{\mathrm{QED}} \\
&= (2\pi)^D\;\delta^D(p_F-p_I-q)\,\mathrm{i}\,S_{\mathbf{B}}(p_F)_{\alpha\beta}\,. \qquad (8.55)
\end{aligned}
$$

式 (8.54) の左辺の運動量空間へのフーリエ変換では少し考察すべき点がある：

1. 式 (8.54) でカレントの 4 次元発散をとる前の $\left\langle\psi_{\mathbf{B},\alpha}(x)\,J^\mu(z)\,\overline{\psi}_{\mathbf{B},\beta}(y)\right\rangle_{\mathrm{QED}}$ は，関連するすべての連結ファインマン図の寄与の総和である．
2. 2 点関数 $\langle J^\mu(x)\,J^\nu(0)\rangle_{\mathrm{QED}}$ でも見たように，カレント $J^\mu(z)$ を含む部分ファインマン図が $e^2\,\Pi^\mu_{f,\lambda}(q)\,G^\lambda_{0,\nu}(q) = e^2\,\Pi^\mu{}_\lambda(q)\,G^\lambda{}_\nu(q)$ に対応していて，$\psi_{\mathbf{B},\alpha}(x)$，$\overline{\psi}_{\mathbf{B},\beta}(y)$ を含む部分図へと結びつくもの（図 8.2）も含まれている．
3. しかし，そのような寄与の総和は $\partial_\mu\left\langle\psi_{\mathbf{B},\alpha}(x)\,J^\mu(z)\,\overline{\psi}_{\mathbf{B},\beta}(y)\right\rangle_{\mathrm{QED}}$ ではウォード–高橋恒等式 (8.16) により消える．
4. ゆえに，カレント $J^\mu(z)$ が 1PI ファインマン図の頂点に位置するものだけが式 (8.54) の左辺に実質的に寄与する．

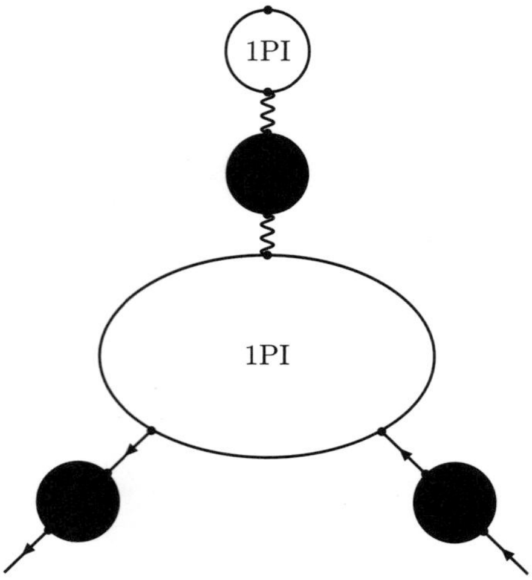

図 8.2 $\left\langle \psi_{\mathbf{B},\alpha}(x)\, J^{\mu}(z)\, \overline{\psi}_{\mathbf{B},\beta}(y) \right\rangle_{\mathrm{QED}}$ へ寄与するものうち，$\langle J^{\mu}(z)\, J^{\nu}(w)\rangle_{\mathrm{QED}}$ を含むもの．白色の部分は 1PI 関数に対応する．黒色は全伝搬関数を表す．このような寄与は $\partial_{\mu} \left\langle \psi_{\mathbf{B},\alpha}(x)\, J^{\mu}(z)\, \overline{\psi}_{\mathbf{B},\beta}(y) \right\rangle_{\mathrm{QED}}$ では 0 となる．

以上の考察から，式 (8.53) の左辺の量は，1PI ファインマン図すべてからの寄与を表す関数 $\left\langle \psi_{\mathbf{B},\sigma}(w)\, J^{\mu}(z)\, \overline{\psi}_{\mathbf{B},\kappa}(v) \right\rangle_{\mathrm{QED}}^{\mathrm{1PI}}$ を用いて

$$
\begin{aligned}
&\int d^D x\, e^{\mathrm{i}\, p_F \cdot x} \int d^D y\, e^{-\mathrm{i}\, p_I \cdot y} \int d^D z\, e^{-\mathrm{i}\, q \cdot z}\, \partial_{\mu} \left\langle \psi_{\mathbf{B},\alpha}(x)\, J^{\mu}(z)\, \overline{\psi}_{\mathbf{B},\beta}(y) \right\rangle_{\mathrm{QED}} \\
&= \int d^D x\, e^{\mathrm{i}\, p_F \cdot x} \int d^D y\, e^{-\mathrm{i}\, p_I \cdot y} \int d^D z\, e^{-\mathrm{i}\, q \cdot z} \\
&\quad \times \int d^D w \sum_{\sigma} \int d^D v \sum_{\kappa} \left\langle \psi_{\mathbf{B},\alpha}(x)\, \overline{\psi}_{\mathbf{B},\sigma}(w) \right\rangle_{\mathrm{QED}} \\
&\quad \times \partial_{\mu} \left\langle \psi_{\mathbf{B},\sigma}(w)\, J^{\mu}(z)\, \overline{\psi}_{\mathbf{B},\kappa}(v) \right\rangle_{\mathrm{QED}}^{\mathrm{1PI}} \left\langle \psi_{\mathbf{B},\kappa}(v)\, \overline{\psi}_{\mathbf{B},\beta}(y) \right\rangle_{\mathrm{QED}} \\
&= \sum_{\kappa,\sigma} \mathrm{i}\, S(p_F)_{\mathbf{B},\alpha\sigma} \int d^D w\, e^{\mathrm{i}\, p_F \cdot w} \int d^D v\, e^{-\mathrm{i}\, p_I \cdot v} \int d^D z\, e^{-\mathrm{i}\, q \cdot z} \\
&\qquad \times \partial_{\mu} \left\langle \psi_{\mathbf{B},\sigma}(w)\, J^{\mu}(z)\, \overline{\psi}_{\mathbf{B},\kappa}(v) \right\rangle_{\mathrm{QED}}^{\mathrm{1PI}} \times \mathrm{i}\, S(p_I)_{\mathbf{B},\kappa\beta}
\end{aligned}
\tag{8.56}
$$

と書くことができる．関数 $\Gamma^{\mu}_{\mathbf{B}}(p_F\,,\, p_I)$ を

$$
\begin{aligned}
&\int d^D x\, e^{\mathrm{i}\, p_F \cdot x} \int d^D y\, e^{-\mathrm{i}\, p_I \cdot y} \int d^D z\, e^{-\mathrm{i}\, q \cdot z} \left\langle \psi_{\mathbf{B},\alpha}(x)\, J^{\mu}(z)\, \overline{\psi}_{\mathbf{B},\beta}(y) \right\rangle_{\mathrm{QED}}^{\mathrm{1PI}} \\
&= (2\pi)^D\, \delta^D(p_F - q - p_I)\, \Gamma^{\mu}_{\mathbf{B}}(p_F\,,\, p_I)_{\alpha\beta}
\end{aligned}
\tag{8.57}
$$

で定義すれば，

$$
\begin{aligned}
&\int d^D x\, e^{\mathrm{i}\, p_F \cdot x} \int d^D y\, e^{-\mathrm{i}\, p_I \cdot y} \int d^D z\, e^{-\mathrm{i}\, q \cdot z}\, \partial_{\mu} \left\langle \psi_{\mathbf{B},\alpha}(x)\, J^{\mu}(z)\, \overline{\psi}_{\mathbf{B},\beta}(y) \right\rangle_{\mathrm{QED}} \\
&= (2\pi)^D\, \delta^D(p_F - q - p_I)\, (\mathrm{i}\, q_{\mu})\, \left(\mathrm{i}\, S_{\mathbf{B}}(p_F)\, \Gamma^{\mu}_{\mathbf{B}}(p_F\,,\, p_I)\, \mathrm{i}\, S_{\mathbf{B}}(p_I)\right)_{\alpha\beta}
\end{aligned}
\tag{8.58}
$$

が分かる．これと式 (8.55) をウォード–高橋恒等式 (8.54) に代入すると，

$$q_\mu \Gamma^\mu_{\mathbf{B}}(p_F, p_I) = S_{\mathbf{B}}(p_F)^{-1} - S_{\mathbf{B}}(p_I)^{-1} \tag{8.59}$$

を得る．摂動 0 次でこの関係が満たされることは明らかである．$\Gamma^\mu_{\mathbf{B}}(p_F, p_I)$ の摂動の 2 次以降の寄与を $\Lambda^\mu_{\mathbf{B}}(p_F, p_I)$ と表し

$$\Gamma^\mu_{\mathbf{B}}(p_F, p_I) = \gamma^\mu + \Lambda^\mu_{\mathbf{B}}(p_F, p_I) \tag{8.60}$$

とする．式 (8.32) により $S_{\mathbf{B}}(p)^{-1}$ を $\Sigma_{\mathbf{B}}(p)$ で表すと，$\Lambda^\mu_{\mathbf{B}}(p_F, p_I)$ に関する恒等式を得る：

$$q_\mu \Lambda^\mu_{\mathbf{B}}(p_F, p_I) = -\Sigma_{\mathbf{B}}(p_F) + \Sigma_{\mathbf{B}}(p_I). \tag{8.61}$$

本書では相殺項を用いた摂動的繰り込みを紹介している都合上，裸の 1 粒子既約な関数と繰り込まれた関数との対応が明瞭でない．ここでは 1 粒子既約な頂点関数の生成汎関数（有効作用）の QED 相互作用部分のみに着目することで，その対応を調べる．$\psi(x)$，$\overline{\psi}(x)$，$A_\mu(x)$ を繰り込んだ後の有効作用の変数とし，繰り込み前の変数には $\mathbf{B}$ の添字で区別する．$\Gamma^\mu_{\mathbf{B}}(p_F, p_I)$ の座標空間での量を $\widetilde{\Gamma}^\mu_{\mathbf{B},\alpha\beta}(x_F, x_I, z) := \left\langle \psi_{\mathbf{B},\alpha}(x_F)\, J^\mu(z)\, \overline{\psi}_{\mathbf{B},\beta}(x_I)\right\rangle^{\mathrm{1PI}}_{\mathrm{QED}}$ とすると，有効作用における QED 相互作用部分は

$$\begin{aligned}
&\int d^D x_F \int d^D x_I \int d^D z\, e_{\mathbf{B}}\, \overline{\psi}_{\mathbf{B}}(x_F) \widetilde{\Gamma}^\mu_{\mathbf{B}}(x_F, x_I, z)\, \psi_{\mathbf{B}}(x_I)\, A_{\mathbf{B},\mu}(z) \\
&= \int d^D x_F \int d^D x_I \int d^D z\, e\, \mu^\varepsilon \left(Z_\psi^{-\frac{1}{2}}\, \overline{\psi}_{\mathbf{B}}(x_F)\right) \\
&\qquad\qquad \times Z_3\, \widetilde{\Gamma}^\mu_{\mathbf{B}}(x_F, x_I, z) \left(Z_\psi^{-\frac{1}{2}}\, \psi_{\mathbf{B}}(x_I)\right) \left(Z_A^{-\frac{1}{2}}\, A_{\mathbf{B},\mu}(z)\right) \\
&= \int d^D x_F \int d^D x_I \int d^D z\, e\, \mu^\varepsilon\, \overline{\psi}(x_F) \left(Z_e\, \widetilde{\Gamma}^\mu_{\mathbf{B}}(x_F, x_I, z)\right) \psi(x_I)\, A_\mu(z)
\end{aligned} \tag{8.62}$$

となっている．ここで第 1 の等式では裸の電荷素量と繰り込まれたものとの間の関係 (8.44) を，また，最後の等式では裸の場と繰り込まれた場の間の関係として経路積分の変数と同じものを用いた．よって，$Z_e\, \widetilde{\Gamma}^\mu_{\mathbf{B}}(x_F, x_I, z)$ が繰り込まれた関数に相当する．

$(p_I + q)^2 = p_F^2 = m^2$, $p_I = (m, \mathbf{0})$ とすると，$2q^0 m = -q^2 = -(q^0)^2 + |\boldsymbol{q}|^2$．よって，$q^0 > 0$ に対して $|\boldsymbol{q}| = \sqrt{2\, q^0 m + (q^0)^2}$ とすれば，p_F と p_I を質量殻上に置いたまま，空間的ベクトル q で $q \to 0$ の極限をとることができる．質量殻上の繰り込みにおいて 3 点 1PI 関数に課される条件は

$$\lim_{q \to 0} \left(Z_e\, \Gamma^\mu_{\mathbf{B}}(p_F = p_I + q, p_I)\big|_{p_F^2 = m^2 = p_I^2} \right) = \gamma^\mu \tag{8.63}$$

である．裸の伝搬関数は質量殻近傍で式 (8.37) であったから，式 (8.63) より式 (8.59) の両辺に Z_e をかけたものが有限となる：

$$\not{q} = \frac{Z_e}{Z_\psi} \not{q} \quad (q^0 \to 0). \tag{8.64}$$

よって，質量殻上の繰り込み条件では $Z_e = Z_\psi$ である．これと式 (8.44) から結合定数の繰り込み因子はゲージ場の繰り込み定数 Z_A で与えられる：

$$e_{\mathbf{B}} = Z_A^{-\frac{1}{2}}\, e. \tag{8.65}$$

Z_e も物質場 ψ の属性（ψ の電荷 Q_ψ と，一般の繰り込み条件では，質量）に依存している．Z_e と Z_ψ が消えたこの式は，電荷素量の繰り込みが様々な電荷の値を持つ場らに共有されていることを意味する．

8.5 クェンチ QED のパウリ–ヴィラス正則化

クェンチ QED と呼ばれるフェルミオン・ループを一切含まない系はパウリ–ヴィラス場を導入することで系統的な正則化されることを示す*5)．クェンチ QED を考える理由は，摂動計算で実質新しい繰り込みを要するのがクェンチ QED のファインマン図からの寄与だからである．また，11.1 節で確認するように，仮想光子の内線に質量を持ったフェルミオン・ループを挿入すると赤外発散は緩和される．よって，各摂動での新しい赤外発散の構造もクェンチ QED のファインマン図に由来する．フェルミオン・ループがないので光子の場の再規格化は必要なく，したがって，結合定数の繰り込みもない．

ゲージ場とは逆符号の運動項などを持つパウリ–ヴィラス場 $B_\mu(x)$ を

$$S_{\mathrm{PV}}[B] = \int d^4x \left(\frac{1}{4} \left(\partial_\mu B_\nu(x) - \partial_\nu B_\mu(x)\right) \left(\partial^\mu B^\nu(x) - \partial^\nu B^\mu(x)\right) - \frac{1}{2\,\alpha} \left(\partial_\mu B^\mu(x)\right)^2 + \frac{\Lambda^2}{2} B_\mu(x)\, B^\mu(x) \right) \tag{8.66}$$

として導入する．$B_\mu(x)$ とディラック場との相互作用は式 (8.48) の S_{pert} による $S_{\mathrm{pert}}[\psi,\, \overline{\psi},\, B]$ と，対応する相殺項で与えられる．ゲージ $A_\mu(x)$ とは異なり $B_\mu(x)$ はゲージ変換の下で変換しないから，パウリ–ヴィラス場の質量項はゲージ対称性を破らない*6)．パウリ–ヴィラス場の伝搬関数 $(-\mathrm{i})H_{\mu\nu}(q)$ は（以下 $+\mathrm{i}\varepsilon$ を略す）

$$(-\mathrm{i})H_{\mu\nu}(q) = (-\mathrm{i})\, \frac{-1}{q^2 - \Lambda^2} \left\{ \eta_{\mu\nu} - (1-\alpha)\, \frac{q_\mu q_\nu}{q^2 - \alpha\Lambda^2} \right\} \tag{8.67}$$

である．光子の内線をパウリ–ヴィラス場の粒子の内線で置き換えたものが必ず生成されるから，すべての内線に以下の伝搬関数の組合せを割り当てればよい：

$$\begin{aligned}
&(-\mathrm{i})G_{0\,,\,\mu\nu}(q) + (-\mathrm{i})H_{\mu\nu}(q) \\
&= (-\mathrm{i}) \left\{ \frac{-\Lambda^2}{q^2\,(q^2-\Lambda^2)}\, \eta_{\mu\nu} + (1-\alpha)\, \frac{q_\mu q_\nu}{q^2}\, \frac{\Lambda^2 \left\{(1+\alpha)q^2 - \alpha\Lambda^2\right\}}{q^2\,(q^2-\Lambda^2)\,(q^2-\alpha\Lambda^2)} \right\}.
\end{aligned} \tag{8.68}$$

$q^2 \to \infty$ での振舞いがこの組合せでは $\dfrac{1}{q^4}$ となることで正則化が果たされている．

---

*5) この節の内容は筆者が昔考えたものであるが，ノートを紛失したためその動機が分からない．

*6) それに比べて，赤外発散の正則化を $A_\mu(x)$ の質量項により行う場合にはゲージ対称性が破れる．BRS 変換のべき零性の破れの制御は文献 [19] で分析されている．

第 9 章

パラメトリック積分表示

グラフ理論を用いて高次摂動計算に有用な表式を導く．また，一つの自己エネルギー型ファインマン図にウォード–高橋関係式を介して関連する 3 点 1PI ファインマン図のファインマン・パラメータ空間上の被積分関数は，同一の鎖トポロジーと呼ばれる構造を共有する点を確認する．この事実をもとにレプトンの異常磁気能率の解析を効率化する手法について議論する．

9.1 グラフ

グラフ $\mathcal{G}$ は**頂点**と**辺**からなり，各辺がどの頂点を端に持つのかという内容のみで特徴付けされる対象である．$\mathcal{G}$ の頂点全体の集合を $\mathrm{V}(\mathcal{G})$，辺全体の集合を $\mathrm{E}(\mathcal{G})$ とするとき，**接続関係**と呼ばれる二つの写像 $\partial^{\pm} : \mathrm{E}(\mathcal{G}) \to \mathrm{V}(\mathcal{G})$ によって，辺と頂点の関連を記述する．各辺 $e \in \mathrm{E}(\mathcal{G})$ に対して $v_+ := \partial^+(e)$ を e の**始点**といい，$v_- := \partial^-(e)$ を e の**終点**という．ここでは，**有向グラフ**のみを扱い，e は頂点 v_+ から始まり頂点 v_- で終わる辺を表す．始点または終点のいずれかを問わずに参照する際には**端点**という．また，e は v_+（v_-）に**接続する**，という．$E := \mathrm{E}(\mathcal{G})$ および $V := \mathrm{V}(\mathcal{G})$ とすると，グラフ $\mathcal{G}$ とは，$\mathcal{G} = (V\,, E\,, \partial^+\,, \partial^-)$ のことである[3]．

定義 9.1　グラフ $\mathcal{H}$ が以下の三つが満たすとき，$\mathcal{H}$ はグラフ $\mathcal{G}$ の**部分グラフ**という：

1. $\mathrm{V}(\mathcal{H}) \subseteq \mathrm{V}(\mathcal{G})$.
2. $\mathrm{E}(\mathcal{H}) \subseteq \mathrm{E}(\mathcal{G})$.
3. $\mathcal{H}$ の接続関係 $\partial^{\pm}_{\mathcal{H}}$ が $\mathcal{G}$ の接続関係 $\partial^{\pm}_{\mathcal{G}}$ の $\mathrm{E}(\mathcal{H})$ への制限で与えられる：

$$\partial^{\pm}_{\mathcal{H}} = \partial^{\pm}_{\mathcal{G}}\big|_{\mathrm{E}(\mathcal{H})}\,. \tag{9.1}$$

グラフ $\mathcal{G}$ から辺や点を除いて得られるグラフを考えることが，場の量子論で重要となる．

定義 9.2　$\mathcal{G} = (V\,, E\,, \partial^+\,, \partial^-)$ の辺 $e \in E$ に対して E の部分集合 $E_{\check{e}} \equiv E - \{e\}$ を考える．グラフ $\mathcal{G} - \{e\} := \left(V\,, E_{\check{e}}\,, \partial^+|_{E_{\check{e}}}\,, \partial^-|_{E_{\check{e}}}\right)$ のことを，辺 e を**除去**して得られるグラフという．辺の部分集合 $I \subseteq E$ に対して I に含まれるすべての辺を除去して得られるグラフを，I を除去して得られるグラフといい，$(\mathcal{G} - I)$ と表す．

定義 9.3 $\mathcal{G}=(V\,,E\,,\partial^+\,,\partial^-)$ の異なる二つの頂点 $v_1\,,v_2\in V$ に着目し，V に含まれない $u\notin V$ を用意する．頂点の集合として

$$V_u := V-\{v_1\,,v_2\}+\{u\} \tag{9.2}$$

を用意する．また，写像 $\varphi: V\to V_u$ を

$$\varphi(v)=\begin{cases} v & \text{もし}\ v\in(\mathrm{V}(\mathcal{G})-\{v_1\,,v_2\})\ \text{のとき,}\\ u & \text{もし}\ v\in\{v_1\,,v_2\}\ \text{のとき}\end{cases} \tag{9.3}$$

とするとき，新たなグラフ

$$\mathcal{G}^{(v_1v_2)}=\left\{V_u\,,E\,,\varphi\circ\partial^+\,,\varphi\circ\partial^-\right\}=\mathcal{G}^{(v_2v_1)} \tag{9.4}$$

が得られる．これを v_1 と v_2 を**同一視**して得られるグラフという．

定義 9.4 $\mathcal{G}=(V\,,E\,,\partial^+\,,\partial^-)$ の辺 $e\in E$ に着目し，V に含まれない頂点 $u\notin V$ を用意する．e の両端点 $\partial^+(e)\,,\partial^-(e)$（$\partial^+(e)=\partial^-(e)$ かもしれない）を取り除き，u を追加した頂点の集合

$$V_u := V-\left\{\partial^+(e)\,,\partial^-(e)\right\}+\{u\} \tag{9.5}$$

と，次のような写像 $\chi: V\to V_u$：

$$\chi(v)=\begin{cases} v & \text{もし}\ v\in(V-\{\partial^+(e)\,,\partial^+(e)\})\ \text{のとき,}\\ u & \text{もし}\ v\in\{\partial^+(e)\,,\partial^-(e)\}\ \text{のとき}\end{cases} \tag{9.6}$$

を用いて得られるグラフ

$$\mathcal{G}/e := \left\{V_u\,,E-\{e\}\,,\chi\circ\partial^+\big|_{(E-\{e\})}\,,\chi\circ\partial^+\big|_{(E-\{e\})}\right\} \tag{9.7}$$

を，$\mathcal{G}$ の辺 e を**縮約**または**短絡除去**して得られるグラフという．e を縮約して得られるグラフは，$\partial^+(e)$ と $\partial^-(e)$ を同一視して得られるグラフから e を除去して得られる：

$$\mathcal{G}/e=\mathcal{G}^{\left(\partial^+(e)\,\partial^-(e)\right)}-\{e\}\ . \tag{9.8}$$

$\mathcal{G}$ の辺の部分集合 I に含まれるすべての辺を縮約して得られるグラフを，**縮約グラフ**または**還元グラフ**といい，$\mathcal{G}/I$ と示す．

頂点の個数などを表す記号を導入する：

- $\mathcal{G}$ 内の頂点の個数を $n_v(\mathcal{G})$ と示す．
- $\mathcal{G}$ 内の辺の個数を $n_e(\mathcal{G})$ と示す．
- $\mathcal{G}$ の辺の集合 $\mathrm{E}(\mathcal{G})$ の部分集合 I に対し，I に含まれる辺の個数を $n(I)$ と示す．

9.2 連結性と連結成分

頂点の視点からグラフの様相を明らかにする上で有用な幾つかの言葉を導入する：

- 頂点 $v\in\mathrm{V}(\mathcal{G})$ に接続するすべての辺の部分集合

$$S_v := \{e \in \mathrm{E}(\mathcal{G}) \mid \partial^+(e) = v \text{ または } \partial^-(e) = v\} \tag{9.9}$$

を v の**星**という．

- S_v は $\partial^+(e) = v = \partial^-(e)$ という**輪** e を含むかもしれない．頂点 v に接続するすべての輪の集合を $L_v \subseteq S_v$ と表す．
- 辺の部分集合 $I \subseteq \mathrm{E}(\mathcal{G})$ に対して，頂点 $v \in \mathrm{V}(\mathcal{G})$ の I に関する**相対次数** $d(v, I)$ を

$$d(v, I) := n(S_v \cap I) + n(L_v \cap I) = n((S_v - L_v) \cap I) + 2\,n(L_v \cap I) \tag{9.10}$$

で与える．これは $\mathcal{G}$ 内の辺が v に接続する回数に相当する．I 内のどの辺もちょうど二つの端点を持つから以下の式が成り立つ：

$$\sum_{v \in \mathrm{V}(\mathcal{G})} d(v, I) = 2\,n(I)\,. \tag{9.11}$$

- 辺の部分集合 $I \subseteq \mathrm{E}(\mathcal{G})$ が頂点 $v \in \mathrm{V}(\mathcal{G})$ に対して $I \cap S_v \neq \emptyset$（辺 $e \in I$ で v を端点に持つものが存在する）を満たすとき，I は v を**通過する**，という．I が v を通過するならば，$\mathrm{E}(\mathcal{H}) = I$ であるような部分グラフ $\mathcal{H}$ は v を頂点として含む：$v \in \mathrm{V}(\mathcal{H})$．
- 二つの異なる頂点 $v_1, v_2 \in \mathrm{V}(\mathcal{G})$ に対して $S_{v_1} \cap S_{v_2} \neq \emptyset$ が成り立つとき，v_1 と v_2 は**隣接する**という．
- 同一かもしれない二つの頂点 $v_1, v_2 \in \mathrm{V}(\mathcal{G})$ に対して頂点の列 $v_{(0)} := v_1, v_{(1)}, \ldots, v_{(n)} := v_2$ で，$v_{(j)}$ が $v_{(j+1)}$ に隣接する（$j = 0, \ldots, n-1$）ものが存在するならば，頂点 v_1 と v_2 は互いに**連結**である，という．

頂点の連結性は一つの同値関係である：

- すべての $v \in \mathrm{V}(\mathcal{G})$ は自分自身と連結である．
- $v_1 \in \mathrm{V}(\mathcal{G})$ と $v_2 \in \mathrm{V}(\mathcal{G})$ が連結ならば，v_2 と v_1 は連結である．
- v_1 と v_2 が連結で，v_2 と $v_3 \in \mathrm{V}(\mathcal{G})$ が連結ならば，v_1 と v_3 は連結である．

よって，頂点全体の集合 $\mathrm{V}(\mathcal{G})$ はこの同値関係の同値類 V_s に分類される：

$$\mathrm{V}(\mathcal{G}) = \bigcup_{s=1}^{M} V_s\,, \quad V_{s_1} \cap V_{s_2} = \emptyset \quad (s_1 \neq s_2)\,. \tag{9.12}$$

また，異なる同値類に属する二つの頂点 $v_1, v_2 \in \mathrm{V}(\mathcal{G})$ に接続する辺はない．そのような辺 e があれば，$e \in S_{v_1} \cap S_{v_2} \neq \emptyset$，つまり v_1 と v_2 は隣接しており，v_1 と v_2 が連結でないことに矛盾するからである．これから

$$E_s := \{e \in \mathrm{E}(\mathcal{G}) \mid \partial^+(e), \partial^-(e) \in V_s\} \tag{9.13}$$

とすると，

$$\mathrm{E}(\mathcal{G}) = \bigcup_{s=1}^{M} E_s\,, \quad E_{s_1} \cap E_{s_2} = \emptyset \quad (s_1 \neq s_2) \tag{9.14}$$

となる．以上の準備の下でグラフの連結性を定義しよう：

定義 9.5 グラフ $\mathcal{G} = (V, E, \partial^+, \partial^-)$ の部分グラフ $\mathcal{G}_s := \left(V_s, E_s, \partial^+|_{E_s}, \partial^-|_{E_s}\right)$ を $\mathcal{G}$ の**連結成分**といい，唯一つの連結成分しか持たないグラフを**連結グラフ**という．ま

た，辺の部分集合 $I \subseteq \mathrm{E}(\mathcal{G})$ に対して，$I = \mathrm{E}(\mathcal{H})$ となるような連結な部分グラフ $\mathcal{H}$ が存在するとき，I は連結である，という．

辺 $e \in \mathrm{E}(\mathcal{G})$ を除去した際に $(\mathcal{G} - \{e\})$ の連結成分の個数が $\mathcal{G}$ の連結成分の個数よりも 1 だけ多くなるとき，e を**断絶辺**または**橋**という．断絶辺を含むファインマン図は 1 粒子可約である．

9.3 道とループ

定義 9.6 異なる頂点 v_1 と v_2 を通過する連結な辺の極小部分集合 $P \subseteq \mathrm{E}(\mathcal{G})$ を v_1 と v_2 を通過する**道**といい，v_1 と v_2 を道 P の端点という．

極小性から道は自分自身と交わらず，したがって，後に定義されるループを一切含まない．$v_1 \neq v_2$ を通過する道が存在するには，v_1 と v_2 は同じ連結成分に含まれなければならない．逆に次が成り立つ：

定理 9.1 異なる二つの頂点 $v_1\,,\, v_2$ が連結ならば，v_1 と v_2 を通る道が存在する．

証明 連結性の定義より頂点の列 $v_{(0)} := v_1\,,\, v_{(1)}\,,\, \ldots\,,\, v_{(n)} := v_2$ で $v_{(j)}$ が $v_{(j+1)}$ に隣接する（$j = 0, \ldots, n-1$）ものが存在する．$\{v_{(j)}\}_{j=0,\ldots,n}$ の中で同じものがある場合には一つだけ残せばよいから，すべての $v_{(j)}$ は互いに異なるとしてよい．$e_{(j)} \in S_{v_{(j-1)}} \cap S_{v_{(j)}} \neq \emptyset$（$j = 1, \ldots, n$）を一つだけ選び，辺の集合 $P := \{e_{(1)}\,,\, \ldots\,,\, e_{(n)}\}$ を構成すると，P は連結で v_1 と v_2 を通過する．$P \cap S_{v_{(j-1)}} \cap S_{v_{(j)}}$ に含まれるものは $e_{(j)}$ だけだから，$e_{(j)}$ を除いた辺の集合 $\bigl(P - \{e_{(j)}\}\bigr)$ は連結でない．P は連結な辺の部分集合としての極小性も満たすから，v_1 と v_2 の間の道である． □

v_1 と v_2 の間の道の全体を $\boldsymbol{P}_{\mathcal{G}}(v_1 v_2)$ と示す．定理 9.1 より，v_1 と v_2 が連結であることと $\boldsymbol{P}_{\mathcal{G}}(v_1 v_2) \neq \emptyset$ とは等価である．なお，$\boldsymbol{P}_{\mathcal{G}}(vv) = \emptyset$ と定義する．

道の定義 9.6 は以下のものと等価である：辺の連結な部分集合 P で，$d(v_1\,,\, P) = 1 = d(v_2\,,\, P)$ および，他の頂点 $v \in \mathrm{V}(\mathcal{G})$ に関しては $d(v\,,\, P) = 0$ または 2 を満たすものである．

定義 9.7 空でない連結な辺の部分集合 $L \subseteq \mathrm{E}(\mathcal{G})$ がすべての頂点 $v \in \mathrm{V}(\mathcal{G})$ に関して $d(v\,,\, L) = 0$ または 2 である場合，L を**ループ**または**タイセット**という．

$d(v\,,\, L) < 3$ より L は自分自身とは交わらない．ループは，$e_{(j)}$ と $e_{(j+1)}$ が端点を共有し（$j = 1, \ldots, n-1$），$e_{(n)}$ と $e_{(1)}$ が端点を共有するような辺の列 $e_{(1)}\,,\, \ldots\,,\, e_{(n)}$ で表すことができる．$e_{(j)}$ の中に同じものがあると $d(v, L) > 3$ となるから，すべての $e_{(j)}$ は異なる．どの $e_{(j)} \in L$ を除いても L は連結でなくなる．したがって，ループはすべての頂点 $v \in \mathrm{V}(\mathcal{G})$ に関して $d(v\,,\, L)$ が偶数で，かつ，連結な辺の極小部分集合である．

なお，輪はループである．$\mathcal{G}$ 内のすべてのループの集合を $\boldsymbol{L}_{\mathcal{G}}$ と示す．

命題 9.1 ループは断絶辺を含まない．

証明 ループ L が断絶辺 e を含むと仮定して矛盾を導く．e の異なる両端を $v_1\,,\, v_2$ とするとき，$P := L - \{e\}$ は v_1 と v_2 を通過する道である．よって，v_1 と v_2 は $(\mathcal{G} - \{e\})$ 内で連結だから e が断絶辺であることに矛盾する．ゆえに，ループは断絶辺を含まない． □

命題 9.2　空でない辺の部分集合 $I \subseteq \mathrm{E}(\mathcal{G})$ が，すべての頂点 $v \in \mathrm{V}(\mathcal{G})$ に関して $d(v\,,\,I) \neq 1$ ならば，I はループを含む．

証明　I に含まれる連結な辺の極小部分集合 $I' \neq \emptyset$ を考えると，すべての頂点 $v \in \mathrm{V}(\mathcal{G})$ に対して $d(v\,,\,I') = 0$ または 2 であるから，I' はループである． □

命題 9.3　空でない辺の部分集合 $I \subseteq \mathrm{E}(\mathcal{G})$ は，すべての頂点 $v \in \mathrm{V}(\mathcal{G})$ に対して $d(v\,,\,I)$ が偶数であるとき，互いに素なループの合併である．

証明　命題 9.2 より I はループ L_1 を含む．$I = L_1$ ならば命題が成り立つ．そうでない場合，すべての頂点 v に対して $d(v\,,\,I - L_1)$ は偶数である．なぜなら，$d(v\,,\,L_1) = 2$ である v に関しては $d(v\,,\,I - L_1)$ は $d(v\,,\,I)$ より 2 だけ小さい偶数となり，それ以外に関しては $d(v\,,\,I - L_1) = d(v\,,\,I)$ だから．よって，命題 9.2 より $I_2 := (I - L_1)$ に含まれるループ L_2 が存在する．$L_2 = I_2$ ならば，命題が成り立つ．そうでない場合．すべての頂点 v に対して $d(v\,,\,I_2 - L_2)$ は偶数である．$n(I)$ が有限であるから，有限の n で $I_n = L_n$ となる．構成から $L_j \cap L_k = \emptyset$（$j \neq k$）で $I = \bigcup_{j=1}^{n} L_j$ となることが分かる． □

命題 9.4　二つの異なる頂点 $v_1\,,\,v_2 \in \mathrm{V}(\mathcal{G})$ の間の道 $P_1\,,\,P_2 \in \boldsymbol{P}_{\mathcal{G}}(v_1 v_2)$ に関する対称差 $P_1 \oplus P_2 = P_1 \cup P_2 - P_1 \cap P_2$ は互いに素なループの合併である．

証明　$P_1\,,\,P_2$ 共に $v_1\,,\,v_2$ では $d(v_1\,,\,P_1) = 1 = d(v_1\,,\,P_2)$ および $d(v_2\,,\,P_1) = 1 = d(v_2\,,\,P_2)$ であった．例えば，v_1 に接続する P_1 の辺と P_2 の辺が等しい場合には $d(v_1\,,\,P_1 \oplus P_2) = 0$ となり，等しくない場合には $d(v_1\,,\,P_1 \oplus P_2) = 2$ となる．よって，すべての $v \in \mathrm{V}(\mathcal{G})$ に関して $d(v\,,\,P_1 \oplus P_2)$ は偶数である．命題 9.3 から $P_1 \oplus P_2$ は互いに素なループの合併である． □

命題 9.5　辺の部分集合 I による縮約の操作でループの個数が増えることはない．特に $I = \{e\}$ で e が輪でない場合には縮約の前後でループの個数は変わらず，したがって，後述の定義 9.13 で導入されるループ階数は不変である：

$$n_L(\mathcal{G}/e) = n_L(\mathcal{G}) \quad \Big(e \notin \bigcup_{v \in \mathrm{V}(\mathcal{G})} L_v\Big)\,. \tag{9.15}$$

証明　I に関する縮約は，I に含まれるすべての辺の縮約の操作の列であるから，一辺 e の縮約でループが新たに生成されなければ，I の縮約でも生成されない．辺 e の縮約は，e の両端 $v_1\,,\,v_2$ の同一視と，その後の e の除去の操作からなる．$v_1 = v_2$ の場合には e はすでに輪，$v_1 \neq v_2$ の場合には $u \notin \mathrm{V}(\mathcal{G})$ に置き換えられた際に e は輪になる．後者の場合，ループの個数は同一視の時点で増えるが，その後の e の除去で元に戻る． □

辺の部分集合 I の縮約という操作が関わると想像力と論理的思考の連動が停止する可能性が高い．そのため，I の縮約に関して詳しく見ておく．

一般の I は連結とは限らない．I_α を

$$I_\alpha := I \text{ に含まれる辺で互いに連結なものからなる極大部分集合} \tag{9.16}$$

とすると，I は互いに素な $\{I_\alpha\}$ の合併である：

$$I = \bigcup_{\alpha=1}^{M_I} I_\alpha, \quad I_\alpha \cap I_{\alpha'} = \emptyset \ (\alpha \neq \alpha') . \tag{9.17}$$

I_α の辺に接続する頂点の全体を V_α とする：

$$V_\alpha := \{ v \in \mathrm{V}(\mathcal{G}) \mid S_v \cap I_\alpha \} , \tag{9.18}$$

このとき，$V_\alpha \cap V_\beta = \emptyset$ $(\alpha \neq \beta)$ である．$v \in V_\alpha \cap V_\beta \neq \emptyset$ の存在は $e_\alpha \in S_v \cap I_\alpha$，$e_\beta \in S_v \cap I_\beta$ の存在，したがって，$I_\alpha \cup I_\beta$ は連結であることを意味し，I_α , I_β の極大性に矛盾するからである．$\{I_\alpha\}$ は互いに素だから，I を縮約して得られるグラフ $\mathcal{G}/I$ は，順序によらず，I_α を一つ一つ縮約して得られるものに等しい：

$$\mathcal{G}/I = \mathcal{G}/I_1/\ldots/I_{M_I} . \tag{9.19}$$

I_α の縮約により得られる還元グラフ $\mathcal{G}/I_\alpha$ とは，V_α 内の頂点をすべて $u_\alpha \notin \mathrm{V}(\mathcal{G})$ に置き換え，I_α に含まれる辺をすべて除去したものである：

$$\mathrm{E}(\mathcal{G}/I_\alpha) = \mathrm{E}(\mathcal{G}) - I_\alpha, \quad \mathrm{V}(\mathcal{G}/I_\alpha) = \mathrm{V}(\mathcal{G}) - V_\alpha + \{u_\alpha\} . \tag{9.20}$$

$I_\alpha \subset E_s$ とするとき，$\mathcal{G}_s/I_\alpha$ は連結である．

9.4 森と木

定義 9.8 ループを全く含まない辺の極大部分集合 $F \subseteq \mathrm{E}(\mathcal{G})$ を**森**という．極大ということは，森 F に一つでも辺 $e \notin F$ を追加した辺の集合 $(F + \{e\})$ はループを必ず含むことを意味する．

森の性質を述べておこう．

命題 9.6 森に関して以下のような命題が成り立つ：

1. 輪は森と交わらない．
2. どの森もすべての断絶辺を含む．
3. 森 F に対して，$d(v, F) = 1$ であるような頂点 v が少なくとも一つ存在する．

証明 輪はループの一つで，森はループを一切含まないことから 1 が成り立つ．

2 を示すために，ある断絶辺 e で森 F に含まれないものが存在すると仮定して矛盾を導く．極大性より，F に e を加えた集合 $(F + \{e\})$ は少なくとも一つのループ L を含む：$L \subseteq (F + \{e\})$．L は F には含まれなかったから，L は断絶辺 e を含まざるを得ないが，これは定理 9.1 に矛盾する．よって，すべての断絶辺 e に対して $e \in F$ が成り立つ．

すべての $v \in \mathrm{V}(\mathcal{G})$ に対して $d(v, F) \neq 1$ と仮定すると，命題 9.2 より F はループを含むことになり，F が森であることに矛盾する．よって，3 が成り立つ． □

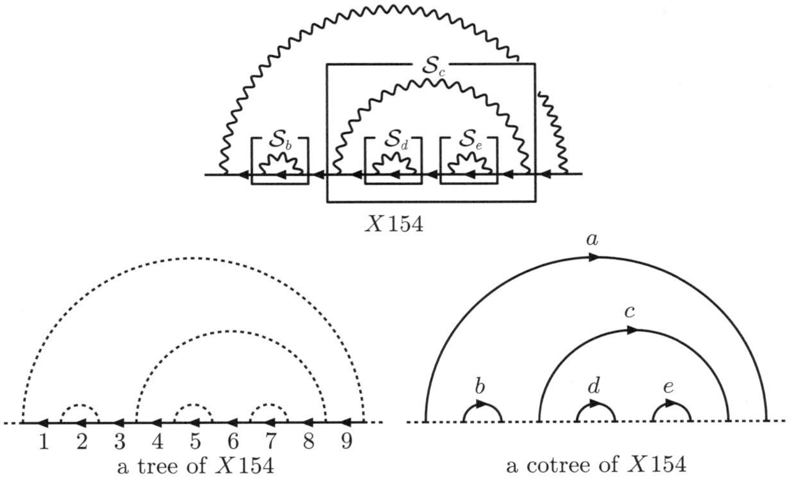

図 9.1　5 ループ・自己エネルギー型ファインマン図の一つ $X154$．下の左はすべてのフェルミオン線からなる $X154$ の一つの木を示す．下の右はその補集合である補木を示す．波線の辺は集合に含まないことを意味する．

定義 9.9　$\mathcal{G}$ を連結グラフとする．

1. $\mathcal{G}$ の森を**木**という．$\mathcal{G}$ の木すべての集合を $\boldsymbol{T}_{\mathcal{G}}$ と示す．図 9.1 の下左に，クェンチ QED における 5 ループ・自己エネルギー型ファインマン図 $X154$（上図）に含まれる木の一つを示す．それはすべてのフェルミオン線からなる．
2. 木 T の補集合 $T^c = \mathrm{E}(\mathcal{G}) - T$ を**補木**という．$\mathcal{G}$ の補木すべての集合を $\boldsymbol{T}^*_{\mathcal{G}}$ と示す．任意のループ L はすべての補木 T^* と交わる：$L \cap T^* \neq \emptyset$．$L \cap T^* = \emptyset$ と仮定すると，$L \subseteq T := (T^*)^c$，つまり木 T がループ L を含むことになり矛盾するためである．さらに，T は L を含まないが，ある辺 $e_L \in L$ に対して $L \subseteq (T + \{e_L\})$，つまり，$(L - \{e_L\}) \subseteq T$，$(L - \{e_L\}) \cap T^* = \emptyset$ となるから，$L \cap T^* = \{e_L\}$ である．図 9.1 の下右はファインマン図 $X154$ の補木 T^* で，下左の木の補集合である．T^* は $X154$ に含まれるすべての光子線からなり，各ループとちょうど一辺を共有する．
3. 木 T の辺 $e \in T$ を抜いた辺の部分集合 $(T - \{e\})$ を **2-木**という．$\mathcal{G}$ 内のすべての 2-木の集合を $\boldsymbol{T}^2_{\mathcal{G}}$ と示す．
4. $\mathcal{G}$ の木 T と $e \notin T$ により $T^0 = T + \{e\}$ となる辺の部分集合 T^0 を**擬木**という．$\mathcal{G}$ のすべての擬木の集合を $\boldsymbol{T}^0_{\mathcal{G}}$ と示す．木の極大性より擬木は $\mathcal{G}$ のループを一つだけ含む．

9.5　様々な結果

命題 9.7　I をグラフ G の辺の部分集合 $I \subseteq \mathrm{E}(\mathcal{G})$ とするとき，以下の命題が成り立つ：

1. もし $(\mathcal{G} - I)$ が連結ならば，$\mathcal{G}$ も連結である．
2. もし辺の部分集合 P が $P \cap I = \emptyset$ ならば，頂点 $v_1, v_2 \in \mathrm{V}(\mathcal{G})$ に対して，$P \in \boldsymbol{P}_{\mathcal{G}}(v_1 v_2) \Leftrightarrow P \in \boldsymbol{P}_{\mathcal{G}-I}(v_1 v_2)$．

3. もし辺の部分集合 L が $L \cap I = \emptyset$ ならば，$L \in \boldsymbol{L}_{\mathcal{G}} \Leftrightarrow L \in \boldsymbol{L}_{\mathcal{G}-I}$.

証明 1は明らかである．2に関しては，$P \cap I = \emptyset$ より，すべての頂点 $v \in \mathrm{V}(\mathcal{G})$ に対する $d(v, P) = n(S_v \cap P)$ が $\mathcal{G}$ 内と $(\mathcal{G} - I)$ 内とで同じだから，2が成り立つ．3についても，$L \cap I = \emptyset$ より，すべての頂点 v に対する $d(v, L)$ は $\mathcal{G}$ 内と $(\mathcal{G} - I)$ 内とで同じだから，3が成り立つ． □

命題 9.8 I をグラフ $\mathcal{G}$ の辺の部分集合 $I \subseteq \mathrm{E}(\mathcal{G})$ とするとき，以下の命題が成り立つ：

1. 二つの頂点 $v_1 \neq v_2$ は $\mathcal{G}/I$ で同一の頂点に置き換えられないとする．$P \in \boldsymbol{P}_{\mathcal{G}}(v_1 v_2)$ が $P \not\subseteq I$ ならば，$P' \in \boldsymbol{P}_{\mathcal{G}/I}(v_1 v_2)$ で $P' \subseteq (P - I)$ を満たすものが存在する．
2. $L \in \boldsymbol{L}_{\mathcal{G}}$ が $L \not\subseteq I$ ならば，$L' \in \boldsymbol{L}_{\mathcal{G}/I}$ で $L' \subseteq (L - I)$ を満たすものが存在する．

証明 P を辺の集合として持ち，$\bigcup_{e \in P} \{\partial^+(e), \partial^-(e)\}$ をその頂点の集合として持つ部分図を $\mathcal{H}_P$ とする．仮定より v_1 と v_2 は $\mathcal{G}/I$ および $\mathcal{H}_P/I$ 内で $u \neq \mathrm{V}(\mathcal{G})$ に置き換えられておらず，$\mathcal{H}_P/I$ の同じ連結成分に含まれるから，定理 9.1 より，$\mathcal{H}_P/I$ 内で v_1 と v_2 を通る道 P' が存在する．$P' \subseteq \mathrm{E}(\mathcal{H}_P/I) = (P - I)$ であるから1が示された．

2を考えるには，式 (9.16) の連結な辺の集合 I_α 毎の縮約の下での振舞いが分かればよい．$I_\alpha^L := L \cap I_\alpha \neq \emptyset$ が連結ならば，L は $\mathcal{G}/I_\alpha$ において I_α^L を失う：$(L - I_\alpha^L) \in \boldsymbol{L}_{\mathcal{G}/I_\alpha}$. $L \cap I_\alpha$ がすべて連結または空集合のとき，$L' := (L - I)$ は $\mathcal{G}/I$ のループである．

$L \cap I_\alpha$ が互いに非連結な二つの連結部分集合 $I_{\alpha,(1)}^L$，$I_{\alpha,(2)}^L$ からなる場合，$I_\alpha = \widehat{I}_{\alpha,(1)} \cup I_{\alpha,(1)}^L \cup \widehat{I}_{\alpha,(2)} \cup I_{\alpha,(2)}^L \cup \widehat{I}_{\alpha,(3)}$（$r = 1, 2, 3$ に対して $\widehat{I}_{\alpha,(r)}$ は互いに非連結で $\widehat{I}_{\alpha,(r)} \cap L = \emptyset$，$\widehat{I}_{\alpha,(2)} \neq \emptyset$）と書ける．$I_{\alpha,(1)}^L$ の辺と $\widehat{I}_{\alpha,(2)}$ の辺に接続する頂点を $v_{(1)}$，$\widehat{I}_{\alpha,(2)}$ の辺と $I_{\alpha,(2)}^L$ の辺に接続する頂点を $v_{(2)}$ とすると，L の連結性より，$v_{(1)}$ と $v_{(2)}$ を端点とし L に含まれる道 P_α $(P_\alpha \cap I_\alpha = \emptyset)$ が存在する．P_α は $\mathcal{G}/I_\alpha$ ではループとなる．このように，$(L - I)$ は $\mathcal{G}/I$ ではループの合併である．そのうちの一つのループが2の L' である． □

命題 9.9 T を連結グラフ $\mathcal{G}$ の木とするとき，以下の命題が成り立つ：

1. $n_v(\mathcal{G}) \geq 2$ ならば，T は $\mathcal{G}$ のすべての頂点を通過する．
2. T は連結である．
3. 異なる頂点 v_1, v_2 に対して，T に含まれるような v_1 と v_2 の間の道が唯一つ存在する．
4. 木 T に含まれる辺の総数は $n(T) = n_v(\mathcal{G}) - 1$ である．よって，補木 T^c に含まれる辺の総数は $n(T^c) = n_e(\mathcal{G}) - n_v(\mathcal{G}) + 1$ である．

証明 1を示す．T が頂点 v を通過しないと仮定する：$S_v \cap T = \emptyset$. $e \in (S_v - L_v)$ は木 T に含まれないから，木の極大性より擬木 $(T + \{e\})$ は空でないループ L を含み，$e \in L \cap (S_v - L_v) \cap T^c$ かつ L 内の e 以外の辺は T の元である：$(L - \{e\}) \subseteq T$. これと $S_v \cap T = \emptyset$ より $(L - \{e\}) \cap S_v = \emptyset$ である．星 S_v の定義より，e の他に $(S_v - L_v)$ の辺が L に含まれないとループを形成できない．これは矛盾である．ゆえに1が示された．

2を示す．連結性を示すために，T は連結でない，つまり，T を辺とする部分図は二つ以上の連結成分 $\mathcal{H}_r$ を持つと仮定して矛盾を導く．$\mathcal{H}_1$ の頂点 v_1 と $\mathcal{H}_2$ の頂点 v_2 は T 内の道で結ぶことはできないが，$\mathcal{G}$ の連結性から v_1 と v_2 を通過する道 P $(P \cap T^c \neq \emptyset)$ が少なくとも一つ存在する．$P \cap T^c = \{e_{(1)}, \dots, e_{(n)}\}$ とするとき，木 T の極大性より，各 $\left(T + \{e_{(j)}\}\right)$ はループ $L_{(j)}$ を含む．$L_{(j)}$ は T に含まれないから $e_{(j)} \in L_{(j)}$ で，$P_{(j)} := L_{(j)} - \{e_{(j)}\} \subseteq T$．$P$ 内で各 $e_{(j)} \in P \cap T^c$ を $P_{(j)} \subseteq T$ で置き換えた $(P \cap T) \cup \bigcup_{j=1}^{n} P_{(j)}$ は T 内で v_1 と v_2 を通過する道を含み，矛盾である．ゆえに，T は連結である．

3 を示す．$v_1 \neq v_2$ という仮定より $n_v(\mathcal{G}) \geq 2$ だから，1 より T は $\mathcal{G}$ のすべての頂点を通過する．さらに 2 より，v_1 と v_2 を通る道 $P \in \boldsymbol{P}_{\mathcal{G}}(v_1 v_2)$ で $P \subseteq T$ のものが存在する．P とは別の道 $P' \in \boldsymbol{P}_{\mathcal{G}}(v_1 v_2)$ で $P' \subseteq T$ なるものが存在すると仮定すると，$\emptyset \neq (P^c \cap P') \cup (P \cap P'^c) \subseteq T$ はループを含み，T が木であることに矛盾する．こうして 3 が示された．

4 を示す．$n_v(\mathcal{G}) = 1$ の連結グラフの木 T は空集合だから，$n(T) = 0 = n_v(\mathcal{G}) - 1$ が成り立つ．$n_v(\mathcal{G}) \geq 2$ とし，$(n_v(\mathcal{G}) - 1)$ で 4 が正しいと仮定する．T はすべての頂点を通過するが，T はループでないので，$d(v, T) = 1$ を満たす $v \in \mathrm{V}(\mathcal{G})$ が必ず存在する．この v に接続する辺 e を T から除去した $(T - S_v)$ の辺の総数は $n(T - S_v) = n(T) - 1$ である．$\mathcal{G}/e$ の辺全体の集合は $(T - S_v)$ で，$(T - S_v)$ は $\mathcal{G}/e$ 内の木だから，帰納法の仮定より $n(T - S_v) = n_v(\mathcal{G}/e) - 1 = n_v(\mathcal{G}) - 2$ である．ゆえに $n(T) = n(T - S_v) + 1 = n_v(\mathcal{G}) - 1$ が成り立つ． □

命題 9.10　グラフ $\mathcal{G}$ の辺の部分集合 T に対して，T が木であるための十分条件を挙げる：

1. T が連結でループを含まず，$\mathcal{G}$ 内のすべての頂点を通過するならば，T は木である．
2. T がループを含まず，$n(T) \geq n_v(\mathcal{G}) - 1$ ならば，T は木である．
3. T が連結で $\mathcal{G}$ 内のすべての頂点を通過し，$n(T) \leq n_v(\mathcal{G}) - 1$ ならば，T は木である．

証明　1 を示す．$n_v(\mathcal{G}) = 1$ の場合，T は輪を持たないから木である．よって，$n_v(\mathcal{G}) \geq 2$ としてよい．任意の $e \notin T$ に対して e が輪ならば $(T + \{e\})$ はループとなる．そうでない場合，e は異なる二つの端点 $v_1, v_2 \in \mathrm{V}(\mathcal{G})$ に接続する．T の連結性と T がすべての頂点を通過することから，v_1 と v_2 を T 内で通る道 P が存在する：$P \subseteq T$．そして $(P + \{e\})$ はループである．ゆえに T はループを含まない極大集合だから木である．

2 を示すため，T は木でないと仮定し矛盾を導く．ループを一切含まないにもかかわらず，T が木でないということは，$e \notin T$ で，$(T + \{e\})$ がループを含まないようなものが存在することを意味する．よって，T を含み，T よりも真に大きな辺の部分集合 T' が木となる：$T \subsetneqq T'$．仮定 $n(T) \geq n_v(\mathcal{G}) - 1$ を使うと，$n(T') > n(T) \geq n_v(\mathcal{G}) - 1$ となるが，これは命題 9.9–4 における木に含まれる辺の総数と $\mathcal{G}$ の頂点の総数との関係に矛盾する．ゆえに T は木である．

3 を帰納法で示す．$n_v(\mathcal{G}) = 1$ の場合には $n(T) = 0$ であり，$T = \{v\}$ が木である．$n_v(\mathcal{G}) \geq 2$ とし，$n(T) = n_v(\mathcal{G}) - 2$ まで 3 が証明されたと仮定する．$2\,n(T) < 2\,n_v(\mathcal{G})$ と式 (9.11) から，すべての頂点 $v \in \mathrm{V}(\mathcal{G})$ に対して $d(v, T) \geq 2$ となるのは不可能である．他方で，T がすべての頂点を通過するということは，すべての頂点 v に対して $d(v, T) \geq 1$

を意味する．これらの二つの事実から，少なくとも一つの頂点 v で $d(v\,,T)=1$ であるものが存在する．この頂点に接続する T の辺を e とすると $\{e\}=S_v\cap T$ である．$\mathcal{G}/e$ の辺の集合 $(T-\{e\})$ は 3 の仮定すべてを満たす：$(T-\{e\})$ は $\mathcal{G}/e$ のすべての頂点を通過し，$n(T-\{e\})=n(T)-1\leq n_v(\mathcal{G})-2$ である．帰納法の仮定から $(T-\{e\})$ は $\mathcal{G}/e$ の木である．$(T-\{e\})$ は $\mathcal{G}/e$ 内でループを一切含まない．命題 9.8–2 によると，T に含まれる辺の部分集合 $L\subseteq \mathrm{E}\,(\mathcal{G})$ $(L\subseteq T)$ が $\mathcal{G}$ 内のループであるならば，$\mathcal{G}/e$ 内の非自明なループ L' で $L'\subseteq(L-\{e\})\subseteq(T-\{e\})$ を満たすものが存在することになるが，これは $(T-\{e\})$ が $\mathcal{G}/e$ 内の木であることに矛盾する．よって，T はループを一切含まない．したがって，命題 9.10–1 から T は木である． □

命題 9.11　連結グラフ $\mathcal{G}$ の辺の部分集合 $I\,,T\subseteq\mathrm{E}\,(\mathcal{G})$ に関して以下の命題が成り立つ：

1. $I\cap T=\emptyset$ ならば，$T\in\boldsymbol{T}_{\mathcal{G}}\Leftrightarrow T\in\boldsymbol{T}_{\mathcal{G}-I}$ である．
2. $I\subseteq T$ のとき，$T\in\boldsymbol{T}_{\mathcal{G}}$ ならば $(T-I)\in\boldsymbol{T}_{\mathcal{G}/I}$ である．

証明　1 を示す．$(\mathcal{G}-I)$ 内の頂点の集合は $\mathcal{G}$ 内の頂点の集合と同じである．$I\cap T=\emptyset$ より，T が $\mathcal{G}$ のすべての頂点を通過することは T が $(\mathcal{G}-I)$ のすべての頂点を通過することと等価である．連結性と T 内のループの有無に関しても同様である．ゆえに 1 が成り立つ．

2 を示す．$T\in\boldsymbol{T}_{\mathcal{G}}$ ならば T は $\mathcal{G}$ 内で連結である．式 (9.18) の V_α に含まれるすべての頂点は，$\mathcal{G}/I$ では頂点 $u_\alpha\notin\mathrm{V}\,(\mathcal{G})$ に置き換わり，$(T-I)$ は $\mathcal{G}/I$ 内で連結である．$\mathcal{G}/I$ の頂点 v で $\mathcal{G}$ の頂点でもあるものに関しては，T は v を通過し（$S_v\cap T\neq\emptyset$），辺 $e\in S_v\cap T$ で I に含まれないものが少なくとも一つ存在する．ゆえに $(T-I)$ は v を通過する．

$I\subset T$ と T の連結性から，各 α について少なくとも一つの $v\in V_\alpha$ で $S_v\cap(T-I)\neq\emptyset$ であるものが存在する．$\mathcal{G}/I$ では $S^{\mathcal{G}/I}_{u_\alpha}\cap(T-I)\neq\emptyset$，つまり，$(T-I)$ は $\mathcal{G}/I$ 内で u_α を通過する．ゆえに，$(T-I)$ は $\mathcal{G}/I$ のすべての頂点を通過する．また，$n_v\,(\mathcal{G}/I)\geq n_v(\mathcal{G})-n(I)$ より，$n(T-I)=n(T)-n(I)\leq n_v(\mathcal{G})-n(I)-1\leq n_v\,(\mathcal{G}/I)-1$ だから，命題 9.10–3 より，$(T-I)$ は $\mathcal{G}/I$ 内の木である． □

命題 9.12　連結グラフ $\mathcal{G}$ 内の二つの木 T, T' に対して，木の列 $T_0\coloneqq T\,,T_1\,,\,\dots\,,T_n\coloneqq T'$ で

$$n\,(T_j\cap T_{j+1})=n_v(\mathcal{G})-2\quad(j\,=\,0\,,1\,,\,\dots\,,n-1)\tag{9.21}$$

であるようなものが存在する．

証明　式 (9.21) を満たすような列 $T_0\,,T_1\,,\,\dots\,,T_j$ まで構成できていると仮定する．$T_j\neq T'$ ならば，$e\in(T'-T_j)$ が存在する．e は輪でない．T_j は木だから，命題 9.9–3 より e の異なる二つの端点を通る T_j 内の道 P が存在し，$L\coloneqq(P+\{e\})$ はループである．$P\subseteq T'$ と仮定すると，$L\subseteq T'$ となり T' が木であることに矛盾する．ゆえに $P\nsubseteq T'$，つまり，少なくとも一つ $e'\in(P-T')$ が存在する．$P\subseteq T_j$ だから $e'\in T_j$ である．そこで，$T_{j+1}\coloneqq(T_j-\{e'\}+\{e\})$ が木であることを示す．任意の $v\in\mathrm{V}\,(\mathcal{G})$ は T_j を通過するが，$(T_j-\{e'\})$ を通過しないとすると，$S_v\cap T_j=\{e'\}$，つまり，T_j 内の辺で v を通過

するのは e' のみである．$e' \in P \subseteq T_j$ を思い出すと，v は P の端点の一つである．P の両端は e の両端だから，T_{j+1} は v を通過する．ゆえに，T_{j+1} はすべての $v \in \mathrm{V}(\mathcal{G})$ を通過し連結である．$n(T_{j+1}) = n(T_j)$，したがって，命題 9.10–3 から T_{j+1} は木である．

$e \notin T_j$ かつ $e' \in T_j$ より

$$n(T_j \cap T_{j+1}) = n(T_j) - 1 = n_v(\mathcal{G}) - 2\,. \tag{9.22}$$

また，$e \in T'$ および $e' \notin T'$ より $n\,(T_{j+1} \cap T') = n\,(T_j \cap T') + 1$ のように T' の辺を，T_j に比べて 1 だけ多く含むような T_{j+1} を得た．最終的に $n\,(T_n \cap T') = n\,(T')$ に達した時点で命題の木の列が得られる． □

ループ $L \in \boldsymbol{L}_{\mathcal{G}}$ に対して $\boldsymbol{T}^0_{\mathcal{G}}(L) := \left\{T^0 \in \boldsymbol{T}^0_{\mathcal{G}} \,\middle|\, T^0 \supseteq L\right\}$ とするとき，次のことがいえる．

命題 9.13 $\boldsymbol{T}_{\mathcal{G}/L} = \left\{T^0 - L \,\middle|\, T^0 \in \boldsymbol{T}^0_{\mathcal{G}}(L)\right\}$ および $\boldsymbol{T}^0_{\mathcal{G}}(L) = \left\{T \cup L \,\middle|\, T \in \boldsymbol{T}_{\mathcal{G}/L}\right\}$ が成り立つ．

証明 $T \in \boldsymbol{T}_{\mathcal{G}/L}$ に含まれる辺の総数は

$$n(T) = n_e(\mathcal{G}) - n(L) - n_L(\mathcal{G}) + 1 = n_v(\mathcal{G}) - n(L) \tag{9.23}$$

である．$\mathrm{E}\,(\mathcal{G})$ の部分集合として，$T \cup L$ はループを L だけ含み，$T \cap L = \emptyset$ より，$n(T \cup L) = n_v(\mathcal{G})$ である．よって，$T \cup L$ は $\mathcal{G}$ の擬木である．

逆に $\mathcal{G}$ 内のループ L に対して $T^0 \in \boldsymbol{T}^0_{\mathcal{G}}(L)$ は L のみをループとして含むから，木 $T \in \boldsymbol{T}_{\mathcal{G}}$ と $e_{T_0} \in (L - T)$ を用いて $T^0 = T + \{e_{T_0}\}$ と書ける（$L - \{e_{T_0}\} \subseteq T$）．そして，$\mathcal{G}/L$ 内のループを含まない辺の集合 $T^0 - L = T - L$ の要素数は，

$$\begin{aligned} n(T^0 - L) &= n(T^0) - n(L) = n_v(\mathcal{G}) - n(L) = n_e(\mathcal{G}) - n(L) - n_L(\mathcal{G}) + 1 \\ &= n_e(\mathcal{G}/L) - (n_L(\mathcal{G}) - 1) = n_e(\mathcal{G}/L) - n_L(\mathcal{G}/L) \\ &= n_v(\mathcal{G}/L) - 1 \end{aligned} \tag{9.24}$$

だから，命題 9.10–2 より $\left(T^0 - L\right)$ は $\mathcal{G}/L$ の木である． □

9.6 基本ループ集合

9.6.1 接続数

定義 9.10 頂点 v と辺 e のペアに対して**接続数** ε_{ve} を以下のように定義する：

$$\varepsilon_{ve} := \begin{cases} +1 & e \text{ が輪でなく } v \text{ が } e \text{ の終点であるとき，} \\ -1 & e \text{ が輪でなく } v \text{ が } e \text{ の始点であるとき，} \\ 0 & \text{その他.} \end{cases} \tag{9.25}$$

$\mathcal{G}$ の連結成分 $\mathcal{G}_c$ に対して

$$\sum_{v \in \mathrm{V}(\mathcal{G}_c)} \varepsilon_{ve} = 0 \quad (e \in \mathrm{E}\,(\mathcal{G}_c)) \tag{9.26}$$

が成り立つ．$\mathcal{G}_c$ の各々の辺 e は必ず始点と終点を持つため，各々の頂点を始点とする辺の本数と終点とする辺の本数は一致するからである．

9.6.2 ループ数

各ループ L に向きを付けておく．

定義 9.11 ループ L と辺 e のペアに対して，**ループ数** ξ_{eL} を以下のように定義する：

$$\xi_{eL} := \begin{cases} +1 & L \text{ と } e \text{ の向きが同じとき}, \\ -1 & L \text{ と } e \text{ の向きが逆のとき}, \\ 0 & e \text{ が } L \text{ に含まれないとき}. \end{cases} \tag{9.27}$$

$e_1 \in L$ と $e_2 \in L$ が同じ頂点 v に接続しているとする．$\varepsilon_{ve_1} = -\varepsilon_{ve_2}$ という場合には v が e_1 の終点（始点）かつ v が e_2 の始点（終点）ということである．その場合，$\xi_{e_1L} = \xi_{e_2L}$ である．他方，$\varepsilon_{ve_1} = \varepsilon_{ve_2}$ という場合には v が e_1 の終点（始点）かつ v が e_2 の終点（始点）ということである．その場合，$\xi_{e_1L} = -\xi_{e_2L}$ である．いずれの場合にも

$$\varepsilon_{ve_1}\,\xi_{e_1L} = -\varepsilon_{ve_2}\,\xi_{e_2L} \tag{9.28}$$

が成り立つ．与えられた頂点 v とループ L に対して $\varepsilon_{ve}\,\xi_{eL} \neq 0$ となる異なる辺の総数は 0 か 2 のみだから，この式より以下を得る：

$$\sum_{e\in \mathrm{E}(\mathcal{G})} \varepsilon_{ve}\,\xi_{eL} = 0\,. \tag{9.29}$$

9.6.3 ループの独立性と基本ループ集合

命題 9.14 連結グラフ $\mathcal{G}$ 内の異なるループの最大個数 $n'_L(\mathcal{G})$ は異なる辺の個数 $n_e(\mathcal{G})$ 以下である．したがって，ループ数を要素として持つ行列 $\{\xi_{e\,L_j}\}_{e\in \mathrm{E}(\mathcal{G})\,;\,j=1,\ldots,n'_L(\mathcal{G})}$ の階数は $n'_L(\mathcal{G})$ 以下である．

証明 $n'_L(\mathcal{G})$ 個のループが互いに異なるには，最低でも $n'_L(\mathcal{G})$ 本の辺が必要であるから，$n'_L(\mathcal{G}) \leq n_e(\mathcal{G})$ である． □

定義 9.12 n 個のループ $L_1, \ldots, L_n$ はループ数を要素として持つ行列 $\{\xi_{e\,L_j}\}_{e\in \mathrm{E}(\mathcal{G})\,;\,j=1,\ldots,n}$ の階数が n の場合，**互いに独立なループ**と呼ばれる．

今 n 個のループ $L_1, \ldots, L_n$ が独立なループの極大集合をなすとしよう．それは，任意のループ L_{n+1} のループ数を追加して得られる行列 $\{\xi_{e\,L_j}\}_{e\in \mathrm{E}(\mathcal{G})\,;\,j=1,\ldots,n+1}$ の階数が n のままということである．今 $n_e(\mathcal{G})$ 成分のベクトル $\boldsymbol{\xi}_{L_j}$ $(j = 1, \ldots, n+1)$ を

$$\left(\boldsymbol{\xi}_{L_j}\right)_e := \xi_{e\,L_j} \quad (e \in \mathrm{E}(\mathcal{G})) \tag{9.30}$$

と定義する．$\{\xi_{e\,L_j}\}_{e\in \mathrm{E}(\mathcal{G})\,;\,j=1,\ldots,n}$ および $\{\xi_{e\,L_j}\}_{e\in \mathrm{E}(\mathcal{G})\,;\,j=1,\ldots,n+1}$ の階数が共に n ということは，$\{\boldsymbol{\xi}_{L_j}\}_{j=1,\ldots,n}$ は互いに線形独立なベクトルであり，$\boldsymbol{\xi}_{L_{n+1}}$ はこれらの線形結合で書けることを意味する：

$$\boldsymbol{\xi}_{L_{n+1}} = \sum_{j=1}^{n} \boldsymbol{\xi}_{L_j}\, m_j\,. \tag{9.31}$$

ここでループ数は $\{+1, 0, -1\}$ に値をとるから $m_j \in \boldsymbol{Z}$ である．

命題 9.15　独立なループの極大集合（さらに一つループを追加したら独立にならないような集合）はどれも同じ元の個数を持つ．

証明　$\{L_1, \ldots, L_n\}$ を元の個数が最も小さい独立なループの極大集合とする．$\{L'_1, \ldots, L'_n, \ldots, L'_{n+r}\}$（$r$ は 0 以上の整数）を独立なループの極大集合とする．$\boldsymbol{\xi}_{L'_j}$ $(j = 1, \cdots, n+r)$ を

$$\left(\boldsymbol{\xi}_{L'_j}\right)_e = \xi_{e\,L'_j} \quad (e \in \mathrm{E}(\mathcal{G})) \tag{9.32}$$

と定義すると，$\{L_1, \ldots, L_n\}$ の極大性より $\{\xi_{e\,L_k}\}_{e\in\mathrm{E}(\mathcal{G})\,;\,k=1,\ldots,n}$ に $\boldsymbol{\xi}_{L'_j}$ を追加して得られる行列の階数も n である．よって，$\boldsymbol{\xi}_{L'_j}$ は $\{\boldsymbol{\xi}_{L_k}\}_{k=1,\ldots,n}$ の線形結合で書ける：

$$\boldsymbol{\xi}_{L'_j} = \sum_{k=1}^{n} \boldsymbol{\xi}_{L_k} m_{kj} \quad (m_{kj} \in \boldsymbol{Z}) \quad (j = 1, \ldots, n+r). \tag{9.33}$$

よって，行列 $\left\{\xi_{e\,L'_j}\right\}_{e\in\mathrm{E}(\mathcal{G})\,;\,j=1,\ldots,n+r}$ の階数は n である．ゆえに，$r = 0$ である．□

命題 9.15 の結果を踏まえて以下の定義をする：

定義 9.13　グラフ $\mathcal{G}$ における独立なループの極大集合の元の個数を**ループ階数**といい，$n_L(\mathcal{G})$ または n_L と表す．$\mathcal{G}$ の辺の部分集合 $I \subseteq \mathrm{E}(\mathcal{G})$ のループ階数 $n_L(I)$ を，$\mathcal{G}$ の部分グラフ $\mathcal{H}_I$ でその辺の集合が I のもの（$\mathrm{E}(\mathcal{H}_I) = I$）のループ階数 $n_L(\mathcal{H}_I)$ として定義する：$n_L(I) := n_L(\mathcal{H}_I)$．

定義 9.14　n_L 個のループの集合 $\{L_1, \ldots, L_{n_L}\}$ が

$$L_j \not\subseteq \bigcup_{k \neq j} L_k \quad (j = 1, \ldots, n_L) \tag{9.34}$$

を満たすとき，**基本ループ集合**と呼ばれる．

命題 9.16　基本ループ集合 $\{L_1, \ldots, L_{n_L}\}$ のすべての元は互いに独立である．

証明　式 (9.34) より，L_j に含まれる辺 e で他のどの L_k $(k \neq j)$ にも含まれないものが存在する．これは

$$\xi_{e\,L_j} \in \{+1, 1\}, \quad \xi_{e\,L_k} = 0 \quad (k \neq j) \tag{9.35}$$

を意味する．よって，各 $\boldsymbol{\xi}_{L_j}$ は他の $\boldsymbol{\xi}_{L_k}$ の線形結合で表すことができない．ゆえに，$L_1, \ldots, L_{n_L}$ は互いに独立である．□

命題 9.17　基本ループ集合 $\{L_1, \ldots, L_{n_L}\}$ を用いると，任意のループ L のループ数 $\xi_{e\,L}$ は

$$\xi_{e\,L} = \sum_{j=1}^{n_L} \xi_{e\,L_j}\, m(L_j, L) \tag{9.36}$$

と表すことができる．ここで $m(L_j, L) \in \{+1, 0, -1\}$ は $e \in \mathrm{E}(\mathcal{G})$ によらない．

証明　以前定義したような $n_e(\mathcal{G})$ 成分ベクトル $\boldsymbol{\xi}_L$ を用いると，$\boldsymbol{\xi}_L$ は $\boldsymbol{\xi}_{L_j}$ の整数係数 $m_j \in \boldsymbol{Z}$ の線形結合で書ける，すなわち

$$\boldsymbol{\xi}_L = \sum_{j=1}^{n_L} \boldsymbol{\xi}_{L_j} m_j \tag{9.37}$$

であるから，m_j は $e \in \mathrm{E}(\mathcal{G})$ によらない．式 (9.34) より，各 j に対して e_j を

$$e_j \in L_j\,, \quad e_j \notin L_k \ \ (k \neq j) \tag{9.38}$$

と選ぶことができる．このとき，$\xi_{e_j L_j} = \pm 1$ かつ $\xi_{e_j L_k} = 0$ $(k \neq j)$ だから，それらを式 (9.37) に代入すると

$$\xi_{e_j L} = \xi_{e_j L_j} m_j \tag{9.39}$$

が得られる．よって，

$$m_j = m(L_j\,, L) \coloneqq \xi_{e_j L}\, \xi_{e_j L_j} \in \{+1\,, 0\,, -1\} \tag{9.40}$$

を得る．　□

命題 9.17 の証明中の e_j の集合は各連結成分で $\mathcal{G}$ の補木をなす：

命題 9.18　連結グラフ $\mathcal{G}$ における基本ループ集合 $\{L_1\,, \ldots\,, L_{n_L}\}$ から $e_j \in \left(L_j - \bigcup_{k \neq j} L_k \right)$ を選ぶとき，$T^* \coloneqq \{e_1\,, \ldots\,, e_{n_L}\}$ は $\mathcal{G}$ の補木である：$T^* \in \boldsymbol{T}^*_{\mathcal{G}}$.

証明　$T \coloneqq (T^*)^c$ が $\mathcal{G}$ の木であることを示す．任意のループ L に対して式 (9.36) から

$$\xi_{e_j L} = \xi_{e_j L_j}\, m(L_j\,, L) = \pm\, m(L_j\,, L)\,. \tag{9.41}$$

L が非自明なループであるためには少なくとも 1 つの $m(L_j\,,L)$，したがって，$\xi_{e_j L} \in \{+1\,, -1\}$ でなければならない．これは $e_j \in L$ を意味する．他方，$e_j \in T^*$，よって，$e_j \notin T$ である．ゆえに T はループを一切含まないことが分かった．さらに，$e_j \in L_j$ と $e_k \notin L_j$ $(k \neq j)$ より $T^* \cap L_j = \{e_j\}$，つまり，$(L_j - \{e_j\}) \subseteq (T^*)^c = T$，$L_j \subseteq (T + \{e_j\})$ である．ゆえに，T はループを含まない極大部分集合であるから，$\mathcal{G}$ の木である．　□

命題 9.19　連結グラフ $\mathcal{G}$ のループ階数 $n_L(\mathcal{G})$ は次の式で与えられる：

$$n_L(\mathcal{G}) = n_e(\mathcal{G}) - n_v(\mathcal{G}) + 1\,. \tag{9.42}$$

証明　命題 9.18 より $\mathcal{G}$ の木 T 内の辺の本数は $n(T) = n_e(\mathcal{G}) - n_L(\mathcal{G})$ である．他方，命題 9.9–4 から $n(T) = n_v(\mathcal{G}) - 1$ だから，$n_L(\mathcal{G})$ は式 (9.42) で与えられる．　□

逆に補木から基本ループ集合を以下のようにして構成することができる：

定理 9.2　連結グラフ $\mathcal{G}$ の補木 $T^* = \left\{e_1\,, \ldots\,, e_{n_L(\mathcal{G})}\right\}$ が与えられたとき，各 $e_j \in T^*$ に対して $L_j \cap T^* = \{e_j\}$ となるループ L_j が唯一つ存在する（$j = 1, \ldots n_L(\mathcal{G})$）．この

とき，$\{L_1\,,\,...\,,\,L_{n_L(\mathcal{G})}\}$ は基本ループ集合である．

証明　$e_j \in T^*$ が輪の場合には $L_j = \{e_j\}$ とする．それ以外の場合には e_j の二つの異なる端点を $v_{j\,,1}\,,\,v_{j\,,2}$ とするとき，命題 9.9–3 より $v_{j\,,1}$ と $v_{j\,,2}$ を通る T 内の道 P_j が唯一つ存在する．そして，$L_j := P_j + \{e_j\}$ はループである．$P_k \subseteq T$ より P_k は e_j $(j \neq k)$ を含まない（含むと仮定すると，$e_j \in P_k \subseteq T$ となり，$e_j \in T^*$ に矛盾する）．これと $e_k \neq e_j$ より $e_j \notin \{e_k\} \cup P_k = L_k$ である $(k \neq j)$．よって，$L_j - \bigcup_{k \neq j} L_k \neq \emptyset$ である．ゆえに $\{L_1\,,\,...\,,\,L_{n_L}\}$ は基本ループ集合である．□

図 9.1 の下左の補木 T^* に対応する基本ループ集合の各元 L_α は，光子線 α の両端に挟まれるフェルミオン線すべてと α を辺の集合とするループである．

命題 9.20　連結グラフ $\mathcal{G}$ のループ L に対して，L を含む基本ループ集合と命題 9.18 の補木 $T^* \in \boldsymbol{T}^*_{\mathcal{G}}$ が存在する．

証明　$\mathcal{G}$ の任意の補木 T^* は L の辺を唯一つだけ含む（$L \cap T^* = \{e_L\}$）のであった．この T^* に対して定理 9.2 に従い得られる基本ループ集合は L を要素の一つとして含む．□

命題 9.21　連結グラフ $\mathcal{G}$ のループ $L \in \boldsymbol{L}_{\mathcal{G}}$ を縮約して得られるグラフ $\mathcal{G}/L$ のループ階数は，$\mathcal{G}$ のループ階数に比べて 1 だけ小さい：$n_L(\mathcal{G}/L) = n_L(\mathcal{G}) - 1$．

証明　ループ L に含まれる辺の本数 $n(L)$ に関する帰納法で示す．$n(L) = 1$，つまり，L が輪の場合には明らかである．$n(L) - 1 > 0$ で成り立つと仮定する．L を縮約するということは，L 内の辺すべてを縮約する，ということだったから，L に含まれる辺の一つ e_L を縮約することを考える．e_L は輪でないから，e_L の二つの端点は異なる：$v_1 := \partial^-(e_L) \neq v_2 := \partial^+(e_L)$．$L$ に含まれる e_L 以外の辺の集合 $P := L - \{e_L\}$ は v_1 と v_2 を通る道である．e_L を縮約して得られるグラフ $\mathcal{G}/e_L$ では P はループ $L_P \in \boldsymbol{L}_{\mathcal{G}/e_L}$ となる．ループ L_P に含まれる辺の個数は L 内の辺の個数より 1 だけ小さい：$n(L_P) = n(L) - 1$．よって，帰納法の仮定から，$\mathcal{G}/e_L$ でループ L_P を縮約して得られるグラフ $(\mathcal{G}/e_L)\,/L_P$ のループ階数 $n_L((\mathcal{G}/e_L)\,/L_P)$ は $n_L(\mathcal{G}/e_L)$ より 1 だけ小さい：

$$n_L((\mathcal{G}/e_L)\,/L_P) = n_L(\mathcal{G}/e_L) - 1\,. \tag{9.43}$$

$e_L \notin P = L_P$ より，$(\mathcal{G}/e_L)\,/L_P = \mathcal{G}/\,(\{e_L\} \cup L_P) = \mathcal{G}/L$ であるから，$n_L(\mathcal{G}/L) = n_L(\mathcal{G}/e_L) - 1$ を得る．命題 9.5 より $n_L(\mathcal{G}/e_L) = n_L(\mathcal{G})$ だから，$n_L(\mathcal{G}/L) = n_L(\mathcal{G}) - 1$ が示された．□

後ほど述べる重要な定理 9.5 を証明するための準備をここでしておきたい．

命題 9.22　連結グラフ $\mathcal{G}$ 内のループ L を含む基本ループ集合を $\{L,\,L_1\,,\,...\,,\,L_{n_L-1}\}$ とするとき，$(L_j - L)$ は連結である．

証明　命題 9.18 のようにして得た補木 $T^* = \{e\,,\,e_1\,,\,...\,,\,e_{n_L-1}\}$ に関し，$e \in L$ の両端を $v_1\,,\,v_2$ とすると，$P := L - \{e\}$ は v_1 と v_2 を通過し $T := (T^*)^c$ に含まれる唯一の道で，$L = P \cup \{e\}$ である．同様に，$e_j \in L_j$ の両端を端に持つ T 内の道 $P_j := L_j - \{e_j\}$

により $L_j = P_j \cup \{e_j\}$ である．

$(L_j - L)$ が二つ以上の辺の連結集合 $P_{(1)}, P_{(2)}, \cdots$ からなると仮定し，矛盾を導く．e_j は一つの連結集合にしか含まれないから，一般性を失わず，$e_j \in P_{(2)}$，したがって，$e_j \notin P_{(1)}$ としてよく，$P_{(1)}$ は $T = (T^*)^c$ に含まれる：$P_{(1)} \subseteq P_j \subseteq T$．頂点 $v_{(1),1} \neq v_{(1),2}$ を $P_{(1)}$ の両端とするとき，$P_{(1)}$ は $v_{(1),1}$ と $v_{(1),2}$ を T 内で通る唯一の道である．$P_{(1)} \subseteq (L_j - L - \{e_j\}) = (P_j - L)$ が $(L_j - L)$ の複数の連結成分の一つということは，$v_{(1),r}$ に接続する一つの辺は $P_{(1)}$ に含まれるが，もう一方の辺は L に含まれることを意味する（$r = 1, 2$）．L は連結だから，L の部分集合 P_L で，$v_{(1),1}, v_{(1),2}$ を通る道であるものが存在する：$P_L \in \boldsymbol{P}_{\mathcal{G}}(v_{(1),1}\, v_{(1),2})$，$P_L \subseteq L$．

$P_L \cap P_{(1)} \subseteq L \cap (P_j - L) = \emptyset$ より，$P_L \cup P_{(1)}$ は $\mathcal{G}$ 内のループである．もし，$e \notin P_L$ ならば，$P_L \subseteq L = \{e\} \cup P$ は $P_L \subset P \subseteq T$ を意味するから，木 T がループ $P_L \cup P_{(1)}$ を含むことになり矛盾する．ゆえに，$e \in P_L$ である．これから，P_L は，v_1 と $v_{(1),1}$ を通る道 $P_{L\,(1)}(\subset L)$，v_2 と $v_{(1),2}$ を通る道 $P_{L\,(2)}(\subset L)$ および e の合併である：

$$P_L = \{e\} \cup P_{L\,(1)} \cup P_{L\,(2)}\,. \tag{9.44}$$

$P_{L\,(1)}, P_{L\,(2)}$ は e を含まないから，$P_{L\,(1)}, P_{L\,(2)} \subseteq P \subseteq T$ である．よって，

$$P' := P_{L\,(2)} \cup P_{L\,(1)} \cup P_{(1)} \in \boldsymbol{P}_{\mathcal{G}}\,(v_1\, v_2) \tag{9.45}$$

は $P' \subseteq T$ を満たす．$P_{(1)} \subseteq (L_j - L) \subset (L_j - P)$ だから，$P' \neq P$ であり，T 内で v_1 と v_2 を通る道の唯一性に矛盾する．ゆえに，$(L_j - L)$ は連結である． □

命題 9.22 より，$(L_j - L)$ は $\mathcal{G}$ で連結だから，$\mathcal{G}/L$ 内のループである．また，

$$L_j \not\subseteq L \cup \bigcup_{k \neq j} L_k \tag{9.46}$$

より，$e' \in L_j$ で $e' \notin L$, $e' \notin L_k\ (k \neq j)$ を満たすものが存在する．つまり，$e' \in (L_j - L)$ かつ $e' \notin (L_k - L)$（$k \neq j$）である．よって，以下の定理が成り立つ：

命題 9.23 連結グラフ $\mathcal{G}$ 内のループ L を含む基本ループ集合を $\{L, L_1, \ldots, L_{n_L-1}\}$ とするとき，$\{L_1 - L, \cdots, L_{n_L-1} - L\}$ は $\mathcal{G}/L$ の基本ループ集合である．

より詳しくは，以下の対応が成立する：

定理 9.3 連結グラフ $\mathcal{G}$ 内のループ L を含む基本ループ集合 $\{L, L_1, \ldots, L_{n_L-1}\}$ が補木 $T^* = \{e, e_1, \ldots, e_{n_L-1}\}$ から生成されるとき，$\{L_1 - L, \cdots, L_{n_L-1} - L\}$ は $\mathcal{G}/L$ の補木 $(T^* - L)$ から生成される基本ループ集合に一致する．

証明 主張を証明するには，(1) $(T^* - L)$ が $\mathcal{G}/L$ の補木，あるいは，$T' := \mathrm{E}(\mathcal{G}) - L - (T^* - L)$ が $\mathcal{G}/L$ の木であること，を示した上で，(2) 補木 $(T^* - L)$ から生成される基本ループ集合 $\left\{L'_1, \ldots, L'_{n_L-1}\right\}$ の各元 L'_j が $(L_j - L)$ に一致することを示す．

(1) を示すため T' 内の辺の総数を勘定する．$\mathcal{G}/L$ に含まれる頂点の総数 $n_v(\mathcal{G}/L)$ は

$$n_v(\mathcal{G}/L) = n_v(\mathcal{G}) - n(L) + 1 \tag{9.47}$$

で与えられる．なぜなら，L を辺の集合とするような $\mathcal{G}$ の部分グラフ H_L の頂点の総数

は $n_v(H_L) = n(L)$ であり，L の縮約によりこれら $n(L)$ 個の頂点が $u \notin \mathrm{V}(\mathcal{G})$ に置き換えられるからである．式 (9.47) と $T^* - L = \{e_1, \ldots, e_{n_L - 1}\}$ を使うと，

$$
\begin{aligned}
n(T') &= n_e(\mathcal{G}) - n(L) - (n_L(\mathcal{G}) - 1) \\
&= (n_e(\mathcal{G}) - n_L(\mathcal{G}) + 1) - n(L) = n_v(\mathcal{G}) - n(L) \\
&= n_v(\mathcal{G}/L) - 1 .
\end{aligned} \tag{9.48}
$$

命題 9.10–2 を使うため，$T' = \mathrm{E}(\mathcal{G}) - L - (T^* - L)$ がループを含まないことを示す．

そのために，T' がループ L' を含むと仮定して矛盾を導く．$L' \cap L = \emptyset$ より $e \notin L'$ である．これと，$L' \cap \{e_1, \ldots, e_{n_L-1}\} = L' \cap (T^* - L) = \emptyset$ より，$L' \cap T^* = L' \cap \{e, e_1, \ldots, e_{n_L-1}\} = \emptyset$．ゆえに，$L' \subseteq T \coloneqq (T^*)^c$ となり，木 T がループを含まないことに矛盾する．よって，T' はループを一切含まず，式 (9.48) を満たすから，命題 9.10–2 より，T' は $\mathcal{G}/L$ の木である．

(2) を示すため，$\mathcal{G}/L$ の補木 $(T^* - L)$ から生成される基本ループ集合を $\{L'_1, \ldots, L'_{n_L-1}\}$ とする．$(L - \{e\}) \subseteq T$ より $e_j \notin L$ であった．よって，$e_j \in (L_j - L)$ である．まず，e_j が輪のときには，$L_j - L = \{e_j\} = L'_j$ が成り立つ．e_j が輪でない場合には，e_j の両端 $v_{j,1}, v_{j,2}$ を T' で通る唯一の道 P'_j を用いて，$L'_j = \{e_j\} \cup P'_j$ として得た．他方，命題 9.22 より $(L_j - L)$ は連結だから，もしも $L_j - L - \{e_j\}$ が非連結なときには，$\widetilde{P}_j = P'_j$．$L_j - L - \{e_j\}$ が連結な場合には，

$$
\widetilde{P}_j \coloneqq L_j - L - \{e_j\} \tag{9.49}
$$

とすると，これは頂点 $v_{j,1}, v_{j,2}$ を通る道である．L_j の構成の仕方から $L_j \cap T^* = \{e_j\}$，さらには $e_j \notin L$ より，$(L_j - L) \cap (T^* - L) = \{e_j\}$ であるから，

$$
\widetilde{P}_j \cap (T^* - L) = (L_j - L - \{e_j\}) \cap (T^* - L) = \emptyset \tag{9.50}
$$

である．ゆえに，$\widetilde{P}_j \subseteq \mathrm{E}(\mathcal{G}/L) - (T^* - L) = T'$，つまり，$\widetilde{P}_j$ は頂点 $v_{j,1}, v_{j,2}$ を T' 内で通る道である．そのような道の唯一性から，結局 $\widetilde{P}_j = P'_j$ となる．ゆえに，

$$
L'_j = \{e_j\} \cup P'_j = \{e_j\} \cup \widetilde{P}_j = (L_j - L) \tag{9.51}
$$

を得る．以上のことから，$\{L_1 - L, \ldots, L_{n_L-1} - L\}$ が $(T^* - L)$ から生成される基本ループ集合であることが示された． □

9.7 接続行列，ループ行列

定義 9.15 接続数を要素とする行列を**接続行列** $\{\varepsilon_{v\,e}\}_{v \in \mathrm{V}(\mathcal{G})\,;\, e \in \mathrm{E}(\mathcal{G})}$ という．ループ数を要素とする行列を**ループ行列** $\{\xi_{e\,L}\}_{e \in \mathrm{E}(\mathcal{G})\,;\, L \in \boldsymbol{L}_{\mathcal{G}}}$ という．

ループ行列の階数は $n_L(\mathcal{G})$ である．

接続行列の各行の $n_e(\mathcal{G})$ 成分を持つベクトル $\boldsymbol{\varepsilon}_v$ を

$$
(\boldsymbol{\varepsilon}_v)_e \coloneqq \varepsilon_{v\,e} \quad (e \in \mathscr{L}(\mathcal{G})) \tag{9.52}
$$

と定義すると，式 (9.26) は

$$\sum_{v \in \mathrm{V}(\mathcal{G}_c)} \boldsymbol{\varepsilon}_v = 0 \tag{9.53}$$

と等価である，したがって，$\{\boldsymbol{\varepsilon}_v\}_{v \in \mathrm{V}(\mathcal{G})}$ は線形独立ではない．つまり，接続行列の階数は $(n_v(\mathcal{G}) - 1)$ 以下である．

複数の連結成分からなる場合，行列はいずれも各連結成分に関するブロックに分解される．よって，行列の特徴を見るためには連結グラフ $\mathcal{G}$ に限定すれば十分である．

命題 9.24 で示されるように，連結グラフ $\mathcal{G}$ の接続行列の階数は $(n_v(\mathcal{G}) - 1)$ である．そこで，接続行列 ε から，ある頂点 v_0 に対応する行成分を除いて得られる $(n_v(\mathcal{G}) - 1) \times n_e(\mathcal{G})$ 行列 ε^{v_0} を考えると都合がよい．辺の部分集合 $I \subseteq \mathrm{E}(\mathcal{G})$ に対して，ε^{v_0} から I に含まれる辺に対応する列成分のみを抜き出して構成される行列を $\varepsilon^{v_0}_I$ と表す．

命題 9.24　T を辺の部分集合 $T \subseteq \mathrm{E}(\mathcal{G})$ で $n(T) = n_v(\mathcal{G}) - 1$ であるものとする．このとき，T が $\mathcal{G}$ の木である場合，およびそのときに限り，$\det \varepsilon^{v_0}_T \neq 0$ で，

$$\det \varepsilon^{v_0}_T \in \{+1\,,\, -1\} \tag{9.54}$$

を満たす．

証明　T が木でないとする．命題 9.10–2 の否定から，T はループ L を含む．今度は $(n_v(\mathcal{G}) - 1)$ 成分からなるベクトル $\bar{\boldsymbol{\varepsilon}}^{v_0}_{T,\,e}$ $(e \in T)$ を

$$\left(\bar{\boldsymbol{\varepsilon}}^{v_0}_{T,\,e}\right)_v := \varepsilon^{v_0}_{T,\,v\,e} \tag{9.55}$$

と定義すると，恒等式 (9.29) は

$$\sum_{e \in L} \bar{\boldsymbol{\varepsilon}}^{v_0}_{T,\,e}\, \xi_{e\,L} = 0 \tag{9.56}$$

と等価である．これは行列 $\varepsilon^{v_0}_T$ の階数が行列の大きさ $(n_v(\mathcal{G}) - 1)$ より小さいことを意味する．よって，$\det \varepsilon^{v_0}_T = 0$ となる．

T は木とする．木の大きさに関する帰納法で示す．$n(T) = 1$ の場合には一本の辺 e とその端点 v に関して $\varepsilon^{v_0}_{T,\,ve} \in \{+1\,,\, -1\}$ だから式 (9.54) が成り立つ．以降，$n(T) \geq 2$ とする．木 T は v_0 を通過するから T の辺 e で v_0 を端点に持つものが存在する．v_0 以外の e の端点を v とすると．端点 v_0 の行を除いて得た $\varepsilon^{v_0}_T$ の e の列で 0 でない要素は唯一つ $(\varepsilon^{v_0}_T)_{e\,v}$ だけである．よって，$\det(\varepsilon^{v_0}_T)$ を e の列で展開すると，

$$\det(\varepsilon^{v_0}_T) = \pm \det\left(\varepsilon^{v_0\,,\,v}_{T - \{e\}}\right) \tag{9.57}$$

を得る．ここで，$\varepsilon^{v_0\,,\,v}_I$ は ε から $v_0\,,\, v$ に対応する行を取り除いた後，I に含まれる辺の列をすべて切り出して得られる行列である．$\varepsilon^{v_0\,,\,v}_{T - \{e\}}$ は $(n_v(\mathcal{G}) - 2)$ 次正方行列である．他方，命題 9.11–2 より $(T - \{e\})$ は $\mathcal{G}/e$ の木である．よって，帰納法の仮定から

$$\det\left(\varepsilon^{v_0\,,\,v}_{T - \{e\}}\right) \in \{+1\,,\, -1\} \tag{9.58}$$

である．これと式 (9.57) から式 (9.54) が従う．　□

命題 9.24 は接続行列の階数が $(n_v(\mathcal{G})-1)$ であることを示している．

補木 T^* から定理 9.2 のように生成される基本ループ集合に対応する列を ξ から抜き出して構成される $n_e(\mathcal{G}) \times n_L(\mathcal{G})$ 行列を ξ_{T^*} と表す．

命題 9.25 必要ならば ξ_{T^*} の行の順序を入れ替えることによって，

$$\xi_{T^*} = \begin{pmatrix} \mathbb{I}_{n_L} \\ W_T \end{pmatrix} \tag{9.59}$$

の形にできる．ここで W_T は $(n_e(\mathcal{G})-n_L) \times n_L$ 行列である．

証明 補木 T^* が $T^* = \{e_1, \ldots, e_{n_L}\}$ のような辺からなるものとする．T^* に対応する基本ループ集合 $\{L_1, \ldots, L_{n_L}\}$ を，

$$\xi_{e_j L_k} = \delta_{jk} \quad (j, k = 1, \ldots, n_L) \tag{9.60}$$

となるように L_k の符号を調整する．このとき，式 (9.59) の形になる． □

命題 9.26 ξ_1 と ξ_2 をそれぞれ ξ の n_L 個の独立なループに対応する列からなる行列とする．両者は可逆な n_L 次正方行列 A により $\xi_2 = \xi_1 A$ のように関係する．

証明 以下，$r = 1, 2$ とする．ξ_r を与える独立なループの集合を $\left\{L_{(r);1}, \ldots, L_{(r);n_L}\right\}$ として，

$$\left(\boldsymbol{\xi}_{(r);j}\right)_e \coloneqq (\xi_r)_{ej} \coloneqq \xi_{e L_{(r);j}} \quad (e \in \mathrm{E}(\mathcal{G})) \tag{9.61}$$

のように，$n_e(\mathcal{G})$ 成分ベクトル $\boldsymbol{\xi}_{(r);j}$ を定義すると，$\left\{\boldsymbol{\xi}_{(r);j}\right\}_{j=1,\ldots,n_L}$ は互いに線形独立なベクトルの極大集合だから，

$$\boldsymbol{\xi}_{(2);j} = \sum_{k=1}^{n_L} \boldsymbol{\xi}_{(1);k} A_{kj}, \tag{9.62}$$

$$\boldsymbol{\xi}_{(1);j} = \sum_{k=1}^{n_L} \boldsymbol{\xi}_{(2);k} A'_{kj} \tag{9.63}$$

と表すことができる．二つを組み合わせると，

$$\sum_{k=1}^{n_L} \boldsymbol{\xi}_{(1);k} (AA' - \mathbb{I}_{n_L})_{kj} = 0. \tag{9.64}$$

となるが，$\left\{\boldsymbol{\xi}_{(1);j}\right\}_{j=1,\ldots,n_L}$ は互いに線形独立だから，$AA' = \mathbb{I}_{n_L}$ を得る．よって，A, A' は可逆である．式 (9.62) を $(\xi_r)_{ej}$ を用いて書き直せば，$\xi_2 = \xi_1 A$ となる． □

定理 9.4 以下 $r = 1, 2$ とする．$\mathcal{G}$ の補木 T_r^* から生成される基本ループ集合に対応する $\xi_{T_r^*}$ は，$\det A \in \{+1, -1\}$ である行列 A を用いて

$$\xi_{T_2^*} = \xi_{T_1^*} A \tag{9.65}$$

のように関係する．

証明 命題 9.26 より，$\xi_{T_2^*}$ と $\xi_{T_1^*}$ は可逆な行列 A によって結ばれる．命題 9.12 から

$T_1 := (T_1^*)^c$ と $T_2 := (T_2^*)^c$ は木の列 $\{T_{(j)}\}$ で $n\left(T_{(j)} \cap T_{(j+1)}\right) = n_v(\mathcal{G}) - 2$, $T_{(0)} = T_1$, $T_{(n)} = T_2$ であるようなもので結び付く．よって，$n(T_1 \cap T_2) = n_v(\mathcal{G}) - 2$（$T_1$ と T_2 は $(n_v(\mathcal{G}) - 2)$ 本の辺を共有し，1 本は異なる．）を満たす T_1 と T_2 に関して A が $\det A \in \{+1, -1\}$ を満たすことを示せば十分である．そのとき，T_1^* と T_2^* は $(n_L - 1)$ の辺を共有し，1 本だけ異なるから，$e'_{n_L} \neq e_{n_L}$ を用いて

$$T_1^* := \{e_1, \ldots, e_{n_L - 1}, e_{n_L}\}, \quad T_2^* := \{e_1, \ldots, e_{n_L - 1}, e'_{n_L}\} \tag{9.66}$$

とする．それぞれから基本ループ集合を構成し，$\xi_{T_r^*}$ の要素 $\left(\xi_{T_r^*}\right)_{e, L_{(r);k}}$ $(r = 1, 2)$ に入れる．ここで $\xi_{T_r^*}$ の定義から $e \in \mathrm{E}(\mathcal{G})$ のほうは順序なども共通である．$\xi_{T_1^*}$ は式 (9.59) の形になるため，$\xi_{T_2^*}$ の 1 行から n_L 行を見ると

$$\begin{aligned}\left(\xi_{T_2^*}\right)_{e_j L_{(2);j'}} &= \sum_{k=1}^{n_L} \underbrace{\left(\xi_{T_1^*}\right)_{e_j L_{(1);k}}}_{=\delta_{jk}} A_{kj'} \\ &= A_{jj'} \quad (j, j' = 1, \ldots, n_L).\end{aligned} \tag{9.67}$$

他方で，$\left(\xi_{T_2^*}\right)_{e_j L_{(2);k}}$ は

$$\left(\xi_{T_2^*}\right)_{e_j L_{(2);k}} = \begin{cases} \delta_{jk} & 1 \leq j, k \leq (n_L - 1), \\ 0 & 1 \leq j \leq (n_L - 1), \ k = n_L, \\ \pm 1 & j = k = n_L \end{cases} \tag{9.68}$$

である．ここで，$\xi_{e_{n_L} L_{(2);n_L}} = 0$ とすると $\xi_{T_2^c}$ の階数が n_L とならないから $\xi_{e_{n_L} L_{(2);n_L}} \in \{+1, -1\}$ である．式 (9.67) と (9.68) より A は下三角行列であるから，$\det A \in \{+1, -1\}$ を得る． □

9.8 ファインマン積分の構成要素

補木 T^* から生成される基本ループ集合 $\{L_1, \ldots, L_{n_L}\}$ に対応するループ行列 ξ_{T^*} を用いて

$$\Omega_{T^*;L_i,L_j}(z) := \sum_{e \in \mathrm{E}(\mathcal{G})} z_e \, \xi_{T^*;e L_i} \, \xi_{T^*;e L_j} \tag{9.69}$$

をおく．

命題 9.27 $\left\{\Omega_{T^*;L_i,L_j}(z)\right\}_{i,j=1,\ldots,n_L(\mathcal{G})}$ は対称かつ半正定値行列である．

証明 任意の $v \in \boldsymbol{R}^{n_L(\mathcal{G})}$ に対して

$$\sum_{i,j=1}^{n_L(\mathcal{G})} v_i \, \Omega_{T^*;L_i,L_j}(z) \, v_j = \sum_{e \in \mathrm{E}(\mathcal{G})} z_e \left(\sum_{j=1}^{n_L(\mathcal{G})} \xi_{T^*;e L_j} \, v_j\right)^2 \geq 0. \tag{9.70}$$

$z_e > 0$ $(\forall e \in \mathrm{E}(\mathcal{G}))$ のとき，これが 0 となるのは，$v = 0$ に限る． □

よって，$z_e > 0$ $(\forall e \in \mathrm{E}(\mathcal{G}))$ である限り $\left\{\Omega_{T^*;L_i,L_j}\right\}_{i,j=1,\ldots,n_L(\mathcal{G})}$ は逆行列を持ち，$\Omega_{T^*} = (\Omega_{T^*})^{\frac{1}{2}}(\Omega_{T^*})^{\frac{1}{2}}$ で与える $(\Omega_{T^*})^{\frac{1}{2}}$ が一意に決まり，それも逆行列を持つ．

命題 9.28　$\Omega_{T^*}(z)$ の行列式

$$U(z) := \det(\Omega_{T^*}(z)) \tag{9.71}$$

は $\Omega_{T^*}(z)$ の構成時に用いる補木 T^* の選択によらない．$U(z)$ を $\mathcal{G}$ の $\boldsymbol{U}$ **関数**と呼ぶ．

証明　定理 9.4 より補木 T^* と $T^{*\prime}$ に対応するループ行列 ξ_{T^*} と $\xi_{T^{*\prime}}$ は，行列式の大きさが 1 の行列 A により $\xi_{T^{*\prime}} = \xi_{T^*} A$ と関係する．よって，$\Omega_{T^*}(z)$ と $\Omega_{T^{*\prime}}(z)$ は

$$\Omega_{T^{*\prime}}(z) = A^t\,\Omega_{T^*}(z)\,A \tag{9.72}$$

で関係するから，

$$\det(\Omega_{T^{*\prime}}(z)) = \det(\Omega_{T^*}(z))\,(\det A)^2 = \det(\Omega_{T^*}(z)) \tag{9.73}$$

を得る．□

定義 9.16　任意のループ $L \in \boldsymbol{L}_{\mathcal{G}}$ に対して還元グラフ $\mathcal{G}/L$ における U 関数を $U_{\mathcal{G}/L}(z)$ とする．

定義 9.17　辺の部分集合 $I \subseteq \mathrm{E}(\mathcal{G})$ に関する**紫外極限** $[f(z)]_I^{\mathrm{UV}}$ を次のように定義する：
- 任意に小さくできるパラメータ $\epsilon > 0$ を用いて，$z_e = \epsilon$ $(\forall e \in I)$ とする．
- $f(z)$ が ϵ の負ベキを含むとき，

$$[f(z)]_I^{\mathrm{UV}} := f(z) \text{ の主要項} \tag{9.74}$$

とする．
- それ以外のとき，

$$[f(z)]_I^{\mathrm{UV}} := \lim_{\epsilon\to 0} f(z) \tag{9.75}$$

とする．

$\left\{\Omega_{T^*;L_i,L_j}\right\}_{i,j=1,\ldots,n_L}$ の余因子行列の (i,j) 成分を $\widetilde{\Omega}_{T^*;L_i,L_j}$ とする．

定理 9.5　ループ $L \in \boldsymbol{L}_{\mathcal{G}}$ に対して，Ω_{T^*} の余因子行列の (L,L) 成分の L に関する紫外極限は，$U_{\mathcal{G}/L}$ に等しい：

$$\left[\widetilde{\Omega}_{T^*;L,L}\right]_L^{\mathrm{UV}} = U_{\mathcal{G}/L}\,. \tag{9.76}$$

証明　式 (9.76) の左辺に L に関する紫外極限が現れるのは，右辺の $U_{\mathcal{G}/L}$ という量が，L を縮約したファインマン図 $\mathcal{G}/L$ に対応する量だからである．命題 9.20 により L を含む基本ループ集合 $\{L, L_1, \ldots, L_{n_L-1}\}$ と補木 $T^* = \{e, e_1, \ldots, e_{n_L-1}\}$ が得られる．$\widetilde{\Omega}_{T^*;L,L}$ は $(n_L - 1)$ 次正方行列 $\left\{\Omega_{T^*;L_j,L_k}\right\}_{j,k=1,\ldots,n_L-1}$ の行列式で与えられる：

$$\widetilde{\Omega}_{T^*;L,L} = \det\left(\left\{\Omega_{T^*;L_j,L_k}\right\}_{j,k=1,\ldots,n_L-1}\right). \tag{9.77}$$

行列式をとる操作と紫外極限は可換である：

$$\left[\widetilde{\Omega}_{T^*\,;\,L\,,\,L}\right]_L^{\mathrm{UV}} = \det\left(\left[\left\{\Omega_{T^*\,;\,L_j\,,\,L_k}\right]_L^{\mathrm{UV}}\right\}_{j\,,\,k\,=\,1\,,\,\dots\,,n_L-1}\right). \tag{9.78}$$

ここで，式 (9.69) の $\Omega_{T^*\,;\,L_j\,,\,L_k}$ を振り返るに，L に関する紫外極限 $z_e = 0$ $(e \in L)$ は，辺にわたる和から $e \in L$ をすべて取り除くことと等価である：

$$\left[\Omega_{T^*\,;\,L_j\,,\,L_k}\right]_L^{\mathrm{UV}} = \sum_{e\,\in\,(\mathrm{E}(\mathcal{G})-L)} z_e\, \xi_{T^*\,;\,e\,L_j}\, \xi_{T^*\,;\,e\,L_k}\,. \tag{9.79}$$

$(\mathrm{E}\,(\mathcal{G}) - L) = \mathrm{E}\,(\mathcal{G}/L)$ だから，$\mathcal{G}/L$ の視点から右辺を考える．

定理 9.3 より，$(T^* - L)$ は $\mathcal{G}/L$ の補木で $\{L_1 - L, \cdots, L_{n_L-1} - L\}$ は $(T^* - L)$ から生成される基本ループ集合である．$e \in \mathrm{E}\,(\mathcal{G}/L)$ が $e \in L_j$ ならば，$e \in (L_j - L)$ で，

$$\xi_{T^*-L\,;\,e\,L_j-L} = \xi_{T^*\,;\,e\,L_j} \quad (e \in \mathrm{E}\,(\mathcal{G}/L)) \tag{9.80}$$

である．これを式 (9.79) に代入すると

$$\begin{aligned}\left[\Omega_{T^*\,;\,L_j\,,\,L_k}\right]_L^{\mathrm{UV}} &= \sum_{e\,\in\,\mathrm{E}(\mathcal{G}/L)} z_e\, \xi_{T^*-L\,;\,e\,L_j-L}\, \xi_{T^*-L\,;\,e\,L_k-L} \\ &= \Omega^{\mathcal{G}/L}_{T^*-L\,;\,L_j-L\,,\,L_k-L}\end{aligned} \tag{9.81}$$

を得る．さらに，これを式 (9.78) に代入すると

$$\left[\widetilde{\Omega}_{T^*\,;\,L\,,\,L}\right]_L^{\mathrm{UV}} = \det\left(\left\{\Omega^{\mathcal{G}/L}_{T^*-L\,;\,L_j-L\,,\,L_k-L}\right\}_{j\,,\,k\,=\,1\,,\,\dots\,,n_L-1}\right) = U_{\mathcal{G}/L} \tag{9.82}$$

のように目的の等式を得る． □

定理 9.6 $U(z)$ は

$$U(z) = \sum_{T^*\in \boldsymbol{T}^*_{\mathcal{G}}} \prod_{e\,\in\,T^*} z_e \tag{9.83}$$

とも書ける．

証明 式 (9.83) の右辺の量を $V(z)$ とする．$\det(\Omega_{T^*})$ は T^* の取り方によらないから，ループ行列が式 (9.59) の形となるような $T^* \in \boldsymbol{T}^*_{\mathcal{G}}$ で考える．各 $e \in T^*$ に対応する z_e は，対角成分 $\Omega_{T^*\,;\,L_i\,,\,L_i}$ にちょうど一度だけ含まれるから，$U(z) = \det\left(\left\{\Omega_{T^*\,;\,L_i\,,\,L_j}\right\}_{i\,,\,j\,=\,1\,,\,\dots\,,\,n_L}\right)$ は $\prod_{e\in T^*} z_e$ を含む．つまり，$U(z)$ はすべての $T^* \in \boldsymbol{T}^*_{\mathcal{G}}$ に対する $\prod_{e\in T^*} z_e$ の和 $V(z)$ を含む．

そこで，

$$D(z) \coloneqq U(z) - V(z) \tag{9.84}$$

とおき，$D(z) \neq 0$ と仮定する．$U(z)$ の各項は z_e の n_L 次の単項式だから $D(z)$ も n_L 次斉次多項式である．$U(z)$ と $V(z)$ にはすべての $T^* \in \boldsymbol{T}^*_{\mathcal{G}}$ に対応する $\prod_{e\in T^*} z_e$ が含まれているから，$D(z)$ に含まれ得る非自明な単項式 $\beta\, z_{e_1} \cdots z_{e_{n_L}}$ を与えるような辺の部分集合

$I := \bigcup_{j=1}^{n_L} \{e_j\}$ は補木ではない，したがって，I^c は木ではない．I^c に含まれる辺の個数は $n(I^c) = n_e(\mathcal{G}) - n(I) \geq n_e(\mathcal{G}) - n_L(\mathcal{G}) \geq n_v(\mathcal{G}) - 1$ である．よって．命題 9.10–2 より，I^c はループ L を含まなければならない．定義 9.9–2 で見たように任意の補木 T^* は L と交わる：$T^* \cap L \neq \emptyset$. したがって，$L$ に関する紫外極限 $z_e = 0$ $(e \in L)$ に関して

$$\left[\prod_{e \in T^*} z_e\right]_L^{\mathrm{UV}} = 0 \quad \left(\forall T^* \in \boldsymbol{T}_{\mathcal{G}}^*\right), \quad [V(z)]_L^{\mathrm{UV}} = 0\,. \tag{9.85}$$

他方，定理 9.5 の証明で行ったのと同様にして，L を含む基本ループ集合 $\{L\,,\, L_1\,,\, \ldots\,,\, L_{n_L-1}\}$ が得られるような補木 T^* を選ぶと，$\left[\Omega_{T^*\,;\,L\,L_j}\right]_L^{\mathrm{UV}} = 0$ だから，

$$[U(z)]_L^{\mathrm{UV}} = 0\,. \tag{9.86}$$

これと式 (9.85) から $[D(z)]_L^{\mathrm{UV}} = 0$ でなければならない．

しかし，$L \subseteq I^c$ より $L \cap I = L \cap \{e_1\,,\, \ldots\,,\, e_{n_L}\} = \emptyset$ だから，$\left[\prod_{j=1}^{n_L} z_{e_j}\right]_L^{\mathrm{UV}} \neq 0$, $[D(z)]_L^{\mathrm{UV}} \neq 0$ であり，矛盾する．したがって，$D(z) = 0$ である． □

定義 9.18 ***B*** **関数** $B_{T^*\,;\,e\,e'}$ $(e\,,\, e' \in \mathrm{E}\,(\mathcal{G}))$ を

$$B_{T^*\,;\,e\,e'} := \sum_{i\,,\,j=1}^{n_L(\mathcal{G})} \xi_{T^*\,;\,e\,L_i}\, \xi_{T^*\,;\,e'\,L_j}\, \widetilde{\Omega}_{T^*\,;\,L_i\,,\,L_j} \tag{9.87}$$

で定義する．

命題 9.29 $B_{T^*\,;\,e\,e'}$ は補木 T^* の取り方によらない．

証明 T^* を $T^{*\prime}$ へ取り換えた際の $B_{T^*\,;\,e\,e'}$ の変換性を追跡する．$\det A = \pm 1$ の n_L 次元正方行列 A で

$$\xi_{T^{*\prime}\,;\,e\,,\,L_j} = \sum_{k=1}^{n_L} \xi_{T^*\,;\,e\,,\,L_k}\, A_{kj} \tag{9.88}$$

とすると，

$$\begin{aligned}\Omega_{T^{*\prime}\,;\,L_j\,,\,L_{j'}} &= \sum_{k\,,\,k'=1}^{n_L} \Omega_{T^*\,;\,L_k\,,\,L_{k'}}\, A_{kj}\, A_{k'j'} \\ &= \left(A^t\, \Omega_{T^*}\, A\right)_{L_j\,,\,L_{j'}}\,.\end{aligned} \tag{9.89}$$

よって，

$$\begin{aligned}&\det\left(\left\{\Omega_{T^{*\prime}\,;\,L_j\,,\,L_{j'}}\right\}_{j\,,\,j'=1\,,\,\ldots\,,\,n_L}\right) \\ &= (\det A)^2 \det\left(\left\{\Omega_{T^*\,;\,L_k\,,\,L_{k'}}\right\}_{k\,,\,k'=1\,,\,\ldots\,,\,n_L}\right) \\ &= \det\left(\left\{\Omega_{T^*\,;\,L_k\,,\,L_{k'}}\right\}_{k\,,\,k'=1\,,\,\ldots\,,\,n_L}\right)\,.\end{aligned} \tag{9.90}$$

ゆえに，$\left\{\Omega_{T^*\,;\,L_j\,,\,L_{j'}}\right\}$ の余因子行列の変換は，その逆行列の変換性と同じである：

$$\widetilde{\Omega}_{T^{*\prime}\,;\,L_j\,,\,L_{j'}} = \sum_{k\,,\,k'=1}^{n_L} \widetilde{\Omega}_{T^*\,;\,L_k\,,\,L_{k'}}\,(A^{-1})_{kj}\,(A^{-1})_{k'j'}\,. \tag{9.91}$$

これと式 (9.88) から，$B_{T^*\,;\,e\,e'}$ は補木 T^* の取り方によらない：

$$B_{T^{*\prime}\,;\,e\,e'} = B_{T^*\,;\,e\,e'}. \tag{9.92}$$

□

今後は $B_{T^*\,;\,e\,e'}$ を $B_{e\,e'}$ と書く．

命題 9.30 任意の実数の集合 $\{\alpha_e\}_{e\,\in\,\mathrm{E}(\mathcal{G})}$ に対して

$$\sum_{e\,,\,e'\,\in\,\mathrm{E}(\mathcal{G})} \alpha_e\,\alpha_{e'} B_{e\,e'} = \sum_{L\in \boldsymbol{L}_{\mathcal{G}}} U_{\mathcal{G}/L} \left(\sum_{e\in\mathrm{E}(\mathcal{G})} \alpha_e\,\xi_{T^*\,;\,e\,L} \right)^2 \tag{9.93}$$

が成り立つ．

証明 命題 9.20 により L を含む基本ループ集合 $\{L_1 := L\,,\,L_2\,,\,\ldots\,,\,L_{n_L}\}$ と対応する補木 $T^* = \{e_1\,,\,e_2\,,\,\ldots\,,\,e_{n_L}\}$ が得られる．定理 9.5 より，

$$\left[\widetilde{\Omega}_{T^*\,;\,L\,,\,L}\right]_L^{\mathrm{UV}} = U_{\mathcal{G}/L}\,. \tag{9.94}$$

他の余因子 $\left[\widetilde{\Omega}_{T^*\,;\,L_i\,,\,L_j}\right]_L^{\mathrm{UV}}$ $(i \neq 1$ または $j \neq 1)$ は

$$\begin{aligned} \left[\Omega_{T^*\,;\,L\,,\,L_k}\right]_L^{\mathrm{UV}} &= \sum_{e\,\in\,\mathrm{E}(\mathcal{G}/L)} z_e \underbrace{\xi_{T^*\,;\,e\,,\,L}}_{=0} \xi_{T^*\,;\,e\,,\,L_k} \\ &= 0 = \left[\Omega_{T^*\,;\,L_k\,,\,L}\right]_L^{\mathrm{UV}} \quad (k \neq 1) \end{aligned} \tag{9.95}$$

を含む行列式だから，0 である：

$$\left[\widetilde{\Omega}_{T^*\,;\,L_i\,,\,L_j}\right]_L^{\mathrm{UV}} = 0 \quad \left(i \neq 1 \text{ または } j \neq 1\right)\,. \tag{9.96}$$

よって，式 (9.93) の左辺の L に関する UV 極限は

$$\left[\sum_{e\,,\,e'\,\in\,\mathrm{E}(\mathcal{G})} \alpha_e\,\alpha_{e'} B_{e\,e'}\right]_L^{\mathrm{UV}} = U_{\mathcal{G}/L} \left(\sum_{e\,\in\,\mathrm{E}(\mathcal{G})} \alpha_e\,\xi_{T^*\,;\,e\,L} \right)^2\,. \tag{9.97}$$

他方，L とは異なるループ $L' \in \boldsymbol{L}_{\mathcal{G}}$ に対する $U_{\mathcal{G}/L'}$ は，定理 9.6 により

$$U_{\mathcal{G}/L'} = \sum_{T^{*\prime} \in \boldsymbol{T}^*_{\mathcal{G}/L'}} \prod_{e \in T^{*\prime}} z_e \tag{9.98}$$

と書ける．$L \not\subseteq L'$ だから $\mathrm{E}\,(\mathcal{G}/L') = \mathrm{E}\,(\mathcal{G}) - L'$ は L の辺を少なくとも 1 本含む．$I = L'$ として命題 9.8–2 を使うと，$(L - L')$ は $\mathcal{G}/L'$ 内の非自明なループ L'' を含む．$\mathcal{G}/L'$ 内の補木 $T^{*\prime}$ は $\mathcal{G}/L'$ 内のすべてのループと交わるから，$\emptyset \neq T^{*\prime} \cap L'' \subseteq (L - L')$．これ

は，式 (9.98) のすべての $T^{*\prime} \in \boldsymbol{T}^*_{\mathcal{G}/L'}$ に対応する単項式 $\prod_{e \in T^{*\prime}} z_e$ が必ず z_e $(e \in L)$ を含むことを意味する．よって，L 以外の任意のループ L' に関して

$$\left[U_{\mathcal{G}/L'}\right]_L^{\mathrm{UV}} = 0 \tag{9.99}$$

である．これと式 (9.97) の結果は，

$$D(z) := \sum_{e,\, e' \in \mathrm{E}(\mathcal{G})} \alpha_e \alpha_{e'} B_{e\,e'} - \sum_{L \in \boldsymbol{L}_{\mathcal{G}}} U_{\mathcal{G}/L} \left(\sum_{e \in \mathrm{E}(\mathcal{G})} \alpha_e \xi_{T^*;\, e\, L} \right)^2 \tag{9.100}$$

とするとき，

$$[D(z)]_L^{\mathrm{UV}} = 0 \quad (\forall L \in \boldsymbol{L}_{\mathcal{G}}) \tag{9.101}$$

としてまとめることができる．

式 (9.100) のどの項も z_e についての $(n_L - 1)$ 次単項式である．よって，$D(z) \neq 0$ とすると，各項は $\beta \prod_{j=1}^{n_L-1} z_{e_j}$ の形である．これを与えるような辺の集合 $I = \bigcup_{j=1}^{n_L-1} \{e_j\}$ の補集合 I^c に含まれる辺の総数は $n(I^c) = n_e(\mathcal{G}) - n(I) \geq n_e(\mathcal{G}) - n_L(G) + 1 = n_v(\mathcal{G})$ であるから，I^c は木ではあり得ない．ゆえに，命題 9.10–2 の否定から，ループ L は I^c に含まれる：$L \subseteq I^c$．よって，$I \cap L = \emptyset$ である．したがって，$D(z)$ は L に含まれる z_e をすべて 0 にしても消えない，すなわち

$$[D(z)]_L^{\mathrm{UV}} \neq 0 \tag{9.102}$$

となるが，それは式 (9.101) に反する．ゆえに $D(z) = 0$ である． □

式 (9.93) が任意の $\{\alpha_e\}_{e \in \mathrm{E}(\mathcal{G})}$ について成り立つから，

$$B_{e\,e'} = \sum_{L \in \boldsymbol{L}_{\mathcal{G}}} \xi_{T^*;\, e\, L}\, \xi_{T^*;\, e'\, L}\, U_{\mathcal{G}/L}\,. \tag{9.103}$$

定理 9.7　$v \neq v'$ を $\mathcal{G}$ の二つの頂点とする．$P \in \boldsymbol{P}_{\mathcal{G}}(vv')$ に対して，$\mathcal{G}/P$ における U 関数を $U_{\mathcal{G}/P}$ とするとき，

$$\sum_{P \in \boldsymbol{P}_{\mathcal{G}}(vv')} U_{\mathcal{G}/P} = U \tag{9.104}$$

が成り立つ．

証明　3 段階に分けて証明する：

1. 任意の $T^* \in \boldsymbol{T}^*_{\mathcal{G}}$ に対し，木 $T = (T^*)^c$ 内で v と v' を通る道 $P \in \boldsymbol{P}_{\mathcal{G}}(vv')$ が唯一つ存在する．$P \subseteq T$ だから命題 9.11–2 より，$(T - P)$ は $\mathcal{G}/P$ の木，その $\mathcal{G}/P$ 内での補集合 $T^{*\prime} := \mathrm{E}(\mathcal{G}/P) - (T - P)$ は $\mathcal{G}/P$ 内の補木である．

   さらに $T^* = T^{*\prime}$ である．実際，任意の $e \in T^*$ に対して，$e \notin T$．$P \subseteq T$ より $e \notin P$，したがって $e \in \mathrm{E}(\mathcal{G}/P)$．ゆえに $e \in \mathrm{E}(\mathcal{G}/P) - T \subseteq \mathrm{E}(\mathcal{G}/P) - (T - P) = T^{*\prime}$，つまり，$T^* \subseteq T^{*\prime}$ である．逆に任意の $e \in T^{*\prime}$ に対して，$e \in (\mathrm{E}(\mathcal{G}) - P)$ かつ $e \notin (T - P)$．$e \notin P$ で $e \notin (T - P)$ だから $e \in T^c = T^*$，したがって $T^{*\prime} \subseteq T^*$

である．T^* は $\mathcal{G}/P$ の木だから，U に含まれる $\prod_{e\in T^*} z_e$ が，$U_{\mathcal{G}/P}$ にも含まれることが分かった．

2. 逆に任意の $P \in \boldsymbol{P}_{\mathcal{G}}(vv')$ と任意の $T^* \in \boldsymbol{T}^*_{\mathcal{G}/P}$ に対し，$T := \mathrm{E}(\mathcal{G}) - T^*$ は P を含む：$P \subseteq T$．ここで，

$$T' := \mathrm{E}(\mathcal{G}/P) - T^* = P^c \cap ((T^*)^c = T) = T - P \tag{9.105}$$

は $\mathcal{G}/P$ 内の木である．T は $\mathcal{G}$ 内の木でもある．これを示すため，T がループ L を含むと仮定して矛盾を導く．$(L-P) \neq \emptyset$ で，$L \not\subseteq P$ だから，命題 9.8–2 より，$\mathcal{G}/P$ のループ L' で $L' \subseteq (L-P) \subseteq (T-P) = T'$ を満たすものが存在する．これは T' が $\mathcal{G}/P$ 内の木であることに矛盾する．よって，T はループを含まない．任意の $e \in (\mathrm{E}(\mathcal{G}) - T)$ に対し，$e \notin T'$ で T' は $\mathcal{G}/P$ の木だから，$L'' \in \boldsymbol{L}_{\mathcal{G}/P}$ で $L'' \subseteq (T' + \{e\})$ を満たすものが存在する．L'' は $\mathcal{G}$ 内では $v_1 \neq v_2$ を端点とする道 P'' かもしれないが，その場合には（$L'' \cap P = \emptyset$ より）P も v_1 と v_2 を通過するから，$(L''+P) \subseteq (T+\{e\})$ は $\mathcal{G}$ のループを含む．ゆえに，T は $\mathcal{G}$ 内の木である．よって，T^* に対応する $U_{\mathcal{G}/P}$ 内の積 $\prod_{e\in T^*} z_e$ は，U にも寄与する．

3. また，異なる $P, P' \in \boldsymbol{P}_{\mathcal{G}}(vv')$ に対応する $U_{\mathcal{G}/P}$ と $U_{\mathcal{G}/P'}$ が，同じ積 $\prod_{e\in T^*} z_e$ を共有するには，$T^* \in \boldsymbol{T}^*_{\mathcal{G}/P} \cap \boldsymbol{T}^*_{\mathcal{G}/P'} \neq \emptyset$ が存在することが必要である．$T^* \cap P = \emptyset$ より $P \subset T := (T^*)^c$，$T^* \cap P' = \emptyset$ より $P' \subset T$ である．T は先ほど見たように $\mathcal{G}$ 内の木であるが，T 内で v と v' を通る異なる道が二つあることになり矛盾する．したがって，$\boldsymbol{T}^*_{\mathcal{G}/P} \cap \boldsymbol{T}^*_{\mathcal{G}/P'} = \emptyset$ だから，$U_{\mathcal{G}/P}$ と $U_{\mathcal{G}/P'}$ は同じ積を共有しない．

以上のことから，U に含まれる各積 $\prod_{e\in T^*} z_e$ は，ちょうど一つの $P \in \boldsymbol{P}_{\mathcal{G}}(vv')$ に関する $U_{\mathcal{G}/P}$ から供給されることが分かった．

□

9.9 ファインマン積分への応用

QED のファインマン図はグラフの辺に粒子の種別を付加したものである．光子の辺というのは違和感があるため，光子線，フェルミオン線などと呼ぶことにする．

ここでは，クェンチ QED における自己エネルギー型ファインマン図 $\mathcal{G}$ の寄与を考える．ゲージ固定としては**ファインマン・ゲージ** $\alpha = 1$ をとる．陽に示さないパウリ–ヴィラス正則項の存在下で，

$$\left(\frac{\alpha}{\pi}\right)^{n_L} \frac{1}{\mathrm{i}} \Sigma_{\mathcal{G}}(p) = (\mathrm{i}\, e\, \mu^{\varepsilon})^{n_v} \left(\prod_{s=1}^{n_L} \int \frac{d^D l_{L_s}}{(2\pi)^D}\right) F_{\mathcal{G}}(k) \\ \times (-1)^{n_L} \prod_{e\in\mathrm{E}(\mathcal{G})} \frac{\mathrm{i}}{k_e^2 - m_e^2 + \mathrm{i}\,\varepsilon} \tag{9.106}$$

とおく．ここで，$(-1)^{n_L}$ は n_L 個の光子の伝搬関数からの符号で，$F_{\mathcal{G}}(k)$ はフェルミオンの伝搬関数の分子と光子の伝搬関数から供給される $\eta_{\mu\nu}$ の掛け算である：

$$F_{\mathcal{G}}(k) \coloneqq \left(\prod_{j=1}^{n_{2n_L - 1}} \gamma^{\nu(j)} \left(\not{k}_{e_j} + m_{e_j} \right) \right) \gamma^{\nu(2n_L)} \prod_{i=1}^{n_L} \eta_{\nu_{j_i} \nu_{j'_i}} . \tag{9.107}$$

n_L 個のペア $\{(j_i , j'_i)\}_{i=1,\ldots,n_L} = \{1, \ldots, 2n_L\}$ は，各々の光子線が一列に並んだ $2n_L$ 個の頂点のうちのどのペアに接続するかを記述する部分だから，クェンチ QED の n_L ループ・自己エネルギー型ファインマン図 $\mathcal{G}$ を一意に決定する．このペアの集合のデータはすべての情報を備えている[15]：

- クェンチ型 QED における n_L ループ自己エネルギー型ファインマン図をすべて列挙できる．
- そのようなファインマン図 $\mathcal{G}$ 内の部分図もクェンチ QED のファインマン図だから，部分図のすべての情報を引き出せる．特に各々の部分図の 1 粒子既約性，および，部分図にとっての外線の総数（つまり，全体紫外発散の有無）を判定できる．
- 部分図の間の包含関係を把握できる．

今は電荷を帯びたスカラー場は含めておらず，ファインマン・ゲージのゲージ場の伝搬関数を使うため，各フェルミオンの内線運動量 k_e は $F_{\mathcal{G}}(k)$ の各項に高々 1 次でしか現れない．この事実はループ運動量の積分を実行する際に仮定される．

辺の総数は，フェルミオン線 $(2n_L - 1)$ と光子線 n_L の計 $n_e = 3n_L - 1$ である．よって，式 (9.106) の右辺に含まれる符号と虚数単位 i の定数は

$$(-1)^{2n_L} \mathrm{i}^{3n_L - 1} = \frac{1}{\mathrm{i}} \left(\frac{1}{\mathrm{i}} \right)^{n_L} \tag{9.108}$$

だから，式 (9.106) は以下のようになる：

$$\begin{aligned} \left(\frac{\alpha}{\pi} \right)^{n_L} \Sigma_{\mathcal{G}}(p) &= (-1)^{n_e(\mathcal{G})} \left(e^2 \mu^{2\varepsilon} \right)^{n_L} \left(\prod_{s=1}^{n_L} \int \frac{d^D l_{L_s}}{\mathrm{i}\,(2\pi)^D} \right) \\ &\quad \times F_{\mathcal{G}}(k) \prod_{e \in \mathrm{E}(\mathcal{G})} \frac{1}{M_e^2 - k_e^2 - \mathrm{i}\,\varepsilon} . \end{aligned} \tag{9.109}$$

補木 $T^* = \{e_1 , \ldots , e_{n_L}\}$ が生成する基本ループ集合 $\{L_1 , \ldots , L_{n_L}\}$ に対応するループ行列と，L_j を流れるループ運動量 l_{L_j} を用いると，辺 e に流れるループ運動量の総和は

$$r_e = \sum_{j=1}^{n_L} \xi_{T^* ; e L_j} \, l_{L_j} \tag{9.110}$$

だから，e を流れる r_e 以外の運動量成分を q_e とすると

$$k_e = r_e + q_e \tag{9.111}$$

となる．ここで，q_e は e を流れる外部運動量の総和である．式 (9.29) より，各頂点 v に集まるループ運動量の総計は 0 である：

$$\sum_{e \in \mathrm{E}(\mathcal{G})} \epsilon_{ve} \, r_e = \sum_{j=1}^{n_L} l_{L_j} \sum_{e \in \mathrm{E}(\mathcal{G})} \epsilon_{ve} \, \xi_{T^* ; e L_j} = 0 . \tag{9.112}$$

外部運動量 p_v が頂点 v から $\mathcal{G}$ に流れ込むとき，各頂点における運動量の保存は

$$\sum_{e \in \mathrm{E}(\mathcal{G})} \epsilon_{ve}\, k_e + p_v = 0 \tag{9.113}$$

である．これと式 (9.111), (9.112) から

$$\sum_{e \in \mathrm{E}(\mathcal{G})} \epsilon_{ve}\, q_e + p_v = 0\,. \tag{9.114}$$

式 (9.109) の $F_{\mathcal{G}}(k)$ に k_e が現れる場合には以下のように書き直す：

$$\begin{aligned}\frac{k_{e\,,\,\mu}}{k_e^2 - m_e^2 + \mathrm{i}\,\varepsilon} &= k_{e\,,\,\mu} \int_{m_e^2}^{\infty} dM_e^2\, \frac{\partial}{\partial M_e^2} \left(-\frac{1}{k_e^2 - M_e^2 + \mathrm{i}\,\varepsilon} \right) \\ &= \mathbb{D}_{e\,,\,\mu}\, \frac{1}{k_e^2 - M_e^2 + \mathrm{i}\,\varepsilon}\,.\end{aligned} \tag{9.115}$$

ここで，

$$\mathbb{D}_{e\,,\,\mu}\, \frac{1}{k_e^2 - M_e^2 + \mathrm{i}\,\varepsilon} := \frac{1}{2} \int_{m_e^2}^{\infty} dM_e^2\, \frac{\partial}{\partial\, q_e^{\mu}}\, \frac{1}{(r_e + q_j)^2 - M_e^2 + \mathrm{i}\,\varepsilon} \tag{9.116}$$

とおいた．この演算を定義するため，q_e をしばらく独立変数として扱い，すべての $\mathbb{D}_{e\,,\,\mu}$ の演算を実行した後で式 (9.114) の制限に従うものとする．$F_{\mathcal{G}}(k)$ 内の単項式が k_e を含まない場合も共通に M_e^2 を使うため，

$$\mathbb{M}_e\, \frac{1}{k_e^2 - M_e^2 + \mathrm{i}\,\varepsilon} := \lim_{M_e^2 \to m_e^2} \frac{1}{k_e^2 - M_e^2 + \mathrm{i}\,\varepsilon} \tag{9.117}$$

のすべての辺 e にわたる積を

$$\mathbb{M} := \prod_{e \in \mathrm{E}(\mathcal{G})} \mathbb{M}_e \tag{9.118}$$

と書く．$\mathbb{D}_{e\,,\,\mu}$ が作用した後では M_e は残っていないから $\mathbb{M}_e \mathbb{D}_{e\,,\,\mu} = \mathbb{D}_{e\,,\,\mu}$ を用いると

$$F_{\mathcal{G}}(k) \prod_{e \in \mathrm{E}(\mathcal{G})} \frac{1}{k_e^2 - m_e^2 + \mathrm{i}\,\varepsilon} = \mathbb{M}\, F_{\mathcal{G}}(\mathbb{D}) \prod_{e \in \mathrm{E}(\mathcal{G})} \frac{1}{k_e^2 - M_e^2 + \mathrm{i}\,\varepsilon} \tag{9.119}$$

となる．これを式 (9.109) に適用すると

$$\begin{aligned}\left(\frac{\alpha}{\pi}\right)^{n_L} \Sigma_{\mathcal{G}}(p) &= (-1)^{n_e(\mathcal{G})} \left(e^2 \mu^{2\varepsilon}\right)^{n_L} \mathbb{M}\, F_{\mathcal{G}}^{\nu}(\mathbb{D}) \\ &\qquad \times \left(\prod_{j=1}^{n_L} \int \frac{d^D l_{L_j}}{\mathrm{i}\,(2\pi)^D} \right) \prod_{e \in \mathrm{E}(\mathcal{G})} \frac{1}{M_e^2 - k_e^2 - \mathrm{i}\,\varepsilon}\end{aligned} \tag{9.120}$$

のように，$\mathbb{M}\, F_{\mathcal{G}}(\mathbb{D})$ をループ積分の外に出すことができる．それらの演算子はループ積分を終えた後で実行する．

ファインマン積分のパラメトリック表示を得るため，ファインマン・パラメータ $\{z_e\}_{e \in \mathrm{E}(\mathcal{G})}$ を以下の式を使って導入したい：

$$\prod_{j=1}^{n} \frac{1}{a_j} = \left(\prod_{j=1}^{n} \int_0^1 dz_j \right) \delta\left(1 - \sum_{k=1}^{n} z_k\right) \frac{\Gamma(n)}{\left(\sum_{i=1}^{n} z_i a_i\right)^n}\,. \tag{9.121}$$

これを帰納法で示す．$n=2$ の場合は確認済みだから，$n \geq 2$ で式 (9.121) が成立すると仮定した上で，$(n+1)$ の場合を調べる．$n=2$ の場合の式

$$\frac{1}{bc} = \int_0^1 ds \int_0^1 dt\, \delta(1-s-t)\, \frac{1}{(sb+tc)^2} \tag{9.122}$$

を c について $(n-1)$ 回微分して得られる

$$\frac{\Gamma(n)}{bc^n} = \int_0^1 ds \int_0^1 dt\, t^{n-1}\, \delta(1-s-t) \frac{\Gamma(n+1)}{(sb+tc)^{n+1}} \tag{9.123}$$

で $c = \displaystyle\sum_{i=1}^{n} z_i a_i$ としたものを，帰納法の仮定により式 (9.121) を用いて積分すると，

$$\begin{aligned}
&\frac{1}{b}\left(\prod_{j=1}^{n}\int_0^1 dz_j\right)\delta\left(1-\sum_{k=1}^{n} z_k\right)\frac{\Gamma(n)}{\left(\displaystyle\sum_{i=1}^{n} z_i a_i\right)^n} \\
&= \frac{1}{b}\prod_{j=1}^{n}\frac{1}{a_j} \\
&= \int_0^\infty ds \int_0^\infty dt\, t^{n-1}\delta(1-s-t) \\
&\quad \times \left(\prod_{j=1}^{n}\int_0^\infty dz_j\right)\delta\left(1-\sum_{k=1}^{n} z_k\right)\frac{\Gamma(n+1)}{\left(sb+t\displaystyle\sum_{i=1}^{n} z_i a_i\right)^{n+1}}
\end{aligned} \tag{9.124}$$

を得る．積分の上限は 1 から ∞ に変えておいた．$z_j \to \dfrac{z_j}{t}$ とリスケールすると，

$$\begin{aligned}
&\left(\prod_{j=1}^{n}\int_0^\infty dz_j\right)\delta\left(1-\sum_{k=1}^{n} z_k\right)\frac{t^{n-1}}{\left(sb+t\displaystyle\sum_{i=1}^{n} z_i a_i\right)^{n+1}} \\
&= \left(\prod_{j=1}^{n}\int_0^\infty dz_j\right)\delta\left(\left(t-\sum_{k=1}^{n} z_k\right)\right)\frac{1}{\left(sb+\displaystyle\sum_{i=1}^{n} z_i a_i\right)^{n+1}}
\end{aligned} \tag{9.125}$$

となる．これを式 (9.124) に代入して t に関する積分をすると

$$\begin{aligned}
\frac{1}{b}\prod_{j=1}^{n}\frac{1}{a_j} &= \Gamma(n+1)\int_0^\infty ds \left(\prod_{j=1}^{n}\int_0^\infty dz_j\right) \\
&\qquad \times \delta\left(1-s-\sum_{k=1}^{n} z_k\right)\frac{1}{\left(sb+\displaystyle\sum_{i=1}^{n} z_i a_i\right)^{n+1}}
\end{aligned} \tag{9.126}$$

となる．積分の上限を 1 に戻し，$b = a_{n+1}$，$s = z_{n+1}$ とすれば，これは式 (9.121) で n を $(n+1)$ としたものにほかならない．

式 (9.121) を $a_j \to M_e^2 - k_e^2 - \mathrm{i}\,\varepsilon$, $n = n_e(\mathcal{G})$ として適用すると

$$
\begin{aligned}
&\left(\frac{\alpha}{\pi}\right)^{n_L} \Sigma_{\mathcal{G}}(p) \\
&= (-1)^{n_e(\mathcal{G})} \left(e^2 \mu^{2\varepsilon}\right)^{n_L} \mathbb{M}\, F_{\mathcal{G}}^{\nu}(\mathbb{D}) \Gamma\left(n_e(\mathcal{G})\right) \int dz_{\mathcal{G}} \\
&\quad \times \left(\prod_{j=1}^{n_L} \int \frac{d^D l_{L_j}}{\mathrm{i}\,(2\pi)^D}\right) \frac{1}{\left(\displaystyle\sum_{e \in \mathrm{E}(\mathcal{G})} z_e \left(M_e^2 - k_e^2\right) - \mathrm{i}\,\varepsilon\right)^{n_e(\mathcal{G})}}
\end{aligned}
\tag{9.127}
$$

が得られる．ここで，

$$
\int dz_{\mathcal{G}} := \left(\prod_{e' \in \mathrm{E}(\mathcal{G})} \int_0^1 dz_{e'}\right) \delta\left(1 - \sum_{e \in \mathrm{E}(\mathcal{G})} z_e\right) \tag{9.128}
$$

とした．さらに，式 (9.111) と (9.110) を用いて $\displaystyle\sum_{e \in \mathrm{E}(\mathcal{G})} z_e \left(k_e^2 - M_e^2\right)$ を書き直す：

$$
\begin{aligned}
&\sum_{e \in \mathrm{E}(\mathcal{G})} z_e \left(k_e^2 - M_e^2\right) \\
&= \sum_{i\,,\,j=1}^{n_L} \Omega_{T^*\,;\,L_i\,L_j} \left(l_{L_i} + \sum_{i'=1}^{n_L} (\Omega_{T^*}^{-1})_{L_i\,L_{i'}} q_{L_{i'}}\right) \\
&\qquad\qquad \cdot \left(l_{L_j} + \sum_{j'=1}^{n_L} (\Omega_{T^*}^{-1})_{L_j\,L_{j'}} q_{L_{j'}}\right) - V\,.
\end{aligned}
\tag{9.129}
$$

ここで，$q_{L_j} := \displaystyle\sum_{e \in \mathrm{E}(\mathcal{G})} q_e\, z_e\, \xi_{e\,L_j}$ とおき，関数 $V(z)$[*1] は

$$
\begin{aligned}
V(z) &:= \sum_{e \in \mathrm{E}(\mathcal{G})} z_e M_e^2 - G(z)\,, \\
G(z) &:= \sum_{e \in \mathrm{E}(\mathcal{G})} z_e q_e^2 - \frac{1}{U} \sum_{e\,,\,e' \in \mathrm{E}(\mathcal{G})} z_e\, z_{e'}\, B_{ee'} \left(q_e \cdot q_{e'}\right),
\end{aligned}
\tag{9.130}
$$

とした．新なループ運動量 h_{L_j} $(j = 1, \ldots, n_L)$ を

$$
l_{L_i} + \sum_{i'=1}^{n_L} (\Omega_{T^*}^{-1})_{L_i\,L_{i'}} q_{L_{i'}} = \sum_{j=1}^{n_L} \left(\Omega_{T^*}^{-\frac{1}{2}}\right)_{L_i\,L_j} h_{L_j} \tag{9.131}
$$

と定義し，

$$
\int \frac{d^D h}{\mathrm{i}\,(2\pi)^D} \frac{1}{\left(m^2 - h^2 - \mathrm{i}\varepsilon\right)^{N_0}} = \frac{\Gamma\left(N_0 - \dfrac{D}{2}\right)}{(4\pi)^{\frac{D}{2}}\,\Gamma(N_0)} \frac{1}{\left(m^2 - \mathrm{i}\,\varepsilon\right)^{N_0 - \frac{D}{2}}} \tag{9.132}
$$

を n_L 回繰り返し用いると，以下の式に辿り着く：

---

*1） V, G, U, B_{ij} はグラフ $\mathcal{G}$ に依存するが，$V_{\mathcal{G}}$ などと示すのを控えることもある．

$$\left(\prod_{j=1}^{n_L}\int\frac{d^D l_{L_j}}{\mathrm{i}(2\pi)^D}\right)\frac{1}{\left(\displaystyle\sum_{e\in\mathrm{E}(\mathcal{G})} z_e(M_e^2-k_e^2)-\mathrm{i}\,\varepsilon\right)^{n_e(\mathcal{G})}}$$

$$=\frac{\Gamma\left(n_e\left(\mathcal{G}\right)-n_L\dfrac{D}{2}\right)}{\Gamma\left(n_e\left(\mathcal{G}\right)\right)}\frac{1}{\left((4\pi)^{n_L}U\right)^{\frac{D}{2}}V^{n_e(\mathcal{G})-n_L\frac{D}{2}}}\,. \tag{9.133}$$

これを式 (9.127) に代入することで,

$$\Sigma_{\mathcal{G}}(p)=-\left(-\frac{1}{4}\right)^{n_L}\mathbb{M}\,F_{\mathcal{G}}(\mathbb{D})\int dz_{\mathcal{G}}\,\frac{1}{U_{\mathcal{G}}^2\,V_{\mathcal{G}}^{n_L-1}}$$
$$\times\Gamma\left(n_L-1+n_L\,\varepsilon\right)\left(\frac{\left(4\pi\mu^2\right)^{n_L}U_{\mathcal{G}}}{V_{\mathcal{G}}^{n_L}}\right)^{\varepsilon} \tag{9.134}$$

を得る. 例えば, $n_L=1$ は, パウリ−ヴィラス場による V 関数 $V_{\mathcal{G}\,;\,\mathrm{PV}}$ を用いて

$$\Gamma(\varepsilon)\left(\frac{4\pi\,U_{\mathcal{G}}\mu^2}{V_{\mathcal{G}}}\right)^{\varepsilon}-\Gamma(\varepsilon)\left(\frac{4\pi\,U_{\mathcal{G}}\mu^2}{V_{\mathcal{G}\,;\,\mathrm{PV}}}\right)^{\varepsilon}=\ln\left(\frac{V_{\mathcal{G}\,;\,\mathrm{PV}}}{V_{\mathcal{G}}}\right)+O(\varepsilon) \tag{9.135}$$

を意味するものとする. この了解の下, 今後は $D=4$ に限定し, パウリ−ヴィラス正則化により有限にされている

$$\Sigma_{\mathcal{G}}(p)=-\left(-\frac{1}{4}\right)^{n_L}\mathbb{M}\,F_{\mathcal{G}}(\mathbb{D})\int dz_{\mathcal{G}}\,\frac{\Gamma\left(n_L-1\right)}{U_{\mathcal{G}}^2\,V_{\mathcal{G}}^{n_L-1}} \tag{9.136}$$

を使っていく.

9.10 演算子 $F_{\mathcal{G}}(\mathbb{D})$ について

次に, 演算子 $F_{\mathcal{G}}(\mathbb{D})$ の作用を明らかにしたい.

q_e に依存するのは関数 V のみだから,

$$Q_e'^{\,\mu}:=-\frac{1}{2z_e}\,\frac{\partial V}{\partial q_{e\ \mu}}=q_e^{\mu}-\frac{1}{U}\sum_{e'\in\mathrm{E}(\mathcal{G})}q_{e'}^{\mu}z_{e'}B_{e'\,e} \tag{9.137}$$

とする. V の 2 階微分を

$$\eta_{\mu\nu}\,B'_{ee'}:=\frac{U}{2\,z_e z_{e'}}\,\frac{\partial^2 V}{\partial q_e^{\mu}\,\partial q_{e'}^{\nu}} \tag{9.138}$$

とおくと, $B'_{ee'}$ は

$$B'_{ee'}=-\delta_{ee'}\,\frac{U}{z_e}+B_{ee'} \tag{9.139}$$

で与えられる. $B'_{ee'}$ を使うと式 (9.137) の $Q_e'^{\,\mu}$ は

$$Q_e'^{\,\mu}=-\frac{1}{U}\sum_{e'\in\mathrm{E}(\mathcal{G})}q_{e'}^{\mu}z_{e'}B'_{e'e} \tag{9.140}$$

で表される. $\mathbb{D}_e^{\mu}$ は V に以下のように作用する：

$$\mathbb{D}_e^\lambda \frac{1}{V^K} = Q_e'^{\lambda} \int_{z_e m_e^2}^\infty d(z_e M_e^2) \left(-\frac{\partial}{\partial V} \frac{1}{V^K} \right) = \frac{Q_e'^{\lambda}}{V^K} ,$$

$$\mathbb{D}_{e_1}^\nu \mathbb{D}_{e_2}^\lambda \frac{1}{V^K} = \frac{Q_{e_1}'^{\nu} Q_{e_2}'^{\lambda}}{V^K} - \frac{1}{2(K-1)} \frac{\eta^{\nu\lambda} B'_{e_1 e_2}}{UV^{K-1}},$$

$$\mathbb{D}_{e_1}^\mu \mathbb{D}_{e_2}^\nu \mathbb{D}_{e_3}^\lambda \frac{1}{V^K}$$

$$= \frac{Q_{e_1}'^{\mu} Q_{e_2}'^{\nu} Q_{e_3}'^{\lambda}}{V^K}$$

$$- \frac{1}{2(K-1)} \frac{Q_{e_1}'^{\mu} \eta^{\nu\lambda} B'_{e_2 e_3} + Q_{e_2}'^{\nu} \eta^{\lambda\mu} B'_{e_3 e_1} + Q_{e_3}'^{\lambda} \eta^{\mu\nu} B'_{e_1 e_2}}{UV^{K-1}} . \tag{9.141}$$

よって，$\mathbb{M}\, F_{\mathcal{G}}(\mathbb{D})$ の作用は以下のようになる：

1. $\mathbb{D}_{e_1}^{\mu_1}$ と $\mathbb{D}_{e_2}^{\mu_2}$ がペアを組み縮約された場合には，それらを
$$-\frac{1}{2U} B'_{e_1 e_2}\, \eta^{\mu_1 \mu_2} \tag{9.142}$$
に置き換える．
2. 最後まで縮約されずに残った $\not{\mathbb{D}}_e$ は $\not{Q}'_e$ に置き換える．
3. $\mathbb{M}$ を作用させて，すべての質量を m_e とする．
4. $F_{\mathcal{G}}(\mathbb{D})$ の $\dfrac{1}{V^K}$（$K = n_e - 2n_L$）への作用は n 回縮約をとって得られる項の和である：
$$F_{\mathcal{G}}(\mathbb{D}) \frac{\Gamma(K)}{V^K} = \frac{\Gamma(K) F_0}{V^K} + \frac{\Gamma(K-1) F_1}{V^{K-1}} + \frac{\Gamma(K-2) F_2}{V^{K-2}} + \cdots . \tag{9.143}$$

F_n は $Q_{e''}^\lambda$ と $B'_{ee'}/U$ の多項式で，その各項は n 個の $B'_{ee'}/U$ を含む．U は $n_L(\mathcal{G})$ 次斉次多項式，$B_{ee'}$ は $(n_L(\mathcal{G})-1)$ 次斉次多項式だから，縮約が一つ増える度に，式 (9.142) のような z_e の次数 (-1) の有理関数が一つ増える．ファインマン・パラメータ z_e は $\left(z_e k_e^2 + \cdots\right)$ のように導入されたから，$k_e \to e^\tau k_e$ のリスケールに対して $z_e \to e^{-2\tau} z_e$ のリスケールとすることで $z_e k_e^2$ を不変に保つ．よって，$z_e \to 0$ が紫外側で，一つ多く縮約をとった項は見かけの紫外発散の次数が 2 だけ高い．

運動量空間ではループ運動量の大きさ l が大きい領域での積分から紫外発散が生じ得る．$l \to \infty$ で被積分関数自身 $\dfrac{1}{l}$ は小さくなるが，積み重なって対数的発散を生ずる．対して，ファインマン・パラメータ空間側では，紫外発散は幾つかの z_e が 0 となる境界で発生する．そこでは，被積分関数 $\dfrac{1}{z_e}$ は z_e が 0 に近づくにつれてより大きくなる．このような被積分関数の振舞いの違いは，運動量の積分領域がコンパクトでないことに由来する．z が 0 に近い領域で，$\dfrac{m}{l} = z^{\frac{1}{2}}$ とすると，

$$\int^\Lambda \frac{dl}{l} f(l) = \frac{1}{2} \int_{(m/\Lambda)^2} \frac{dz}{z} f(m z^{-\frac{1}{2}}) \tag{9.144}$$

のように対応する．

9.11 カットセット

ファインマン積分のパラメトリック表示を完成するには，V 関数内のベクトル量 $Q'_{e\mu}$

をスカラーカレントで表す必要がある．カットセットの導入により V 関数の別の表式 (9.199) と，$Q'_{e\mu}$ をスカラーカレントで与える定理 9.10 を導くことが本節の目的である．

定義 9.19 $C \subseteq \mathrm{E}(\mathcal{G})$ が，$\mathcal{G}$ の連結成分の一つ $\mathcal{G}_c$ を $(\mathcal{G}-C)$ 内で非連結とするような極小部分集合であるとき，C を**カットセット**という．極小ということは，C の任意の真の部分集合 $C' \subset C$ に対して，$\mathcal{G}_c$ は $(\mathcal{G}-C')$ 内では非連結にならないことを意味する．グラフ $\mathcal{G}$ 内のすべてのカットセットの集合を $\boldsymbol{C}_{\mathcal{G}}$ と示す．

断絶辺 e（からなる集合 $\{e\}$）はカットセットである．

$\mathcal{G}$ が連結グラフの場合，次のことがいえる：

1. その頂点の全体 $\mathrm{V}(\mathcal{G})$ は，カットセット C の除去によって $V \subset \mathrm{V}(\mathcal{G})$ とその補集合 V^c に分解される．$(\mathcal{G}-C)$ 内で V と V^c は互いに連結でない部分グラフの頂点の集合である．
2. $\mathcal{G}$ 内のカットセットで $\mathrm{V}(\mathcal{G})$ を V と V^c に分解するようなものすべての集合を $\boldsymbol{C}_{\mathcal{G}}(V|V^c)$ と表す．
3. 互いに素な頂点の部分集合 $V_1, V_2 \subseteq \mathrm{V}(\mathcal{G})$ に対して $\boldsymbol{C}_{\mathcal{G}}(V_1|V_2)$ を

$$\boldsymbol{C}_{\mathcal{G}}(V_1|V_2) := \bigcup_{V \supseteq V_1,\, V^c \supseteq V_2} \boldsymbol{C}_{\mathcal{G}}(V|V^c) \tag{9.145}$$

で与える．右辺の合併は $V \supseteq V_1$ かつ $V^c \supseteq V_2$ となるようなすべての部分集合 $V \subseteq \mathrm{V}(\mathcal{G})$ にわたる．$V_1 = \{v_{1,1}, \ldots, v_{1,m}\}$，$V_2 = \{v_{2,1}, \ldots, v_{2,n}\}$ のときには，$\boldsymbol{C}_{\mathcal{G}}(V_1|V_2)$ を

$$\boldsymbol{C}_{\mathcal{G}}(v_{1,1}, \ldots, v_{1,m} \,|\, v_{2,1}, \ldots, v_{2,n}) \tag{9.146}$$

と表すこともある．

命題 9.31 辺の部分集合 $I \subseteq \mathrm{E}(\mathcal{G})$ に対して $\mathcal{G}$ のカットセット C が I に含まれなければ，$C' \in \boldsymbol{C}_{\mathcal{G}-I}$ で $C' \subseteq (C-I)$ を満たすものが存在する．

証明 $\mathcal{G}$ の連結成分 $\mathcal{H}$ が $(\mathcal{G}-C)$ 内では連結成分 $\mathcal{H}_1, \mathcal{H}_2$ に分かれたとすると，$\mathrm{E}(\mathcal{H}) = \mathrm{E}(\mathcal{H}_1) \cup \mathrm{E}(\mathcal{H}_2) \cup C$（$\mathrm{E}(\mathcal{H}_1) \cap \mathrm{E}(\mathcal{H}_2) = \emptyset$，$\mathrm{E}(\mathcal{H}_1) \cap C = \emptyset$，$\mathrm{E}(\mathcal{H}_2) \cap C = \emptyset$）．そして

$$\mathrm{E}(\mathcal{H}) - I = (\mathrm{E}(\mathcal{H}_1) - I) \cup (\mathrm{E}(\mathcal{H}_2) - I) \cup (C - I)\,. \tag{9.147}$$

仮定より $(C-I) \neq \emptyset$ だから，$v_1 \in \mathrm{V}(\mathcal{H}_1 - I)$ と $v_2 \in \mathrm{V}(\mathcal{H}_2 - I)$ を端点とする辺 $e \in (C-I) \subset (\mathrm{E}(\mathcal{H}) - I)$ が存在し，$(\mathcal{H} - I - (C-I)) \subseteq (\mathcal{G} - I - (C-I))$ の連結成分の個数は $(\mathcal{H}-I) \subseteq (\mathcal{G}-I)$ の連結成分の個数よりも多い．ゆえに，$(\mathcal{G}-I)$ のカットセット C' で $(C-I)$ に含まれるものが存在する． □

命題 9.32 辺の部分集合 I が $C \in \boldsymbol{C}_{\mathcal{G}}$ と交わらず（$C \cap I = \emptyset$），C の除去により $(\mathcal{G}-C)$ 内で非連結となった連結成分のいずれの辺の集合も I に含まれなければ，$C \in \boldsymbol{C}_{\mathcal{G}/I}$ である．逆に，$C \in \boldsymbol{C}_{\mathcal{G}/I}$ ならば，$C \in \boldsymbol{C}_{\mathcal{G}}$ である．

証明 $C \in \boldsymbol{C}_{\mathcal{G}}$ により $\mathcal{G}$ の連結成分 $\mathcal{H}$ が $(\mathcal{G}-C)$ 内では連結成分 $\mathcal{H}_1, \mathcal{H}_2$ に分かれたと

すると，

$$\mathrm{E}(\mathcal{H}) = \mathrm{E}(\mathcal{H}_1) \cup \mathrm{E}(\mathcal{H}_2) \cup C, \quad \mathrm{E}(\mathcal{H}_1) \cap \mathrm{E}(\mathcal{H}_2) = \emptyset,$$
$$\mathrm{E}(\mathcal{H}_1) \cap C = \emptyset, \quad \mathrm{E}(\mathcal{H}_2) \cap C = \emptyset. \tag{9.148}$$

$\mathcal{H}/I$ は $\mathcal{G}/I$ 内で連結で，その辺の集合は，仮定 $C \cap I = \emptyset$ より，

$$\mathrm{E}(\mathcal{H}/I) = (\mathrm{E}(\mathcal{H}_1) - I) \cup (\mathrm{E}(\mathcal{H}_2) - I) \cup C \tag{9.149}$$

となる．仮定より $(\mathrm{E}(\mathcal{H}_r) - I) = (\mathrm{E}(\mathcal{H}_r) - I - C) \neq \emptyset$ $(r = 1, 2)$ である．もしも，$(\mathcal{G}/I - C)$ 内で $(\mathcal{H}/I - C)$ が連結であると仮定すると，連結成分 $\mathcal{H}_1/I$ 内の頂点 v_1 と連結成分 $\mathcal{H}_2/I$ 内の頂点 v_2 に接続する辺 $e \in (\mathrm{E}(\mathcal{H}/I) - C)$ $(e \notin (\mathrm{E}(\mathcal{H}_1) - I)$, $e \notin (\mathrm{E}(\mathcal{H}_2) - I))$ が存在する．この $e \in \mathrm{E}(\mathcal{H})$ は，$e \notin C$ で，$\mathcal{H}_1$ 内の頂点 v_1' と $\mathcal{H}_2$ 内の頂点 v_2' に接続するから，$\mathcal{H}_1$ と $\mathcal{H}_2$ は $(\mathcal{G} - C)$ 内で e によって結ばれ，同じ連結成分に含まれることになり，矛盾である．ゆえに，$(\mathcal{H}/I - C)$ は $(\mathcal{G}/I - C)$ 内で連結でないから，C は $\mathcal{G}/I$ のカットセットを含む．

C の任意の辺 e を除いた $C_{\check{e}} := C - \{e\}$ を考える．式 (9.149) より，

$$\mathrm{E}(\mathcal{H}/I) = \mathrm{E}(\mathcal{H}_1/I) \cup \{e\} \cup \mathrm{E}(\mathcal{H}_2/I) \cup C_{\check{e}} \tag{9.150}$$

である．辺 e は $\mathcal{H}_1/I$ 内の頂点 v_1'' と $\mathcal{H}_2/I$ 内の頂点 v_2'' に接続する．よって，$\mathrm{E}(\mathcal{H}_1/I) \cup \{e\} \cup \mathrm{E}(\mathcal{H}_2/I)$ を辺の集合として持ち，$\mathrm{V}(\mathcal{H}_1/I) \cup \mathrm{V}(\mathcal{H}_2/I)$ を頂点の集合として持つ部分グラフは $(\mathcal{G}/I - C_{\check{e}})$ 内で連結である．これから C が，それを取り除くことで $\mathcal{G}/I$ を二つ以上の連結成分に分けるような辺の極小部分集合であることが分かった．ゆえに，C は $\mathcal{G}/I$ のカットセットである．

逆に，$C \in \boldsymbol{C}_{\mathcal{G}/I}$ とし，$\mathcal{G}/I$ の連結成分 $\mathcal{H}$ が，$(\mathcal{G}/I - C)$ 内では連結成分 $\mathcal{H}_1, \mathcal{H}_2$ に分かれたとする．$\mathcal{H}$ は $\mathcal{G}/I$ で連結だから，$e_C \in C \cap I^c$ で $v_1 \in \mathrm{V}(\mathcal{H}_1)$ と $v_2 \in \mathrm{V}(\mathcal{H}_2)$ に接続するものが存在する．

$\mathrm{E}(\mathcal{H}) \cup I$ を含む辺の集合からなる $\mathcal{G}$ の連結成分を $\mathcal{G}_{\mathcal{H}}$ とする $(\mathrm{E}(\mathcal{H}) \cup I \subseteq \mathrm{E}(\mathcal{G}_{\mathcal{H}}))$．$e_C$ の存在により，$\mathcal{G}$ 内で $\mathrm{E}(\mathcal{H}_r)$ を辺の集合として含む連結成分は $\mathcal{G}_H$ である $(r = 1, 2)$．

$\mathcal{G}_H$ が $(\mathcal{G} - C)$ 内で連結と仮定して矛盾を導く．このとき，$e \in \mathrm{E}(\mathcal{G} - C)$ で $v_1' \in \mathrm{V}(\mathcal{H}_1)$ と $v_2' \in \mathrm{V}(\mathcal{H}_1)$ に接続するものが存在する．$e \notin I$ とすると，$e \in \mathrm{E}(\mathcal{G}/I)$ は v_1' と v_2' を $\mathcal{G}/I$ で結ぶから，$\mathcal{H}_1$ と $\mathcal{H}_2$ が非連結であることに矛盾する．よって，$e \in I$ であるが，この場合には $\mathcal{G}/I$ では v_1' と v_2' が $u \notin \mathrm{V}(\mathcal{G})$ に置き換えられて $u \in \mathrm{V}(\mathcal{H}_1) \cap \mathrm{V}(\mathcal{H}_2)$ となる，つまり，$\mathcal{H}_1$ と $\mathcal{H}_2$ が $\mathcal{G}/I$ 内で連結であることを意味し，矛盾する．ゆえに，$\mathcal{G}_{\mathcal{H}}$ は $(\mathcal{G} - C)$ 内で連結でなく，C は $\mathcal{G}$ のカットセットを含む．$C \in \boldsymbol{C}_{\mathcal{G}/I}$ の極小性より，任意の $e \in C$ を除いた辺の集合を $C_{\check{e}} := (C - \{e\})$ とすると，$(\mathcal{H} - C_{\check{e}})$ は $\mathcal{G}/I$ 内で連結である．よって，$\mathcal{G}_{\mathcal{H}}$ は $(\mathcal{G} - C_{\check{e}})$ 内で連結である．C の $\mathcal{G}$ 内での極小性が分かったから，C は $\mathcal{G}$ のカットセットである． □

命題 9.33 $v \in \mathrm{V}(\mathcal{G})$ に対して，$(S_v - L_v)$ は互いに素なカットセットの合併である．

証明 $(S_v - L_v) \neq \emptyset$ の際には，$(\mathcal{G} - S_v)$ では $(\mathrm{V}(\mathcal{G}) - \{v\})$ は v とは異なる連結成分

$\mathcal{H}_1, \ldots, \mathcal{H}_m$ に含まれる $(\bigcup_{j=1}^{m} \mathrm{V}(\mathcal{H}_j) = \mathrm{V}(\mathcal{G}) - \{v\})$．$C_j := \bigcup_{v' \in \mathrm{V}(\mathcal{H}_j)} (S_v \cap S_{v'})$ は $\mathcal{G}$ のカットセットで $C_j \cap C_k = \emptyset\ (j \neq k)$ および $(S_v - L_v) = \bigcup_{j=1}^{m} C_j$ を満たす． □

命題 9.34 連結グラフ $\mathcal{G}$ 内の任意の輪でない辺 e に対して，e を含むカットセット $C \in \boldsymbol{C}_{\mathcal{G}}$ が存在する．

証明 e の端点を $v_1, v_2\ (v_1 \neq v_2)$ とするとき，$\mathcal{G} - (S_{v_1} - L_{v_1})$ では，v_1 は $(\mathrm{V} - \{v_1\})$ のいずれの頂点にも接続しない．命題 9.33 より，$(S_{v_1} - L_{v_1})$ はカットセットの合併で，そのうちの一つのカットセット C は e を含む． □

命題 9.35 連結グラフ $\mathcal{G}$ における 2-木 T^2 に対して，$C \cap T^2 = \emptyset$ となるカットセット C が唯一つ存在する．

証明 T^2 は木 T から 1 本の辺 $e \in T$ を抜いたものであった：$T^2 = T - \{e\}$．$v_1 = \partial^+(e)$ と $v_2 = \partial^-(e)$ を T 内で通る唯一つの道が e だから，T^2 内では v_1 と v_2 を通る道はない．よって，$\left(\mathcal{G} - (T^2)^c\right)$ $\left(\mathrm{E}\left(\mathcal{G} - (T^2)^c\right) = T^2,\ \mathrm{V}\left(\mathcal{G} - (T^2)^c\right) = \mathrm{V}(\mathcal{G})\right)$ において v_1 と v_2 はそれぞれ異なる連結成分 $\mathcal{H}_1$, $\mathcal{H}_2$ に含まれる．$\left(\mathcal{G} - (T^2)^c\right)$ は連結グラフ $(\mathcal{G} - T^c)$ から一本の辺 e だけを取り除いたものだから，連結成分はちょうど二つである．よって，$(T^2)^c$ はカットセット $C \ni e$ を含む：$C \subseteq (T^2)^c$，つまり，$C \cap T^2 = \emptyset$．そのようなカットセット $C' \neq C$ が複数あるとすると，$e' \in C' \cap C^c \neq \emptyset$ は $v'_1 \in \mathrm{V}(\mathcal{H}_1)$ と $v'_2 \in \mathrm{V}(\mathcal{H}_2)$ に接続するから，C 内のすべての辺を除いても $\mathcal{H}_1$ と $\mathcal{H}_2$ は同じ連結成分に含まれることになり，矛盾する．ゆえに，カットセットは唯一つである． □

カットセット C に対して，$T^2 \cap C = \emptyset$ であるような $\mathcal{G}$ の 2-木すべての集合を $\boldsymbol{T}^2_{\mathcal{G}}(C)$ と表す：

$$\boldsymbol{T}^2_{\mathcal{G}}(C) := \left\{ T^2 \in \boldsymbol{T}^2_{\mathcal{G}} \,\middle|\, T^2 \cap C = \emptyset \right\}. \tag{9.151}$$

さらに，頂点の部分集合 V_1，V_2 に対して

$$\boldsymbol{T}^2_{\mathcal{G}}(V_1 \mid V_2) := \bigcap_{C \in \boldsymbol{C}_{\mathcal{G}}(V_1 \mid V_2)} \boldsymbol{T}^2_{\mathcal{G}}(C) \tag{9.152}$$

とする．$\boldsymbol{T}^2_{\mathcal{G}}(v_1 \mid v_2)$ も同様に定義される．このとき，次が成り立つ．

命題 9.36 $\mathcal{G}$ が連結グラフのとき，$T^2 \in \boldsymbol{T}^2_{\mathcal{G}}(v_1 \mid v_2)$ は $\mathcal{G}^{(v_1 v_2)}$ における木である．

証明 任意の $C \in \boldsymbol{C}_{\mathcal{G}}(v_1 \mid v_2)$ に対し，v_1 と v_2 は $(\mathcal{G} - C)$ の異なる連結成分に含まれ，$\mathcal{G}$ が連結より，v_1 と v_2 を端点に持つ辺 $e \in C$ が少なくとも一つ存在する．$T^2 \in \boldsymbol{T}^2_{\mathcal{G}}(C)$ より，$T^2 \subseteq \mathrm{E}(\mathcal{G} - C)$ だから，これは，T^2 が e を含まないことを意味する．ゆえに，e を含むある木 $T \in \boldsymbol{T}_{\mathcal{G}}$ を用いて $T^2 = T - \{e\}$ となる．$\mathcal{G}^{(v_1 v_2)}$ は $\mathcal{G}$ から v_1 と v_2 を同一視して得られるグラフであった（e は $\mathcal{G}^{(v_1 v_2)}$ 内で輪になる）．T^2 は $\mathcal{G}^{(v_1 v_2)}$ ではループを含まない．なぜなら，$\mathcal{G}^{(v_1 v_2)}$ 内のループ L を T^2 が含むと仮定する（$L \subset T^2 \subset T$）と，$e \notin T^2$ より $e \notin L$ だから，L は $\mathcal{G}$ 内のループでもある．これは，ループ L が $\mathcal{G}$ の木 T に含まれるこ

とを意味し，矛盾するからである．さらに $n(T^2)=n(T)-1=n_v(\mathcal{G})-2=n_v\left(\mathcal{G}^{(v_1v_2)}\right)$ だから，命題 9.10–2 より，T^2 は $\mathcal{G}^{(v_1v_2)}$ の木である． □

定義 9.20 $\mathcal{G}$ を連結グラフとする．カットセット $C\in\boldsymbol{C}_{\mathcal{G}}$ に対して $\mathcal{G}/C^c$ ($C^c=\mathrm{E}(\mathcal{G})-C$) はその辺の集合が C で，いずれの辺も $u_{C,(1)},u_{C,(2)}\notin\mathrm{V}(\mathcal{G})$ ($u_{C,(1)}\neq u_{C,(2)}$) を端点とするグラフである．$\varepsilon^{\mathcal{G}/C^c}_{u_{C,(r)}\,e}$ ($r=1,2;e\in C$) を $\mathcal{G}/C^c$ における接続数とする．C の辺 e_C を一つ選び，各辺 $e\in\mathrm{E}(\mathcal{G})$ に対して，**カットセット数** $\eta_{e\,C}$ を以下のように定義する：

$$\eta_{e\,C}:=\begin{cases}\varepsilon^{\mathcal{G}/C^c}_{u_{C,(1)}\,e_C}\times\varepsilon^{\mathcal{G}/C^c}_{u_{C,(1)}\,e} & e\in C \text{ のとき},\\ 0 & e\notin C \text{ のとき}.\end{cases}\tag{9.153}$$

命題 9.37 カットセット C に対し，$(\mathcal{G}-C)$ の二つの連結成分のうち，それに含まれる頂点がすべて $u_{C,(1)}\notin\mathrm{V}(\mathcal{G})$ に置き換わる方を $H_1(C)$ とするとき，

$$\eta_{e\,C}=\varepsilon^{\mathcal{G}/C^c}_{u_{C,(1)}\,e_C}\sum_{v\in\mathrm{V}(H_1(C))}\varepsilon_{v\,e}\tag{9.154}$$

が成り立つ．

証明 $e\notin C$ ならば，e の両端は共に $H_1(C)$ に含まれるか，共に $H_1(C)$ に含まれないかのいずれかである．式 (9.154) の右辺は，これらのいずれの場合にも 0 だから等式が成り立つ．もし $e\in C$ ならば，$\varepsilon_{v\,e}\neq 0$ となる $v\in\mathrm{V}(H_1(C))$ はちょうど一つだけあり，$\varepsilon_{v\,e}=\varepsilon^{\mathcal{G}/C^c}_{u_{C,(1)}\,e}$ だから，$\eta_{e\,C}$ の定義より式 (9.154) が成り立つ． □

命題 9.38 任意のループ $L\in\boldsymbol{L}_{\mathcal{G}}$ とカットセット $C\in\boldsymbol{C}_{\mathcal{G}}$ に対して $n(L\cap C)$ は偶数で，

$$\sum_{e\in\mathrm{E}(\mathcal{G})}\xi_{eL}\,\eta_{eC}=0\tag{9.155}$$

が成り立つ．

証明 式 (9.154) から

$$\sum_{e\in\mathrm{E}(\mathcal{G})}\xi_{eL}\,\eta_{eC}=\varepsilon^{\mathcal{G}/C^c}_{u_{C,(1)}\,e_C}\sum_{v\in V(H_1)}\sum_{e\in\mathrm{E}(\mathcal{G})}\xi_{e\,L}\,\varepsilon_{v\,e}\tag{9.156}$$

であるが，式 (9.29) より右辺の e についての和は 0 である．左辺の各項は $e\in L\cap C$ のときのみ $\xi_{eL}\,\eta_{eC}\in\{+1,-1\}$ であるが，e に関する和が 0 となるには，このような 0 でない項は偶数個存在しなければならない．よって，$n(L\cap C)$ は偶数である． □

命題 9.39 連結グラフ $\mathcal{G}$ 内の異なるカットセットの最大個数 $n'_c(\mathcal{G})$ は辺の総数 $n_e(\mathcal{G})$ 以下である．したがって，カットセット数を要素として持つ行列 $\left\{\eta_{e\,C_j}\right\}_{j=1,\ldots,n'_c(\mathcal{G});\,e\in\mathscr{L}(\mathcal{G})}$ の階数は $n'_c(\mathcal{G})$ 以下である．

証明 $n_c(\mathcal{G})$ 個のカットセットが互いに異なるには，最低でも $n_c(\mathcal{G})$ 本の辺が必要だから，$n'_c(\mathcal{G})\le n_e(\mathcal{G})$ である． □

定義 9.21 カットセット $C_1,\ldots,C_r$ は，$\left\{\eta_{e\,C_j}\right\}_{j=1,\ldots,r;\,e\in\mathrm{E}(\mathcal{G})}$ の階数が r であると

き，**互いに独立なカットセット**という．

各カットセット C に対して $n_e(\mathcal{G})$ 個の成分からなるベクトル $\boldsymbol{\eta}_C$ を

$$(\boldsymbol{\eta}_C)_e := \eta_{e\,C} \quad (e \in \mathrm{E}(\mathcal{G})) \tag{9.157}$$

で与える．ベクトル $\boldsymbol{\eta}_{C_1}, \ldots, \boldsymbol{\eta}_{C_r}$ が互いに線形独立ならば，カットセット $C_1, \ldots, C_r$ は互いに独立である．もし $C_1, \ldots, C_r$ が独立なカットセットの極大集合をなすならば，カットセット C_{r+1} のカットセット数を追加した行列 $\left\{\eta_{e\,C_j}\right\}_{j=1,\ldots,r+1;\,e\in\mathrm{E}(\mathcal{G})}$ の階数は r である．よって，$\eta_{e\,C_{r+1}}$ を成分として持つ $n_e(\mathcal{G})$ 次元ベクトル $\boldsymbol{\eta}_{C_{r+1}}$ は，$\left\{\boldsymbol{\eta}_{C_j}\right\}_{j=1,\ldots,r}$ の線形結合で与えられる：

$$\boldsymbol{\eta}_{C_{r+1}} = \sum_{j=1}^{r} \boldsymbol{\eta}_{C_j}\, m_j\,. \tag{9.158}$$

カットセット数はいずれも $\{+1, 0, -1\}$ に値をとるから $m_j \in \boldsymbol{Z}$ である．命題 9.15 の証明と全く同様にして以下を示すことができる：

命題 9.40 独立なカットセットの極大集合（さらに一つカットセットを追加したら独立にならない集合）はどれも同じ元の個数を持つ．この個数を**カットセット階数**といい，$n_C(\mathcal{G})$ あるいは n_C と表す．

定義 9.22 n_C 個のカットセットからなる集合 $\{C_1, \ldots, C_{n_C}\}$ が

$$C_j \not\subseteq \bigcup_{k\neq j} C_k \quad (j = 1, \ldots, n_C) \tag{9.159}$$

を満たすとき，その集合を**基本カットセット集合**という．

命題 9.41 基本カットセット集合 $\{C_1, \ldots, C_{n_C}\}$ の要素は互いに独立である．

証明 式 (9.159) より，C_j に含まれる辺 e で他のどの C_k $(k \neq j)$ にも含まれないものが存在する：$e \in C_j$, $e \notin C_k$ $(k \neq j)$．これは

$$\eta_{e\,C_j} = \pm 1, \quad \eta_{e\,C_k} = 0 \quad (k \neq j) \tag{9.160}$$

を意味するから，どの $\boldsymbol{\eta}_{C_j}$ も他の $\boldsymbol{\eta}_{C_k}$ の線形結合で表すことができない．ゆえに $C_1, \ldots, C_{n_C}$ は互いに独立である． □

命題 9.42 基本カットセット集合を $\{C_1, \ldots, C_{n_C}\}$ とするとき，任意のカットセット C のカットセット数 $\eta_{e\,C}$ は

$$\eta_{e\,C} = \sum_{j=1}^{n_C} \eta_{e\,C_j}\, m(C_j, C) \tag{9.161}$$

と書ける．ここで $m(C_j, C) \in \{+1, 0, -1\}$ は $e \in \mathrm{E}(\mathcal{G})$ によらない．

証明 $\boldsymbol{\eta}_C$ は $\boldsymbol{\eta}_{C_j}$ の整数係数 m_j の線形結合で書ける：

$$\boldsymbol{\eta}_C = \sum_{j=1}^{n_s} \boldsymbol{\eta}_{C_j} m_j \,. \tag{9.162}$$

m_j は $e \in \mathrm{E}(\mathcal{G})$ によらない．各 j に対して e_j を

$$e_j \in C_j \,, \quad e_j \notin C_k \ \ (k \neq j) \tag{9.163}$$

と選ぶと，$\eta_{e_j C_j} \in \{+1\,, -1\}$ かつ $\eta_{e_j C_k} = 0 \ (k \neq j)$ だから，それらを式 (9.162) に代入して

$$\eta_{e_j C} = \eta_{e_j C_j} m_j \tag{9.164}$$

が得られる．よって，

$$m_j = m\,(C_j\,, C) \coloneqq \eta_{e_j C}\, \eta_{e_j C_j} \in \{+1\,, 0\,, -1\} \tag{9.165}$$

である． □

以下，連結グラフ $\mathcal{G}$ を対象とする場合には，$n_v(\mathcal{G}) \geq 2$ であるものとする．

命題 9.43 連結グラフ $\mathcal{G}$ の基本カットセット集合 $\{C_1\,, \ldots\,, C_{n_C}\}$ に対し，辺 e_j を $e_j \in C_j - \bigcup_{k \neq j} C_k$ と選ぶ $(j = 1\,, \ldots\,, n_C)$ とき，$T \coloneqq \{e_1\,, \ldots\,, e_{n_C}\}$ は $\mathcal{G}$ の木である．

証明 e_j の選び方から $T \cap C_j = \{e_j\}$ である．よって，$n(T \cap C_j) = 1$ である．

T が空でないループ L を含むと仮定して矛盾を導く．$L \subseteq T = \{e_1\,, \ldots\,, e_{n_C}\}$ から，少なくとも一つの j に関して $e_j \in L \cap C_j \neq \emptyset$ である．命題 9.38 より $n\,(L \cap C_j) \geq 2$ だから $n\,(T \cap C_j) \geq n\,(L \cap C_j) \geq 2$ を得る．これは $n\,(T \cap C_j) = 1$ に矛盾する．ゆえに，T はループを一切含まない．

次に，任意の辺 $e \notin T$ に対して $T + \{e\}$ が $\mathcal{G}$ 内のループを含むことを示す．すべての $\eta_{e C_j} = 0 \ (j = 1\,, \ldots\,, n_C)$ であると仮定すると，式 (9.162) より，カットセット C で e を含むものが一切ないことになる．これは命題 9.34 に反する．よって，少なくとも一つの C_j は e を含む．必要ならば順序を換えて

$$e \in C_j \quad (j = 1\,, \ldots\,, n)\,, \quad e \notin C_j \quad (j = n+1\,, \ldots\,, n_C) \tag{9.166}$$

とする．辺の集合を

$$I \coloneqq \{e\,, e_1\,, \ldots\,, e_n\} \subseteq (T + \{e\}) \tag{9.167}$$

として I がループを含むことを示す．$j = 1\,, \ldots\,, n$ に対しては $e, e_j \in C_j$ および $e_k \notin C_j \ (k \neq j)$ だから $I \cap C_j = \{e\,, e_j\}$ である．他方，$j = n+1\,, \ldots\,, n_C$ に対しては $I \cap C_j = \emptyset$ だから

$$n(I \cap C_j) = 2 \quad (j = 1\,, \ldots\,, n)\,, \quad n(I \cap C_j) = 0 \quad (j = n+1\,, \ldots\,, n_C) \tag{9.168}$$

を得る．式 (9.161) より，任意のカットセット C に対して

$$\sum_{e' \in I} \eta_{e' C} = \sum_{j=1}^{n} m(C_j, C) \sum_{e' \in I} \eta_{e' C_j} \quad (m(C_j, C) \in \{+1, 0, -1\}) \tag{9.169}$$

で，右辺では $j = 1, \ldots, n$ 毎に二つの 0 でない $\eta_{e' C_j}$ が寄与しておりその和は偶数である．よって，左辺の総和も偶数である．これから，どのカットセット C に対しても $n(I \cap C)$ は偶数であることが分かった．命題 9.33 より，すべての頂点 $v \in \mathrm{V}(\mathcal{G})$ に対する星 $(S_v - L_v)$ は互いに素なカットセットの合併であるから，$n(I \cap S_v)$ は偶数である．以上のことから，$I \subseteq (T + \{e\})$ がループを含むことが分かった．ループを含まない集合としての極大性が示されたから，T は木である． □

命題 9.44　連結グラフ $\mathcal{G}$ のカットセット階数 $n_C(\mathcal{G})$ は

$$n_C(\mathcal{G}) = n_v(\mathcal{G}) - 1 \tag{9.170}$$

である．ループ階数 $n_L(\mathcal{G})$ との関係は

$$n_L(\mathcal{G}) + n_C(\mathcal{G}) = n_e(\mathcal{G}) \tag{9.171}$$

で与えられる．

証明　命題 9.43 よりカットセット階数 $n_C(\mathcal{G})$ は木に含まれる辺の本数 $n(T) = n_v(\mathcal{G}) - 1$ に等しいから，式 (9.170) を得る．式 (9.42) と組み合わせて式 (9.171) を得る． □

定理 9.8　連結グラフ $\mathcal{G}$ の木 T が与えられたとする．このとき，T の各々の辺 $e_j \in T$ に対してカットセット C_j で $C_j \cap T = \{e_j\}$ となるものが唯一つ存在し，$\{C_1, \ldots, C_{n_C}\}$ は $\mathcal{G}$ の基本カットセット集合をなす．

証明　木を $T = \{e_1, \ldots, e_{n_C}\}$ とする．命題 9.32 を適用するため，I を $T - e_j = \{e_1, \ldots, \breve{e}_j, \ldots, e_{n_C}\}$ としたい．還元グラフ $\mathcal{G}/(T - \{e_j\})$ の辺の集合は $\mathrm{E}(\mathcal{G}/(T - \{e_j\})) = \mathrm{E}(\mathcal{G}) - (T - \{e_j\})$ で，T がすべての $v \in \mathrm{V}(\mathcal{G})$ を通過するため，$\mathcal{G}/(T - \{e_j\})$ の頂点の集合は e_j の両端のみからなる：$\mathrm{V}(\mathcal{G}/(T - \{e_j\})) = \{\partial^+(e_j), \partial^-(e_j)\}$．よって，$\mathcal{G}/(T - \{e_j\})$ は，これら二つの頂点に同時に接続するすべての辺（e_j もその一つ）からなる唯一つのカットセット C_j を含む．命題 9.32 より C_j は $\mathcal{G}$ のカットセットでもある．このように構成されたカットセットの集合 $\{C_1, \ldots, C_{n_C}\}$ は $e_j \in C_j - \bigcup_{k \neq j} C_k \neq \emptyset$ を満たすから，$\mathcal{G}$ の基本カットセット集合をなす． □

図 9.1 の木から生成される基本カットセット集合 $\{C_j\}_{j=1, \ldots, 9}$ は

$$\begin{aligned} &C_1 = \{1, a\}, \ C_2 = \{2, a, b\}, \ C_3 = \{3, a\}, \\ &C_4 = \{4, a, c\}, \ C_5 = \{5, a, c, d\}, C_6 = \{6, a, c\}, \\ &C_7 = \{7, a, c, e\}, \ C_8 = \{8, a, c\}, \ C_9 = \{9, a\} \end{aligned} \tag{9.172}$$

である．例えば，カットセット数 $\eta_{e C_1}$ は

$$\eta_{1 C_1} = 1, \quad \eta_{a C_1} = -1, \quad \eta_{e C_1} = 0 \ (e \notin C_1) \tag{9.173}$$

である．

定義 9.23 カットセット数を要素に持つ行列 $\eta = \{\eta_{e\,C}\}_{e\in \mathrm{E}(\mathcal{G})\,;\,C\in \boldsymbol{C}_{\mathcal{G}}}$ を**カットセット行列**という．木 T に対して定理 9.8 の証明のようにして得た基本カットセット集合に対応する列を，η から抜き出して構成される $n_e(\mathcal{G}) \times n_C(\mathcal{G})$ 行列を η_T と表す．

式 (9.29) と式 (9.155) を行列で表すと，それぞれ

$$\xi\,\varepsilon = 0\,, \tag{9.174}$$

$$\xi\,\eta^t = 0 \tag{9.175}$$

となる．

命題 9.45 必要ならば η_T の行の順番を入れ換えることによって

$$\eta_T = \begin{pmatrix} -(W_T)^t \\ \mathbb{I}_{n_C(\mathcal{G})} \end{pmatrix} \tag{9.176}$$

の形にできる．ここで W_T は式 (9.59) に現れた $n_C(\mathcal{G}) \times n_L(\mathcal{G})$ 行列である．

証明 $\mathcal{G}$ 内の辺の集合 $\mathrm{E}\,(\mathcal{G}) = \{e_1\,,\,\dots\,,\,e_{n_L+n_C}\}$ を補木 T^* と木 $T = (T^*)^c$ が

$$T^* = \{e_1\,,\,\dots\,,\,e_{n_L}\}\,,\quad T = \left\{e_{n_L(\mathcal{G})+1}\,,\,\dots\,,\,e_{n_L+n_C}\right\} \tag{9.177}$$

で与えられるように並べる．T に対応する基本カットセット集合を $\{C_1\,,\,\dots\,,\,C_{n_C}\}$ とするとき，定義 9.153 における $e_{C_j} \in C_j$ を $e_{n_L+j} \in C_j \cap T$ にとることで，

$$\eta_{e_{n_L+j}\,C_k} = \delta_{jk} \quad (j\,,k\,=\,1\,,\,\dots\,,\,n_C) \tag{9.178}$$

を満たすことができる．このとき，η_T は

$$\eta_T = \begin{pmatrix} Z_T \\ \mathbb{I}_{n_C} \end{pmatrix} \tag{9.179}$$

の形になる．ここで Z_T は $n_L \times n_C$ 行列である．ξ_{T^*} のほうは式 (9.59) の形になっていた．式 (9.175) より $W_T + (Z_T)^t = 0$ であるから，式 (9.176) を得る． □

定理 9.9 以下 $r\,=\,1\,,2$ とする．$\mathcal{G}$ 内の木 T_r から生成される基本カットセット集合に対応する η_{T_r} は，$\det E \in \{+1\,,\,-1\}$ である行列 E により

$$\eta_{T_2} = \eta_{T_1}\,E \tag{9.180}$$

のように関係する．

証明 η_{T_r} を与える基本カットセット集合を $\left\{C_{(r)\,;\,1}\,,\,\dots\,,C_{(r)\,;\,n_C}\right\}$ とし，

$$\left(\boldsymbol{\eta}_{(r)\,;\,j}\right)_e \coloneqq \left(\eta_{T_r}\right)_{e\,j} \coloneqq \eta_{e\,C_{(r)\,;\,j}} \quad (e \in \mathrm{E}\,(\mathcal{G})) \tag{9.181}$$

のように $n_e\,(\mathcal{G})$ 成分ベクトル $\boldsymbol{\eta}_{(r)\,;\,j}$ を定義すると，$\left\{\boldsymbol{\eta}_{(r)\,;\,j}\right\}_{j\,=\,1\,,\,\dots\,,\,n_C}$ は互いに線形独立なベクトルの極大集合だから，可逆な行列 E が存在して以下のように関係する：

$$\boldsymbol{\eta}_{(2)\,;\,j} = \sum_{k=1}^{n_C} \boldsymbol{\eta}_{(1)\,;\,k}\, E_{kj}\,. \tag{9.182}$$

これを $(\eta_{T_r})_{e\,j}$ を用いて書き直せば，式 (9.180) が得られる．

命題 9.12 から T_1 と T_2 は，$n\left(T_{(j)} \cap T_{(j+1)}\right) = n_v(\mathcal{G}) - 2$，$T_{(0)} = T_1$，$T_{(n)} = T_2$ であるような木の列を介して変形できる．よって，$n\,(T_1 \cap T_2) = n_v(\mathcal{G}) - 2$ （T_1 と T_2 は $(n_v(\mathcal{G}) - 2)$ 本の辺を共有し，1 本だけ異なる．）を満たす T_1 と T_2 に関して E が $\det E \in \{+1\,,\,-1\}$ を満たすことを示せば十分である．そのとき，T_1 と T_2 は $(n_C - 1)$ 本の辺を共有し，1 本だけ異なるから，$e'_{n_C} \neq e_{n_C}$ を用いて

$$T_1 \coloneqq \{e_1\,,\,\ldots\,,\,e_{n_C-1}\,,\,e_{n_C}\}\,,\quad T_2 \coloneqq \{e_1\,,\,\ldots\,,\,e_{n_C-1}\,,\,e'_{n_C}\} \tag{9.183}$$

とする．それぞれから基本カットセット集合と η_{T_r} を構成する．η_{T_1} は式 (9.176) の形になるため，η_{T_2} の $(n_L + 1)$ 行から $(n_L + n_C)$ 行までを見ると，

$$\begin{aligned}(\eta_{T_2})_{e_{n_L+j}\,C_{(2)\,;\,j'}} &= \sum_{k=1}^{n_C} \underbrace{(\eta_{T_1})_{e_{n_L+j}\,C_{(1)\,;\,k}}}_{=\delta_{jk}} E_{kj'} \\ &= E_{jj'} \quad (j\,,\,j' = 1\,,\,\ldots\,,\,n_C)\,. \end{aligned} \tag{9.184}$$

他方，$(\eta_{T_2})_{e_{n_L+j}\,C_{(2)\,;\,k}}$ は

$$(\eta_{T_2})_{e_{n_L+j}\,C_{(2)\,;\,k}} = \begin{cases} \delta_{jk} & 1 \leq j\,,\,k \leq (n_C - 1), \\ 0 & 1 \leq j \leq (n_C - 1)\,,\; k = n_C, \\ \pm 1 & j = k = n_C. \end{cases} \tag{9.185}$$

ここで，$\eta_{e_{n_L+n_C}\,C_{(2)\,;\,n_C}} = 0$ と仮定すると，η_{T_2} の階数が n_C とならないから，$\eta_{e_{n_L+n_C}\,C_{(2)\,;\,n_C}} \in \{+1\,,\,-1\}$ である．式 (9.184) と (9.185) より E は下三角行列だから，$\det E \in \{+1\,,\,-1\}$ である． □

命題 9.46　$e\,,\,e' \in \mathrm{E}(\mathcal{G})$ に対して，以下の式が成り立つ：

$$\frac{\partial U(z)}{\partial z_e} = \sum_{L \in \boldsymbol{L}_{\mathcal{G}}} (\xi_{e\,L})^2\, U_{\mathcal{G}/L}\,, \tag{9.186}$$

$$z_e\,[U]^{\mathrm{UV}}_{\{e\}} = \sum_{C \in \boldsymbol{C}_{\mathcal{G}}} (\eta_{e\,C})^2\, W_C\,, \tag{9.187}$$

$$\sum_{L \in \boldsymbol{L}_{\mathcal{G}}} \xi_{e\,L}\,\xi_{e'\,L}\, z_e\, z_{e'}\, U_{\mathcal{G}/L} = -\sum_{C \in \boldsymbol{C}_{\mathcal{G}}} \eta_{e\,C}\,\eta_{e'\,C}\, W_C\,. \tag{9.188}$$

ここで，

$$W_C(z) \coloneqq \left(\prod_{e \in \mathrm{E}(\mathcal{G})} z_e\right) \widetilde{W}_C\left(\frac{1}{z}\right)\,,\quad \widetilde{W}_C(w) \coloneqq \sum_{T^2 \in \boldsymbol{T}^2_{\mathcal{G}}(C)} \prod_{e \in T^2} w_e \tag{9.189}$$

である．

証明　式 (9.186) の両辺はそれぞれ

$$\frac{\partial U(z)}{\partial z_e}=\sum_{T^*\ni e}\prod_{e'\in(T^*-\{e\})}z_{e'}=\left(\prod_{e''\in\mathrm{E}(\mathcal{G})}z_{e''}\right)\sum_{T\not\ni e}\prod_{e'\in(T+\{e\})}\frac{1}{z_{e'}},$$

$$\sum_{L\in\boldsymbol{L}_\mathcal{G}}(\xi_{e\,L})^2\,U_{\mathcal{G}/L}=\sum_{L\ni e}\sum_{T^*\in\boldsymbol{T}^*_{\mathcal{G}/L}}\prod_{e'\in T^*}z_{e'}=\left(\prod_{e''\in\mathrm{E}(\mathcal{G}/L)}z_{e''}\right)\sum_{L\ni e}\sum_{T\in\boldsymbol{T}_{\mathcal{G}/L}}\prod_{e'\in T}\frac{1}{z_{e'}}$$

$$=\left(\prod_{e''\in\mathrm{E}(\mathcal{G})}z_{e''}\right)\sum_{L\ni e}\sum_{T^0\in\boldsymbol{T}^0_\mathcal{G}(L)}\prod_{e'\in T^0}\frac{1}{z_{e'}}\tag{9.190}$$

と書き直すことができる．最後の等式では，命題 9.13 を用いて，L を含む擬木全体 $\boldsymbol{T}^0_\mathcal{G}(L)$ にわたる和とした．よって，式 (9.186) は

$$\sum_{T\not\ni e}\prod_{e'\in(T+\{e\})}w_{e'}=\sum_{L\ni e}\sum_{T^0\in\boldsymbol{T}^0_\mathcal{G}(L)}\prod_{e'\in T^0}w_{e'}\tag{9.191}$$

と等価であるから，これを示す．辺 e を含まない $T\in\boldsymbol{T}_\mathcal{G}$ に対して $T^0=T+\{e\}$ は擬木で，ループ $L\ni e$ を含む．逆に，ループ $L\ni e$ を含む擬木は L 以外にループを含まないから，$T:=T^0-\{e\}$ はループを含まない．$n(T)=n(T^0)-1=n_v(\mathcal{G})-1$ より，命題 9.10–2 を用いると T が $\mathcal{G}$ 内の木であることが分かる．このように，e を含まない木と，e を含むループ L と L を含む擬木のペアが一対一で対応するから式 (9.191) が成り立つ．

式 (9.187) の両辺は

$$z_e\,[U]^{\mathrm{UV}}_{\{e\}}=z_e\sum_{T^*\not\ni e}\prod_{e'\in T^*}z_{e'}=z_e\left(\prod_{e''\in\mathrm{E}(\mathcal{G})}z_{e''}\right)\sum_{T\ni e}\prod_{e'\in T}\frac{1}{z_{e'}}$$

$$=\left(\prod_{e''\in\mathrm{E}(\mathcal{G})}z_{e''}\right)\sum_{T\ni e}\prod_{e'\in T-\{e\}}\frac{1}{z_{e'}},$$

$$\sum_{C\in\boldsymbol{C}_\mathcal{G}}(\eta_{e\,C})^2\,W_C=\left(\prod_{e''\in\mathrm{E}(\mathcal{G})}z_{e''}\right)\sum_{C\in\boldsymbol{C}_\mathcal{G}}(\eta_{e\,C})^2\,\widetilde{W}_C\left(\frac{1}{z}\right)$$

$$=\left(\prod_{e''\in\mathrm{E}(\mathcal{G})}z_{e''}\right)\sum_{C\ni e}\sum_{T^2\in\boldsymbol{T}^2_\mathcal{G}(C)}\prod_{e'\in T^2}\frac{1}{z_{e'}}\tag{9.192}$$

より，式 (9.187) は

$$\sum_{T\ni e}\prod_{e'\in T-\{e\}}w_{e'}=\sum_{C\ni e}\sum_{T^2\in\boldsymbol{T}^2_\mathcal{G}(C)}\prod_{e'\in T^2}w_{e'}\tag{9.193}$$

と等価であるから，これを示す．定理 9.8 より，辺 e を含む木 T に対してカットセット C で $C\cap T=\{e\}$ であるものが唯一つ存在する．2-木 $T^2:=T-\{e\}$ は $T^2\cap C=\emptyset$ を満たすから，$T^2\in\boldsymbol{T}^2_\mathcal{G}(C)$ である．逆に e を含むカットセット C と $T^2\in\boldsymbol{T}^2_\mathcal{G}(C)$，つまり，$T^2\cap C=\emptyset$ なる 2-木 T^2 が与えられたとき，$T=T^2+\{e\}$ はループを含まず，$n(T)=n(T^2)+1=n_v(\mathcal{G})-1$ を満たす．よって，命題 9.10–2 から T は e を含む木である．このように e を含む木と，e を含むカットセット C と $T^2\in\boldsymbol{T}^2_\mathcal{G}(C)$ のペアが一対一で対応するから式 (9.193) が成り立つ．

式 (9.188) の両辺はそれぞれ

$$\sum_{L\in \boldsymbol{L}_{\mathcal{G}}} \xi_{e\,L}\,\xi_{e'\,L}\, z_e\, z_{e'}\, U_{\mathcal{G}/L} = \sum_{L\in \boldsymbol{L}_{\mathcal{G}}} \xi_{e\,L}\,\xi_{e'\,L}\, z_e\, z_{e'} \sum_{T\in \boldsymbol{T}_{\mathcal{G}/L}} \prod_{e''\in T^c} z_{e''}$$

$$= \left(\prod_{e'''\in \mathrm{E}(\mathcal{G})} z_{e'''}\right) \sum_{L\in \boldsymbol{L}_{\mathcal{G}}} \xi_{e\,L}\,\xi_{e'\,L}\, z_e\, z_{e'} \sum_{T^0\in \boldsymbol{T}^0_{\mathcal{G}}(L)} \prod_{e''\in T^0} \frac{1}{z_{e''}}$$

$$= \left(\prod_{e'''\in \mathrm{E}(\mathcal{G})} z_{e'''}\right) \sum_{L\in \boldsymbol{L}_{\mathcal{G}}} \xi_{e\,L}\,\xi_{e'\,L} \sum_{T^0\in \boldsymbol{T}^0_{\mathcal{G}}(L)} \prod_{e''\in (T^0-\{e\,,e'\})} \frac{1}{z_{e''}}\,,$$

$$-\sum_{C\in \boldsymbol{C}_{\mathcal{G}}} \eta_{e\,C}\,\eta_{e'\,C}\, W_C = -\left(\prod_{e'''\in \mathrm{E}(\mathcal{G})} z_{e'''}\right) \sum_{C\in \boldsymbol{C}_{\mathcal{G}}} \eta_{e\,C}\,\eta_{e'\,C}\, \widetilde{W}_C\left(\frac{1}{z}\right)$$

$$= -\left(\prod_{e'''\in \mathrm{E}(\mathcal{G})} z_{e'''}\right) \sum_{C\in \boldsymbol{C}_{\mathcal{G}}} \eta_{e\,C}\,\eta_{e'\,C} \sum_{T^2\in \boldsymbol{T}^2_{\mathcal{G}}(C)} \prod_{e''\in T^2} \frac{1}{z_{e''}} \tag{9.194}$$

と書けるから，式 (9.188) は，

$$\sum_{L\in \boldsymbol{L}_{\mathcal{G}}} \xi_{e\,L}\,\xi_{e'\,L} \sum_{T^0\in \boldsymbol{T}^0_{\mathcal{G}}(L)} \prod_{e''\in (T^0-\{e\,,e'\})} w_{e''}$$

$$= -\sum_{C\in \boldsymbol{C}_{\mathcal{G}}} \eta_{e\,C}\,\eta_{e'\,C} \sum_{T^2\in \boldsymbol{T}^2_{\mathcal{G}}(C)} \prod_{e''\in T^2} w_{e''} \tag{9.195}$$

と等価であり，この等式を示す．まず，$e, e' \in L$ というループ L を含む擬木 T^0 に対して，$T := T^0 - \{e'\}$ は木であるから，定理 9.8 より $T \cap C = \{e\}$ であるようなカットセット C が唯一つ存在する．$(L-\{e'\}) \subseteq T$ だから $(L-\{e'\}) \cap C = \{e\}$ である．これと $n(L\cap C)$ は偶数ということから．$L\cap C = \{e, e'\}$ を得る．このとき，$T^2 := T^0 - \{e, e'\}$ は 2-木で，式 (9.155) は

$$\xi_{e\,L}\,\eta_{e\,C} + \xi_{e'\,L}\,\eta_{e'\,C} = 0 \tag{9.196}$$

となる．両辺に $\xi_{e',L}\,\eta_{e,C}$ をかけて

$$\xi_{e\,L}\,\xi_{e'\,L} = -\eta_{e\,C}\,\eta_{e'\,C} \tag{9.197}$$

を得る．

逆に $e, e' \in C$ であるカットセットに対し，2-木 $T^2 \in \boldsymbol{T}^2_{\mathcal{G}}(C)$ は $T^2 \cap C = \emptyset$ だから，特に e, e' を含まない：$\{e, e'\} \cap T^2 = \emptyset$．よって，$\bigl(T^2 + \{e\}\bigr)$ および $\bigl(T^2 + \{e'\}\bigr)$ は $\mathcal{G}$ 内の木である．$T^0 := T^2 + \{e, e'\}$ は $\mathcal{G}$ 内の擬木で，唯一のループ L を含む．$\bigl(T^2 + \{e'\}\bigr)$ と $\bigl(T^2 + \{e\}\bigr)$ は共に木だから，$e, e' \in L$ である．$L - \{e, e'\} \subseteq T^0 - \{e, e'\} = T^2$ で，$L \cap C = \{e, e'\}$ だから，この場合も式 (9.196) を得る．

このように，$L \supseteq \{e, e'\}$ と $T^0 \in \boldsymbol{T}^0_{\mathcal{G}}(L)$ のペアと，$C \supseteq \{e, e'\}$ と $T^2 \in \boldsymbol{T}^2_{\mathcal{G}}(C)$ のペアが一対一に対応して式 (9.197) を満たすから，式 (9.195) が成り立つ．□

式 (9.130) で与えられる V 関数の別の表式を得るため，$B_{e\,e'}$ を式 (9.103) で表すと

$$V(z)=\sum_{e\in \mathrm{E}(\mathcal{G})} z_e\left(m_e^2-q_e^2\right)+\frac{1}{U}\sum_{L\in \boldsymbol{L}_{\mathcal{G}}} U_{\mathcal{G}/L}\left(\sum_{e\in \mathrm{E}(\mathcal{G})} z_e\, q_e\, \xi_{e\,L}\right)^2 \tag{9.198}$$

を得る．

命題 9.47 V 関数は

$$V(z)=\sum_{e\in \mathrm{E}(\mathcal{G})} z_e m_e^2-\frac{1}{U}\sum_{C\in \boldsymbol{C}_{\mathcal{G}}} W_C\left(\sum_{e\in \mathrm{E}(\mathcal{G})} q_e\, \eta_{e\,C}\right)^2 \tag{9.199}$$

と表すことができる．

証明 $U(z)$ を定理 9.6 の形で書くとき，各単項式は z_e をちょうど一個含むか，含まないかのいずれかである．前者の項のすべての総計は $z_e\,\dfrac{\partial U(z)}{\partial z_e}$ に等しく，後者の総計は $[U(z)]^{\mathrm{UV}}_{\{e\}}$ である．よって，

$$U(z)=z_e\,\frac{\partial U(z)}{\partial z_e}+[U(z)]^{\mathrm{UV}}_{\{e\}} \tag{9.200}$$

が成り立つ．これから，

$$\begin{aligned} U(z)\sum_{e\in \mathrm{E}(\mathcal{G})} z_e q_e^2 &= \sum_{e\in \mathrm{E}(\mathcal{G})} z_e^2\, q_e^2\,\frac{\partial U(z)}{\partial z_e}+\sum_{e\in \mathrm{E}(\mathcal{G})} z_e q_e^2\,[U(z)]^{\mathrm{UV}}_{\{e\}} \\ &= \sum_{e\in \mathrm{E}(\mathcal{G})} z_e^2\, q_e^2 \sum_{L\in \boldsymbol{L}_{\mathcal{G}}} (\xi_{e\,L})^2\, U_{\mathcal{G}/L}+\sum_{e\in \mathrm{E}(\mathcal{G})} q_e^2 \sum_{C\in \boldsymbol{C}_{\mathcal{G}}} (\eta_{e\,C})^2\, W_C\,. \end{aligned} \tag{9.201}$$

ここで，式 (9.186) と (9.187) を用いた．式 (9.188) を使うと式 (9.199) を得る：

$$\begin{aligned} V &= \sum_{e\in \mathrm{E}(\mathcal{G})} z_e\, m_e^2-\frac{1}{U(z)}\sum_{e\in \mathrm{E}(\mathcal{G})} q_e^2\sum_{C\in \boldsymbol{C}_{\mathcal{G}}} (\eta_{e\,C})^2\, W_C \\ &\quad -\frac{1}{U(z)}\sum_{e\neq e'} q_e\cdot q_{e'}\sum_{C\in \boldsymbol{C}_{\mathcal{G}}} \eta_{e\,C}\,\eta_{e'\,C}\, W_C \\ &= \sum_{e\in \mathrm{E}(\mathcal{G})} z_e\, m_e^2-\frac{1}{U(z)}\sum_{C\in \boldsymbol{C}_{\mathcal{G}}} W_C\left(\sum_{e\in \mathrm{E}(\mathcal{G})} q_e\, \eta_{e\,C}\right)^2 . \end{aligned} \tag{9.202}$$

□

V に対する式 (9.199) と式 (9.198) は互いに等しいから

$$\begin{aligned} &-U(z)\sum_{e\in \mathrm{E}(\mathcal{G})} z_e\, q_e^2+\sum_{L\in \boldsymbol{L}_{\mathcal{G}}} U_{\mathcal{G}/L}\left(\sum_{e\in \mathrm{E}(\mathcal{G})} z_e\, q_e\, \xi_{e\,L}\right)^2 \\ &= -\sum_{C\in \boldsymbol{C}_{\mathcal{G}}} W_C\left(\sum_{e\in \mathrm{E}(\mathcal{G})} q_e\, \eta_{e\,C}\right)^2 . \end{aligned} \tag{9.203}$$

$z_e\, q_e = f_e$ について表し直すと，

$$\sum_{e \in \mathrm{E}(\mathcal{G})} f_e \cdot \sum_{e' \in \mathrm{E}(\mathcal{G})} f_{e'}$$

$$\times \left\{ -\frac{U(z)}{z_e}\,\delta_{e\,e'} + \sum_{L \in \boldsymbol{L}_{\mathcal{G}}} U_{\mathcal{G}/L}\,\xi_{e\,L}\,\xi_{e'\,L} + \sum_{C \in \boldsymbol{C}_{\mathcal{G}}} W_C\,\frac{\eta_{e\,C}}{z_e}\,\frac{\eta_{e'\,C}}{z_{e'}} \right\} = 0\,. \tag{9.204}$$

これから

$$-\frac{U(z)}{z_e}\,\delta_{e\,e'} + \sum_{L \in \boldsymbol{L}_{\mathcal{G}}} U_{\mathcal{G}/L}\,\xi_{e\,L}\,\xi_{e'\,L} = -\sum_{C \in \boldsymbol{C}_{\mathcal{G}}} W_C\,\frac{\eta_{e\,C}}{z_e}\,\frac{\eta_{e'\,C}}{z_{e'}} \tag{9.205}$$

が得られる．

式 (9.140) の Q'_e は

$$Q'_e = -\frac{1}{U} \sum_{e' \in \mathrm{E}(\mathcal{G})} q_{e'}\,z_{e'} \left(-\frac{U}{z_{e'}}\,\delta_{e'\,e} + \sum_{L \in \boldsymbol{L}_{\mathcal{G}}} \xi_{e\,L}\,U_{\mathcal{G}/L}\,\xi_{e'\,L} \right) \tag{9.206}$$

だから，式 (9.205) を用いると，

$$Q'_e = \frac{1}{U(z)} \sum_{e' \in \mathrm{E}(\mathcal{G})} q_{e'} \sum_{C \in \boldsymbol{C}_{\mathcal{G}}} \eta_{e'\,C}\,\frac{W_C(z)}{z_e}\,\eta_{e\,C} \tag{9.207}$$

と表すことができる．

定理 9.10　Q'_e は外部運動量 $\{p_v\}_{v \in \mathrm{V}(\mathcal{G})}$ を用いて

$$Q'_e = \frac{1}{U} \sum_{v' \in (\mathrm{V}(\mathcal{G}) - \{v\})} W_e^{(v\,|\,v')}\,p_{v'}\,, \quad W_e^{(v\,|\,v')} := \sum_{P \in \boldsymbol{P}_{\mathcal{G}}(vv')} \xi_{e\,P}\,U_{\mathcal{G}/P} \tag{9.208}$$

となる．ここで，$\xi_{e\,P}$ は

$$\xi_{e\,P} = \begin{cases} +1 & e \in P \text{ で，} e \text{ の向きが } P \text{ の向きと同じとき，} \\ -1 & e \in P \text{ で，} e \text{ の向きが } P \text{ の向きと逆のとき，} \\ 0 & e \notin P \end{cases} \tag{9.209}$$

で与えられる．

証明　$v_0 \in \mathrm{V}(\mathcal{H}_1(C))$ とする．v_0 以外での外部運動量 p_v（$v \neq v_0$）は互いに独立にとれるから，一つだけ 0 にした式（$p_v + p_{v_0} = 0$）

$$Q'_e = p_v \frac{1}{U} \sum_{P \in \boldsymbol{P}_{\mathcal{G}}(vv_0)} \xi_{e\,P}\,U_{\mathcal{G}/P} \tag{9.210}$$

を証明すれば十分である．

$\{q_e\}_{e \in \mathrm{E}(\mathcal{G})}$ で書かれている式 (9.207) を $\{p_v\}_{v \in \mathrm{V}(\mathcal{G})}$ で表すため, 式 (9.154) と式 (9.114)

$$\sum_{e \in \mathrm{E}(\mathcal{G})} \varepsilon_{v'\,e}\,q_e = -p_{v'}$$

を用いると，

$$\sum_{e\in \mathrm{E}(\mathcal{G})} q_e\,\eta_{e\,C} = \varepsilon^{\mathcal{G}/C^c}_{u_{C\,,\,(1)}\,e_C} \sum_{v'\in \mathrm{V}(\mathcal{H}_1(C))} \sum_{e\in \mathrm{E}(\mathcal{G})} \varepsilon_{v'\,e}\, q_e$$
$$= -\varepsilon^{\mathcal{G}/C^c}_{u_{C\,,\,(1)}\,e_C} \sum_{v'\in \mathrm{V}(\mathcal{H}_1(C))} p_{v'} \tag{9.211}$$

を得る．$(\mathcal{G}-C)$ の連結成分 $\mathcal{H}_1(C)$ に $v\,,\,v_0$ の両方が共に含まれる場合，および，共に含まれない場合には，この量は 0 である．それぞれの連結成分に一つずつ含まれる場合には，$v_0 \in \mathrm{V}\,(\mathcal{H}_1(C))$ と定義したから（$v \notin \mathrm{V}\,(\mathcal{H}_1(C))$ で）$\displaystyle\sum_{v'\in \mathrm{V}(\mathcal{H}_1(C))} p_{v'} = p_{v_0} = -p_v$ である．つまり，

$$\sum_{e\in \mathrm{E}(\mathcal{G})} q_e\,\eta_{e\,C} = \begin{cases} \varepsilon^{\mathcal{G}/C^c}_{u_{C\,,\,(1)}\,e_C}\, p_v & C \in \boldsymbol{C}_{\mathcal{G}}\,(v\,|\,v_0)\ \text{のとき，} \\ 0 & C \notin \boldsymbol{C}_{\mathcal{G}}\,(v\,|\,v_0)\ \text{のとき．} \end{cases} \tag{9.212}$$

ゆえに，p_v だけ 0 でないときには，式 (9.207) は

$$Q'_e = p_v \frac{1}{U} \sum_{C\in \boldsymbol{C}_{\mathcal{G}}(\,v\,|\,v_0)} \varepsilon^{\mathcal{G}/C^c}_{u_{C\,,\,(1)}\,e_C}\, \eta_{e\,C}\, \frac{W_C}{z_e} \tag{9.213}$$

となる．式 (9.210) とこの式が等しいことは

$$\left(\prod_{e''\in \mathrm{E}(\mathcal{G})} z_{e''}\right) \sum_{C\,\in\, \boldsymbol{C}_{\mathcal{G}}(\,v\,|\,v')} \varepsilon^{\mathcal{G}/C^c}_{u_{C\,,\,(1)}\,e_C}\, \eta_{e\,C} \sum_{T^2\in \boldsymbol{T}^2_{\mathcal{G}}(C)} \prod_{e'\in T^2} \frac{1}{z_{e'}}$$
$$= \left(\prod_{e''\in \mathrm{E}(\mathcal{G})} z_{e''}\right) \sum_{P\in \boldsymbol{P}_{\mathcal{G}}(vv')} \xi_{e\,P} \sum_{T\supseteq P} \prod_{e'\in T} \frac{1}{z_{e'}} \tag{9.214}$$

と等価である．ここで命題 9.11–2 から

$$U_{\mathcal{G}/P} = \sum_{T\in \boldsymbol{T}_{\mathcal{G}/P}} \prod_{e'\in T^c} z_{e'} = \left(\prod_{e''\in \mathrm{E}(\mathcal{G})} z_{e''}\right) \sum_{T\supseteq P} \prod_{e'\in T} \frac{1}{z_{e'}} \tag{9.215}$$

を用いた．以下，式 (9.214) を証明する．

まず，e を含むカットセット $C \in \boldsymbol{C}_{\mathcal{G}}\,(v\,|\,v')$ と 2-木 $T^2 \in \boldsymbol{T}^2(C)$ に対して，$T^2 \cap C = \emptyset$ より T^2 は $e \in C$ を含まない．$T := T^2 + \{e\}$ がループ L を含むとすると，T^2 は L を含まないから $e \in L$ である．そして，$(L-\{e\})\cap C \subseteq T^2 \cap C = \emptyset$ より，$L\cap C = \{e\}$ となり，$n(L\cap C)$ が偶数であることに反する．よって，T はループを含まず，命題 9.10–2 から T は木である．ゆえに，T 内で $v\,,\,v'$ を通過する唯一の道 P が存在する．$C \in \boldsymbol{C}_{\mathcal{G}}\,(v\,|\,v')$ で $T^2 \cap C = \emptyset$ より T^2 内で v と v' を通る道はない．よって，$e \in P$ である．

逆に e を含む $P \in \boldsymbol{P}_{\mathcal{G}}\,(vv')$ および P を含む木 T が与えられたとき，$T^2 := T - \{e\}$ は 2-木である．命題 9.35 より，$T^2 \cap C = \emptyset$ を満たすカットセット C が唯一つ存在する．命題 9.35 の証明で見た通り，$e \in C$ である．$P\cap C \subseteq T\cap C$ で $(T-\{e\})\cap C = T^2\cap C = \emptyset$ より，$P \cap C = \{e\}$ である．$(\mathcal{G}-C)$ において v と v' は同じ連結成分 $\mathcal{H}$ に属すると仮定する．このとき v と v' を $(\mathcal{G}-C)$ 内で結ぶ道 P' が存在する．$P' \in \boldsymbol{P}_{\mathcal{G}}\,(vv')$ でもある．$P - C = P - \{e\}$ も P' を含む連結成分 $\mathcal{H}$ に属するが，$e \in P$ を除かれたため，連結ではない．よって，$P \neq P'$ で，命題 9.4 より $P \oplus P'$ は $\mathcal{G}$ の互いに素

なループの合併である．P' は C と交わらないから，$P \cap P' \cap C = \emptyset$，したがって，$n(P \cap C) = n((P \oplus P') \cap C) = \sum_i n(L_i \cap C)$ であるが，命題 9.38 より $n(L_i \cap C)$ は偶数であるから，$P \cap C = \{e\}$ に反する．ゆえに $C \in \boldsymbol{C}_{\mathcal{G}}\,(v \mid v')$ である．与えられた e に対して P の向きを $\xi_{e\,P} = \varepsilon^{\mathcal{G}/C^c}_{u_{C\,,(1)}\,e_C}\,\eta_{e\,C}$ として，式 (9.214) が成り立つ． □

v' から流れ込む外部運動量が $p_{v'}$ であるが，式 (9.208) から，辺 e に流れる $p_{v'}$ の割合は**スカラーカレント**

$$A_e^{\left(v \mid v'\right)} := \frac{W_e^{\left(v \mid v'\right)}}{U} = \frac{1}{U} \sum_{P \in \boldsymbol{P}_{\mathcal{G}}(vv')} \xi_{e\,P}\, U_{\mathcal{G}/P} \tag{9.216}$$

で与えられる．スカラーカレント $A_e^{\left(v \mid v'\right)}$ を計算する上で有用な他の表式を得るため，式 (9.140) に立ち戻る．各 $v' \neq v$ に対して一つの道 $P^{(vv')} \in \boldsymbol{P}_{\mathcal{G}}\,(vv')$ を選ぶと，q_e は

$$q_e = \sum_{v' \in (\mathrm{V}(\mathcal{G}) - \{v\})} \xi_{e\,P^{(vv')}}\, p_{v'} \tag{9.217}$$

と表すことができるであろう．これを式 (9.140) に代入して，

$$A_e^{\left(v \mid v'\right)} = -\frac{1}{U} \sum_{e' \in \mathrm{E}(\mathcal{G})} \xi_{e'\,P^{(vv')}}\, z_{e'}\, B'_{e'e} \tag{9.218}$$

を得る．スカラーカレント $A_e^{\left(v \mid v'\right)}$ は $U\,,\,B_{ee'}\,,\,V$ とともにファインマン積分のパラメトリック表示を与える最後の構成要素である．ローレンツ不変量が計算対象である場合，少数の外部運動量の内積は定数であるから，ファインマン・パラメータ z_e の関数として $Q_e'^{\,\mu}$ の代わりに $A_e^{\left(v \mid v'\right)}$ を用いることで，計算対象の表式からベクトル量を実質消し去ることができる．なお，式 (9.218) から明らかなように，$A_e^{\left(v \mid v'\right)}$ は次数が 0 の有理関数（分母の斉次多項式の次数と分子の斉次多項式の次数が等しい有理関数）である．

レプトンの異常磁気能率を計算する上で便利なスカラーカレントの選択を見てみる．外部と接触する QED 頂点 v_g から入射する運動量を q $(q^2 < 0)$ とする．入射粒子の運動量 $p_I = p - \dfrac{q}{2}$ は頂点 v_I から $\mathcal{G}$ に流れ込み，射出粒子の運動量 $p_F = p + \dfrac{q}{2}$ が頂点 v_F から $\mathcal{G}$ を出ていくものとする．$p_I\,,\,p_F$ が共に質量殻上にある（$p_F^2 = m^2 = p_I^2$）場合には，$p \cdot q = 0$ および $p^2 + \dfrac{q^2}{4} = m^2$ である．

運動量の流れの一つの見方としては図 9.2 のようなものがある：

- 運動量 p が頂点 v_I から $\mathcal{G}$ に流れ込み，v_F から出ていく．
- 運動量 $\dfrac{q}{2}$ が頂点 v_g から $\mathcal{G}$ に流れ込み，v_F から出ていく．
- 運動量 $\left(-\dfrac{q}{2}\right)$ が頂点 v_I から $\mathcal{G}$ に流れ込み，v_g から出ていく．

対応して Q_e' は

$$Q_e' = A_e^{(v_F \mid v_I)}\, p + A_e^{(v_F \mid v_g)}\, \frac{q}{2} + A_e^{(v_g \mid v_I)} \left(-\frac{q}{2}\right) \tag{9.219}$$

と表される．クェンチ QED のファインマン図 $\mathcal{G}$ に対して以下のような道を選択する：

- $P^{(v_F\,v_I)} \in \boldsymbol{P}_{\mathcal{G}}\,(v_F\,v_I)$ は v_I から v_F まで連結するフェルミオン線すべてを含む．
- $P^{(v_F\,v_g)} \in \boldsymbol{P}_{\mathcal{G}}\,(v_F\,v_g)$ は v_g から v_F まで連結するフェルミオン線すべてを含む．

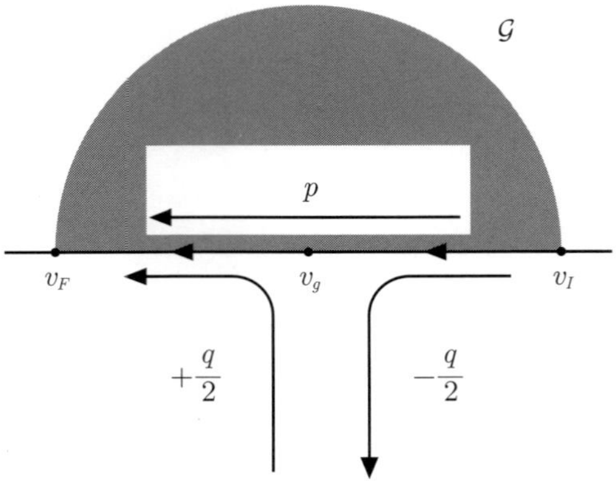

図 9.2　クェンチ QED の 3 点 1PI ファインマン図 $\mathcal{G}$ における外部運動量の流れ．頂点 v_I から頂点 v_F の間にある隣り合うフェルミオン線が QED 頂点に接続する．v_g だけは光子線が接続せずに外部と接触しており，そこから運動量 q がグラフ内部へ流れ込む．

• $P^{(v_g\,v_I)} \in \boldsymbol{P}_{\mathcal{G}}\,(v_g\,v_I)$ は v_I から v_g まで連結するフェルミオン線すべてを含む．スカラーカレントはこれらの道に沿って，

$$A_e^{(v_F\,|\,v_g)} = -\frac{1}{U} \sum_{e'\in \mathrm{E}(\mathcal{G})} \xi_{e'P^{(v_F v_g)}}\, z_{e'} B'_{e'e}\,,$$

$$A_e^{(v_g\,|\,v_I)} = -\frac{1}{U} \sum_{e'\in \mathrm{E}(\mathcal{G})} \xi_{e'P^{(v_g v_I)}}\, z_{e'} B'_{e'e}\,,$$

$$A_e^{(v_F\,|\,v_I)} = -\frac{1}{U} \sum_{e'\in \mathrm{E}(\mathcal{G})} \xi_{e'P^{(v_F v_I)}}\, z_{e'} B'_{e'e} = A_e^{(v_F\,|\,v_g)} + A_e^{(v_g\,|\,v_I)} \tag{9.220}$$

で与えられる．式 (9.208) と

$$q_e = \xi_{e\,P^{(v_F\,v_I)}}\, p + \xi_{e\,P^{(v_F\,v_g)}}\, \frac{q}{2} + \xi_{e\,P^{(v_g\,v_I)}} \left(-\frac{q}{2}\right) \tag{9.221}$$

を

$$G = \sum_{e\in \mathrm{E}(\mathcal{G})} z_e q_e \cdot \left(q_e - \frac{1}{U} \sum_{e'\in \mathrm{E}(\mathcal{G})} q_{e'}\, z_{e'}\, B_{e'e} \right) = \sum_{e\in \mathrm{E}(\mathcal{G})} z_e \left(q_e \cdot Q'_e\right) \tag{9.222}$$

に代入すると，

$$\begin{aligned} G = &\sum_{e\in P^{(v_F\,v_I)}} m_e^2\, z_e\, A_e^{(v_F\,|\,v_I)} \\ &+ \frac{q^2}{4} \sum_{e\in P^{(v_F\,v_g)}} z_e \left(A_e^{(v_F\,|\,v_g)} - A_e^{(v_g\,|\,v_I)} - A_e^{(v_F\,|\,v_I)} \right) \\ &- \frac{q^2}{4} \sum_{e\in P^{(v_g\,v_I)}} z_e \left(A_e^{(v_F\,|\,v_g)} - A_e^{(v_g\,|\,v_I)} + A_e^{(v_F\,|\,v_I)} \right) \\ = &\sum_{e\in P^{(v_F\,v_I)}} m_e^2\, z_e\, A_e^{(v_F\,|\,v_I)} \end{aligned}$$

$$- \frac{q^2}{2} \left(\sum_{e \in P^{(v_F\, v_g)}} z_e\, A_e^{(v_g\,|\,v_I)} + \sum_{e \in P^{(v_g\, v_I)}} z_e A_e^{(v_F\,|\,v_g)} \right). \tag{9.223}$$

q^2 に比例する項は，異常磁気能率の計算のように $q \to 0$ に興味がある場合には消える．

9.12 鎖トポロジー

9.10 節では，$B_{ee'}, U$ という関数の紫外極限とファインマン積分の紫外発散との関連を見た．ここでは $B_{ee'}, U$ を計算する上で有用な式を導き，鎖という概念を導入する．

ループ積分内の k_e^μ を置き換えたものが $\mathbb{D}_e^\mu$ であった．e を流れるループ運動量の総和 $r_e = k_e - q_e$ と式 (9.110) から

$$\sum_{e \in \mathrm{E}(\mathcal{G})} \varepsilon_{ve} \left(\mathbb{D}_e^\mu - q_e^\mu \right) \Sigma_{\mathcal{G}}(p) = 0 \tag{9.224}$$

が成り立つ．$\mathbb{D}_e^\mu$ は V を通してのみ $\Gamma_{\mathcal{G}}^\nu$ へ作用するから*2)，式 (9.141) の第 1 式を用いると

$$\sum_{e \in \mathrm{E}(\mathcal{G})} \varepsilon_{ve} \left(Q'^{\mu}_e - q_e^\mu \right) = 0\,. \tag{9.225}$$

これに式 (9.137) を代入すると

$$\sum_{e \in \mathrm{E}(\mathcal{G})} q_e^\mu z_e \sum_{e' \in \mathrm{E}(\mathcal{G})} \varepsilon_{ve'} B_{e'e} = 0\,. \tag{9.226}$$

q_e は互いに独立としているから

$$\sum_{e' \in \mathrm{E}(\mathcal{G})} \varepsilon_{ve'}\, B_{e'e} = 0 \quad (v \in \mathrm{V}(\mathcal{G})\,;\, e \in \mathrm{E}(\mathcal{G})) \tag{9.227}$$

が成り立つ．

恒等式 (9.227) を踏まえて鎖という概念を導入しよう．ファインマン図 $\mathcal{G}$ からグラフ $\mathcal{G}_A$ を以下のようにして得る：

1. 2 点頂点で繋がる連結な辺の極大集合を**鎖**という．
2. フェルミオン線や光子などの粒子の種類の区別は忘れる．
3. すべての鎖をその辺の集合とし，3 本以上の辺に接続している $\mathcal{G}$ の頂点 v ($d(v\,, \mathcal{G}) \geq 3$) をその頂点の集合として持つグラフを $\mathcal{G}_A$ とする．

QED でのグラフ $\mathcal{G}_A$ は，φ^3 理論の真空グラフで与えられる．$\mathcal{G}$ の各辺はちょうど一つの鎖に属する．よって，各鎖に対して，$\mathcal{G}$ でその鎖に属する辺（に流れる運動量）はいずれも同じ向きであると仮定することができる．鎖は $\mathcal{G}$ で 2 点頂点で結ばれる辺の集まりであるから，それらの 2 点頂点で成り立つ式 (9.227) は以下を意味する：

$$B_{e_1 e} = B_{e_2 e} \quad (e_1 \text{ と } e_2 \text{ が同じ鎖 } c \text{ に属するとき})\,. \tag{9.228}$$

---

*2) パウリ–ヴィラス正則項からの寄与は $\Lambda \to \infty$ で消えるものとする．

これから，$B_{ee'}$ は，$\mathcal{G}_A$ の鎖トポロジーで決まる量であることが分かる．つまり，

$$B_{cc'} = B_{ee'} \quad (e \in c;\, e' \in c') \tag{9.229}$$

としてよい．

U 関数を $B_{ee'}$ で与える式を得るため，元々の表式 (9.109) がループ運動量の取り方に任意性がある点に着目する．ループ運動量 l_L を Δl_L 分シフトする．V はループ運動量とは無関係の量だから

$$0 = \frac{\partial V}{\partial \Delta l_L^{\mu}}\,. \tag{9.230}$$

その際に k_e が受けるシフト

$$\Delta k_e = \sum_{e \,\in\, \mathrm{E}(\mathcal{G})} \xi_{eL}\,\Delta l_L \tag{9.231}$$

は，l_L をそのままにして q_e を

$$\Delta q_e = \sum_{e \,\in\, \mathrm{E}(\mathcal{G})} \xi_{eL} \Delta l_L \tag{9.232}$$

分換えることでも誘導される．よって，式 (9.230) から

$$0 = \sum_{e \,\in\, \mathrm{E}(\mathcal{G})} \frac{\partial V}{\partial q_e^{\lambda}} \frac{\partial \Delta q_e^{\lambda}}{\partial \Delta l_L^{\mu}} = \sum_{e \,\in\, \mathrm{E}(\mathcal{G})} \frac{\partial V}{\partial q_e^{\mu}}\,\xi_{eL} \tag{9.233}$$

を得る．$\dfrac{\partial V}{\partial q_e^{\mu}}$ は式 (9.137) より Q'^{μ}_e で書ける：

$$\sum_{e \,\in\, \mathrm{E}(\mathcal{G})} \xi_{eL}\, z_e\, Q'^{\mu}_e = 0\,. \tag{9.234}$$

式 (9.140) を代入して q_e の係数を 0 すると

$$\xi_{eL}\, U = \sum_{e' \,\in\, \mathrm{E}(\mathcal{G})} \xi_{e'L}\, z_{e'}\, B_{e'e} \quad (e \in \mathrm{E}\,(\mathcal{G})) \tag{9.235}$$

を得る．先ほど見たように，鎖に属するすべての辺の向きは鎖の向きと同じとしてよかったから，$\xi_{cL} := \xi_{eL}$（$e \in c$）という量が曖昧さなしで定義できる．$\mathcal{G}_A$ に含まれる鎖全体の集合を $\mathrm{C}\,(\mathcal{G}_A)$ とする．さらに，各 $c \in \mathrm{C}\,(\mathcal{G}_A)$ に対して

$$z_c := \sum_{e \in c} z_e \tag{9.236}$$

と置くと，式 (9.235) は

$$\xi_{cL}\, U = \sum_{c' \in \mathrm{C}(\mathcal{G}_A)} \xi_{c'L}\, z_{c'}\, B_{c'c} \tag{9.237}$$

と表すことができる．これから U 関数も $\mathcal{G}_A$ の鎖トポロジーで決まることが分かる．

$B_{ee'}$，U 関数が鎖トポロジーにしかよらない特徴は，ウォード–高橋恒等式 (8.61) と非常に相性が良い．3 点 1PI 関数へ寄与を及ぼすファインマン図と，それから外部と接触す

る QED 頂点を除いて得られる自己エネルギー型ファインマン図は，同一の鎖トポロジーを共有するから，これら二つのファインマン図は同一の $B_{ee'}$ や U 関数およびスカラーカレントを共有する．今，クェンチ QED の自己エネルギー型ファインマン図 $\mathcal{G}$ が，連結なフェルミオン線 $\{e_g\}_{g=1,\ldots,n}$ $(n = 2n_L(\mathcal{G}) - 1)$ を持つとする．$\{e_g\}_{g=1,\ldots,n}$ のうちの 1 本 e_g に外部と接触する QED 頂点を 1 個挿入して得られる 3 点 1PI ファインマン図を $\mathcal{G}_g$ とすると，$\mathcal{G}_g$ からの 3 点 1PI 関数への寄与の総和

$$\Lambda^{\nu}_{\mathbf{B},\mathcal{G}}(p_F, p_I) \coloneqq \sum_{g=1}^{n} \Lambda^{\nu}_{\mathbf{B},\mathcal{G}_g}(p_F, p_I) \tag{9.238}$$

と，$\mathcal{G}$ からの自己エネルギー関数への寄与 $\Sigma_{\mathbf{B},\mathcal{G}}(p)$ がウォード–高橋恒等式 (8.61) により関係する：

$$q_\nu \Lambda^{\nu}_{\mathbf{B},\mathcal{G}}(p_F, p_I) = -\Sigma_{\mathbf{B},\mathcal{G}}(p_F) + \Sigma_{\mathbf{B},\mathcal{G}}(p_I). \tag{9.239}$$

この両辺を q_μ に関して微分した後で q について展開すると，

$$\begin{aligned}
&\Lambda^{\mu}_{\mathbf{B},\mathcal{G}}(p_F, p_I) \\
&= -\frac{1}{2}\frac{\partial \Sigma_{\mathbf{B},\mathcal{G}}\left(p + \frac{q}{2}\right)}{\partial p_\mu} - \frac{1}{2}\frac{\partial \Sigma_{\mathbf{B},\mathcal{G}}\left(p - \frac{q}{2}\right)}{\partial p_\mu} - q_\nu \frac{\partial \Lambda^{\nu}_{\mathbf{B},\mathcal{G}}(p_F, p_I)}{\partial q_\mu} + O(q^2) \\
&= -\frac{\partial \Sigma_{\mathbf{B},\mathcal{G}}(p)}{\partial p_\mu} - q_\nu \left[\frac{\partial \Lambda^{\nu}_{\mathbf{B},\mathcal{G}}(p_F, p_I)}{\partial q_\mu}\right]_{q=0} + O(q^2)
\end{aligned} \tag{9.240}$$

が得られる．この関係を利用して n 個の 3 点頂点型ファインマン図からの異常磁気能率への寄与をまとめて計算する．これ以降は，裸の量を表す添字 $\mathbf{B}$ を省略することにしよう．

9.13 ウォード–高橋恒等式による異常磁気能率の足し上げ

ここでは，ウォード–高橋恒等式 (9.240) を用いて，クェンチ QED における自己エネルギー型ファインマン図 $\mathcal{G}$ と関連する 3 点 1PI ファインマン図からの異常磁気能率への寄与の総和を与える式を導く．

ウォード–高橋恒等式 (9.240) の右辺における $-\dfrac{\partial \Sigma_{\mathcal{G}}(p)}{\partial p_\mu}$ には二通りの寄与がある．一つ目はフェルミオン線で分子で縮約されずに残った $\mathbb{D}^{\lambda}_{e_j}$ が $Q'^{\lambda}_{e_j} = A^{(v_F|v_I)}_{e_j} p^\lambda$ に変わるため，この p 依存性を拾うことによる．今，$F^{\mu}_{\mathcal{G};e_j}(k)$ を $F_{\mathcal{G}}$ で k_{e_j} を含まないもの，すなわち

$$F^{\mu}_{\mathcal{G};e_j}(k) \coloneqq [F_{\mathcal{G}}(k)]_{\not{k}_{e_j} \to \gamma^\mu} \tag{9.241}$$

とするとき，このような寄与は，

$$-\sum_{j=1}^{2n_L-1} A^{(v_F|v_I)}_{e_j} F^{\mu}_{\mathcal{G};e_j}(\mathbb{D}) \frac{\Gamma(n_L - 1)}{U^2_{\mathcal{G}} V^{n_L-1}_{\mathcal{G}}} \tag{9.242}$$

を被積分関数とする積分としてすべて得られる．

二つ目は $\dfrac{1}{V^n_{\mathcal{G}}}$ に含まれる p 依存性

$$\frac{1}{V_{\mathcal{G}}^n} = \frac{1}{\left(-p^2 \sum_{j=1}^{2n_L-1} z_e A_{e_j}^{(v_F\,|\,v_I)} + \cdots\right)^n} \tag{9.243}$$

を参照して得られるものである：

$$\left(-\frac{\partial}{\partial p_\mu}\right)\frac{1}{V_{\mathcal{G}}^n} = n\,\frac{1}{V_{\mathcal{G}}^{n+1}}\,(-2\,p^\mu)\sum_{j=1}^{2n_L-1} z_e A_{e_j}^{(v_F\,|\,v_I)} = -\frac{n}{V_{\mathcal{G}}^{n+1}}\,\frac{2\,p^\mu\,G_{\mathcal{G}}}{p^2}\,. \tag{9.244}$$

このようにして得られる寄与は

$$-2\,p^\mu\,G_{\mathcal{G}}\,F_{\mathcal{G}}(\mathbb{D})\,\frac{\Gamma(n_L)}{p^2\,U_{\mathcal{G}}^2\,V_{\mathcal{G}}^{n_L}} \tag{9.245}$$

を被積分関数とするものからすべて得られる．以上のことから

$$-\frac{\partial\Sigma_{\mathcal{G}}(p)}{\partial p_\mu} = \left(-\frac{1}{4}\right)^{n_L}\mathbb{M}\int dz_{\mathcal{G}}\left\{2\,p^\mu\,\frac{G_{\mathcal{G}}}{p^2}\,F_{\mathcal{G}}(\mathbb{D})\frac{\Gamma(n_L)}{V_{\mathcal{G}}^{n_L}}\right.$$
$$\left.+\sum_{j=1}^{2n_L-1} A_{e_j}^{(v_F\,|\,v_I)}\,F_{\mathcal{G}\,;\,e_j}^{\mu}(\mathbb{D})\,\frac{\Gamma(n_L-1)}{V_{\mathcal{G}}^{n_L-1}}\right\}. \tag{9.246}$$

次に式 (9.240) の第 2 項からの寄与を調べる．$k_{e_j} = k'_{e_j} \pm \dfrac{q}{2}$ として

$$-\frac{\partial}{\partial q_\mu}\,\frac{1}{\not k'_{e_j} \pm \dfrac{q}{2} - m_{e_j} + \mathrm{i}\,\varepsilon} = \pm\frac{1}{2}\,\frac{1}{\not k_{e_j} - m_{e_j} + \mathrm{i}\,\varepsilon}\gamma^\mu\frac{1}{\not k_{e_j} - m_{e_j} + \mathrm{i}\,\varepsilon}\,. \tag{9.247}$$

3 点頂点関数における独立な内線運動量の個数を自己エネルギー型ファインマン図 $\mathcal{G}$ における ものと同じにするため，外部磁場と接触する頂点（γ^ν が割り当てられている頂点である）に接続する二つの辺を流れる運動量を $\left(k_{e_g} \pm \dfrac{q}{2}\right)$ とすると，

$$\begin{aligned}
&-\left[\frac{\partial}{\partial q_\mu}\,\frac{1}{\not k_{e_g} + \dfrac{q}{2} - m_{e_g} + \mathrm{i}\,\varepsilon}\gamma^\nu\frac{1}{\not k_{e_g} - \dfrac{q}{2} - m_{e_g} + \mathrm{i}\,\varepsilon}\right]_{q=0}\\
&= \frac{1}{2}\,\frac{1}{\left(k_{e_g}^2 - m_{e_g}^2 + \mathrm{i}\,\varepsilon\right)^3}\\
&\quad\times\left[\left(\not k_{e_g} + m_{e_g}\right)\gamma^\mu\left(\not k_{e_g} + m_{e_g}\right)\gamma^\nu\left(\not k_{e_g} + m_{e_g}\right)\right.\\
&\qquad\left.-\left(\not k_{e_g} + m_{e_g}\right)\gamma^\nu\left(\not k_{e_g} + m_{e_g}\right)\gamma^\mu\left(\not k_{e_g} + m_{e_g}\right)\right]\\
&= \frac{1}{2}\,\frac{\gamma^\nu\gamma^\mu\left(\not k_{e_g} + m_{e_g}\right) - \left(\not k_{e_g} + m_{e_g}\right)\gamma^\mu\gamma^\nu}{\left(k_{e_g}^2 - m_{e_g}^2 + \mathrm{i}\,\varepsilon\right)^2}\,.
\end{aligned} \tag{9.248}$$

ゆえに，

$$-\frac{\partial}{\partial q_\mu}\left[\left(\prod_{j=1}^{g-1}\gamma^{\nu_j}\,\frac{1}{\not k_{e_j} - m_{e_j} + \mathrm{i}\,\varepsilon}\right)\right.$$

$$\times \gamma^{\nu_g} \frac{1}{\not{k}_{e_g} + \dfrac{\not{q}}{2} - m_{e_g} + \mathrm{i}\varepsilon} \gamma^{\nu} \frac{1}{\not{k}_{e_g} - \dfrac{\not{q}}{2} - m_{e_g} + \mathrm{i}\varepsilon}$$

$$\times \left(\prod_{j=g+1}^{2n_L-1} \gamma^{\nu_j} \frac{1}{\not{k}_{e_j} - m_{e_j} + \mathrm{i}\varepsilon} \right) \gamma^{\nu_{2n_L}} \Biggr]_{q=0}$$

$$= \frac{1}{2} \prod_{i=1}^{2n_L-1} \frac{1}{k_{e_i}^2 - m_{e_i}^2 + \mathrm{i}\varepsilon}$$

$$\times \Biggl[\left(\prod_{i=1}^{g-1} \gamma^{\nu_j} \left(\not{k}_{e_i} + m_{e_i}\right) \right) \gamma^{\nu_g}$$

$$\times \frac{\gamma^{\nu}\gamma^{\mu}\left(\not{k}_{e_g} + m_{e_g}\right) - \left(\not{k}_{e_g} + m_{e_g}\right)\gamma^{\mu}\gamma^{\nu}}{k_{e_g}^2 - m_{e_g}^2 + \mathrm{i}\varepsilon}$$

$$\times \left(\prod_{j=g+1}^{2n_L-1} \gamma^{\nu_j} \left(\not{k}_{e_j} + m_{e_j}\right) \right) \gamma^{2n_L}$$

$$+ \sum_{j=1}^{g-1} \left(\prod_{i=1}^{j-1} \gamma^{\nu_i} \left(\not{k}_{e_i} + m_{e_i}\right) \right) \gamma^{\nu_j} \frac{\left(k_{e_j} + m_{e_j}\right)\gamma^{\mu}\left(k_{e_j} + m_{e_j}\right)}{k_{e_j}^2 - m_{e_j}^2 + \mathrm{i}\varepsilon}$$

$$\times \left(\prod_{i=j+1}^{g-1} \gamma^{\nu_i} \left(\not{k}_{e_i} + m_{e_i}\right) \right) \gamma^{\nu_g} \frac{\left(k_{e_g} + m_{e_g}\right)\gamma^{\nu}\left(k_{e_g} + m_{e_g}\right)}{k_{e_g}^2 - m_{e_g}^2 + \mathrm{i}\varepsilon}$$

$$\times \left(\prod_{i=g+1}^{2n_L-1} \gamma^{\nu_i} \left(\not{k}_{e_i} + m_{e_i}\right) \right) \gamma^{\nu_{2n_L}}$$

$$- \sum_{j=g+1}^{2n_L-1} \left(\prod_{i=1}^{g-1} \gamma^{\nu_i} \left(\not{k}_{e_i} + m_{e_i}\right) \right) \gamma^{\nu_g} \frac{\left(k_{e_g} + m_{e_g}\right)\gamma^{\nu}\left(k_{e_g} + m_{e_g}\right)}{k_{e_g}^2 - m_{e_g}^2 + \mathrm{i}\varepsilon}$$

$$\times \left(\prod_{i=g+1}^{j-1} \gamma^{\nu_i} \left(\not{k}_{e_i} + m_{e_i}\right) \right) \gamma^{\nu_j} \frac{\left(k_{e_j} + m_{e_j}\right)\gamma^{\mu}\left(k_{e_j} + m_{e_j}\right)}{k_{e_j}^2 - m_{e_j}^2 + \mathrm{i}\varepsilon}$$

$$\times \left(\prod_{i=j+1}^{2n_L-1} \gamma^{\nu_i} \left(\not{k}_{e_i} + m_{e_i}\right) \right) \gamma^{\nu_{2n_L}} \Biggr] . \tag{9.249}$$

同じ運動量 k_e を二つ分子に含む項を $\mathbb{D}_e$ で表す場合には注意を要する：

$$\mathbb{D}_e^{\mu}\mathbb{D}_e^{\nu} \frac{1}{\left(k_e^2 - M_e^2 + \mathrm{i}\varepsilon\right)^n} := \mathbb{D}_e^{\mu} \left(\mathbb{D}_e^{\nu} \frac{1}{\left(k_e^2 - M_e^2 + \mathrm{i}\varepsilon\right)^n} \right)_{m_e^2 \to M_e^2}$$

$$= \mathbb{D}_e \frac{k_e^{\mu}}{\left(k_e^2 - M_e^2 + \mathrm{i}\varepsilon\right)^n}$$

$$= -\frac{\eta^{\mu\nu}}{2} \frac{1}{n-1} \frac{1}{\left(k_e^2 - m_e^2 + \mathrm{i}\varepsilon\right)^{n-1}} + \frac{k_e^{\mu}k_e^{\nu}}{\left(k_e^2 - m_e^2 + \mathrm{i}\varepsilon\right)^n} \tag{9.250}$$

より，

$$\frac{k_e^{\mu}k_e^{\nu}}{\left(k_e^2 - m_e^2 + \mathrm{i}\varepsilon\right)^n}$$

$$= \mathbb{D}_e^\mu \mathbb{D}_e^\nu \frac{1}{(k_e^2 - M_e^2 + \mathrm{i}\,\varepsilon)^n} + \frac{\eta^{\mu\nu}}{2} \frac{1}{n-1} \frac{1}{(k_e^2 - m_e^2 + \mathrm{i}\,\varepsilon)^{n-1}} . \tag{9.251}$$

これから，

$$\begin{aligned} \frac{(\not{k}_e + m_e)\,\gamma^\mu\,(\not{k}_e + m_e)}{(k_e^2 - m_e^2 + \mathrm{i}\,\varepsilon)^2} &= \frac{2k_e^\mu\,(\not{k}_e + m_e)}{(k_e^2 - m_e^2 + \mathrm{i}\,\varepsilon)^2} - \gamma^\mu \frac{1}{k_e^2 - m_e^2 + \mathrm{i}\,\varepsilon} \\ &= 2\,\mathbb{M}\,\mathbb{D}_e^\mu\,(\not{\mathbb{D}}_e + m_e)\,\frac{1}{(k_e^2 - M_e^2 + \mathrm{i}\,\varepsilon)^2} \end{aligned} \tag{9.252}$$

を得る．式 (9.249) にこれを代入し，$\widetilde{\varepsilon}_{ij} = -\widetilde{\varepsilon}_{ji} = 1\ (i < j)$ を用いると，

$$\begin{aligned} &-\frac{\partial}{\partial q_\mu} \left[\left(\prod_{j=1}^{g-1} \gamma^{\nu_j} \frac{1}{\not{k}_{e_j} - m_{e_j} + \mathrm{i}\,\varepsilon} \right) \gamma^{\nu_g} \frac{1}{\not{k}_{e_g} + \dfrac{q}{2} + \mathrm{i}\,\varepsilon} \gamma^\nu \frac{1}{\not{k}_{e_g} - \dfrac{q}{2} + \mathrm{i}\,\varepsilon} \right. \\ &\qquad \left. \times \left(\prod_{j=g+1}^{2n_L-1} \gamma^{\nu_j} \frac{1}{\not{k}_{e_j} - m_{e_j} + \mathrm{i}\,\varepsilon} \right) \gamma^{\nu_{2n_L}} \right]_{q=0} \times \prod_{k=1}^{n_L} \eta_{\nu_{j_k}\,\nu_{j'_k}} \\ &= \mathbb{M} \left[Z_{e_g}^{\nu\mu}(\mathbb{D}) - 2 \sum_{j=1}^{2n_L-1} \widetilde{\varepsilon}_{gj}\, \mathbb{D}_{e_g}^\nu\, \mathbb{D}_{e_j}^\mu\, F_{\mathcal{G}}(\mathbb{D}) \frac{1}{k_{e_j}^2 - m_{e_j}^2 + \mathrm{i}\,\varepsilon} \right] \\ &\quad \times \frac{1}{k_{e_g}^2 - m_{e_g}^2 + \mathrm{i}\,\varepsilon} \prod_{i=1}^{2n_L-1} \frac{1}{k_{e_i}^2 - m_{e_i}^2 + \mathrm{i}\,\varepsilon} \end{aligned} \tag{9.253}$$

となる．ここで

$$Z_e^{\nu\mu}(k) := [F_{\mathcal{G}}(k)]_{(\not{k}_e + m_e) \to \frac{1}{2}\{\gamma^\nu\gamma^\mu(\not{k}_e + m_e) - (\not{k}_e + m_e)\gamma^\mu\gamma^\nu\}} \tag{9.254}$$

とおいた．

パラメトリック積分表示を得るには伝搬関数のべきが高次でも適用できる公式を要する：

$$\prod_{j=1}^{n} \frac{\Gamma(h_j)}{a_j^{h_j}} = \left(\prod_{j=1}^{n} \int_0^1 dz_j\, z_j^{h_j - 1} \right) \delta\left(1 - \sum_{i=1}^{n} z_i\right) \frac{\Gamma(N)}{\left(\displaystyle\sum_{i=1}^{n} z_i\, a_i\right)^N} . \tag{9.255}$$

ここで，$N := \displaystyle\sum_{j=1}^{n} h_j$．$h_j$ が正の整数の場合には両辺を a_j について微分して確認できる．一般に $\Re(h_j) > 0$ の複素数でも成り立つ．これを用いると，

$$\begin{aligned} \mathsf{I}_g &:= e^{2\,n_L} \left(\prod_{s=1}^{n_L} \int \frac{d^4 l_{L_s}}{\mathrm{i}\,(2\pi)^4} \right) \frac{1}{k_{e_g}^2 - M_{e_g}^2 + \mathrm{i}\,\varepsilon} \prod_{e \in \mathrm{E}(\mathcal{G})} \frac{1}{k_e^2 - M_e^2 + \mathrm{i}\,\varepsilon} \\ &= (-1)^{n_e(\mathcal{G})+1} e^{2n_L} \int dz_{\mathcal{G}}\, z_{e_g} \left(\prod_{s=1}^{n_L} \int \frac{d^4 l_{L_s}}{\mathrm{i}\,(2\pi)^4} \right) \\ &\quad \times \frac{\Gamma\left(n_e\left(\mathcal{G}\right) + 1\right)}{\left(\displaystyle\sum_{e \in \mathrm{E}(\mathcal{G})} z_e \left(M_e^2 - k_e^2\right) - \mathrm{i}\,\varepsilon \right)^{n_e(\mathcal{G})+1}} \end{aligned}$$

$$= (-1)^{n_e(\mathcal{G})+1} e^{2n_L} \int dz_{\mathcal{G}}\, z_{e_g} \frac{\Gamma(n_e(\mathcal{G}) + 1 - 2n_L)}{((4\pi)^{n_L} U_{\mathcal{G}})^2 V_{\mathcal{G}}^{n_e(\mathcal{G})+1-2n_L}}$$

$$= \left(\frac{\alpha}{\pi}\right)^{n_L} \left(-\frac{1}{4}\right)^{n_L} \int dz_{\mathcal{G}}\, z_{e_g} \frac{\Gamma(n_L)}{U_{\mathcal{G}}^2 V_{\mathcal{G}}^{n_L}} . \tag{9.256}$$

最後の等式では，積分を書下した段階での総数は n_L ループ・自己エネルギー型ファインマン図と同じ $n_e(\mathcal{G}) = 3n_L - 1$ であることを使った．同様に，

$$\mathsf{I}_{jg} := e^{2n_L} \left(\prod_{s=1}^{n_L} \int \frac{d^4 l_{L_s}}{\mathrm{i}\,(2\pi)^4} \right) \frac{1}{k_{e_j}^2 - M_{e_j}^2 + \mathrm{i}\,\varepsilon} \frac{1}{k_{e_g}^2 - M_{e_g}^2 + \mathrm{i}\,\varepsilon} \prod_{e \in \mathrm{E}(\mathcal{G})} \frac{1}{k_e^2 - M_e^2 + \mathrm{i}\,\varepsilon}$$

$$= (-1)^{n_e(\mathcal{G})+2} e^{2n_L} \int dz_{\mathcal{G}}\, z_{e_j}\, z_{e_g} \left(\prod_{s=1}^{n_L} \int \frac{d^4 l_{L_s}}{\mathrm{i}\,(2\pi)^4} \right)$$

$$\times \frac{\Gamma(n_e(\mathcal{G}) + 2)}{\left(\sum_{e \in \mathrm{E}(\mathcal{G})} z_e \left(M_{e_g}^2 - k_{e_g}^2 \right) - \mathrm{i}\,\varepsilon \right)^{n_e(\mathcal{G})+2}}$$

$$= \left(\frac{\alpha}{\pi}\right)^{n_L} \left(-\frac{1}{4}\right)^{n_L} \left(- \int dz_{\mathcal{G}}\, z_{e_j}\, z_{e_g} \frac{\Gamma(n_L + 1)}{U_{\mathcal{G}}^2\, V_{\mathcal{G}}^{n_L+1}} \right) \tag{9.257}$$

となる．これらの積分結果を使うと

$$- q_\nu \left[\frac{\partial \Lambda_{\mathcal{G}}^\nu (p_F\,, p_I)}{\partial q_\mu} \right]_{q=0}$$

$$= \left(-\frac{1}{4}\right)^{n_L} \int dz_{\mathcal{G}} \left[q_\nu \sum_{j=1}^{2n_L-1} z_{e_j}\, Z_{e_j}^{\nu\mu}(\mathbb{D}) \frac{\Gamma(n_L)}{U_{\mathcal{G}}^2\, V_{\mathcal{G}}^{n_L}} \right.$$

$$\left. + 2\, q_\nu \sum_{i\,,\,j=1}^{2n_L-1} \widetilde{\varepsilon}_{ij}\, \mathbb{D}_{e_i}^\nu \mathbb{D}_{e_j}^\mu F_{\mathcal{G}}(\mathbb{D}) \frac{\Gamma(n_L + 1)}{U_{\mathcal{G}}^2\, V_{\mathcal{G}}^{n_L+1}} \right] . \tag{9.258}$$

第 2 項の異常磁気能率への寄与に関しては次の性質がある：

命題 9.48 $\sum_{i\,,\,j=1}^{2n_L-1} \widetilde{\varepsilon}_{ij} \mathbb{D}_{e_i}^\nu \mathbb{D}_{e_j}^\mu F_{\mathcal{G}}(\mathbb{D})$ を含む項は，$\mathbb{D}_{e_i}^\nu$，$\mathbb{D}_{e_j}^\mu$ が共に $F_{\mathcal{G}}(\mathbb{D})$ に含まれる $\mathbb{D}_e$ と縮約されないと，異常磁気能率へ寄与しない．

証明　問題とする項から異常磁気能率を抜き出す射影演算子は，付録 A で解説しているように，

$$P_{\nu\mu}^M = \frac{1}{48m} (\not{p} + m) [\gamma_\nu\,, \gamma_\mu] (\not{p} + m) \tag{9.259}$$

である．もし，$\mathbb{D}_{e_i}^\nu$，$\mathbb{D}_{e_j}^\mu$ のいずれか，例えば，$\mathbb{D}_{e_i}^\nu$ が縮約されなければ，それは $Q_{e_j}'^{\nu} = A_{e_j}^{(v_F\,|\,v_I)}\, p^\nu$ となる．この p^ν が式 (9.259) の $P_{\nu\mu}^M$ にかかると，

$$p^\nu P_{\nu\mu}^M = \frac{1}{48m} (\not{p} + m) (\not{p}\gamma_\mu - \gamma_\mu \not{p}) (\not{p} + m)$$

$$= \frac{1}{48m} (\not{p} + m) (m\gamma_\mu - \gamma_\mu m) (\not{p} + m) = 0 \tag{9.260}$$

となる．ゆえに，$\mathbb{D}^{\nu}_{e_i}$，$\mathbb{D}^{\mu}_{e_j}$ が共に $F_{\mathcal{G}}(\mathbb{D})$ 内の $\mathbb{D}_e$ と縮約されない項は異常磁気能率へ寄与しない． □

よって，$\mathbb{D}^{\nu}_{e_i}$，$\mathbb{D}^{\mu}_{e_j}$ の二つの縮約を陽に実行すると，

$$\left[\mathbb{D}^{\nu}_{e_i}\mathbb{D}^{\mu}_{e_j}F_{\mathcal{G}}(\mathbb{D})\frac{\Gamma(n_L+1)}{V_{\mathcal{G}}^{n_L+1}}\right]_{\text{magnetic}}$$
$$=\sum_{i',j'=1}^{2n_L-1}\left(-\frac{B'_{e_i\,e_{i'}}}{2U_{\mathcal{G}}}\right)\left(-\frac{B'_{e_j\,e_{j'}}}{2U_{\mathcal{G}}}\right)F^{\nu\mu}_{e_{i'}\,e_{j'}}(\mathbb{D})\frac{\Gamma(n_L-1)}{V_{\mathcal{G}}^{n_L-1}}\,. \tag{9.261}$$

ここで，式 (9.259) の $P^M_{\nu\mu}$ が ν, μ に関して反対称であることを考慮して

$$F^{\nu\mu}_{e_{i'}\,e_{j'}}(k)\coloneqq\frac{1}{2}\Big\{[F_{\mathcal{G}}(k)]_{(\not k_{e_{i'}}+m_{e_{i'}})\to\gamma^\nu\,;\,(\not k_{e_{j'}}+m_{e_{j'}})\to\gamma^\mu}$$
$$-[F_{\mathcal{G}}(k)]_{(\not k_{e_{i'}}+m_{e_{i'}})\to\gamma^\mu\,;\,(\not k_{e_{j'}}+m_{e_{j'}})\to\gamma^\nu}\Big\} \tag{9.262}$$

とした．そして，

$$\sum_{i,j=1}^{2n_L-1}\widetilde{\varepsilon}_{ij}\,z_{e_i}\,z_{e_j}\sum_{i',j'=1}^{2n_L-1}B'_{e_i\,e_{i'}}\,B'_{e_j\,e_{j'}}\,F^{\nu\mu}_{e_{i'}\,e_{j'}}(\mathbb{D})$$
$$=2\sum_{i'<j'}\sum_{i<j}z_{e_i}z_{e_j}\left(B'_{e_i\,e_{i'}}\,B'_{e_j\,e_{j'}}-B'_{e_j\,e_{i'}}\,B'_{e_i\,e_{j'}}\right)F^{\nu\mu}_{e_{i'}\,e_{j'}}(\mathbb{D}) \tag{9.263}$$

より，

$$C_{ij}\coloneqq\frac{1}{U^2}\sum_{i'<j'}z_{e_{i'}}z_{e_{j'}}\left(B'_{e_i\,e_{i'}}\,B'_{e_j\,e_{j'}}-B'_{e_j\,e_{i'}}\,B'_{e_i\,e_{j'}}\right) \tag{9.264}$$

と定義すると，

$$\left[-q_\nu\left[\frac{\partial\Lambda^\nu_{\mathcal{G}}(p_F\,,\,p_I)}{\partial q_\mu}\right]_{q=0}\right]_{\text{magnetic}}$$
$$=\left(-\frac{1}{4}\right)^{n_L}\int dz_{\mathcal{G}}\left[\,q_\nu\sum_{j=1}^{2n_L-1}z_{e_j}\,Z^{\nu\mu}_{e_j}(\mathbb{D})\,\frac{\Gamma(n_L)}{U_{\mathcal{G}}^2\,V_{\mathcal{G}}^{n_L}}\right.$$
$$\left.+\,q_\nu\sum_{i<j}C_{ij}\,F^{\nu\mu}_{e_i\,e_j}(\mathbb{D})\,\frac{\Gamma(n_L-1)}{U_{\mathcal{G}}^2\,V_{\mathcal{G}}^{n_L-1}}\right] \tag{9.265}$$

となる．これらによる異常磁気能率への寄与を直接引き出すには，右辺から q_ν を除いたものに $P^M_{\nu\mu}$ をかけてスピノール空間上のトレースをとればよいから，

$$\mathbb{Z}\coloneqq\sum_{j=1}^{2n_L-1}z_{e_j}\,\mathrm{tr}\left(P^M_{\nu\mu}\,Z^{\nu\mu}_{e_j}(\mathbb{D})\right)\,,\quad\mathbb{C}\coloneqq\sum_{i<j}C_{ij}\,\mathrm{tr}\left(P^M_{\nu\mu}\,F^{\nu\mu}_{e_i\,e_j}(\mathbb{D})\right) \tag{9.266}$$

を定義しておく．

式 (9.246) からの異常磁気能率を抜き出す演算子として

$$P^M_\nu := \frac{1}{4}\left(\frac{1}{3}\,\gamma_\nu - \left(\mathbb{I}_4 + \frac{4}{3}\,\frac{\not p}{m}\right)\frac{p_\nu}{m}\right) \tag{9.267}$$

を用いることにし，

$$\mathbb{N} := \frac{2G}{m^2}\,p^\nu \mathrm{tr}\left(P^M_\nu\, F_{\mathcal{G}}(\mathbb{D})\right)\,, \quad \mathbb{E} := \sum_{j=1}^{2n_L-1} A^{(v_F\,|\,v_I)}_{e_j}\,\mathrm{tr}\left(P^M_\nu\, F^\nu_{\mathcal{G}\,;\,e_j}(\mathbb{D})\right) \tag{9.268}$$

とする．自己エネルギー型ファインマン図 $\mathcal{G}$ とウォード–高橋恒等式で関係する 3 点 1PI ファインマン図からの（裸の）異常磁気能率への寄与の総和は，

$$M_{\mathcal{G}} = \left(-\frac{1}{4}\right)^{n_L} \mathbb{M} \int dz_{\mathcal{G}} \left\{(\mathbb{E}+\mathbb{C})\,\frac{\Gamma(n_L-1)}{U^2_{\mathcal{G}}\,V^{n_L-1}_{\mathcal{G}}} + (\mathbb{N}+\mathbb{Z})\,\frac{\Gamma(n_L)}{U^2_{\mathcal{G}}\,V^{n_L}_{\mathcal{G}}}\right\} \tag{9.269}$$

とまとめられる．式 (9.269) を，n_L ループ・自己エネルギー型ファインマン図 $\mathcal{G}$ からの異常磁気能率の寄与と参照することにする．

第 10 章 数値計算における紫外発散の除去

QED の高次摂動項の係数を求める上で，数値的な手段は一つの選択肢である．この場合，ファインマン積分に現れる紫外発散の除去は，その被積分関数に対する一つの操作によって生成される除去項の関数によって，数値レベルで実現される必要がある．ここでは，K 演算と呼ばれる除去項を生成する一つの演算の特徴を概観し，数値的な高次摂動計算に適した演算であることを確認する．

10.1 $\boldsymbol{K}$ 演算

以降，部分図 $\mathcal{S}$ は連結とし，$\mathcal{S}$ に含まれる運動量がすべて大きくなることで発生する紫外発散を除去するための項を，**$\boldsymbol{K}$ 演算** $\mathsf{K}_{\mathcal{S}}$[4], [5], [14], [15] により生成する．$\mathsf{K}_{\mathcal{S}}$ が作用する対象 $f_{\mathcal{G}}(z)$ は，ファインマン図 $\mathcal{G}$ に対応するファインマン積分の被積分関数で，$\mathcal{G}$ の U 関数，B 関数，スカラーカレント，V 関数を含む形で書かれているものとする．このとき，K 演算の作用 $\mathsf{K}_{\mathcal{S}} f_{\mathcal{G}}(z)$ を以下のように定義する：

$$\mathsf{K}_{\mathcal{S}} f_{\mathcal{G}}(z) := \left[\left[\epsilon^{n_e(\mathcal{S})}\, f_{\mathcal{G}}(z)\right]^{\mathrm{UV}}_{\mathrm{E}(\mathcal{S})}\right]_{[V]^{\mathrm{UV}}_{\mathrm{E}(\mathcal{S})}=V_{\mathcal{G}/\mathrm{E}(\mathcal{S})}\to\left(V_{\mathcal{S}}+V_{\mathcal{G}/\mathrm{E}(\mathcal{S})}\right)} . \tag{10.1}$$

$f_{\mathcal{G}}(z)$ の見かけの紫外発散次数が 0 より小さいときには差し引き項を生成しないことに注意する．以下で詳しく分析する U 関数，B 関数，スカラーカレントそれぞれの $\mathcal{S}$ に関する紫外極限より，$[f_{\mathcal{G}}(z)]^{\mathrm{UV}}_{\mathrm{E}(\mathcal{S})}$ は直ちに得られる．

$f_{\mathcal{G}}(z)$ を被積分関数とするファインマン積分への K 演算は

$$\mathsf{K}_{\mathcal{S}} \int dz_{\mathcal{G}}\, f_{\mathcal{G}}(z) := \int dz_{\mathcal{G}}\, \left[\mathsf{K}_{\mathcal{S}}\, f_{\mathcal{G}}(z)\right]_{\epsilon=1} \tag{10.2}$$

と定義される．$\mathcal{S}=\mathcal{G}$ でも，独立な $\{z_e\}_{e\in\mathrm{E}(\mathcal{G})}$ の関数 $f_{\mathcal{G}}(z)$ への作用の結果 $\mathsf{K}_{\mathcal{G}}\, f_{\mathcal{G}}(z)$ の積分が $\mathsf{K}_{\mathcal{G}} \int dz_{\mathcal{G}}\, f_{\mathcal{G}}(z)$ である．$[f_{\mathcal{G}}(z)]^{\mathrm{UV}} := [f_{\mathcal{G}}(z)]^{\mathrm{UV}}_{\mathrm{E}(\mathcal{G})}$ と略することもある．

この定義が K 演算による差し引き項の核心である：

- 実質，被積分関数への作用により差し引き項を構成することによって，差し引き項と裸の量は，積分領域と，紫外発散の源である特異点周りの十分小さい近傍での挙動を共有することができる．

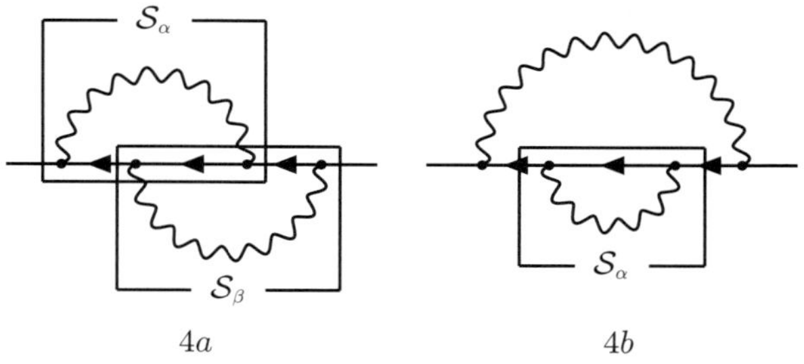

図 10.1　クェンチ QED における 2 ループ・自己エネルギー型ファインマン図．左の図を $4a$，右の図を $4b$ という．

- ファインマン・パラメータに関する多次元積分の評価には，被積分関数の大きさに応じて領域内の点を確率的に抽出する，何らかのモンテカルロ積分法を用いる．特異点"近傍の点毎に"両者の値を，数値的に十分相殺させることで，$\mathcal{S}$ に付随する紫外発散を含まない値を得ることができる．

なお，赤外発散を数値的に除去しようと試みる場合には，その差し引き項もこれらと同じ特徴を有する必要がある．

V に関する部分を特別に扱う理由の一つは，$V_{\mathcal{S}}$ が存在することで，$\mathsf{K}_{\mathcal{S}} f_{\mathcal{G}}(z)$ の積分が $\mathcal{S}$ に関係する繰り込み定数と $\mathcal{S}$ を含まない還元グラフに関係する量の積（の和）に分解されるからである（10.2 節）．このような性質が満たされないと，質量殻条件への移行ができなくなるから，繰り込み条件が満たすべき条件の一つと言える．

$\mathcal{S}$ が自己エネルギー型ファインマン図の場合には，質量繰り込み定数 $(\mathrm{W}_{\mathcal{S}})^{\mathrm{UV}}$ を含む部分と，場の再規格化定数 $(\mathrm{Z}_{\mathcal{S}})^{\mathrm{UV}}$ を含む部分の和（式 (10.53)）が生成される．特に，質量殻上の繰り込み条件に従う繰り込み定数 $\mathrm{Z}_{\mathcal{S}}$ に含まれる赤外発散を，$(\mathrm{Z}_{\mathcal{S}})^{\mathrm{UV}}$ は含んでいない点が重要である．$\mathrm{Z}_{\mathcal{S}}$ を含む差し引き項は，その赤外発散を新たに裸の量に加えてしまうことになるため，数値積分される対象の構成には使用できない．

$V_{\mathcal{G}/\mathrm{E}(\mathcal{S})}$ の箇所を $\left(V_{\mathcal{S}} + V_{\mathcal{G}/\mathrm{E}(\mathcal{S})}\right)$ に置き換える二つ目の重要な理由は，$[f_{\mathcal{G}}(z)]^{\mathrm{UV}}_{\mathrm{E}(\mathcal{S})}$ を差し引き項として使うと，新たな発散を加えてしまう危険性があるからである．この点を見るために，V 関数が $\{z_e\}$ の一次斉次多項式である点を思い出す．そのような発散は，$\{z_e\}_{e\in(\mathrm{E}(\mathcal{G})-\mathrm{E}(\mathcal{S}))}$ が 0 に近づく極限で $V_{\mathcal{G}/\mathrm{E}(\mathcal{S})}$ が 0 に近づくことで発生し得る．他方，$\displaystyle\sum_{e\in\mathrm{E}(\mathcal{G})} z_e = 1$ の制約がある $\{z_e\}_{e\in\mathrm{E}(\mathcal{G})}$ に関する積分下では，すべての $\{z_e\}_{e\in\mathrm{E}(\mathcal{G})}$ が一度に 0 に近づくことはできないので，$\{z_e\}_{e\in\mathrm{E}(\mathcal{S})}$ の一次斉次多項式である $V_{\mathcal{S}}$ の存在が発散の発生を防いでくれる．

8.5 節でクェンチ QED がパウリ–ヴィラス場の導入により正則化されることを見た．ここでは，2 ループ・自己エネルギー型ファインマン図の一つである図 10.1 の $4a$ からの異常磁気能率を例にとり，数値計算の対象となる量を導出する．

光子線 α のみに質量 Λ のパウリ–ヴィラス場が伝搬する寄与を $M_{4a\,,\alpha}$ と表すなどすると，パウリ–ヴィラス正則化された量は

$$M_{4a\,,\mathrm{reg}} = M_{4a} - M_{4a\,,\alpha} - M_{4a\,,\beta} + M_{4a\,,\alpha\beta} \tag{10.3}$$

となる．自己エネルギー型ファインマン図 4a の光子線 α（β）を含む 1 ループ 3 点 1PI 部分図を $\mathcal{S}_\alpha$（$\mathcal{S}_\beta$）とする．それぞれの部分図に関する K 演算が生成する項を差し引くと，

$$\begin{aligned}\Delta M_{4a\,,\,\mathrm{reg}} &= M_{4a\,,\,\mathrm{reg}} - \mathsf{K}_{\mathcal{S}_\alpha} M_{4a\,,\,\mathrm{reg}} - \mathsf{K}_{\mathcal{S}_\beta} M_{4a\,,\,\mathrm{reg}} \\ &= \Delta M_{4a} - \Delta M_{4a\,,\,\alpha} - \Delta M_{4a\,,\,\beta} + \Delta M_{4a\,,\,\alpha\beta}\end{aligned} \tag{10.4}$$

となる．ここで，

$$\begin{aligned}&\Delta M_{4a} \coloneqq M_{4a} - \mathsf{K}_{\mathcal{S}_\alpha} M_{4a} - \mathsf{K}_{\mathcal{S}_\beta} M_{4a}\,, \\ &\Delta M_{4a\,,\,\alpha} \coloneqq M_{4a\,,\,\alpha} - \mathsf{K}_{\mathcal{S}_\alpha} M_{4a\,,\,\alpha} - \mathsf{K}_{\mathcal{S}_\beta} M_{4a\,,\,\alpha}\,, \\ &\Delta M_{4a\,,\,\beta} \coloneqq M_{4a\,,\,\beta} - \mathsf{K}_{\mathcal{S}_\alpha} M_{4a\,,\,\beta} - \mathsf{K}_{\mathcal{S}_\beta} M_{4a\,,\,\beta}\,, \\ &\Delta M_{4a\,,\,\alpha\beta} \coloneqq M_{4a\,,\,\alpha\beta} - \mathsf{K}_{\mathcal{S}_\alpha} M_{4a\,,\,\alpha\beta} - \mathsf{K}_{\mathcal{S}_\beta} M_{4a\,,\,\alpha\beta}\end{aligned} \tag{10.5}$$

はそれぞれ有限な量である．パウリ–ヴィラス場の伝搬関数を少なくとも一つ含む寄与 $\Delta M_{4a\,,\,\alpha}$，$\Delta M_{4a\,,\,\beta}$ および $\Delta M_{4a\,,\,\alpha\beta}$ は，パウリ–ヴィラス場の質量 Λ を任意に大きくする極限 $\Lambda \to \infty$ で消えるから，

$$\lim_{\Lambda\to\infty} \Delta M_{4a\,,\,\mathrm{reg}} = \Delta M_{4a} \tag{10.6}$$

となる．したがって，実際には光子の伝搬関数を用いて ΔM_{4a} のみを構成して数値計算する．

この点を踏まえ，紫外発散除去項を加えるまでは，頭の中でパウリ–ヴィラス正則化による項で有限にされているが，必要な除去項をすべて加えた後では $\Lambda \to \infty$ によりそれらの役目は終了した，と考えよう．

以下では，被積分関数の構成要素である U 関数，B 関数，スカラーカレントの紫外極限を順番に調べていく．

10.1.1 U の紫外極限

定理 10.1 $\mathcal{S}$ を連結部分図とするとき，$\mathrm{E}(\mathcal{S})$ に関する紫外極限で，U は $\mathcal{S}$ の U 関数 $U_\mathcal{S}$ と，$\mathcal{G}/\mathrm{E}\,(\mathcal{S})$ の U 関数 $U_{\mathcal{G}/E(\mathcal{S})}$ に因数分解する：

$$[U]^{\mathrm{UV}}_{\mathrm{E}(\mathcal{S})} = U_\mathcal{S}\, U_{\mathcal{G}/E(\mathcal{S})} \left(1 + O(\epsilon^2)\right)\,. \tag{10.7}$$

証明 以下，Ω_{T^*} を Ω と略し，5 段階に分けて証明する：

1. まず，「ループ L_i またはループ L_j が $\mathcal{S}$ 内に含まれるならば，$\Omega_{L_i\,L_j} = O(\epsilon)$ を見る：
   (a) ループ L_i，L_j が共に $\mathcal{S}$ に含まれるとき，$\Omega_{L_i\,L_j}$ に非自明な寄与を与えるのは $e \in L_i \cap L_j \subseteq E\,(\mathcal{S})$ の $z_e = \epsilon$ である．よって，$\left[\Omega_{L_i\,L_j}\right]^{\mathrm{UV}}_{\mathrm{E}(\mathcal{S})} = O(\epsilon)$ である．
   (b) ループ L_i は $\mathcal{S}$ に含まれるが，L_j は $\mathcal{S}$ の外の辺 e を少なくとも一つ含むとする．L_i は e を含まないことになるから，$\xi_{eL_i} = 0$．よって，そのような e に対応する z_e は $\Omega_{L_i\,L_j}$ へ寄与しない．つまり，$\Omega_{L_i\,L_j}$ へ寄与をする z_e は，辺 $e \in L_i \cap L_j \cap E\,(\mathcal{S})$ に対応するものだけだから，$\left[\Omega_{L_i\,L_j}\right]^{\mathrm{UV}}_{\mathrm{E}(\mathcal{S})} = O(\epsilon)$.

2. ループ L_i と L_j が共に $\mathcal{S}$ 内に完全には含まれないとき，$L_i \cap L_j \cap \mathrm{E}(\mathcal{S})^c \neq \emptyset$ の場合には $\left[\Omega_{L_i L_j}\right]^{\mathrm{UV}}_{\mathrm{E}(\mathcal{S})} = O(1)$ で，$L_i \cap L_j \cap \mathrm{E}(\mathcal{S})^c = \emptyset$ の場合には $\left[\Omega_{L_i L_j}\right]^{\mathrm{UV}}_{\mathrm{E}(\mathcal{S})} = O(\epsilon)$.
3. $\mathsf{I} := \{1, \ldots, n_L(\mathcal{S})\}$, $\mathsf{I}^c := \{n_L(\mathcal{S})+1, \ldots, n_L(\mathcal{G})\}$ とする．さらに，$L_i \subseteq \mathrm{E}(\mathcal{S})$ であるループ L_i を先のほうに並べる：$L_i \subseteq \mathrm{E}(\mathcal{S})$ $(i \in \mathsf{I})$, $L_i \nsubseteq \mathrm{E}(\mathcal{S})$ $(i \in \mathsf{I}^c)$.
4. U は $\left\{\Omega_{L_i L_j}\right\}$ の行列式であった：

$$U = \sum_{\sigma \in \mathfrak{S}_{n_L(\mathcal{G})}} \mathrm{sign}(\sigma)\, \Omega_{L_1, L_{\sigma(1)}} \cdots \Omega_{L_{n_L}, L_{\sigma(n_L)}} . \tag{10.8}$$

この和で $O(\epsilon^{n_L(\mathcal{S})})$ の寄与を与えるのは $\sigma(\mathsf{I}) = \mathsf{I}$ かつ $\sigma(\mathsf{I}^c) = \mathsf{I}^c$ という順列 σ である．なぜなら，例えば，$\sigma(1)$ の一つだけ $\sigma(1) \in \mathsf{I}^c$ で，$\sigma(2), \ldots, \sigma(n_L(\mathcal{S})) \in \mathsf{I}$ という順列 $\sigma \in \mathfrak{S}_{n_L(\mathcal{G})}$ を考えると，$j \in \mathsf{I}^c$ で $\sigma(j) = 1 \in \mathsf{I}$ のものがなければならない．この順列 σ に対応する $\Omega_{L_i, L_{\sigma(i)}}$ の積は，$O(\epsilon^{n_L(\mathcal{S})+2})$ のように ϵ^2 分高次である．
5. よって，$O(\epsilon^{n_L(\mathcal{S})})$ の項を与えるような $\mathfrak{S}_{n_L}$ の部分群 $\mathfrak{S}_{\mathcal{S}}$ は $\mathfrak{S}_{n_L(\mathcal{S})}$ と $\mathfrak{S}_{n_L(\mathcal{G}/\mathrm{E}(\mathcal{S}))}$ の積に同型である：$\sigma = \sigma_{\mathcal{S}} \otimes (P_{n_L} \circ \sigma_{\mathcal{G}/\mathrm{E}(\mathcal{S})} \circ M_{n_L})$（$\sigma \in \mathfrak{S}_{\mathcal{S}}$，$\sigma_{\mathcal{S}} \in \mathfrak{S}_{n_L(\mathcal{S})}$，$\sigma_{\mathcal{G}/\mathrm{E}(\mathcal{S})} \in \mathfrak{S}_{n_L(\mathcal{G}/\mathrm{E}(\mathcal{S}))}$，$P_{n_L}$ はラベルの値に $n_L(\mathcal{S})$ を加える演算子，M_{n_L} は $n_L(\mathcal{S})$ より大きいラベルの値から $n_L(\mathcal{S})$ を引く演算子）．よって，$\mathrm{sign}(\sigma) = \mathrm{sign}(\sigma_{\mathcal{S}}) \cdot \mathrm{sign}(\sigma_{\mathcal{G}/\mathrm{E}(\mathcal{S})})$ だから式 (10.7) を得る．

□

10.1.2 $\boldsymbol{B_{e_1 e_2}}$ の紫外極限

式 (9.103) に基づいて $B_{e_1 e_2}$ の $\mathrm{E}(\mathcal{S})$ に関する紫外極限を調べる．

事前の準備として，ループ $L \in \boldsymbol{L}_{\mathcal{G}}$ に対する $U_{\mathcal{G}/L}$ の $\mathcal{S}$ に関する紫外極限を見ておく：

1. $\mathcal{G}/L$ と $\mathcal{S}$ との相対的な関係は

$$(\mathcal{G}/L) \cap \mathcal{S} = \mathcal{S}/\left(L \cap \mathrm{E}(\mathcal{S})\right), \quad (\mathcal{G}/L)/\mathrm{E}(\mathcal{S}) = \mathcal{G}/\left(L \cup \mathrm{E}(\mathcal{S})\right) \tag{10.9}$$

と書けるから，定理 10.1 より

$$\left[U_{\mathcal{G}/L}\right]^{\mathrm{UV}}_{\mathrm{E}(\mathcal{S})} = U_{\mathcal{S}/(L \cap \mathrm{E}(\mathcal{S}))}\, U_{\mathcal{G}/(L \cup \mathrm{E}(\mathcal{S}))} \tag{10.10}$$

を得る．
2. L と $\mathrm{E}(\mathcal{S})$ の相対的な関係で振舞いが異なる：
   (a) L が完全に $\mathrm{E}(\mathcal{S})$ に含まれるとき（$L \subseteq \mathrm{E}(\mathcal{S})$），$\mathcal{S}/\left(L \cap \mathrm{E}(\mathcal{S})\right) = \mathcal{S}/L$ および $\mathcal{G}/\left(L \cup \mathrm{E}(\mathcal{S})\right) = \mathcal{G}/\mathrm{E}(\mathcal{S})$ で，$\mathcal{S}/L$ は $\mathcal{S}$ からループ L を取り除いたものだから

$$\left[U_{\mathcal{G}/L}\right]^{\mathrm{UV}}_{\mathrm{E}(\mathcal{S})} = U_{\mathcal{S}/L}\, U_{\mathcal{G}/\mathrm{E}(\mathcal{S})} = O(\epsilon^{n_L(\mathcal{S})-1}) \quad (L \subseteq \mathrm{E}(\mathcal{S})) . \tag{10.11}$$

   (b) L が完全に $\mathrm{E}(\mathcal{S})^c = (\mathrm{E}(\mathcal{G}) - \mathrm{E}(\mathcal{S}))$ に含まれるとき（$L \cap \mathrm{E}(\mathcal{S}) = \emptyset$），$\mathcal{S}/\left(L \cap \mathrm{E}(\mathcal{S})\right) = \mathcal{S}$ および $\mathcal{G}/\left(L \cup \mathrm{E}(\mathcal{S})\right) = \left(\mathcal{G}/\mathrm{E}(\mathcal{S})\right)/L$ である．よって

$$\left[U_{\mathcal{G}/L}\right]^{\mathrm{UV}}_{\mathrm{E}(\mathcal{S})} = U_{\mathcal{S}}\, U_{(\mathcal{G}/\mathrm{E}(\mathcal{S}))/L} = O(\epsilon^{n_L(\mathcal{S})}) \quad (L \subseteq \mathrm{E}(\mathcal{S})^c) . \tag{10.12}$$

   (c) L が完全には $\mathcal{S}$ に含まれないとき（$L \cap \mathrm{E}(\mathcal{S}) \neq \emptyset$ かつ $L \cap \mathrm{E}(\mathcal{S})^c \neq \emptyset$）には

$\mathcal{S}/(L \cap \mathrm{E}(\mathcal{S}))$ 内のループの総数は $n_L(\mathcal{S})$ のままだから

$$\left[U_{\mathcal{G}/L}\right]^{\mathrm{UV}}_{\mathrm{E}(\mathcal{S})} = O(\epsilon^{n_L(\mathcal{S})}) \quad (L \cap \mathrm{E}(\mathcal{S}) \neq \emptyset,\, L \cap \mathrm{E}(\mathcal{S})^c \neq \emptyset)\,. \qquad (10.13)$$

よって，$L \subseteq \mathrm{E}(\mathcal{S})$ である $\left[U_{\mathcal{G}/L}\right]^{\mathrm{UV}}_{\mathrm{E}(\mathcal{S})}$ の寄与が主要である．

辺 $e,\, e'$ と $\mathrm{E}(\mathcal{S})$ の関係に応じて $B_{e\,e'}$ の紫外極限は異なる：

1. $e,\, e' \in \mathrm{E}(\mathcal{S})$ のとき，式 (9.103) で主要なものは，$e,\, e' \in L$ であるようなループ $L \in \boldsymbol{L}_{\mathcal{G}}$ の寄与である．この場合の $\left[U_{\mathcal{G}/\mathrm{E}(\mathcal{S})}\right]^{\mathrm{UV}}_{\mathrm{E}(\mathcal{S})}$ は式 (10.11) で与えられるから

$$\begin{aligned}[B_{ee'}]^{\mathrm{UV}}_{\mathrm{E}(\mathcal{S})} &= \left(\sum_{L \subseteq \mathrm{E}(\mathcal{S})} \xi_{eL}\, \xi_{eL'}\, U_{\mathcal{S}/L}\right) U_{\mathcal{G}/\mathrm{E}(\mathcal{S})} \\ &= B^{\mathcal{S}}_{e\,e'}\, U_{\mathcal{G}/\mathrm{E}(\mathcal{S})} = O(\epsilon^{n_L(\mathcal{S})-1}) \quad (e,\, e' \in \mathrm{E}(\mathcal{S}))\,. \end{aligned} \qquad (10.14)$$

2. $e,\, e' \notin \mathrm{E}(\mathcal{S})$ のとき，$e,\, e' \in L$ となるループ $L \in \boldsymbol{L}_{\mathcal{G}}$ は $L \cap \mathrm{E}(\mathcal{S})^c \neq \emptyset$ でなければならない．L が $\mathrm{E}(\mathcal{S})^c$ に完全に含まれるか，そうでないかの 2 種類の寄与がある：

$$\begin{aligned}[B_{ee'}]^{\mathrm{UV}}_{\mathrm{E}(\mathcal{S})} &= \sum_{L \subseteq \mathrm{E}(\mathcal{S})^c} \xi_{eL}\, \xi_{e'L}\, \left[U_{\mathcal{G}/\mathrm{E}(\mathcal{S})}\right]^{\mathrm{UV}}_{\mathrm{E}(\mathcal{S})} \\ &\quad + \sum_{L \cap \mathrm{E}(\mathcal{S}) \neq \emptyset\,;\, L \cap \mathrm{E}(\mathcal{S})^c \neq \emptyset} \xi_{eL}\, \xi_{e'L}\, \left[U_{\mathcal{G}/\mathrm{E}(\mathcal{S})}\right]^{\mathrm{UV}}_{\mathrm{E}(\mathcal{S})}\,. \end{aligned} \qquad (10.15)$$

$L \subseteq \mathrm{E}(\mathcal{S})^c$ のときの式 (10.10) は

$$\left[U_{\mathcal{G}/L}\right]^{\mathrm{UV}}_{\mathrm{E}(\mathcal{S})} = U_{\mathcal{S}}\, U_{\mathcal{G}/(L \cup \mathrm{E}(\mathcal{S}))} \qquad (10.16)$$

となる．$L \subseteq \mathrm{E}(\mathcal{S})^c$ は $\mathcal{G}/\mathrm{E}(\mathcal{S})$ 内でもループであるが，QED では L のどの辺も，すべての $v \in \mathrm{V}(\mathcal{S})$ が置き換わった頂点 $u \notin \mathrm{V}(\mathcal{G})$ に接続しない．そのようなループの全体を $\boldsymbol{L}_{\mathcal{G}/\mathrm{E}(\mathcal{S})-\{u\}}$ とすると，

$$\begin{aligned}&\sum_{L \subseteq \mathrm{E}(\mathcal{S})^c} \xi_{eL}\, \xi_{e'L}\, \left[U_{\mathcal{G}/\mathrm{E}(\mathcal{S})}\right]^{\mathrm{UV}}_{\mathrm{E}(\mathcal{S})} \\ &= U_{\mathcal{S}} \sum_{L \in \boldsymbol{L}_{\mathcal{G}/\mathrm{E}(\mathcal{S})-\{u\}}} \xi_{eL}\, \xi_{e'L}\, U_{(\mathcal{G}/\mathrm{E}(\mathcal{S}))/L}\,. \end{aligned} \qquad (10.17)$$

他方，$L \cap \mathrm{E}(\mathcal{S}) \neq \emptyset$ かつ $L \cap \mathrm{E}(\mathcal{S})^c \neq \emptyset$ のループ L は，二つの異なる頂点 $v_1,\, v_2 \in \mathrm{V}(\mathcal{S} \cap (\mathcal{G} - \mathrm{E}(\mathcal{S})))$ を $\mathcal{S}$ 内で通る道 $P_{\mathcal{S}} \in \boldsymbol{P}_{\mathcal{S}}(v_1 v_2)$ と，$(\mathcal{G} - \mathrm{E}(\mathcal{S}))$ 内で通る道 $P_{\mathcal{G}-\mathrm{E}(\mathcal{S})} \in \boldsymbol{P}_{\mathcal{G}-\mathrm{E}(\mathcal{S})}(v_1 v_2)$ の合併である：$L = P_{\mathcal{S}} \cup P_{\mathcal{G}-\mathrm{E}(\mathcal{S})}$．よって，式 (10.15) の第 2 項は，

$$\left[\sum_{v_1,\, v_2 \in \mathrm{V}(\mathcal{S} \cap (\mathcal{G}-\mathrm{E}(\mathcal{S})))\,;\, v_1 \neq v_2}\ \sum_{P_{\mathcal{S}} \in \boldsymbol{P}_{\mathcal{S}}(v_1 v_2)}\ \sum_{P_{\mathcal{G}-\mathrm{E}(\mathcal{S})} \in \boldsymbol{P}_{\mathcal{G}-\mathrm{E}(\mathcal{S})}(v_1 v_2)} \left[\xi_{e\,L}\, \xi_{e'\,L} U_{\mathcal{G}/L}\right]_{L := P_{\mathcal{S}} \cup P_{\mathcal{G}-\mathrm{E}(\mathcal{S})}}\right]^{\mathrm{UV}}_{\mathrm{E}(\mathcal{S})} \qquad (10.18)$$

と書ける．$e,\, e' \in \mathrm{E}(\mathcal{S})^c$ より $\xi_{e\,L} = \xi_{e\,P_{\mathcal{G}-\mathrm{E}(\mathcal{S})}}$ である．式 (10.10) は

$$\left[U_{\mathcal{G}/L}\right]^{\mathrm{UV}}_{\mathrm{E}(\mathcal{S})} = \left[U_{\mathcal{S}/P_{\mathcal{S}}}\, U_{\mathcal{G}/\left(P_{\mathcal{G}-\mathrm{E}(\mathcal{S})} \cup \mathrm{E}(\mathcal{S})\right)}\right]^{\mathrm{UV}}_{\mathrm{E}(\mathcal{S})} \tag{10.19}$$

である．ここでは，右辺の［　］の中の量はまだ v_1, v_2 を同一視していないため，紫外極限の途中段階とみなす．さらに $U_{\mathcal{S}}$ に対する式 (9.104) を用いると，式 (10.18) は

$$\begin{aligned}
&\Bigg[\sum_{v_1\,,\,v_2 \in \mathrm{V}(\mathcal{S}\cap(\mathcal{G}-\mathrm{E}(\mathcal{S})))\,;\,v_1 \neq v_2} \; \sum_{P_{\mathcal{G}-\mathrm{E}(\mathcal{S})} \in \boldsymbol{P}_{\mathcal{G}-\mathrm{E}(\mathcal{S})}(v_1 v_2)} \\
&\xi_{e\, P_{\mathcal{G}-\mathrm{E}(\mathcal{S})}}\, \xi_{e'\, P_{\mathcal{G}-\mathrm{E}(\mathcal{S})}} U_{\mathcal{G}/\left(P_{\mathcal{G}-\mathrm{E}(\mathcal{S})} \cup \mathrm{E}(\mathcal{S})\right)} \\
&\times \left(\sum_{P_{\mathcal{S}} \in \boldsymbol{P}_{\mathcal{S}}(v_1 v_2)} U_{\mathcal{S}/P_{\mathcal{S}}} = U_{\mathcal{S}} \right) \Bigg]^{\mathrm{UV}}_{\mathrm{E}(\mathcal{S})} .
\end{aligned} \tag{10.20}$$

$P_{\mathcal{G}-\mathrm{E}(\mathcal{S})}$ は還元グラフ $\mathcal{G}/E\,(\mathcal{S})$ 内では u を通過するループとなる．$\mathcal{G}/E\,(\mathcal{S})$ 内のループで u を通過するものの全体を $\boldsymbol{L}^{u}_{\mathcal{G}/E(\mathcal{S})}$ とすると，式 (10.15) の第 2 項は，

$$U_{\mathcal{S}} \sum_{L \in \boldsymbol{L}^{u}_{\mathcal{G}/E(\mathcal{S})}} \xi_{eL}\, \xi_{e'L} U_{(\mathcal{G}/\mathrm{E}(\mathcal{S}))/L} . \tag{10.21}$$

これと第 1 項の寄与 (10.17) を加えると，和は $\mathcal{G}/E\,(\mathcal{S})$ 内のすべてのループにわたる：

$$\begin{aligned}
\left[B_{ee'}\right]^{\mathrm{UV}}_{\mathrm{E}(\mathcal{S})} &= U_{\mathcal{S}} \sum_{L \in \boldsymbol{L}_{\mathcal{G}/E(\mathcal{S})}} \xi_{eL}\, \xi_{e'L} U_{(\mathcal{G}/\mathrm{E}(\mathcal{S}))/L} \\
&= U_{\mathcal{S}} B^{\mathcal{G}/\mathrm{E}(\mathcal{S})}_{e\,e'} = O(\epsilon^{n_L(\mathcal{S})}) \quad (e\,,\, e' \in \mathrm{E}\,(\mathcal{S})^c) .
\end{aligned} \tag{10.22}$$

3. 部分図 $\mathcal{S}$ が 3 点 1PI の場合には，$\mathrm{E}\,(\mathcal{S})$ 内の辺の $n_L\,(\mathcal{S})$ 個の縮約をとった項が主要である．よって，$e_{\mathcal{S}} \in \mathrm{E}\,(\mathcal{S})$ かつ $e_{\mathcal{S}^c} \in \mathrm{E}\,(\mathcal{S})^c$ の $\left[B_{e_{\mathcal{S}}\, e_{\mathcal{S}^c}}\right]^{\mathrm{UV}}_{\mathrm{E}(\mathcal{S})}$ は，$\mathcal{S}$ が自己エネルギー型の部分図のときのみ必要となる．そこで，$\mathcal{S}$ 内の二つの頂点 $v^{\mathcal{S}}_{(1)}$, $v^{\mathcal{S}}_{(2)}$ に接続する $(\mathcal{G} - \mathrm{E}\,(\mathcal{S}))$ 内の二つの辺をそれぞれ $e^{\mathcal{S}^c}_{(1)}, e^{\mathcal{S}^c}_{(2)} \in \mathrm{E}\,(\mathcal{S})^c$ とする．$e_{\mathcal{S}}$ と $e_{\mathcal{S}^c}$ を含むようなループ $L \in \boldsymbol{L}_{\mathcal{G}}$ は，$e^{\mathcal{S}^c}_{(1)}$ と $e^{\mathcal{S}^c}_{(2)}$ を必ず含む．L は $\mathcal{S}$ 内で $v^{\mathcal{S}}_{(1)}$, $v^{\mathcal{S}}_{(2)}$ を通過する道 $P_{\mathcal{S}} \in \boldsymbol{P}_{\mathcal{S}}\left(v^{\mathcal{S}}_{(1)} v^{\mathcal{S}}_{(2)}\right)$ と $(\mathcal{G} - \mathrm{E}\,(\mathcal{S}))$ 内で $v^{\mathcal{S}}_{(1)}$, $v^{\mathcal{S}}_{(2)}$ を通過する道 $P_{\mathcal{G}-\mathrm{E}(\mathcal{S})} \in \boldsymbol{P}_{\mathcal{G}-\mathrm{E}(\mathcal{S})}\left(v^{\mathcal{S}}_{(1)} v^{\mathcal{S}}_{(2)}\right)$ の合併である：$L = P_{\mathcal{S}} \cup P_{\mathcal{G}-\mathrm{E}(\mathcal{S})}$. $\left[U_{\mathcal{G}/L}\right]^{\mathrm{UV}}_{\mathrm{E}(\mathcal{S})} = U_{\mathcal{S}/P_{\mathcal{S}}} U_{\mathcal{G}/\left(\mathcal{S} \cup P_{\mathcal{G}-\mathrm{E}(\mathcal{S})}\right)}$ を用いて，

$$\begin{aligned}
&\left[B_{e_{\mathcal{S}}\, e_{\mathcal{S}^c}}\right]^{\mathrm{UV}}_{\mathrm{E}(\mathcal{S})} \\
&= \Bigg[\left(\sum_{P_{\mathcal{S}} \in \boldsymbol{P}_{\mathcal{S}}\left(v^{\mathcal{S}}_{(1)} v^{\mathcal{S}}_{(2)}\right)} \xi_{e_{\mathcal{S}}\, P_{\mathcal{S}}} U_{\mathcal{S}/P_{\mathcal{S}}} = U_{\mathcal{S}}\, A^{\mathcal{S}\,,\,\left(v^{\mathcal{S}}_{(1)} \,\middle|\, v^{\mathcal{S}}_{(2)}\right)}_{e_{\mathcal{S}}} \right) \\
&\quad \times \sum_{P_{\mathcal{G}-\mathrm{E}(\mathcal{S})} \in \boldsymbol{P}_{\mathcal{G}-\mathrm{E}(\mathcal{S})}\left(v^{\mathcal{S}}_{(1)} v^{\mathcal{S}}_{(2)}\right)} \xi_{e_{\mathcal{S}^c}\, P_{\mathcal{G}-\mathrm{E}(\mathcal{S})}} U_{\mathcal{G}/\left(\mathcal{S} \cup P_{\mathcal{G}-\mathrm{E}(\mathcal{S})}\right)} \Bigg]^{\mathrm{UV}}_{\mathrm{E}(\mathcal{S})} .
\end{aligned} \tag{10.23}$$

$\mathcal{G}/\mathrm{E}\,(\mathcal{S})$ では頂点 $v^{\mathcal{S}}_{(1)}$, $v^{\mathcal{S}}_{(2)}$ は $u \notin \mathcal{G}$ に置き換えられ，$e^{\mathcal{S}^c}_{(1)}$ と $e^{\mathcal{S}^c}_{(2)}$ は 2 点頂点 u に

接続する辺となる．道 $P_{\mathcal{G}-\mathrm{E}(\mathcal{S})}$ は $\mathcal{G}/\mathrm{E}(\mathcal{S})$ では $e^{\mathcal{S}^c}_{(1)}$ と $e^{\mathcal{S}^c}_{(2)}$ を含むループとなる．$e^{\mathcal{S}^c}_{(1)}$ の向きが L と同じとして

$$
\begin{aligned}
[B_{e_{\mathcal{S}}\,e_{\mathcal{S}^c}}]^{\mathrm{UV}}_{\mathrm{E}(\mathcal{S})} &= \left(\sum_{L\in \boldsymbol{L}_{\mathcal{G}/\mathrm{E}(\mathcal{S})}} \xi_{e_{\mathcal{S}^c}\,L}\,\xi_{e^{\mathcal{S}^c}_{(1)}\,L} U_{(\mathcal{G}/\mathcal{S})/L}\right) U_{\mathcal{S}}\, A_{e_{\mathcal{S}}}^{\mathcal{S},\left(v^{\mathcal{S}}_{(1)}\,|\,v^{\mathcal{S}}_{(2)}\right)} \\
&= B^{\mathcal{G}/\mathrm{E}(\mathcal{S})}_{e_{\mathcal{S}^c}\,e^{\mathcal{S}^c}_{(1)}}\, U_{\mathcal{S}}\, A_{e_{\mathcal{S}}}^{\mathcal{S},\left(v^{\mathcal{S}}_{(1)}\,|\,v^{\mathcal{S}}_{(2)}\right)} .
\end{aligned}
\tag{10.24}
$$

10.1.3 スカラーカレントの紫外極限

スカラーカレント $A_e^{(v\,|\,v')}$ の $\mathcal{S}$ に関する紫外極限を式 (9.218) に基づいて考察する：

1. 頂点 v, v' は $\mathcal{S}$ に含まれないとしてよい．クェンチ QED のファインマン図の計算で必要なスカラーカレントの紫外極限は，縮約されずに残った $\mathbb{D}_e$ に由来するものだから，辺 e はフェルミオン線である．この場合，e のいずれかの端点には光子線が接続しているから，e を通らず光子線で迂回することで $e \notin P^{(vv')}$ という道を選ぶことができる．このような道では，式 (9.218) における $B'_{e'e}$ は $B_{e'e}$ となる．
2. $\mathcal{S}$ が 3 点 1PI 部分図の場合を考える．紫外極限で主要な寄与はすべての $e \in \mathrm{E}(\mathcal{S})$ に対応する $\mathbb{D}_e$ を縮約して得られる項だから[*1]，$e \in \mathrm{E}(\mathcal{G}/\mathrm{E}(\mathcal{S}))$ のスカラーカレントの紫外極限を調べる：

$$
\begin{aligned}
&\left[A_e^{(v\,|\,v')}\right]^{\mathrm{UV}}_{\mathrm{E}(\mathcal{S})} \\
&= -\sum_{e'\in \mathrm{E}(\mathcal{G})} \left(\xi_{e'\,P^{(vv')}\cap \mathrm{E}(\mathcal{S})} + \xi_{e'\,P^{(vv')}\cap \mathrm{E}(\mathcal{S})^c}\right) \left[\frac{z_{e'}\,B_{e'\,e}}{U}\right]^{\mathrm{UV}}_{\mathrm{E}(\mathcal{S})} .
\end{aligned}
\tag{10.25}
$$

$e' \in \mathrm{E}(\mathcal{S})$ および $e \in \mathrm{E}(\mathcal{S})^c$ に対する $[B_{e'e}]^{\mathrm{UV}}_{\mathrm{E}(\mathcal{S})}$ へ寄与するループ L は $L\cap \mathrm{E}(\mathcal{S}) \neq \emptyset$ かつ $L \cap \mathrm{E}(\mathcal{S})^c \neq \emptyset$ だから，対応する $\left[U_{\mathcal{G}/L}\right]^{\mathrm{UV}}_{\mathrm{E}(\mathcal{S})}$ は式 (10.13) で見た通り，$O(\epsilon^{n_L(\mathcal{S})})$ である．これに $z_e = O(\epsilon)$ $(e \in \mathrm{E}(\mathcal{S}))$ がかかるから，主要な寄与は $e' \in \mathrm{E}(\mathcal{S})^c$ のほうである：

$$
\begin{aligned}
\left[A_e^{(v\,|\,v')}\right]^{\mathrm{UV}}_{\mathrm{E}(\mathcal{S})} &= -\sum_{e'\in \mathrm{E}(\mathcal{G})} \xi_{e'\,P^{(vv')}\cap \mathrm{E}(\mathcal{S})^c} z_{e'} \frac{B^{\mathcal{G}/\mathrm{E}(\mathcal{S})}_{e'\,e}}{U_{\mathcal{G}/\mathrm{E}(\mathcal{S})}} \\
&= A_e^{\mathcal{G}/\mathrm{E}(\mathcal{S}),\,(v\,|\,v')} \quad (e \in \mathrm{E}(\mathcal{G}/\mathrm{E}(\mathcal{S}))\,;\,\mathcal{S}\text{ は 3 点 1PI 部分図}) .
\end{aligned}
\tag{10.26}
$$

ここで，式 (10.22) を用いた．
3. $\mathcal{S}$ が自己エネルギー型ファインマン図で，$e \in \mathrm{E}(\mathcal{S})^c$ のスカラーカレントの場合，$\mathcal{S}$ が 3 点 1PI ファインマン図の場合と全く同じ計算により，以下を得る：

$$
\left[A_e^{(v\,|\,v')}\right]^{\mathrm{UV}}_{\mathrm{E}(\mathcal{S})} = A_e^{\mathcal{G}/\mathrm{E}(\mathcal{S}),\,(v\,|\,v')}\ (e \in \mathrm{E}(\mathcal{S})^c\,;\,\mathcal{S}\text{ は自己エネルギー型}) . \tag{10.27}
$$

4. 自己エネルギー型ファインマン図 $\mathcal{S}$ に関する $e \in \mathrm{E}(\mathcal{S})$ のスカラーカレントの紫外

*1) V 関数にもスカラーカレントが含まれるが，K 演算では V 関数は紫外極限ではなく，$\left(V_{\mathcal{S}} + V_{\mathcal{G}/\mathrm{E}(\mathcal{S})}\right)$ に置き換えられることを思い出す．

極限を考える．道 $P^{(vv')}$ として $\mathcal{S}$ を通らないものを選ぶと，$A_e^{(v\,|\,v')}$ の寄与は $B_{e'e}$（$e' \in P^{(vv')} \cap \mathrm{E}\,(\mathcal{S})^c$ かつ $e \in P^{(vv')} \cap \mathrm{E}\,(\mathcal{S})$）で与えられるから，式 (10.24) を用いて，

$$\begin{aligned}
&\left[A_e^{(v\,|\,v')}\right]^{\mathrm{UV}}_{\mathrm{E}(\mathcal{S})} \\
&= A_e^{\mathcal{S},\,\left(v^{\mathcal{S}}_{(1)}\,|\,v^{\mathcal{S}}_{(2)}\right)} \left(-\frac{1}{U_{\mathcal{G}/\mathrm{E}(\mathcal{S})}} \sum_{e' \in P^{(vv')}} \eta_{e'\,P^{(vv')} \cap \mathrm{E}(\mathcal{S})^c}\, z_{e'}\, B^{\mathcal{G}/\mathrm{E}(\mathcal{S})}_{e'\,e^{\mathcal{S}^c}_{(1)}}\right) \\
&= A_e^{\mathcal{S},\,\left(v^{\mathcal{S}}_{(1)}\,|\,v^{\mathcal{S}}_{(2)}\right)} A^{\mathcal{G}/\mathrm{E}(\mathcal{S}),\,(v\,|v')}_{e^{\mathcal{S}^c}_{(1)}} \\
&\quad \left(e \in \mathrm{E}\,(\mathcal{S})\ ;\ \mathcal{S}\ \text{は自己エネルギー型}\right)
\end{aligned} \tag{10.28}$$

を得る．ここで，$e^{\mathcal{S}^c}_{(1)}$ は，$\mathcal{S}$ を潰してその代わりに据えた頂点 $u \notin \mathcal{G}$ に接続する $\mathcal{G}/\mathrm{E}\,(\mathcal{S})$ 内の辺の一つである．

10.2 *K* 演算による因数分解

異常磁気能率 $M_{\mathcal{G}}$ は式 (9.269) のように 4 種類の項からなっていた．ここでは $\mathbb{N}$-項に着目し，$\mathcal{S}$ が 3 点 1PI ファインマン図の場合に，$\mathbb{N}$-項への K 演算の作用が，$\mathcal{S}$ に対応する 3 点頂点繰り込み項の紫外発散 $(\mathrm{Z}_{\mathcal{S}})^{\mathrm{UV}}$ と，$\mathcal{G}/\mathrm{E}\,(\mathcal{S})$ からの異常磁気能率への寄与 $M_{\mathcal{G}/\mathrm{E}(\mathcal{S})}$ の $\mathbb{N}$-項に因数分解することを確認する．

積分の各構成要素への K 演算による作用の結果をまとめると，次のようになる：

- U 関数の紫外極限 (10.7) と，主要な B 関数の紫外極限 (10.14), (10.22) から

$$\left[\frac{B_{e\,e'}}{U}\right]^{\mathrm{UV}}_{\mathrm{E}(\mathcal{S})} = \begin{cases} \dfrac{B^{\mathcal{S}}_{e\,e'}}{U_{\mathcal{S}}} & e,\,e' \in \mathrm{E}\,(\mathcal{S})\ \text{のとき，} \\[2ex] \dfrac{B^{\mathcal{G}/\mathrm{E}(\mathcal{S})}_{e\,e'}}{U_{\mathcal{G}/\mathrm{E}(\mathcal{S})}} & e,\,e' \in \mathrm{E}\,(\mathcal{G}/\mathrm{E}\,(\mathcal{S}))\ \text{のとき} \end{cases} \tag{10.29}$$

  を得る．

- $\mathcal{S}$ が 3 点 1PI ファインマン図のときの紫外極限の下で被積分関数の分子で主要な項は，$\mathbb{D}_e$ $(e \in \mathrm{E}\,(\mathcal{S}))$ がすべて縮約されて得られるものであった．よって，紫外極限に関係するスカラーカレントは $e \in \mathrm{E}\,(\mathcal{G}/\mathrm{E}\,(\mathcal{S}))$ のもので，それは式 (10.26) で与えられた：

$$\left[A_e^{(v_F\,|\,v_I)}\right]^{\mathrm{UV}}_{\mathrm{E}(\mathcal{S})} = A_e^{\mathcal{G}/\mathrm{E}(\mathcal{S}),\,(v_F\,|\,v_I)}$$
$$(e \in \mathrm{E}\,(\mathcal{G}/\mathrm{E}\,(\mathcal{S}))\ ;\ \mathcal{S}\ \text{は 3 点 1PI 部分図})\,. \tag{10.30}$$

- K 演算では V 関数に関しては．紫外極限 $V_{\mathcal{G}/\mathrm{E}(\mathcal{S})}$ ではなく，$V_{\mathcal{S}}$ の部分も残して，$\left(V_{\mathcal{S}} + V_{\mathcal{G}/\mathrm{E}(\mathcal{S})}\right)$ とするのであった．$\mathbb{N}$-項の分子にある G に対しては，$[G]^{\mathrm{UV}}_{\mathrm{E}(\mathcal{S})} = G_{\mathcal{G}/\mathrm{E}(\mathcal{S})}$ である．

以上のことから，$\mathbb{N}$-項に対する $\mathsf{K}_{\mathcal{S}}$ の作用で，$\mathcal{G}/\mathrm{E}\,(\mathcal{S})$ 部分に関して k 回の縮約がとられ

たものの寄与 $\mathsf{K}_{\mathcal{S}}\, N_k$ は*2)

$$\begin{aligned}
\mathsf{K}_{\mathcal{S}}\, N_k &= \int dz_{\mathcal{G}}\, \frac{\Gamma\left(n_L - n_L(\mathcal{S}) - k\right)}{\left\{V_{\mathcal{S}}(z^{\mathcal{S}}) + V_{\mathcal{G}/\mathrm{E}(\mathcal{S})}(z^{\mathcal{G}/\mathrm{E}(\mathcal{S})})\right\}^{n_L - n_L(\mathcal{S}) - k}} \\
&\quad \times \underbrace{\left(\frac{1}{U_{\mathcal{S}}^2}\frac{B^{\mathcal{S}}_{e_1\, e_1'}}{U_{\mathcal{S}}}\cdots\right)}_{=f_{\mathcal{S}}(z^{\mathcal{S}})} \\
&\quad \times \underbrace{\left(\frac{1}{U_{\mathcal{G}/\mathrm{E}(\mathcal{S})}^2}\frac{B^{\mathcal{G}/\mathrm{E}(\mathcal{S})}_{e_2\, e_2'}}{U_{\mathcal{G}/\mathrm{E}(\mathcal{S})}}\cdots A_{e_3}^{\mathcal{G}/\mathrm{E}(\mathcal{S})\,,\,(v_F\,|\,v_I)}\cdots G_{\mathcal{G}/\mathrm{E}(\mathcal{S})}\right)}_{=f_{\mathcal{G}/\mathrm{E}(\mathcal{S})\,,\,k}(z^{\mathcal{G}/\mathrm{E}(\mathcal{S})})} \\
&= \int dz_{\mathcal{G}}\, \frac{\Gamma\left(n_L - n_L(\mathcal{S}) - k\right)}{\left\{V_{\mathcal{S}}(z^{\mathcal{S}}) + V_{\mathcal{G}/\mathrm{E}(\mathcal{S})}(z^{\mathcal{G}/\mathrm{E}(\mathcal{S})})\right\}^{n_L - n_L(\mathcal{S}) - k}} \\
&\quad \times f_{\mathcal{S}}(z^{\mathcal{S}})\, f_{\mathcal{G}/\mathrm{E}(\mathcal{S})\,,\,k}(z^{\mathcal{G}/\mathrm{E}(\mathcal{S})})
\end{aligned} \tag{10.31}$$

を得る．ここで，$z_e^{\mathcal{S}} = z_e$ $(e \in \mathrm{E}\,(\mathcal{S}))$, $z_e^{\mathcal{G}/\mathrm{E}(\mathcal{S})} = z_e$ $(e \in \mathrm{E}\,(\mathcal{G}/\mathrm{E}\,(\mathcal{S})))$ とした．また，$\mathbb{N}$-項は最大 $(n_L(\mathcal{G}) - 1)$ 回の縮約可能な中，$\mathcal{S}$ に関する K 演算は $n_L(\mathcal{S})$ 個の縮約した項を抽出する．z_e の積分範囲を $(0\,,1)$ から $(0\,,\infty)$ に変更しておいた上で，

1. $z_{\mathcal{S}}$ と $z_{\mathcal{G}/\mathrm{E}(\mathcal{S})}$ を任意の正の実数とするとき，積分に

$$1 = \int_0^\infty \frac{dx}{x}\,\delta\left(1 - \frac{z_{\mathcal{S}}}{x}\right)\int_0^\infty \frac{dy}{y}\,\delta\left(1 - \frac{z_{\mathcal{G}/\mathrm{E}(\mathcal{S})}}{y}\right) \tag{10.32}$$

をかける．

2. z_e についての積分を $x\,, y$ の積分の内側に移行した後で，以下のように $z_{\mathcal{S}}$ と $z_{\mathcal{G}/\mathrm{E}(\mathcal{S})}$ を与える：

$$z_{\mathcal{S}} = \sum_{e\in\mathrm{E}(\mathcal{S})} z_e^{\mathcal{S}}\,,\quad z_{\mathcal{G}/\mathrm{E}(\mathcal{S})} = \sum_{e\in\mathrm{E}(\mathcal{G}/\mathrm{E}(\mathcal{S}))} z_e^{\mathcal{G}/\mathrm{E}(\mathcal{S})}\,. \tag{10.33}$$

3. リスケール

$$z_e^{\mathcal{S}} \to x\, z_e^{\mathcal{S}}\,,\quad z_e^{\mathcal{G}/\mathrm{E}(\mathcal{S})} \to y\, z_e^{\mathcal{G}/\mathrm{E}(\mathcal{S})} \tag{10.34}$$

を行う．このとき，

$$\begin{aligned}
&\int_0^\infty \frac{dx}{x}\int_0^\infty \frac{dy}{y}\left(\prod_{e\in\mathrm{E}(\mathcal{S})}\int_0^\infty dz_e^{\mathcal{S}}\right)\left(\prod_{e\in\mathrm{E}(\mathcal{G}/\mathrm{E}(\mathcal{S}))}\int_0^\infty dz_e^{\mathcal{G}/\mathrm{E}(\mathcal{S})}\right) \\
&\times \delta\left(1 - \frac{1}{x}\sum_{e\in\mathrm{E}(\mathcal{S})} z_e^{\mathcal{S}}\right)\delta\left(1 - \frac{1}{y}\sum_{e\in\mathrm{E}(\mathcal{G}/\mathrm{E}(\mathcal{S}))} z_e^{\mathcal{G}/\mathrm{E}(\mathcal{S})}\right) \\
&\times \delta\left(1 - \sum_{e\in\mathrm{E}(\mathcal{S})} z_e^{\mathcal{S}} - \sum_{e\in\mathrm{E}(\mathcal{G}/\mathrm{E}(\mathcal{S}))} z_e^{\mathcal{G}/\mathrm{E}(\mathcal{S})}\right)
\end{aligned}$$

*2) $\left(-\frac{1}{4}\right)^{n_L} = \left(-\frac{1}{4}\right)^{n_L(\mathcal{S})}\left(-\frac{1}{4}\right)^{n_L(\mathcal{G}/\mathrm{E}(\mathcal{S}))}$ のうち，$\left(-\frac{1}{4}\right)^{n_L(\mathcal{S})}$ は $f_{\mathcal{S}}(z^{\mathcal{S}})$ に，$\left(-\frac{1}{4}\right)^{n_L(\mathcal{G}/\mathrm{E}(\mathcal{S}))}$ は $f_{\mathcal{G}/\mathrm{E}(\mathcal{S})\,,\,k}(z^{\mathcal{G}/\mathrm{E}(\mathcal{S})})$ に含めたとする．

$$
\begin{aligned}
&= \int_0^\infty dx\, x^{n_e(\mathcal{S})-1} \int_0^\infty dy\, y^{n_e(\mathcal{G}/\mathrm{E}(\mathcal{S}))-1} \\
&\quad \times \left(\prod_{e\in \mathrm{E}(\mathcal{S})} \int_0^\infty dz_e^{\mathcal{S}} \right) \left(\prod_{e\in \mathrm{E}(\mathcal{G}/\mathrm{E}(\mathcal{S}))} \int_0^\infty dz_e^{\mathcal{G}/\mathrm{E}(\mathcal{S})} \right) \\
&\quad \times \delta \left(1 - \sum_{e\in \mathrm{E}(\mathcal{S})} z_e^{\mathcal{S}} \right) \delta \left(1 - \sum_{e\in \mathrm{E}(\mathcal{G}/\mathrm{E}(\mathcal{S}))} z_e^{\mathcal{G}/\mathrm{E}(\mathcal{S})} \right) \\
&\quad \times \delta \left(1 - x \sum_{e\in \mathrm{E}(\mathcal{S})} z_e^{\mathcal{S}} - y \sum_{e\in \mathrm{E}(\mathcal{G}/\mathrm{E}(\mathcal{S}))} z_e^{\mathcal{G}/\mathrm{E}(\mathcal{S})} \right) \\
&= \int_0^\infty dx\, x^{n_e(\mathcal{S})-1} \int_0^\infty dy\, y^{n_e(\mathcal{G}/\mathrm{E}(\mathcal{S}))-1} \delta\,(1-x-y) \\
&\quad \times \left(\int dz_{\mathcal{S}} := \left(\prod_{e\in \mathrm{E}(\mathcal{S})} \int_0^1 dz_e^{\mathcal{S}} \right) \delta \left(1 - \sum_{e\in \mathrm{E}(\mathcal{S})} z_e^{\mathcal{S}} \right) \right) \\
&\quad \times \left(\int dz_{\mathcal{G}/\mathrm{E}(\mathcal{S})} := \left(\prod_{e\in \mathrm{E}(\mathcal{G}/\mathrm{E}(\mathcal{S}))} \int_0^1 dz_e^{\mathcal{G}/\mathrm{E}(\mathcal{S})} \right) \right. \\
&\qquad\qquad \left. \times \delta \left(1 - \sum_{e\in \mathrm{E}(\mathcal{G}/\mathrm{E}(\mathcal{S}))} z_e^{\mathcal{G}/\mathrm{E}(\mathcal{S})} \right) \right) \\
&= \int dz_{\mathcal{S}} \int dz_{\mathcal{G}/\mathrm{E}(\mathcal{S})} \\
&\quad \times \int_0^1 dx\, x^{n_e(\mathcal{S})-1} \int_0^1 dy\, y^{n_e(\mathcal{G}/\mathrm{E}(\mathcal{S}))-1} \delta\,(1-x-y)
\end{aligned}
\tag{10.35}
$$

となる．

4. V は z_e の次数 1 の斉次多項式だから，リスケール後は $\left(x\, V_{\mathcal{S}}(z^{\mathcal{S}}) + y\, V_{\mathcal{G}/\mathrm{E}(\mathcal{S})}(z^{\mathcal{G}/\mathrm{E}(\mathcal{S})})\right)$ の形で現れる．U 関数，B 関数，スカラーカレントも斉次な有理関数だから，それぞれの次数に応じたリスケールを受ける．$f_{\mathcal{S}}(z^{\mathcal{S}})$ は $\dfrac{1}{U_{\mathcal{S}}^2}$ と $n_L(\mathcal{S})$ 個の $\dfrac{B_{ee'}^{\mathcal{S}}}{U_{\mathcal{S}}}$ からなるから，
$$
f_{\mathcal{S}}(z^{\mathcal{S}}) \to \frac{1}{x^{3\,n_L(\mathcal{S})}}\, f_{\mathcal{S}}(z^{\mathcal{S}}) = \frac{1}{x^{n_e(\mathcal{S})}}\, f_{\mathcal{S}}(z^{\mathcal{S}}) \tag{10.36}
$$
というリスケールを受ける．ここで，クェンチ QED における $n_L(\mathcal{S})$ ループの 3 点 1PI ファインマン図 $\mathcal{S}$ 内の辺の総数が，$n_e(\mathcal{S}) = 3\,n_L(\mathcal{S})$ であることを用いた．$f_{\mathcal{G}/\mathrm{E}(\mathcal{S})\,,\,k}(z^{\mathcal{G}/\mathrm{E}(\mathcal{S})})$ は，k 個の $\dfrac{B_{e_2\,e_2'}^{\mathcal{G}/\mathrm{E}(\mathcal{S})}}{U_{\mathcal{G}/\mathrm{E}(\mathcal{S})}}$，$\dfrac{1}{U_{\mathcal{G}/\mathrm{E}(\mathcal{S})}^2}$ および G を一つ含むから，
$$
f_{\mathcal{G}/\mathrm{E}(\mathcal{S})\,,\,k}(z^{\mathcal{G}/\mathrm{E}(\mathcal{S})}) \to \frac{1}{y^{2n_L(\mathcal{G}/\mathrm{E}(\mathcal{S}))+k-1}}\, f_{\mathcal{G}/\mathrm{E}(\mathcal{S})\,,\,k}(z^{\mathcal{G}/\mathrm{E}(\mathcal{S})}) \tag{10.37}
$$
というリスケールを受ける．

5. $\mathcal{G}$ は自己エネルギー型ファインマン図だから，$n_e(\mathcal{G}/\mathrm{E}\,(\mathcal{S})) = n_e(\mathcal{G}) - n_e(\mathcal{S}) = 3n_L - 1 - 3n_L(\mathcal{S})$ である．他方，$n_L(\mathcal{G}/\mathrm{E}\,(\mathcal{S})) = n_L - n_L(\mathcal{S})$ より，y のべきは

$$n_e(\mathcal{G}/\mathrm{E}(\mathcal{S})) - 1 - (2n_L(\mathcal{G}/\mathrm{E}(\mathcal{S})) + k - 1) = n_L - n_L(\mathcal{S}) - k - 1 \quad (10.38)$$

である．

よって，

$$\begin{aligned}\mathsf{K}_{\mathcal{S}}\, N_k &= \int dz_{\mathcal{S}}\, f_{\mathcal{S}}(z^{\mathcal{S}}) \int dz_{\mathcal{G}/\mathrm{E}(\mathcal{S})}\, f_{\mathcal{G}/\mathrm{E}(\mathcal{S}),\,k}(z^{\mathcal{G}/\mathrm{E}(\mathcal{S})}) \\ &\quad \times \int_0^1 dx\, x^{\epsilon-1} \int_0^1 dy\, y^{n_L - n_L(\mathcal{S}) - k - 1}\, \delta(1 - x - y) \\ &\quad \times \frac{\Gamma(n_L - n_L(\mathcal{S}) - k + \epsilon)}{\left\{x\, V_{\mathcal{S}}(z^{\mathcal{S}}) + y\, V_{\mathcal{G}/\mathrm{E}(\mathcal{S})}(z^{\mathcal{G}/\mathrm{E}(\mathcal{S})})\right\}^{n_L - n_L(\mathcal{S}) - k + \epsilon}} \\ &= \int dz_{\mathcal{S}}\, f_{\mathcal{S}}(z^{\mathcal{S}}) \frac{\Gamma(\epsilon)}{V_{\mathcal{S}}(z^{\mathcal{S}})^{\epsilon}} \\ &\quad \times \int dz_{\mathcal{G}/\mathrm{E}(\mathcal{S})}\, f_{\mathcal{G}/\mathrm{E}(\mathcal{S}),\,k}(z^{\mathcal{G}/\mathrm{E}(\mathcal{S})}) \frac{\Gamma(n_L - n_L(\mathcal{S}) - k)}{V_{\mathcal{G}/\mathrm{E}(\mathcal{S})}(z^{\mathcal{G}/\mathrm{E}(\mathcal{S})})^{n_L - n_L(\mathcal{S}) - k}} \end{aligned} \quad (10.39)$$

のように，$\mathcal{S}$ 部分のファインマン積分と $\mathcal{G}/\mathrm{E}(\mathcal{S})$ 部分のファインマン積分に因数分解される．$\mathcal{S}$ 部分はパウリ–ヴィラス正則化の下での紫外極限による繰り込み定数 $(\mathrm{L}_{\mathcal{S}})^{\mathrm{UV}}$ である．$\mathcal{G}/\mathrm{E}(\mathcal{S})$ に関する部分は，$G_{\mathcal{G}/\mathrm{E}(\mathcal{S})}$ を含むことからも，自己エネルギー型ファインマン図 $\mathcal{G}/\mathrm{E}(\mathcal{S})$ からの異常磁気能率への寄与 $M_{\mathcal{G}/\mathrm{E}(\mathcal{S})}$ における $\mathbb{N}$-項で k 回縮約をとったものと察せられる：

$$\mathsf{K}_{\mathcal{S}}\, N_k = (\mathrm{L}_{\mathcal{S}})^{\mathrm{UV}}\, N_{\mathcal{G}/\mathrm{E}(\mathcal{S}),\,k}\,. \quad (10.40)$$

このように K 演算の結果で繰り込み定数部分と，考えている量（Λ^{μ} や異常磁気能率など）への $\mathrm{E}(\mathcal{S})$ を縮約したファインマン図からの寄与に因数分解するという点は，一時的な繰り込み条件が満たすべき性質であった．上の例では，$N_{\mathcal{G}/\mathrm{E}(\mathcal{S}),\,k}$ の部分は，質量殻上の繰り込み条件に従う差し引き項における $\mathcal{G}/\mathrm{E}(\mathcal{S})$ に対応する量と共通で，摂動の低次数の量として既に知っている．よって，繰り込み定数部分の有限繰り込みをする，つまり，

$$\mathrm{L}_{\mathcal{S}}\, N_{\mathcal{G}/\mathrm{E}(\mathcal{S}),\,k} = (\mathrm{L}_{\mathcal{S}})^{\mathrm{UV}}\, N_{\mathcal{G}/\mathrm{E}(\mathcal{S}),\,k} + \left(\mathrm{L}_{\mathcal{S}} - (\mathrm{L}_{\mathcal{S}})^{\mathrm{UV}}\right) N_{\mathcal{G}/\mathrm{E}(\mathcal{S}),\,k} \quad (10.41)$$

における第 2 項の係数を考慮に入れることで，質量殻上の繰り込み条件に従う量を予言することができる．詳細については 11.7 節で見る．

10.3 自己エネルギー部分図の K 演算

$\mathcal{S}$ を自己エネルギー型の部分ファインマン図とする．$\Lambda^{\mu}_{\mathcal{G}}(p_F\,,p_I)$ や $M_{\mathcal{G}}$ の $\mathcal{S}$ に対応する K 演算は，場の再規格化定数 $(\mathrm{Z}_{\mathcal{S}})^{\mathrm{UV}}$ とその他の部分への因数分解と，質量の繰り込み定数 $(\mathrm{W}_{\mathcal{S}})^{\mathrm{UV}}$ とその他の部分への因数分解の和に帰着することが見込まれる（例えば，$M_{\mathcal{G}}$ に対しては式 (10.53) を参照）．ここで，後者のその他の部分は，$\mathcal{S}$ が置き換わった 2 点頂点 $u \notin \mathrm{V}(\mathcal{S})$ を含む $\mathcal{G}/\mathrm{E}(\mathcal{S})$ に対応する関数である．対して，後者のその他の部分は，$\mathcal{S}$ をその他の部分に接続していた辺の一つ $e^{\mathcal{S}^c}_{(1)}$ を $\mathcal{G}/\mathrm{E}(\mathcal{S})$ から取り除いて得られるファインマン図 $\mathcal{G}/\left(\mathrm{E}(\mathcal{S}) \cup \left\{e^{\mathcal{S}^c}_{(1)}\right\}\right)$ に対応する関数である．

$\mathcal{S}$ が 2 点頂点を含まない自己エネルギー型部分図のとき，$\mathcal{S}$ 内のフェルミオン内線の総数は奇数である．よって，$\mathcal{S}$ 内の内線 e に対応する $\mathbb{D}_e^\lambda$ で他の $\mathbb{D}_{e'}^\rho$ $(e' \in \mathrm{E}\,(\mathcal{S}))$ と縮約されないものが一つ存在し，以下のような二通りの可能性がある：

1. $\mathbb{D}_e^\lambda$ が $(\mathcal{G} - \mathrm{E}\,(\mathcal{S}))$ 内のどの辺 e' に対応する $\mathbb{D}_{e'}^\rho$ とも縮約されない場合には，$\mathbb{D}_e^\lambda$ はスカラーカレント A_e を含む項を生み出し，その紫外極限は

$$[A_e]_{\mathrm{E}(\mathcal{S})}^{\mathrm{UV}} = A_e^{\mathcal{S}}\, A_{e_{(1)}^{\mathcal{S}^c}}^{\mathcal{G}/E(\mathcal{S})}\ \ (e \in \mathrm{E}\,(\mathcal{S})) \tag{10.42}$$

であった．$e_{(1)}^{\mathcal{S}^c} \in \mathrm{E}\,(\mathcal{G}/\mathrm{E}\,(\mathcal{S}))$ は $\mathcal{G}$ 内で $\mathcal{S}$ を他の部分に繋ぐ 2 本の辺のうちの 1 本を指す．

2. $\mathbb{D}_e^\lambda$ が $\mathbb{D}_{e'}^\rho$ （$e' \in \mathrm{E}\,(\mathcal{G}/\mathrm{E}\,(\mathcal{S}))$）と縮約された結果生ずる項は $\dfrac{B_{ee'}}{U}$ を含む．その $\mathcal{S}$ に関する紫外極限は

$$\left[\frac{B_{ee'}}{U}\right]_{\mathrm{E}(\mathcal{S})}^{\mathrm{UV}} = A_e^{\mathcal{S}}\,\frac{B_{e'\,e_{(1)}^{\mathcal{S}^c}}^{\mathcal{G}/E(\mathcal{S})}}{U_{\mathcal{G}/E(\mathcal{S})}}\quad (e \in \mathrm{E}\,(\mathcal{S})\ ,\ e' \in \mathrm{E}\,(\mathcal{G}/\mathrm{E}\,(\mathcal{S}))) \tag{10.43}$$

である．

いずれにも $A_e^{\mathcal{S}}$ と，$\mathcal{S}$ を $\mathcal{G}$ 内の頂点に繋ぐ辺 $e_{(1)}^{\mathcal{S}^c}$ が現れる．$\mathcal{S}$ に関する紫外極限後の結果を利用しつつも，$\mathcal{G}/\mathrm{E}\,(\mathcal{S})$ 側は $\not{\mathbb{D}}_{e'}$ $(e' \in \mathrm{E}\,(\mathcal{G}/\mathrm{E}\,(\mathcal{S})))$ の縮約前の形で表したい．式 (10.42) と（10.43）に現れている $e_{(1)}^{\mathcal{S}^c}$ は $\mathcal{S}$ に関する紫外極限で現れたから，$\not{\mathbb{D}}_{e_{(1)}^{\mathcal{S}^c}}^{\mathcal{G}/\mathrm{E}(\mathcal{S})}$ を使うと，$\not{\mathbb{D}}_{e_{(1)}^{\mathcal{S}^c}}^{\mathcal{G}/\mathrm{E}(\mathcal{S})}$ が 2 つ含まれる表式が得られてしまう．そこで，次のような処置をする：

1. $e_{(1)\,,1}^{\mathcal{S}^c}$，$e_{(1)\,,2}^{\mathcal{S}^c}$ の二つを用意する．$\mathcal{S}$ 内の最大縮約後でも残る $\not{\mathbb{D}}_e$ $(e \in \mathrm{E}\,(\mathcal{S}))$ の紫外極限を

$$[\not{\mathbb{D}}_e]_{\mathrm{E}(\mathcal{S})}^{\mathrm{UV}} = A_k^{\mathcal{S}}\,\not{\mathbb{D}}_{e_{(1)\,,2}^{\mathcal{S}^c}}^{\mathcal{G}/\mathrm{E}(\mathcal{S})}\quad (e \in \mathrm{E}\,(\mathcal{S})) \tag{10.44}$$

と表す．

2. 対応して式 (10.42) の $A_{e_{(1)}^{\mathcal{S}^c}}^{\mathcal{G}/E(\mathcal{S})}$ と式 (10.43) の $B_{e'\,e_{(1)}^{\mathcal{S}^c}}^{\mathcal{G}/E(\mathcal{S})}$ をそれぞれ $A_{e_{(1)\,,2}^{\mathcal{S}^c}}^{\mathcal{G}/E(\mathcal{S})}$ と $B_{e'\,e_{(1)\,,2}^{\mathcal{S}^c}}^{\mathcal{G}/E(\mathcal{S})}$ に置き換え，「縮約規則に従い」$\not{\mathbb{D}}_{e_{(1)\,,2}^{\mathcal{S}^c}}^{\mathcal{G}/\mathrm{E}(\mathcal{S})}$ が縮約されなかったために $A_{e_{(1)\,,2}^{\mathcal{S}^c}}^{\mathcal{G}/E(\mathcal{S})}$ が生じ，$\not{\mathbb{D}}_{e'}^{\mathcal{G}/\mathrm{E}(\mathcal{S})}$（$e' \in \mathrm{E}\,(\mathcal{G}/\mathrm{E}\,(\mathcal{S}))$）と縮約されたために $B_{e'\,e_{(1)\,,2}^{\mathcal{S}^c}}^{\mathcal{G}/E(\mathcal{S})}$ が生じた，と考える．特に，「縮約規則に従い」$\mathbb{D}_{e_{(1)\,,1}^{\mathcal{S}^c}}^{\mathcal{G}/\mathrm{E}(\mathcal{S})\,,\mu_1}$ と $\mathbb{D}_{e_{(1)\,,2}^{\mathcal{S}^c}}^{\mathcal{G}/\mathrm{E}(\mathcal{S})\,,\mu_2}$ の縮約は，

$$-\frac{B'^{\,,\mathcal{G}/\mathrm{E}(\mathcal{S})}_{e_{(1)\,,1}^{\mathcal{S}^c}\,,\,e_{(1)\,,2}^{\mathcal{S}^c}}}{2\,U_{\mathcal{G}/\mathrm{E}(\mathcal{S})}}\,\eta^{\mu_1\mu_2} = -\frac{B^{\mathcal{G}/\mathrm{E}(\mathcal{S})}_{e_{(1)\,,1}^{\mathcal{S}^c}\,,\,e_{(1)\,,2}^{\mathcal{S}^c}}}{2\,U_{\mathcal{G}/\mathrm{E}(\mathcal{S})}}\,\eta^{\mu_1\mu_2} \tag{10.45}$$

に置き換える．

3. $\mathbb{D}$ 演算子を実行した後で $e_{(1)\,,1}^{\mathcal{S}^c} = e_{(1)}^{\mathcal{S}^c} = e_{(1)\,,2}^{\mathcal{S}^c}$ と置くものとする．その結果，式 (10.45) の B 関数は，式 (10.43) において $e' = e_{(1)}^{\mathcal{S}^c}$ の場合の右辺に含まれる B 関数を再現する．

以上の注意を踏まえた上で，$\mathcal{S}$ に関する紫外極限後のフェルミオン線に対応する被積分関数の $\mathcal{S}$ 部分の構造を知っておきたい．まず，最も簡単な $\mathcal{S}$ が 1 ループ・自己エネルギー型ファインマン図の場合を見てみると，縮約がとられず，

$$\gamma^\mu \left(A_1^{\mathcal{S}}\, \mathbb{D}^{\mathcal{G}/\mathrm{E}(\mathcal{S})}_{e^{\mathcal{S}^c}_{(1),2}} + m \right) \gamma_\mu = -2\, A_1^{\mathcal{S}}\, \not{\mathbb{D}}^{\mathcal{G}/\mathrm{E}(\mathcal{S})}_{e^{\mathcal{S}^c}_{(1),2}} + 4\, m$$
$$= \left(-2\, A_1^{\mathcal{S}}\right) \left(\mathbb{D}^{\mathcal{G}/\mathrm{E}(\mathcal{S})}_{e^{\mathcal{S}^c}_{(1),2}} - m \right) + m \left(-2\, A_1^{\mathcal{S}} + 4\right)$$
$$:= E_0\,[\mathrm{Z}_2] \left(\mathbb{D}^{\mathcal{G}/\mathrm{E}(\mathcal{S})}_{e^{\mathcal{S}^c}_{(1),2}} - m \right) + m\, F_0\,[\mathrm{W}_2] \tag{10.46}$$

となっている．関数 $E_0\,[\mathrm{Z}_2]$，$m\,F_0\,[\mathrm{W}_2]$ は，それぞれ K 演算による 1 ループ自己エネルギー型ファインマン図 2 の場の再規格化定数 $(\mathrm{Z}_2)^{\mathrm{UV}}$ および質量の繰り込み定数 $(\mathrm{W}_2)^{\mathrm{UV}} = \mathrm{W}_2$ のファインマン積分の被積分関数の分子に相当する．

実のところ，任意の自己エネルギー部分図 $\mathcal{S}$ で式 (10.46) のような構造を呈する．もう一つの例として 4 次の自己エネルギー型ファインマン図でネストしているほう（$4a$）をやってみれば一般的に成り立つことが納得できるであろう．最大縮約項は $D=4$ で（全体にかかる $U_{\mathcal{G}/\mathrm{E}(\mathcal{S})}$ は分母の U の紫外極限とともに $\dfrac{U_{\mathcal{G}/\mathrm{E}(\mathcal{S})}}{[U]^{\mathrm{UV}}_{\mathrm{E}(\mathcal{S})}} = \dfrac{1}{U_{\mathcal{S}}}$ となる．）

$$\left(-\frac{1}{2}\right) \Biggl\{ \quad B_{23}^{\mathcal{S}} \gamma^\mu \left(A_1^{\mathcal{S}}\, \mathbb{D}^{\mathcal{G}/\mathrm{E}(\mathcal{S})}_{e^{\mathcal{S}^c}_{(1),2}} + m \right) \gamma_\nu\, \gamma^\lambda\, \gamma_\mu\, \gamma_\lambda\, \gamma^\nu$$
$$+ B_{31}^{\mathcal{S}} \gamma^\mu \gamma_\lambda\, \gamma_\nu \left(A_2^{\mathcal{S}}\, \mathbb{D}^{\mathcal{G}/\mathrm{E}(\mathcal{S})}_{e^{\mathcal{S}^c}_{(1),2}} + m \right) \gamma_\mu\, \gamma^\lambda\, \gamma^\nu$$
$$+ B_{12}^{\mathcal{S}} \gamma^\mu \gamma_\lambda \gamma_\nu\, \gamma^\lambda\, \gamma_\mu \left(A_3^{\mathcal{S}}\, \mathbb{D}^{\mathcal{G}/\mathrm{E}(\mathcal{S})}_{e^{\mathcal{S}^c}_{(1),2}} + m \right) \gamma^\nu \Biggr\}$$
$$= 4 \Biggl\{ B_{23}^{\mathcal{S}} \left(A_1^{\mathcal{S}}\, \mathbb{D}^{\mathcal{G}/\mathrm{E}(\mathcal{S})}_{e^{\mathcal{S}^c}_{(1),2}} - 2\, m \right) + B_{31}^{\mathcal{S}} \left(4\, A_2^{\mathcal{S}}\, \mathbb{D}^{\mathcal{G}/\mathrm{E}(\mathcal{S})}_{e^{\mathcal{S}^c}_{(1),2}} - 2\, m \right)$$
$$+ B_{12}^{\mathcal{S}} \left(A_3^{\mathcal{S}}\, \mathbb{D}^{\mathcal{G}/\mathrm{E}(\mathcal{S})}_{e^{\mathcal{S}^c}_{(1),2}} - 2\, m \right) \Biggr\}$$
$$= 4 \left\{ B_{23}^{\mathcal{S}}\, A_1^{\mathcal{S}} + 4\, B_{31}^{\mathcal{S}}\, A_2^{\mathcal{S}} + B_{12}^{\mathcal{S}}\, A_3^{\mathcal{S}} \right\} \left(\mathbb{D}^{\mathcal{G}/\mathrm{E}(\mathcal{S})}_{e^{\mathcal{S}^c}_{(1),2}} - m \right)$$
$$- 8m \left\{ B_{23}^{\mathcal{S}} \left(A_1^{\mathcal{S}} - 2\right) + B_{31}^{\mathcal{S}} \left(4\, A_2^{\mathcal{S}} - 2\right) + B_{12}^{\mathcal{S}} \left(A_3^{\mathcal{S}} - 2\right) \right\}$$
$$= E_1\,[\mathrm{Z}_{4a}] \left(\mathbb{D}^{\mathcal{G}/\mathrm{E}(\mathcal{S})}_{e^{\mathcal{S}^c}_{(1),2}} - m \right) + m\, F_1\,[\mathrm{W}_{4a}]\,. \tag{10.47}$$

関数 $E_1\,[\mathrm{Z}_{4a}]$，$m\,F_1\,[\mathrm{W}_{4a}]$ は，それぞれ K 演算による場の再規格化定数 $(\mathrm{Z}_{4a})^{\mathrm{UV}}$ および質量の繰り込み定数 $(\mathrm{W}_{4a})^{\mathrm{UV}}$ のファインマン積分の被積分関数の分子に相当する．

一般に，自己エネルギー型部分図 $\mathcal{S}$ に関する紫外極限での $\mathcal{S}$ の部分は

$$E_{n_L(\mathcal{S})-1}\,[\mathrm{Z}_{\mathcal{S}}] \left(\mathbb{D}^{\mathcal{G}/\mathrm{E}(\mathcal{S})}_{e^{\mathcal{S}^c}_{(1),2}} - m \right) + m\, F_{n_L(\mathcal{S})-1}\,[\mathrm{W}_{\mathcal{S}}] \tag{10.48}$$

となる．これが $\mathcal{G}/\mathrm{E}\,(\mathcal{S})$ の $\mathbb{D}$ 演算子の列中では，$\mathrm{E}\,(\mathcal{S})$ を縮約した近辺の部分として

$$\left(\mathbb{D}^{\mathcal{G}/\mathrm{E}(\mathcal{S})}_{e^{\mathcal{S}^c}_{(1),1}} + m \right) \left\{ E_{n_L(\mathcal{S})-1}\,[\mathrm{Z}_{\mathcal{S}}] \left(\mathbb{D}^{\mathcal{G}/\mathrm{E}(\mathcal{S})}_{e^{\mathcal{S}^c}_{(1),2}} - m \right) + m\, F_{n_L(\mathcal{S})-1}\,[\mathrm{W}_{\mathcal{S}}] \right\}$$
$$\times \left(\mathbb{D}^{\mathcal{G}/\mathrm{E}(\mathcal{S})}_{e^{\mathcal{S}^c}_{(2)}} + m \right) \tag{10.49}$$

のように含まれている．ここで，

$$
\begin{aligned}
&\left(\not{\mathbb{D}}^{\mathcal{G}/\mathrm{E}(\mathcal{S})}_{e^{\mathcal{S}^c}_{(1),1}} + m\right)\left(\not{\mathbb{D}}^{\mathcal{G}/\mathrm{E}(\mathcal{S})}_{e^{\mathcal{S}^c}_{(1),2}} - m\right) \\
&= \not{\mathbb{D}}^{\mathcal{G}/\mathrm{E}(\mathcal{S})}_{e^{\mathcal{S}^c}_{(1),1}} \not{\mathbb{D}}^{\mathcal{G}/\mathrm{E}(\mathcal{S})}_{e^{\mathcal{S}^c}_{(1),2}} + m\left(\not{\mathbb{D}}^{\mathcal{G}/\mathrm{E}(\mathcal{S})}_{e^{\mathcal{S}^c}_{(1),2}} - \not{\mathbb{D}}^{\mathcal{G}/\mathrm{E}(\mathcal{S})}_{e^{\mathcal{S}^c}_{(1),1}}\right) - m^2
\end{aligned}
\tag{10.50}
$$

において，第 2 項は $e^{\mathcal{S}^c}_{(1),2} = e^{\mathcal{S}^c}_{(1),1}$ とした段階で消える．第 1 項も最後に $e^{\mathcal{S}^c}_{(1),2} = e^{\mathcal{S}^c}_{(1),1}$ とすることを見込むと，対称化したもの

$$
\frac{1}{2}\left(\not{\mathbb{D}}^{\mathcal{G}/\mathrm{E}(\mathcal{S})}_{e^{\mathcal{S}^c}_{(1),1}} \not{\mathbb{D}}^{\mathcal{G}/\mathrm{E}(\mathcal{S})}_{e^{\mathcal{S}^c}_{(1),2}} + \not{\mathbb{D}}^{\mathcal{G}/\mathrm{E}(\mathcal{S})}_{e^{\mathcal{S}^c}_{(1),2}} \not{\mathbb{D}}^{\mathcal{G}/\mathrm{E}(\mathcal{S})}_{e^{\mathcal{S}^c}_{(1),1}}\right) = \mathbb{D}^{\mathcal{G}/\mathrm{E}(\mathcal{S})}_{e^{\mathcal{S}^c}_{(1),1}} \cdot \mathbb{D}^{\mathcal{G}/\mathrm{E}(\mathcal{S})}_{e^{\mathcal{S}^c}_{(1),2}} \mathbb{I}_4
\tag{10.51}
$$

で置き換えられ，式 (10.50) の量は $\left(\mathbb{D}^{\mathcal{G}/\mathrm{E}(\mathcal{S})}_{e^{\mathcal{S}^c}_{(1),1}} \cdot \mathbb{D}^{\mathcal{G}/\mathrm{E}(\mathcal{S})}_{e^{\mathcal{S}^c}_{(1),2}} - m^2\right)\mathbb{I}_4$ となるから，ガンマ行列の列の並びから外してよい．よって，式 (10.49) は，

$$
\begin{aligned}
&m\,F_{n_L(\mathcal{S})-1}\left[\mathrm{W}_{\mathcal{S}}\right]\left(\not{\mathbb{D}}^{\mathcal{G}/\mathrm{E}(\mathcal{S})}_{e^{\mathcal{S}^c}_{(1)}} + m\right)\left(\not{\mathbb{D}}^{\mathcal{G}/\mathrm{E}(\mathcal{S})}_{e^{\mathcal{S}^c}_{(2)}} + m\right) \\
&+ E_{n_L(\mathcal{S})-1}\left[\mathrm{Z}_{\mathcal{S}}\right]\left(\not{\mathbb{D}}^{\mathcal{G}/\mathrm{E}(\mathcal{S})}_{e^{\mathcal{S}^c}_{(2)}} + m\right)\left(\mathbb{D}^{\mathcal{G}/\mathrm{E}(\mathcal{S})}_{e^{\mathcal{S}^c}_{(1),1}} \cdot \mathbb{D}^{\mathcal{G}/\mathrm{E}(\mathcal{S})}_{e^{\mathcal{S}^c}_{(1),2}} - m^2\right)
\end{aligned}
\tag{10.52}
$$

となる．第 1 項は，$\mathcal{S}$ が $u \notin \mathrm{V}(\mathcal{G})$ に置き換えられた際の 2 点頂点 u に接続する二つの辺に対応する伝搬関数の分子の積である．よって，第 1 項を含む全体は，質量の繰り込み定数を伴って差し引かれるべき量である．第 2 項を考えるため，パラメトリック表示からループ運動量に関する積分表示に戻る．このとき，$\left(\mathbb{D}^{\mathcal{G}/\mathrm{E}(\mathcal{S})}_{e^{\mathcal{S}^c}_{(1),1}} \cdot \mathbb{D}^{\mathcal{G}/\mathrm{E}(\mathcal{S})}_{e^{\mathcal{S}^c}_{(1),2}} - m^2\right)$ は，$\left(k^2_{e^{\mathcal{S}^c}_{(1)}} - m^2\right)$ に該当するものだから，$e^{\mathcal{S}^c}_{(1)}$ の伝搬関数の分母 $\dfrac{1}{k^2_{e^{\mathcal{S}^c}_{(1)}} - m^2 + \mathrm{i}\,\varepsilon}$ を相殺する．つまり，運動量積分としては，第 2 項を含むある部分は，$\mathcal{G}/\mathrm{E}(\mathcal{S})$ から辺 $e^{\mathcal{S}^c}_{(1)}$ を除いた $\mathcal{G}/\left(\mathrm{E}(\mathcal{S}) \cup \left\{e^{\mathcal{S}^c}_{(1)}\right\}\right)$ というファインマン図に対応する寄与を与えている．よって，第 2 項を含む全体は，場の再規格化定数を伴って差し引かれるべき量である．相殺させた後でもう一度，第 2 項をパラメトリック表示を得ておく．

10.2 節で見たような操作を，第 1 項と第 2 項それぞれに施すことにより，自己エネルギー型ファインマン図 $\mathcal{S}$ に関する K 演算の作用は，

$$
\mathsf{K}_{\mathcal{S}} M_{\mathcal{G}} = \left(\mathrm{W}_{\mathcal{S}}\right)^{\mathrm{UV}} M_{\mathcal{G}/\mathrm{E}(\mathcal{S})} + \left(\mathrm{Z}_{\mathcal{S}}\right)^{\mathrm{UV}} M_{\mathcal{G}/\left(\mathrm{E}(\mathcal{S}) \cup \left\{e^{\mathcal{S}^c}_{(1)}\right\}\right)}
\tag{10.53}
$$

となる．

10.4 K 演算による入れ子状の紫外発散の除去

ファインマン図が紫外発散を発生させる部分図を複数含む場合には，複雑に入れ子状になった部分図の発散の除去を K 演算を用いて行う必要がある．それには繰り込みの一般論でよく知られたフォレスト公式*3) を適用するのが便利である．

10.4.1 K 演算の可換性

BPHZ 繰り込みを用いるときのフォレスト公式を証明する際には，運動量空間での積分

*3) グラフ理論での森との混同を避けるため，こちらをフォレストと表記することにした．

の被積分関数が，$\mathcal{G}$ の任意の互いに素な紫外発散部分集合 $\mathcal{S}_1, \ldots, \mathcal{S}_n$ に関して因数分解できる点を活用する*4)．しかし，K 演算による繰り込みはファインマン・パラメータによる紫外極限を操作に含むから，運動量空間に戻ることはできない．また，ファインマン積分のパラメトリック表示では因数分解の形にはできそうもない．筆者が考えた範囲で，K 演算に関してフォレスト公式を導く鍵となるのは，$\mathcal{S}_1 \subset \mathcal{S}_2$ という包含関係にある紫外発散を含む部分グラフに関して，$\mathsf{K}_{\mathcal{S}_1}$ と $\mathsf{K}_{\mathcal{S}_2}$ のいずれを先に実行しても，同じ結果が得られる点である．この可換性を確認するのがここでの目的である．

$\mathcal{S}_1, \mathcal{S}_2$ が共に自己エネルギー型の場合に記号を整理しておこう．$\mathcal{S}_1$ 内の頂点を $\mathcal{S}_2$ 内の頂点に結ぶ辺のうちの 1 本を $e_{(1)}^{\mathcal{S}_1^c}$ とする．$\mathcal{S}_2$ 内の頂点を $\mathcal{G}/\mathrm{E}(\mathcal{S}_2)$ 内の頂点に結ぶ辺のうちの 1 本を $e_{(1)}^{\mathcal{S}_2^c}$ とするとき，以下の集合を定義する：

$$\mathscr{S}(\mathcal{S}) := \left\{ \mathrm{E}(\mathcal{S}), \mathrm{E}(\mathcal{S}) \cup \{e_{(1)}^{\mathcal{S}^c}\} \right\} \quad (\mathcal{S} = \mathcal{S}_1, \mathcal{S}_2)\,. \tag{10.55}$$

また，以降の議論を $\mathcal{S}_1$，$\mathcal{S}_2$ が自己エネルギー型，3 点 1PI のいずれでも並行して進めることができるように，3 点 1PI 部分図 $\mathcal{S}$ に対しては，$\mathscr{S}(\mathcal{S}) := \{\mathrm{E}(\mathcal{S})\}$ とする．

対応して繰り込み定数も $\mathcal{S}$ のタイプによらない記号を導入する．演算子 $\mathsf{T}_{\mathcal{S}}$ が従う繰り込み条件による繰り込み定数を上付き添字 T で表すと，次のようになる：

- $\mathcal{S}$ が 3 点 1PI ファインマン図のとき，

$$\mathrm{Y}^{\mathsf{T}}_{\mathcal{S},\mathrm{E}(\mathcal{S})} = \mathrm{L}^{\mathsf{T}}_{\mathcal{S},\mathrm{E}(\mathcal{S})}\,. \tag{10.56}$$

- $\mathcal{S}$ が自己エネルギー型ファインマン図のとき，

$$\begin{aligned} \mathrm{Y}^{\mathsf{T}}_{\mathcal{S},E} &= \mathrm{W}^{\mathsf{T}}_{\mathcal{S},E} \quad \left(E = \mathrm{E}(\mathcal{S})\text{ のとき}\right), \\ \mathrm{Y}^{\mathsf{T}}_{\mathcal{S},E} &= \mathrm{Z}^{\mathsf{T}}_{\mathcal{S},E} \quad \left(E = \mathrm{E}(\mathcal{S}) \cup \left\{e_{(1)}^{\mathcal{S}^c}\right\}\text{ のとき}\right). \end{aligned} \tag{10.57}$$

K 演算による繰り込み定数は UV の添字で表す．

その上で K 演算の可換性を調べてみる：

1.

$$\mathsf{K}_{\mathcal{S}} f_{\mathcal{G}} = \sum_{E \in \mathscr{S}(\mathcal{S})} \left(\mathrm{Y}_{\mathcal{S},E}\right)^{\mathrm{UV}} f_{\mathcal{G}/E} \tag{10.58}$$

であった．繰り込み定数 $(\mathrm{Y}_{\mathcal{S},E})^{\mathrm{UV}}$ は $\mathcal{S}$ に付随する量である．$\mathsf{K}_{\mathcal{S}_1}$ と $\mathsf{K}_{\mathcal{S}_2}$ を続け

*4) QED などのディラック場，ベクトル場を含む場合の因数分解は，還元グラフに対応する被積分関数を因子として含むような形にはならない．例えば，クェンチ QED における 3 ループの自己エネルギー型ファインマン図で，二つの 1 ループ自己エネルギー型ファインマン図 $\mathcal{S}_1, \mathcal{S}_2$ を部分グラフとして含むものの被積分関数は，

$$\begin{aligned} &\left\{ \frac{1}{k_a^2 + \mathrm{i}\varepsilon} \left(\gamma^\lambda \frac{1}{\not{k}_1 - m + \mathrm{i}\varepsilon} \right)_{\alpha\alpha'} \left(\frac{1}{\not{k}_3 - m + \mathrm{i}\varepsilon} \right)_{\beta'\gamma'} \left(\frac{1}{\not{k}_5 - m + \mathrm{i}\varepsilon} \gamma_\lambda \right)_{\delta'\beta} \right\} \\ &\times \underbrace{\left\{ \frac{1}{k_b^2 + \mathrm{i}\varepsilon} \left(\gamma^\rho \frac{1}{\not{k}_2 - m + \mathrm{i}\varepsilon} \gamma_\rho \right)_{\alpha'\beta'} \right\}}_{\mathcal{S}_1} \underbrace{\left\{ \frac{1}{k_c^2 + \mathrm{i}\varepsilon} \left(\gamma^\sigma \frac{1}{\not{k}_4 - m + \mathrm{i}\varepsilon} \gamma_\sigma \right)_{\gamma'\delta'} \right\}}_{\mathcal{S}_2} \end{aligned} \tag{10.54}$$

という意味で因数分解する．

て $f_{\mathcal{G}}$ へ作用させるときでも，K 演算は $f_{\mathcal{G}}$ の被積分関数 $J_{f_{\mathcal{G}}}(z)$（$z = \{z_e\}_{e\in\mathcal{G}}$）に続けて作用している．作用の結果の積分を即座に因数分解の和に翻訳したものが式 (10.58) などの右辺と考える．

2. $\mathsf{K}_{\mathcal{S}_1}$ を先に作用させる．$E(\mathcal{S}_1) \cap E(\mathcal{S}_2)^c = \emptyset$ だから，式 (10.58) で $\mathcal{S} = \mathcal{S}_1$ とした因数分解の観点からすると，$\left(\mathrm{Y}_{\mathcal{S}_1\,,\,E}\right)^{\mathrm{UV}}$ に関連する被積分関数部分は $\mathsf{K}_{\mathcal{S}_2}$ の影響を受けない．よって，$\mathsf{K}_{\mathcal{S}_2}$ の作用は，実質的に $e \in \mathrm{E}(\mathcal{S}_2) \cap \mathrm{E}(\mathcal{G}/E)$ $(E \in \mathscr{S}(\mathcal{S}_1))$ のファインマン・パラメータ z_e を $O(\epsilon)$ とした際の紫外極限を誘導する．いずれの $E \in \mathscr{S}(\mathcal{S}_1)$ でも $\mathrm{E}(\mathcal{G}/E) - \mathrm{E}' = \mathrm{E}(\mathcal{G}/\mathrm{E}')$ $(E' \in \mathscr{S}(\mathcal{S}_2))$ だから，

$$\mathsf{K}_{\mathcal{S}_2}\mathsf{K}_{\mathcal{S}_1} f_{\mathcal{G}} = \sum_{E\in\mathscr{S}(\mathcal{S}_1)} \sum_{E'\in\mathscr{S}(\mathcal{S}_2)} \left(\mathrm{Y}_{\mathcal{S}_1\,,\,E}\right)^{\mathrm{UV}} \left(\mathrm{Y}_{\mathcal{S}_2/E\,,\,E'}\right)^{\mathrm{UV}} f_{\mathcal{G}/E'} \tag{10.59}$$

となる．

3. $\mathsf{K}_{\mathcal{S}_2}$ を先に $f_{\mathcal{G}}$ に作用させる．今一度，特異性を有する被積分関数に対する $\mathsf{K}_{\mathcal{S}_2}$ の作用は，$z_e = \epsilon$ $(e \in \mathrm{E}(\mathcal{S}_2))$ に対して ϵ の最低次数項を抽出する（V 関数の例外を除く）演算であったことを確認しておく．したがって，$\mathsf{K}_{\mathcal{S}_2}$ の演算結果に対して $\mathsf{K}_{\mathcal{S}_1}$ を作用させることは非自明な演算である．因数分解後の観点からすると，$\mathrm{E}(\mathcal{S}_1) \subset \mathrm{E}(\mathcal{S}_2)$ より $E' \in \mathscr{S}(\mathcal{S}_2)$ に対して $\mathrm{E}(\mathcal{G}/E') \cap \mathrm{E}(\mathcal{S}_1) = \emptyset$ だから，$f_{\mathcal{G}/E'}$ に相当する被積分関数部分は影響を受けない．$\left(\mathrm{Y}_{\mathcal{S}_1\,,\,E'}\right)^{\mathrm{UV}}$ に相当する $f_{\mathcal{G}}$ の被積分関数の部分は，$\mathcal{S}_1$ に関する紫外極限などを受けて

$$\mathsf{K}_{\mathcal{S}_1}\left(\mathrm{Y}_{\mathcal{S}_2\,,\,E'}\right)^{\mathrm{UV}} = \sum_{E\in\mathscr{S}(\mathcal{S}_1)} \left(\mathrm{Y}_{\mathcal{S}_1\,,\,E}\right)^{\mathrm{UV}} \left(\mathrm{Y}_{\mathcal{S}_2/E\,,\,E'}\right)^{\mathrm{UV}} \tag{10.60}$$

となる．これを使うと，

$$\begin{aligned}\mathsf{K}_{\mathcal{S}_1}\mathsf{K}_{\mathcal{S}_2} f_{\mathcal{G}} &= \sum_{E'\,\in\,\mathscr{S}(\mathcal{S}_2)} \mathsf{K}_{\mathcal{S}_1}\left(\mathrm{Y}_{\mathcal{S}_2\,,\,E'}\right)^{\mathrm{UV}} f_{\mathcal{G}/E'} \\ &= \sum_{E'\,\in\,\mathscr{S}(\mathcal{S}_2)} \sum_{E\,\in\,\mathscr{S}(\mathcal{S}_1)} \left(\mathrm{Y}_{\mathcal{S}_1\,,\,E}\right)^{\mathrm{UV}} \left(\mathrm{Y}_{\mathcal{S}_2/E\,,\,E'}\right)^{\mathrm{UV}} f_{\mathcal{G}/E'}\end{aligned} \tag{10.61}$$

を得る．これは式 (10.59) と一致する．

8.3 節で見た相殺項の係数 $\delta^{(n)}Z_e$ などは，n ループの全 3 点 1PI 関数に含まれる部分紫外発散を除去した後に残る紫外発散を除去するものであった．また，次小節で見るように，一つの n ループ 3 点 1PI ファインマン図 $\mathcal{G}$ からの寄与に限定した $(\delta Z_e)_{\mathcal{G}}$ も，低い次数から逐次的に構成することができる．繰り込み定数の $\mathrm{Y}^{\mathsf{T}}_{\mathcal{S}\,,\,E}$ に相当する記号を相殺項の係数に関しても導入しよう：

- $\mathcal{S}$ が自己エネルギー型ファインマン図のとき，

$$C^{\mathsf{T}}_{\mathcal{S}\,,\,E} = \begin{cases} (\delta m)^{\mathsf{T}}_{\mathcal{S}} & E = \mathrm{E}(\mathcal{S})\ \text{のとき}, \\ -(\delta Z)^{\mathsf{T}}_{\mathcal{S}} & E = \mathrm{E}(\mathcal{S}) \cup \{e^{\mathcal{S}^c}_{(1)}\}\ \text{のとき} \end{cases} \tag{10.62}$$

と定義する．場の再規格化定数の前の負の符号は，δZ に比例する相殺項による伝搬関数の相殺が次のように実現されて負の符号を拾った上で，$f_{\mathcal{G}/E}$ にかかるからである：

$$\mathrm{i}\,(\not{k} - m)\,\frac{\mathrm{i}}{\not{k} - m + \mathrm{i}\varepsilon} = -1\,. \tag{10.63}$$

• $\mathcal{S}$ が 3 点 1PI 部分グラフの場合には，

$$C^{\mathsf{T}}_{\mathcal{S}\,,\,\mathrm{E}(\mathcal{S})} = (\delta Z_e)^{\mathsf{T}}_{\mathcal{S}} \tag{10.64}$$

とする．

10.4.2 フォレスト公式

ここでは，K 演算による紫外発散の除去を系統的に遂行する上で欠くことができないフォレスト公式を証明する．

今，互いに素な $\mathcal{G}$ の 1PI 部分グラフ $\mathcal{S}_i \notin \{\emptyset\,,\mathcal{G}\}$ で全体紫外発散を含むものの集合の全体を $\mathfrak{A}_{\mathcal{G}}$ とする．ファインマン図 $\mathcal{G}$ に関係する量 $f_{\mathcal{G}}$ に含まれる部分紫外発散をすべて除去した量 $\overline{f}_{\mathcal{G}}$ は，以下の式に従って再帰的に得られる：

$$\overline{f}_{\mathcal{G}} \coloneqq f_{\mathcal{G}} + \sum_{\{\mathcal{S}_1\,,\ldots\,,\mathcal{S}_n\}\in\mathfrak{A}_{\mathcal{G}}} \sum_{E_1\in\mathscr{S}(\mathcal{S}_1)} \cdots \sum_{E_n\in\mathscr{S}(\mathcal{S}_n)} \left(\prod_{j=1}^{n} C^{\mathsf{T}}_{\mathcal{S}_j\,,\,E_j}\right) f_{\mathcal{G}/(E_1\cup\ldots\cup E_n)}. \tag{10.65}$$

この関係を用いて，相殺項の係数 $C^{\mathsf{T}}_{\mathcal{G}\,,\,E}$ は，式 (10.65) に従い，以下のように再帰的に（つまり，より低い摂動次数の相殺項の係数は式 (10.65) によって，すでに決まっている）構成される：

• $\mathcal{G}$ が 3 点 1PI ファインマン図のときには，f として $\mathcal{G}$ が誘導する 3 点 1PI 関数への寄与 $\Lambda^{\mu}_{\mathcal{G}}$ を光子の質量殻上においたものを考え，$(\not{p}-m)$（$p \coloneqq p_F = p_I$）に関する展開の 0 次を $\big(-(\delta Z_e)_{\mathcal{G}}\,\gamma^{\mu}\big)$ とする

$$-\overline{\Lambda}^{\mu}_{\mathcal{G}}(q=0) = (\delta Z_e)_{\mathcal{G}}\,\gamma^{\mu} + O(\not{p}-m)\,. \tag{10.66}$$

• $\mathcal{G}$ が自己エネルギー型部分グラフのときには，f として $\Sigma_{\mathcal{G}}(p)$ の $(\not{p}-m)$ に関する展開

$$-\overline{\Sigma}_{\mathcal{G}}(p) = (\delta m)_{\mathcal{G}}\,\mathbb{I}_4 - (\delta Z)_{\mathcal{G}}\,(\not{p}-m) + O\big((\not{p}-m)^2\big) \tag{10.67}$$

から，$(\delta m)_{\mathcal{G}}$ と $(\delta Z)_{\mathcal{G}}$ を決める．

• $\mathcal{G}$ と辺の集合 $E\in\mathscr{S}(\mathcal{G})$ のペアに対する $C^{\mathsf{T}}_{\mathcal{G}\,,\,E}$ はいずれも以下のように得られる：

∘ $(-\mathsf{T}_{\mathcal{G}})$ を K 演算 $(-\mathsf{K}_{\mathcal{G}})$ や，その作用で質量殻上の繰り込み条件に従う差し引き項を生成する演算子などを表すものとする．

∘ $\mathcal{S}$ が 3 点 1PI 部分グラフの場合には，

$$-\,C^{\mathsf{T}}_{\mathcal{S}\,,\,\mathrm{E}(\mathcal{S})} \coloneqq \frac{1}{8}\,\mathrm{tr}\left(\gamma_{\mu}\left(\mathbb{I}_4 + \frac{\not{p}}{m}\right)\left(\mathsf{T}_{\mathcal{S}}\,\overline{\Lambda}^{\mu}_{\mathcal{S}}(q=0)\right)\left(\mathbb{I}_4 + \frac{\not{p}}{m}\right)\right)_{p^2=m^2} \tag{10.68}$$

∘ $\mathcal{S}$ が自己エネルギー型部分グラフの場合には，

$$-\,C^{\mathsf{T}}_{\mathcal{S}\,,\,E} \coloneqq \frac{1}{8}\,\mathrm{tr}\left(\left(\mathbb{I}_4 + \frac{\not{p}}{m}\right)\left(\mathsf{T}_{\mathcal{S}}\,\overline{\Sigma}_{\mathcal{S}}(p)\right)\left(\mathbb{I}_4 + \frac{\not{p}}{m}\right)\right)_{p^2=m^2}$$

$$\big(E = \mathrm{E}\,(\mathcal{S})\ \text{のとき}\big)\,,$$

$$-C^{\mathsf{T}}_{\mathcal{S},E} := \frac{1}{8}\operatorname{tr}\left(\left(\mathbb{I}_4 + \frac{\not{p}}{m}\right)\left(\frac{p^\mu}{m}\mathsf{T}_{\mathcal{S}}\frac{\partial\overline{\Sigma}_{\mathcal{S}}(p)}{\partial p^\mu}\right)\left(\mathbb{I}_4 + \frac{\not{p}}{m}\right)\right)_{p^2=m^2}$$

$$\left(E = \mathrm{E}(\mathcal{S}) \cup \{e^{\mathcal{S}^c}_{(1)}\}\ \text{のとき}\right). \tag{10.69}$$

$\overline{f}_{\mathcal{G}}$ から紫外発散を含まない量 $f^{\mathrm{R},\mathsf{T}}_{\mathcal{G}}$ を，

$$f^{\mathrm{R},\mathsf{T}}_{\mathcal{G}} = \begin{cases} \overline{f}_{\mathcal{G}} - \mathsf{T}_{\mathcal{G}}\overline{f}_{\mathcal{G}} & \mathcal{G}\ \text{が紫外発散を含む 1PI ファインマン図のとき，} \\ \overline{f}_{\mathcal{G}} & \text{その他} \end{cases} \tag{10.70}$$

として得ることができる．異常磁気能率 $M_{\mathcal{G}}$ のように，$\overline{f}_{\mathcal{G}}$ が実際には紫外発散を含まないときには，$\mathsf{T}_{\mathcal{G}}\overline{f}_{\mathcal{G}} = 0$ である．

定義 10.1 $\mathcal{G}$ のフォレスト F は，$\mathcal{G}$ の互いに素な紫外発散を含む 1PI 部分グラフ $\mathcal{S}_i$ からなる集合である：$F = \{\mathcal{S}_1, \ldots, \mathcal{S}_n\}$．どの元 $\mathcal{S}_i$ も $\mathcal{G}$ とは異なるフォレストを**ノーマル・フォレスト**という．$\mathcal{G}$ を含むフォレストを**フル・フォレスト**という．$\mathcal{G}$ のすべてのフォレストからなる集合を $\mathfrak{F}_{\mathcal{G}}$ と示す．$\mathcal{G}$ のすべてのノーマル・フォレストからなる集合を $\overline{\mathfrak{F}}_{\mathcal{G}}$ と示す．このとき，$\{\emptyset\} \in \overline{\mathfrak{F}}_{\mathcal{G}} \subset \mathfrak{F}_{\mathcal{G}}$ である．

以降，T を K 演算とする（そのときの $f^{\mathrm{R},\mathsf{K}}_{\mathcal{G}}$ を $f^{\mathrm{R}}_{\mathcal{G}}$ とする）．

定理 10.2 フォレスト公式

$$\overline{f}_{\mathcal{G}} = \sum_{F\in\overline{\mathfrak{F}}_{\mathcal{G}}}\prod_{\mathcal{S}\in F}(-\mathsf{T}_{\mathcal{S}})\, f_{\mathcal{G}}, \tag{10.71}$$

$$f^{\mathrm{R}}_{\mathcal{G}} = \sum_{F\in\mathfrak{F}_{\mathcal{G}}}\prod_{\mathcal{S}\in F}(-\mathsf{T}_{\mathcal{S}})\, f_{\mathcal{G}} \tag{10.72}$$

が成り立つ．

証明 1 ループのときには主張は自明に成り立つ．$n \geq 2$ として，$(n-1)$ 以下で主張が成り立つと仮定し，帰納法により証明する．まず，

$$\underline{\mathfrak{F}}_{\mathcal{G}} := \{\emptyset\} \cup \left\{ \bigcup_{j=1}^{n}\left(\widehat{\mathcal{S}}_j \cup \bigcup_{\mathcal{S}_j\in F_j}\mathcal{S}_j\right) \,\middle|\, F_j \in \overline{\mathfrak{F}}_{\widehat{\mathcal{S}}_j}\ (j=1,\ldots,n)\,;\ \left\{\widehat{\mathcal{S}}_1,\ldots,\widehat{\mathcal{S}}_n\right\} \in \mathfrak{A}_{\mathcal{G}} \right\} \tag{10.73}$$

とするとき，$\overline{\mathfrak{F}}_{\mathcal{G}} = \underline{\mathfrak{F}}_{\mathcal{G}}$ である．$\underline{\mathfrak{F}}_{\mathcal{G}} \subseteq \overline{\mathfrak{F}}_{\mathcal{G}}$ は明らかだから，逆を示す．ノーマル・フォレスト $F \in \overline{\mathfrak{F}}_{\mathcal{G}}$ が空集合でない場合，F の元 $\widehat{\mathcal{S}}_i$ で，F の他の元に含まれないものすべての集合を $A := \left\{\widehat{\mathcal{S}}_1,\ldots,\widehat{\mathcal{S}}_n\right\} \in \mathfrak{A}_{\mathcal{G}}$ とする．このようなものは以下のようにして得ることができる．$\mathcal{S} \in F$ を一つ選ぶ．$\mathcal{S}$ を含む F の元がなければ，それを $\widehat{\mathcal{S}}_1$ とし，含むものがある場合には同じ問いを繰り返すことで，$\widehat{\mathcal{S}}_1$ を得ることができる．$\widehat{\mathcal{S}}_1$ と交わらない F の元がなければ，探索は終わりとする．ある場合には $\widehat{\mathcal{S}}_1$ を見つけたときと同じ作業を繰り返せば，$\widehat{\mathcal{S}}_2$ を得ることができる．以下同様にして有限の作業で，A を得ることができる．

構成の仕方から，$\widehat{\mathcal{S}}_j \in F$ である．任意の $\mathcal{S} \in F$，ただし，$\mathcal{S} \notin A$，はいずれかの $\widehat{\mathcal{S}}_j \in A$

に含まれる．各 j についてそのような $\mathcal{S}$ すべてからなる集合を F_j とすると，F_j は $\widehat{\mathcal{S}}_j$ のノーマル・フォレストであり（$F_j \in \overline{\mathfrak{F}}_{\widehat{\mathcal{S}}_j}$），

$$F = A \cup \coprod_{j=1} \bigcup_{\mathcal{S} \in F_j} \mathcal{S} \tag{10.74}$$

が成り立つ．ゆえに，$F \in \underline{\mathfrak{F}}_{\mathcal{G}}$ である．したがって，$\underline{\mathfrak{F}}_{\mathcal{G}} = \overline{\mathfrak{F}}_{\mathcal{G}}$ である．

これから，式 (10.71) の右辺を $\underline{f}_{\mathcal{G}}$ とするとき，すべての空でないノーマル・フォレストにわたる和は，部分集合 $A \in \mathfrak{A}_{\mathcal{G}}$ に関する和と，$F_{\widehat{\mathcal{S}}} \in \overline{\mathfrak{F}}_{\widehat{\mathcal{S}}}$（$\widehat{\mathcal{S}} \in A$）に関する和に帰着する：

$$\begin{aligned}
\underline{f}_{\mathcal{G}} &= f_{\mathcal{G}} + \sum_{A \in \mathfrak{A}_{\mathcal{G}}} \left(\prod_{\widehat{\mathcal{S}} \in A} (-\mathsf{T}_{\widehat{\mathcal{S}}}) \right) \left(\prod_{\widehat{\mathcal{S}} \in A} \sum_{F_{\widehat{\mathcal{S}}} \in \overline{\mathfrak{F}}_{\widehat{\mathcal{S}}}} \right) \left(\prod_{\widehat{\mathcal{S}} \in A} \prod_{\mathcal{S} \in F_{\widehat{\mathcal{S}}}} (-\mathsf{T}_{\mathcal{S}}) \right) f_{\mathcal{G}} \\
&= f_{\mathcal{G}} + \sum_{A \in \mathfrak{A}_{\mathcal{G}}} \left(\prod_{\widehat{\mathcal{S}} \in A} \sum_{F_{\widehat{\mathcal{S}}} \in \overline{\mathfrak{F}}_{\widehat{\mathcal{S}}}} \right) \left(\prod_{\widehat{\mathcal{S}} \in A} \prod_{\mathcal{S} \in F_{\widehat{\mathcal{S}}}} (-\mathsf{T}_{\mathcal{S}}) \right) \prod_{\widehat{\mathcal{S}} \in A} (-\mathsf{T}_{\widehat{\mathcal{S}}}) f_{\mathcal{G}}.
\end{aligned} \tag{10.75}$$

最後の表式は，包含関係にある集合の中で最も大きい集合，すなわち，$\widehat{\mathcal{S}} \in A$ の K 演算を先に実行するためのものである．式 (10.75) で，$A = \left\{ \widehat{\mathcal{S}}_1, \ldots, \widehat{\mathcal{S}}_n \right\}$ とするとき，

$$\prod_{\widehat{\mathcal{S}} \in A} (-\mathsf{T}_{\widehat{\mathcal{S}}}) f_{\mathcal{G}} = \sum_{E_1 \in \mathscr{S}(\widehat{\mathcal{S}}_1)} \cdots \sum_{E_n \in \mathscr{S}(\widehat{\mathcal{S}}_n)} f_{\mathcal{G}/(E_1 \cup \cdots \cup E_n)} \prod_{j=1}^{n} \left(-\mathrm{Y}^{\mathsf{T}}_{\widehat{\mathcal{S}}_j, E_j} \right) \tag{10.76}$$

である．式 (10.76) を式 (10.75) に代入した際，$(-\mathsf{T}_{\mathcal{S}})$ は $\mathcal{S} \subset \widehat{\mathcal{S}}$ という関係にある $\mathrm{Y}_{\widehat{\mathcal{S}}, E}$（に対応する $f_{\mathcal{G}}$ の被積分関数の部分）に作用して，

$$\begin{aligned}
\underline{f}_{\mathcal{G}} = f_{\mathcal{G}} &+ \sum_{\left\{ \widehat{\mathcal{S}}_1, \ldots, \widehat{\mathcal{S}}_n \right\} \in \mathfrak{A}_{\mathcal{G}}} \sum_{E_1 \in \mathscr{S}(\widehat{\mathcal{S}}_1)} \cdots \sum_{E_n \in \mathscr{S}(\widehat{\mathcal{S}}_n)} f_{\mathcal{G}/(E_1 \cup \cdots \cup E_n)} \\
&\times \prod_{j=1}^{n} \left(-\sum_{F_j \in \overline{\mathfrak{F}}_{\widehat{\mathcal{S}}_j}} \prod_{\mathcal{S}_j \in F_j} (-\mathsf{T}_{\mathcal{S}_j}) \mathrm{Y}^{\mathsf{T}}_{\widehat{\mathcal{S}}_j, E_j} = -\underline{\mathrm{Y}^{\mathsf{T}}_{\widehat{\mathcal{S}}_j, E_j}} \right)
\end{aligned} \tag{10.77}$$

を得る．この式の括弧の中の量は，$f_{\mathcal{G}}$ よりも次数の低い量である $\mathrm{Y}^{\mathsf{T}}_{\widehat{\mathcal{S}}_j, E_j}$ の $\underline{\mathrm{Y}^{\mathsf{T}}_{\widehat{\mathcal{S}}_j, E_j}}$ だから，帰納法の仮定により，$\overline{\mathrm{Y}^{\mathsf{T}}_{\widehat{\mathcal{S}}_j, E_j}}$ に等しい：

$$-\underline{\mathrm{Y}^{\mathsf{T}}_{\widehat{\mathcal{S}}_j, E_j}} = -\overline{\mathrm{Y}^{\mathsf{T}}_{\widehat{\mathcal{S}}_j, E_j}} = C^{\mathsf{T}}_{\widehat{\mathcal{S}}_j, E_j}. \tag{10.78}$$

第 2 の等式では，K 演算の可換性から，式 (10.65) に従って部分紫外発散を除いて得られる量に，$(-\mathsf{T}_{\widehat{\mathcal{S}}_j})$ を作用させて得られる $C^{\mathsf{T}}_{\widehat{\mathcal{S}}_j, E_j}$ が，先に $(-\mathsf{T}_{\widehat{\mathcal{S}}_j})$ を作用させて得られる $(-\mathrm{Y}^{\mathsf{T}}_{\widehat{\mathcal{S}}_j, E_j})$ から部分紫外発散を除去したものに等しいことを用いた．式 (10.78) を式 (10.77) に代入して，

$$\underline{f}_{\mathcal{G}} = f_{\mathcal{G}} + \sum_{\left\{ \widehat{\mathcal{S}}_1, \ldots, \widehat{\mathcal{S}}_n \right\} \in \mathfrak{A}_{\mathcal{G}}} \sum_{E_1 \in \mathscr{S}(\widehat{\mathcal{S}}_1)} \cdots \sum_{E_n \in \mathscr{S}(\widehat{\mathcal{S}}_n)} f_{\mathcal{G}/(E_1 \cup \cdots \cup E_n)} \prod_{j=1}^{n} C^{\mathsf{T}}_{\widehat{\mathcal{S}}_j, E_j}$$

$$= \overline{f}_{\mathcal{G}} \tag{10.79}$$

が示された．

$\mathcal{G}$ が全体紫外発散を含むファインマン図のときには，

$$f_{\mathcal{G}}^{\mathrm{R}} = \overline{f}_{\mathcal{G}} - \mathsf{T}_{\mathcal{G}}\overline{f}_{\mathcal{G}} = \sum_{F\in\overline{\mathfrak{F}}_{\mathcal{G}}} \prod_{\mathcal{S}\in F} (-\mathsf{T}_{\mathcal{S}})\, f_{\mathcal{G}} + \sum_{F\in\overline{\mathfrak{F}}_{\mathcal{G}}} \prod_{\mathcal{S}\in F} (-\mathsf{T}_{\mathcal{G}})\,(-\mathsf{T}_{\mathcal{S}})\, f_{\mathcal{G}}\,. \tag{10.80}$$

第 1 項がノーマル・フォレストすべてにわたる和で，第 2 項がフル・フォレストすべてにわたる和だから，それらの和はすべてのフォレストにわたる和となり，式 (10.72) を得る． □

フォレスト公式 (10.71) より，紫外発散を含まない異常磁気能率が得られる[15]：

$$M_{\mathcal{G}}^{\mathrm{R}} := \sum_{F\in\overline{\mathfrak{F}}} \prod_{\mathcal{S}\in F} (-\mathsf{K}_{\mathcal{S}})\, M_{\mathcal{G}} = M_{\mathcal{G}} + \sum_{F\in\left(\overline{\mathfrak{F}}-\{\emptyset\}\right)} \prod_{\mathcal{S}\in F} (-\mathsf{K}_{\mathcal{S}})\, M_{\mathcal{G}}\,. \tag{10.81}$$

10.4.3　差し引き処方における繰り込み定数と相殺項の係数の関係

差し引き処方における繰り込み定数と相殺項の係数の関係は，式 (10.78) で与えられる．具体的には，$E = \mathrm{E}\,(\mathcal{S})$ の場合には

$$\delta m_{\mathcal{S}}^{\mathsf{T}} = -\overline{\mathrm{W}_{\mathcal{S}}^{\mathsf{T}}}\,, \quad (\delta Z_e)_{\mathcal{S}}^{\mathsf{T}} = -\overline{\mathrm{L}_{\mathcal{S}}^{\mathsf{T}}} \tag{10.82}$$

である．他方，$E = \mathrm{E}\,(\mathcal{S}) \cup \{e_{(1)}^{\mathcal{S}^c}\}$ のときの式 (10.62) における $\delta Z_{\mathcal{S}}^{\mathsf{T}}$ の前の負符号から，

$$\delta Z_{\mathcal{S}}^{\mathsf{T}} = \overline{\mathrm{Z}_{\mathcal{S}}^{\mathsf{T}}} \tag{10.83}$$

である．例えば，8.3 節に現れた $\delta^{(n)} Z_e$ の T で表される繰り込み条件下での値は，すべての n ループ・3 点 1PI ファインマン図 $\mathcal{S}$ に対する $(\delta Z_e)_{\mathcal{S}}^{\mathsf{T}}$ を足し合わせて得られる．

質量殻上の繰り込み条件に従う繰り込み定数間で成立するウォード–高橋恒等式を見るため，クェンチ QED における自己エネルギー型ファインマン図 $\mathcal{G}$ の各フェルミオン線 g の中央に QED 相互作用を挿入して得られる 3 点 1PI ファインマン図を $\mathcal{G}_g$ とする．$\mathcal{G}_g$ から 3 点 1PI 関数への寄与に対する質量殻上の繰り込み定数への寄与 $\mathrm{L}_{\mathcal{G}_g}$ をすべてのフェルミオン線にわたって足し上げたものを $\mathrm{L}_{\mathcal{G}}$ とするとき，ウォード–高橋恒等式は，

$$\mathrm{L}_{\mathcal{G}} + \mathrm{Z}_{\mathcal{G}} = 0 \tag{10.84}$$

となる．

第 11 章 異常磁気能率における赤外発散の除去

数値的アプローチによる異常磁気能率の計算では赤外発散の除去が必須である点を確認した上で，一つの系統的な除去法について見ていく．2 ループの寄与を例として，質量殻上の繰り込み条件に従う量を予言する上で必要な有限繰り込みについて最後に見る．

11.1 赤外発散の除去の必要性

異常磁気能率の場合，各摂動のすべて，あるいは，特定のファインマン図の部分集合にわたる寄与の総和（繰り込み項も含む）で，**赤外発散**は原理的に内部で相殺する．QED の紫外発散は高々対数的であるのに対して，より高次の摂動ではより高次の赤外発散を含むファインマン図も現れる．このため，絶対値が限りなく大きいファインマン積分の値を扱うことができない数値的な手法では，異なるトポロジーのファインマン図からの寄与の間の赤外発散の相殺は事実上不可能である．

もしも，各々のファインマン積分表式で赤外発散の源となる項を特定して取り去ることができれば，最も安定した数値計算を遂行できるが，それを実現する具体的なアイデアが今のところない．したがって，差し引き項を構成することで高い次数の赤外発散の除去を試みざるを得ない．実のところ，QED 高次摂動の数値的アプローチの限界は，赤外発散の相殺の限界と等価と言える．

紫外発散の場合と同様に，赤外発散を数値的に除去する差し引き項は，対象となるファインマン積分と全積分領域を共有し，同じ領域に赤外特異性を有する被積分関数の積分として提供される必要がある．ここでは，異常磁気能率の高次摂動計算において，数値的に赤外発散の相殺を実現する方法の一つ[5]を紹介する．

除去の方法を検討するためには，赤外発散の発生機構を把握しておく必要がある．その源の一つは，光子により運ばれる運動量 k_e が 0 に近いほど光子の伝搬関数が $1/k_e^2$ で大きくなる点である．それを実際の赤外発散へと導くのは，特定条件下でのフェルミオンの伝搬関数である．質量殻条件に従う運動量 p $(p^2 = m^2)$ と k_e が流れ込む頂点 v に接続するフェルミオン線の伝搬関数は

$$\frac{1}{(k_e + p)^2 - m^2 + \mathrm{i}\varepsilon} = \frac{1}{k_e^2 + 2k_e \cdot p + \mathrm{i}\varepsilon} \tag{11.1}$$

のように振る舞う．例えば，3点1PI関数への1ループ補正は，入射フェルミオン・射出フェルミオン・入射光子がすべて質量殻上にある場合，対数的な赤外発散を有する：

$$\left(\prod_{\mu=0}^{3}\int_{\lambda} dk_e^{\mu}\right)\frac{1}{k_e^2}\left(\frac{1}{k_e^2+2k_e\cdot p}\right)^2 \propto \ln(\lambda)\,. \tag{11.2}$$

なお，そのようなファインマン図による磁気形状因子，特に異常磁気能率への寄与は赤外発散を含まない．

クェンチQEDにおける3点1PI関数への2ループ補正のうち，自己エネルギー関数の1ループ補正を与えるファインマン図を部分図として含むものを考える．この部分図を他の部分につなぐ二つの辺を流れる運動量は等しい．よって，式(11.1)を分母に含む伝搬関数がさらに一つ増えるため，$\dfrac{1}{\lambda}$で発散する．

摂動の次数を上げた際に新たな赤外発散を有するファインマン図は，クェンチ型のものである．光子線に真空分極型の部分図を挿入すると，質量を持った粒子の媒介により赤外発散は緩和されるからである．例えば，一つの光子線を半分に割って質量mのフェルミオンの1ループの真空分極ファインマン図を挿入してみよう．二本の光子線と真空分極からなる部分に対応する関数は，質量の2乗が$\dfrac{4m^2}{1-\tau^2}$のベクトル型粒子の伝搬関数をスペクトラル関数によって重ね合わせたもの

$$\frac{\alpha}{\pi}\int_0^1 d\tau\,\frac{\tau^2\left(1-\frac{\tau^2}{3}\right)}{1-\tau^2}\,\frac{-\mathrm{i}\,\eta^{\mu\nu}}{k_e^2-\dfrac{4m^2}{1-\tau^2}+\mathrm{i}\,\varepsilon} \tag{11.3}$$

である．よって，$k_e\to 0$で$\dfrac{1}{k_e^2}$のように振る舞うことはない．

赤外発散の正則化は，文献[16]で述べられているようなゲージ対称性を破らない有限体積の空間内の電磁場の理論の一つでひとまず行うが，実際の計算は大変複雑となるため，ウォード–高橋恒等式を適応した後で，光子に質量λを持たせる正則化に切り換えたとしよう．なお，付録Bではパラメトリック積分表示による1ループ・ファインマン積分，繰り込み定数，それらに含まれる紫外発散・赤外発散に関する詳細を解説している．

11.2 R演算

今，自己エネルギー型部分図$\mathcal{S}$を一つだけ含むファインマン図$\mathcal{G}$からの異常磁気能率への寄与$M_{\mathcal{G}}$が$\mathcal{S}$と関連する赤外発散を有すると仮定する．赤外発散は$\mathcal{S}$以外に含まれる光子線が限りなく遠方にまで到達できることを一つの源としている．十分遠方の光子からすると，$\mathcal{S}$の部分は限りなく小さく見える．よって，$M_{\mathcal{G}}$の赤外発散は$\mathrm{E}(\mathcal{S})$を縮約したグラフ$\mathcal{G}/\mathrm{E}(\mathcal{S})$に対応する寄与$M_{\mathcal{G}/\mathrm{E}(\mathcal{S})}$と起源を共有する．先の例で観察したように，光子の運動量が0に近づくと同時に，グラフ内部のフェルミオンも質量殻上に近づくことで赤外発散が発生するのであった．よって，$M_{\mathcal{G}}$に含まれる赤外発散は，部分図$\mathcal{S}$の質量殻上の繰り込み条件に従う質量繰り込み$\mathrm{W}_{\mathcal{S}}$を用いて

$$[M_{\mathcal{G}}]_{\text{IR-div.}} = \mathrm{W}_{\mathcal{S}}\,M_{\mathcal{G}/\mathrm{E}(\mathcal{S})} \tag{11.4}$$

と考えられる．この赤外発散は質量殻上の質量の繰り込みを行うことで除去することができる．数値計算でそれを行うには，$M_{\mathcal{G}}$ と同じ積分領域の特異点近傍で，点毎の差し引きが実現されるような形に式 (11.4) の積分形を書き表す必要がある．

そのようなことは可能であるが，K 演算による紫外発散の差し引き項の構成方法を捨て去りたくない理由がある：場の再規格化部分の差し引き項の生成が K 演算によって簡単に実現されるからである．なお，有限な量を定義して数値計算する目的には，質量殻上の場の再規格化定数 $\mathrm{Z}_{\mathcal{S}}$ が赤外発散を含むため，それを直に使うことはできないのであった．そこで，K 演算による紫外発散の除去はやはり踏襲することにする．

まず，$\mathrm{W}_{\mathcal{G}}$ から UV 極限での質量繰り込み $\mathrm{W}_{\mathcal{G}}^{\mathrm{UV}}$ を除いたものを

$$\widetilde{\mathrm{W}}_{\mathcal{G}} \coloneqq \mathrm{W}_{\mathcal{G}} - \mathrm{W}_{\mathcal{G}}^{\mathrm{UV}} \tag{11.5}$$

とする．この量は $\mathcal{G}$ の全体発散を含まない量である．新たな量を差し引く際，改めて紫外発散を持ち込まないように，$\widetilde{\mathrm{W}}_{\mathcal{G}}$ から $\mathcal{G}$ の真の部分図に由来する紫外発散を除去した量を $\mathrm{W}_{\mathcal{G}}^{\mathrm{R}}$ とする：

$$\mathrm{W}_{\mathcal{G}}^{\mathrm{R}} \coloneqq \sum_{F \in \overline{\mathfrak{F}}_{\mathcal{G}}} \prod_{\mathcal{S} \in F} (-\mathsf{K}_{\mathcal{S}})\, \widetilde{\mathrm{W}}_{\mathcal{G}}\,. \tag{11.6}$$

$\mathcal{G}$ のすべてのノーマル・フォレストの集合 $\overline{\mathfrak{F}}_{\mathcal{G}}$ は $\{\emptyset\}$ を含むことを思い出す．$\mathrm{W}_{\mathcal{G}}^{\mathrm{UV}} = \mathsf{K}_{\mathcal{G}}\mathrm{W}_{\mathcal{G}}$ より，式 (11.6) の $\mathrm{W}_{\mathcal{G}}^{\mathrm{R}}$ は，$\mathrm{W}_{\mathcal{G}}$ に対してすべてのフォレストの集合 $\mathfrak{F}_{\mathcal{G}}$ にわたって K 演算を施して紫外発散を差し引いたものである：

$$\mathrm{W}_{\mathcal{G}}^{\mathrm{R}} = \sum_{F \in \overline{\mathfrak{F}}_{\mathcal{G}}} \prod_{\mathcal{S} \in F} (-\mathsf{K}_{\mathcal{S}})\,(1-\mathsf{K}_{\mathcal{G}})\, \widetilde{\mathrm{W}}_{\mathcal{G}} = \sum_{F \in \mathfrak{F}_{\mathcal{G}}} \prod_{\mathcal{S} \in F} (-\mathsf{K}_{\mathcal{S}})\, \mathrm{W}_{\mathcal{G}}\,. \tag{11.7}$$

式 (11.6) のほうは，$\mathrm{W}_{\mathcal{G}}$ のパラメトリック積分表示で $\mathrm{W}_{\mathcal{G}}^{\mathrm{UV}}$ 以外の項に対して K 演算を行う，という実際的な作業を反映している．その上で，K 演算で紫外発散が除去された異常磁気能率 $M_{\mathcal{G}}^{\mathrm{R}}$ に対して **$\boldsymbol{R}$ 演算**を

$$\mathsf{R}_{\mathcal{S}} M_{\mathcal{G}}^{\mathrm{R}} \coloneqq \mathrm{W}_{\mathcal{S}}^{\mathrm{R}}\, M_{\mathcal{G}/\mathrm{E}(\mathcal{S})}^{\mathrm{R}} \tag{11.8}$$

とする．K 演算により，

$$\left(\sum_{F \in (\mathfrak{F}_{\mathcal{S}} - \{\emptyset\})} \prod_{S' \in F} (-\mathsf{K}_{\mathcal{S}'})\, \mathrm{W}_{\mathcal{S}} \right) M_{\mathcal{G}/\mathrm{E}(\mathcal{S})}^{\mathrm{R}} \tag{11.9}$$

という紫外発散の差し引き項を生成しているはずである．よって，これと $(-\mathsf{R}_{\mathcal{S}} M_{\mathcal{G}}^{\mathrm{R}})$ の総和は

$$\begin{aligned}
&-\mathsf{R}_{\mathcal{S}} M_{\mathcal{G}}^{\mathrm{R}} + \left(\sum_{F \in (\mathfrak{F}_{\mathcal{S}} - \{\emptyset\})} \prod_{S' \in F} (-\mathsf{K}_{\mathcal{S}'})\, \mathrm{W}_{\mathcal{S}} \right) M_{\mathcal{G}/\mathrm{E}(\mathcal{S})}^{\mathrm{R}} \\
&= - \left(\mathrm{W}_{\mathcal{S}} + \sum_{F \in (\mathfrak{F}_{\mathcal{S}} - \{\emptyset\})} \prod_{S' \in F} (-\mathsf{K}_{\mathcal{S}'})\, \mathrm{W}_{\mathcal{S}} \right) M_{\mathcal{G}/\mathrm{E}(\mathcal{S})}^{\mathrm{R}}
\end{aligned}$$

$$+\left(\sum_{F\in(\mathfrak{F}_{\mathcal{S}}-\{\emptyset\})}\prod_{S'\in F}(-\mathsf{K}_{\mathcal{S}'})\,\mathrm{W}_{\mathcal{S}}\right)M^{\mathrm{R}}_{\mathcal{G}/\mathrm{E}(\mathcal{S})}$$

$$=-\mathrm{W}_{\mathcal{S}}\,M^{\mathrm{R}}_{\mathcal{G}/\mathrm{E}(\mathcal{S})} \tag{11.10}$$

となるから，K 演算と R 演算の組合せにより，$\mathcal{S}$ に付随する $M_{\mathcal{G}}$ 内の赤外発散 (11.6) を差し引く項を供給する，というのが戦略である．

式 (11.6) の量を $M_{\mathcal{G}}$ のパラメトリック積分表示と同じ積分領域で，特異点近傍内の点毎に被積分関数の値を差し引ける形に書き表す方法については，I 演算子や入れ子状の赤外発散の処理などについて概観した後で見ることにする（11.6 節）．

11.3 I 演算

R 演算で高次の赤外発散を差し引いた後でも，対数的な赤外発散が残る．我々は $\mathcal{G}$ をクェンチ QED の自己エネルギー型ファインマン図とし，各フェルミオン線 e_g に一つの外部頂点 v_g を挿入して得られる 3 点 1PI ファインマン図 $\mathcal{G}_g$ が誘導する異常磁気能率の総計 $M_{\mathcal{G}}$ を扱っているのであった．

$\mathcal{G}$ の部分グラフ $\mathcal{S}$ が辺 e_g を含むとき，$\mathcal{G}_g$ は次のような部分図 $\mathcal{S}_g$ を含む：

$$\mathrm{E}(\mathcal{S}_g)=(\mathrm{E}(\mathcal{S})-\{e_g\})\cup\left\{e_{g,(1)},\,e_{g,(2)}\right\},\quad \mathrm{V}(\mathcal{S}_g)=\mathrm{V}(\mathcal{S})\cup\{v_g\}\,. \tag{11.11}$$

ここで，フェルミオン線 $e_{g,(1)}, e_{g,(2)}\in\mathrm{E}(\mathcal{G}_g)$ は v_g に接続する辺である．$\mathrm{E}(\mathcal{S}_g)$ を縮約して得られるグラフ $\mathcal{R}_u:=\mathcal{G}_g/\mathrm{E}(\mathcal{S}_g)$ は，$\mathrm{V}(\mathcal{S}_g)$ を頂点 $u\notin\mathrm{V}(\mathcal{G})$ に置き換えて得られる．u は辺 $e^{S^c}_{(1)}, e^{S_c}_{(2)}$ を介して $\mathcal{R}_u$ の他の部分へ繋がっている．$\mathcal{R}_u$ が限りなく遠方まで伸び得る光子線を含むならば，同時に $e^{S^c}_{(1)}, e^{S_c}_{(2)}$ を流れる運動量がフェルミオンの質量殻上に近づく機構も手伝って，$M_{\mathcal{G}}$ に（今回はこの 2 本のみだから）対数的な赤外発散が生じる．$\mathcal{G}_g$ と $\mathcal{S}_g$ は外部と接触する頂点 v_g を共有しており，v_g で異常磁気能率への射影を受ければ，赤外発散部分は $\mathcal{S}_g$ からの異常磁気能率 $M_{\mathcal{S}_g}$ を部分として含む（ここでも赤外極限で $e^{S^c}_{(1)}, e^{S_c}_{(2)}$ を流れる運動量が質量殻上に近づく点が重要である）ことになる．他方，$\mathcal{S}$ が複数のフェルミオン線を含む場合，どのフェルミオン線 e_g に外部頂点 g を挿入して 3 点 1PI ファインマン図 $\mathcal{G}_g$ を得た後，v_g を含む部分図 $\mathcal{S}_g$ 内の辺の集合を縮約しても，同じ $\mathcal{R}_u=\mathcal{G}_g/\mathrm{E}(\mathcal{S}_g)$ が得られる．よって，$\mathcal{S}$ 内のフェルミオン線にわたり $M_{\mathcal{S}_g}$ をすべて足し合わせたもの $M_{\mathcal{S}}$ と，対数的赤外発散を含む質量殻上の 3 点 1PI 繰り込み定数 $\mathrm{L}_{\mathcal{R}_u}$ の赤外発散を含む部分 $\mathrm{L}^{\mathrm{IR}}_{\mathcal{R}_u}$ との積

$$[M_{\mathcal{G}}]_{\text{IR-div.}}=M_{\mathcal{S}}\,\mathrm{L}^{\mathrm{IR}}_{\mathcal{R}_u} \tag{11.12}$$

が，$\mathcal{S}$ に付随する赤外発散ということが分かる．

式 (11.12) のような発散を差し引くため，R 演算と同様な量を定義していく．まず，頂点型ファインマン図 $\mathcal{G}'$ に対して

$$\widetilde{\mathrm{L}}_{\mathcal{G}'}:=\mathrm{L}_{\mathcal{G}'}-(\mathrm{L}_{\mathcal{G}'})^{\mathrm{UV}} \tag{11.13}$$

とし，$\widetilde{\mathrm{L}}_{\mathcal{G}'}$ から真の部分図に由来する紫外発散を K 演算で除いたものを $\mathrm{L}^{\mathrm{R}}_{\mathcal{G}'}$ とする：

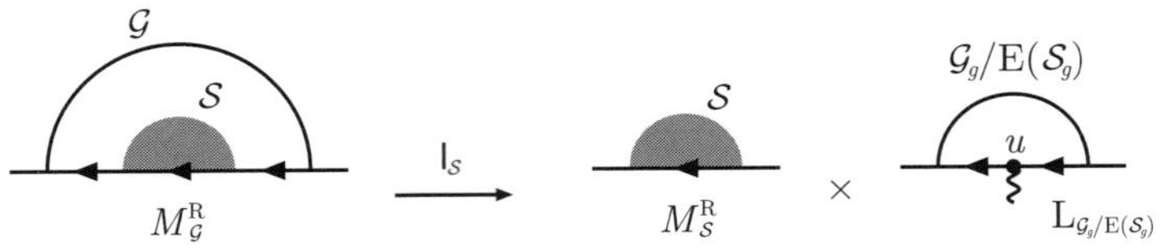

図 11.1 I 演算の作用.

$$\mathrm{L}^{\rm R}_{\mathcal{G}'} := \sum_{F\in\overline{\mathfrak{F}}_{\mathcal{G}'}} \prod_{\mathcal{S}\in F} (-\mathsf{K}_{\mathcal{S}})\, \widetilde{\mathrm{L}}_{\mathcal{G}'} = \sum_{F\in\mathfrak{F}_{\mathcal{G}'}} \prod_{\mathcal{S}\in F} (-\mathsf{K}_{\mathcal{S}})\, \mathrm{L}_{\mathcal{G}'} \,. \tag{11.14}$$

以上を踏まえて，***I* 演算**を

$$\mathsf{I}_{\mathcal{S}} M^{\rm R}_{\mathcal{G}} := M^{\rm R}_{\mathcal{S}}\, \mathrm{L}^{\rm R}_{\mathcal{R}_u} \quad (\mathcal{R}_u = \mathcal{G}_g/{\rm E}(\mathcal{S}_g)) \tag{11.15}$$

と定義する（図 11.1）．$\mathrm{L}_{\mathcal{R}_u}$ に含まれる赤外発散は $\mathrm{L}^{\rm R}_{\mathcal{R}_u}$ に含まれるものと同じだから，式 (11.12) で $M_{\mathcal{G}} \to M^{\rm R}_{\mathcal{G}}$ とした量に含まれる赤外発散を $\left(-\mathsf{I}_{\mathcal{S}}\, M^{\rm R}_{\mathcal{G}}\right)$ で相殺できる．

$\mathcal{G}$ が自己エネルギー型部分図 $\mathcal{S}$ を一つだけ含む場合，有限な異常磁気能率 $\Delta M_{\mathcal{G}}$ が

$$\Delta M_{\mathcal{G}} = M^{\rm R}_{\mathcal{G}} - \mathsf{R}_{\mathcal{S}}\, M^{\rm R}_{\mathcal{G}} - \mathsf{I}_{\mathcal{S}}\, M^{\rm R}_{\mathcal{G}} \tag{11.16}$$

のようにして得られる．

11.4 入れ子になった赤外発散の除去

自己エネルギー型ファインマン図 $\mathcal{G}$ における真の自己エネルギー型部分図すべての集合を $\mathscr{S}_{\mathcal{G}}$ とする．有限な異常磁気能率 $\Delta M_{\mathcal{S}}$ は以下のように得られそうである：

$$\Delta M_{\mathcal{S}} \overset{?}{=} \prod_{\mathcal{S}\in\mathscr{S}_{\mathcal{G}}} (1 - \mathsf{R}_{\mathcal{S}} - \mathsf{I}_{\mathcal{S}})\, M^{\rm R}_{\mathcal{G}} \,. \tag{11.17}$$

ただ，部分グラフ間の包含関係などに応じて，R 演算間，I 演算間，または R 演算と I 演算の間で作用させる順序として然るべきものがあるのか，調べておく必要がある．

$\mathcal{S}_1\,, \mathcal{S}_2 \in \mathscr{S}_{\mathcal{G}}$ が $\mathcal{S}_1 \subset \mathcal{S}_2$ という包含関係にあるとする：

1. R 演算間では K 演算と同様にどちらの順序で演算しても同じ結果を導く：

$$\mathsf{R}_{\mathcal{S}_2}\, \mathsf{R}_{\mathcal{S}_1}\, M^{\rm R}_{\mathcal{G}} = \mathrm{W}^{\rm R}_{\mathcal{S}_1} \mathsf{R}_{\mathcal{S}_2}\, M^{\rm R}_{\mathcal{G}/{\rm E}(\mathcal{S}_1)} = \mathrm{W}^{\rm R}_{\mathcal{S}_1}\, \mathrm{W}^{\rm R}_{\mathcal{S}_2/{\rm E}(\mathcal{S}_1)}\, M^{\rm R}_{\mathcal{G}/{\rm E}(\mathcal{S}_2)} \,. \tag{11.18}$$

2. I 演算では $\mathcal{S}$ のほうが異常磁気能率となることと，$(E\,(\mathcal{S}_2) - E\,(\mathcal{S}_1))$ 内に含まれる光子線よりも，$(E\,(\mathcal{G}) - E\,(\mathcal{S}_2))$ 内に含まれる光子線に先に遠方まで行ってもらって，$(E\,(\mathcal{G}) - E\,(\mathcal{S}_2))$ 内に含まれるフェルミオン線が質量殻上に近づくことが必要だから，より外側の部分図の I 演算を先に作用させるのが自然と思われる：

$$\mathsf{I}_{\mathcal{S}_1}\, \mathsf{I}_{\mathcal{S}_2}\, M^{\rm R}_{\mathcal{G}} = \left(\mathsf{I}_{\mathcal{S}_1}\, M^{\rm R}_{\mathcal{S}_2}\right) \mathrm{L}^{\rm R}_{\mathcal{G}_g/{\rm E}(\mathcal{S}_{2,g})} = M^{\rm R}_{\mathcal{S}_1}\, \mathrm{L}^{\rm R}_{\mathcal{S}_{2,g}/{\rm E}(\mathcal{S}_{1,g})}\, \mathrm{L}^{\rm R}_{\mathcal{G}_g/{\rm E}(\mathcal{S}_{2,g})} \,. \tag{11.19}$$

実際には，順序を入れ換えても同じ結果を得る：

$$\mathsf{I}_{\mathcal{S}_2}\, \mathsf{I}_{\mathcal{S}_1}\, M^{\rm R}_{\mathcal{G}} = M^{\rm R}_{\mathcal{S}_1} \left(\mathsf{I}_{\mathcal{S}_2} \mathrm{L}^{\rm R}_{\mathcal{G}_g/{\rm E}(\mathcal{S}_{1,g})}\right) = M^{\rm R}_{\mathcal{S}_1}\, \mathrm{L}^{\rm R}_{\mathcal{S}_{2,g}/{\rm E}(\mathcal{S}_{1,g})}\, \mathrm{L}^{\rm R}_{\mathcal{G}_g/{\rm E}(\mathcal{S}_{2,g})} \,. \tag{11.20}$$

3. R 演算は還元図のほうが異常磁気能率となり，I 演算 $\mathsf{I}_{\mathcal{S}}$ は $\mathcal{S}$ のほうが異常磁気能率となるから，R 演算と I 演算の組合せでは，$\mathsf{I}_{\mathcal{S}_2}$ と $\mathsf{R}_{\mathcal{S}_1}$ の組合せしか意味をなさない．二つの演算子を作用させる順序はどちらでも同じ結果を導く：

$$\mathsf{I}_{\mathcal{S}_2}\,\mathsf{R}_{\mathcal{S}_1}\,M_{\mathcal{G}}^{\mathrm{R}} = \mathrm{W}_{\mathcal{S}_1}^{\mathrm{R}}\,M_{\mathcal{S}_2/\mathrm{E}(\mathcal{S}_1)}\,\mathrm{L}_{\mathcal{G}_g/\mathrm{E}(\mathcal{S}_{2,g})}^{\mathrm{R}}\,. \tag{11.21}$$

$\mathcal{S}_1 \cap \mathcal{S}_2 = \emptyset$ の場合，次のようになる：

1. 二つの R 演算はどちらを先に行っても同じ結果を与える：

$$\mathsf{R}_{\mathcal{S}_2}\,\mathsf{R}_{\mathcal{S}_1}\,M_{\mathcal{G}}^{\mathrm{R}} = \mathrm{W}_{\mathcal{S}_1}^{\mathrm{R}}\,\mathrm{W}_{\mathcal{S}_2}^{\mathrm{R}}M_{\mathcal{G}/\mathrm{E}(\mathcal{S}_1\cup\mathcal{S}_2)}^{\mathrm{R}}\,. \tag{11.22}$$

2. $\mathsf{I}_{\mathcal{S}}$ は異常磁気能率 $M_{\mathcal{S}}^{\mathrm{R}}$ を取り出すから，包含関係にない部分図二つの I 演算は意味をなさない．
3. $\mathsf{R}_{\mathcal{S}_1}$ と $\mathsf{I}_{\mathcal{S}_2}$ の場合，

$$\mathsf{I}_{\mathcal{S}_2}\,\mathsf{R}_{\mathcal{S}_1}\,M_{\mathcal{G}}^{\mathrm{R}} = \mathrm{W}_{\mathcal{S}_1}^{\mathrm{R}}\,M_{\mathcal{S}_2}^{\mathrm{R}}\,\mathrm{L}_{\mathcal{G}_g/(\mathrm{E}(\mathcal{S}_1)\cup\mathrm{E}(\mathcal{S}_{2,g}))}^{\mathrm{R}}\,. \tag{11.23}$$

自己エネルギー型ファインマン図二つ $\mathcal{S}_1, \mathcal{S}_2$ が重なる（$E(\mathcal{S}_1) \cap E(\mathcal{S}_1) \neq \emptyset$ だが，$E(\mathcal{S}_1) \not\subseteq E(\mathcal{S}_2)$ および $E(\mathcal{S}_2) \not\subseteq E(\mathcal{S}_1)$）ことはない．

式 (11.17) の積を展開することで，紫外発散のフォレスト公式に相当するものを書き下すことができる：

- 各フォレストは，$\mathcal{G}$ の自己エネルギー型グラフの元からなる．
- 異常磁気能率の計算には $\mathcal{G}$ を含まないノーマル・フォレストに限定してよい．
- ノーマル・フォレスト F を一つ固定する．F が空集合のみからなる場合には $M_{\mathcal{G}}^{\mathrm{R}}$ を結果とする．その他の場合には，各元に I 演算・R 演算のいずれかを割り当てる．
- R 演算と I 演算の順序などに関しては先ほどの観察に基づく規則に従うものとする：
  1. I 演算の中に $\mathcal{S}_i \cap \mathcal{S}_j = \emptyset$ に対応する $\mathsf{I}_{\mathcal{S}_i}$ と $\mathsf{I}_{\mathcal{S}_j}$ が含まれていれば，0 を前の結果に加える．
  2. まず，R 演算を実行する．
  3. 次に，I 演算を実行する．
  4. 得た結果を前の結果に加える．
- I 演算・R 演算の割り当て方が他にある場合には取り換えて繰り返す．割り当てが尽きた場合には，別のノーマル・フォレストを固定して同様の作業を行う．

式 (11.17) の等式は，積の展開式をこれらの規則に従い演算する上で成り立つ，と考える．

以上の内容から察せられるように，ここで解説する赤外発散の除去する方法[5]は，ファインマン図の構造に関する知見に基づき赤外発散の発生箇所を特定した上で，一つの除去法を提示した点が，個別に被積分関数を綿密に調べていた従来の方法とは本質的に異なる．他方，あくまで差し引き項による除去の試みであるから，実際に，クェンチ QED の 5 ループ・ファインマン図からの異常磁気能率に含まれる複雑な赤外発散の数値的な除去が果たされ，有用な予言を引き出せるか否かに関しては，利用可能な限りの計算機資源を動員して検証するしかない．

11.5 木グラフによる赤外発散除去項の視覚化

前節で確認した各ノーマル・フォレスト F に対応する R 演算と I 演算として意味のある組合せを，視覚的に表現するため，木グラフを活用してみる．

木グラフ $\mathcal{G}$ は，連結でループを含まないグラフで，ルート・ノード v_0 をちょうど一つ持つ．頂点をノード，辺を枝と呼ぶことにする．v_0 に接続する枝は v_0 とは別のノードにも接続する．そのような枝は複数あるかもしれないが，ループを含まないので，v_0 とは別のノードは互いにすべて異なる．各々のノードは別のノードと別の枝を共有するかもしれない．ルート・ノードを起点にして木のように枝分かれしていく構造が木グラフの特徴である．各ノードをルート・ノードに結ぶ道は唯一つだけ存在する．道に含まれる枝の本数により，ルート・ノードから何度枝分かれして到達できるかが分かる．

ルート・ノードに接続する枝のもう一方のノードを第 1 階層にあるノードと呼ぶことにする．ルート・ノードに接続しない枝が第 1 階層内のノードに接続している場合には，もう一方のノードは第 2 階層にあるノードと呼ぶことにする．以下，同様により高い階層を定義していく．

ノードと枝を共有し，ちょうど一つ高い階層に含まれる各ノードを**子供ノード**という．ノードに対してより低い階層に含まれるノードで，ルート・ノードを介さない道を辿って到達可能なものを，**先祖ノード**という．

自己エネルギー型部分図のみからなるノーマル・フォレスト F に関して，F に含まれる部分図の包含関係を表現する木グラフを以下のように与える：

1. ルート・ノードは $\mathcal{G}$ を表すものとする．
2. $\mathcal{G}$ に含まれるが，F の他の元には含まれない部分グラフ $\mathcal{S} \in F$ を第 1 階層に含まれるノードが表すものとする．このノードとルート・ノードを 1 本の枝で結ぶ．
3. 第 1 階層のノードに対応するグラフに含まれるが，F の他の元には含まれない部分グラフ $\mathcal{S} \in F$ を第 2 階層に含まれるノードが表すものとする．これらの中で互いに包含関係にあるグラフに対応するノード間を 1 本の枝で結ぶ．
4. 以下，同様．

ノードと部分図との対応から明らかなように，ノードで枝分かれした先のノードに対応する部分図は互いに素である．

図 11.2 に，図 9.1 のファインマン図 $X154$ のノーマル・フォレスト $F = \{\mathcal{S}_b, \mathcal{S}_c, \mathcal{S}_d, \mathcal{S}_e\}$ に含まれる部分グラフ間の包含関係を表現する木グラフを示す．

木グラフにはさらに R 演算・I 演算に関わる情報を付加する．今回は木グラフがこれらの演算子の列を表すのではなく，演算の処理後に得られる異常磁気能率および繰り込み定数の積を一意に表現するように活用する[5]．11.4 節の最後で議論したような R 演算・I 演算に関する規則を考慮し，すべてのノードに M^{R}，L^{R} または W^{R} を，以下の規則に従って割り当てる：

1. M^{R} をいずれかの一つのノード v_M にだけ割り当てる．
2. L^{R} はノード v_M の先祖ノードにだけ割り当てられる．
3. v_M のノードの先祖ノードには W^{R} は割り当てられない．

W^{R} が L^{R} の先祖ノードに配置されることはない．また，規則 2 により，$\mathcal{S}_i \cap \mathcal{S}_j = \emptyset$ で

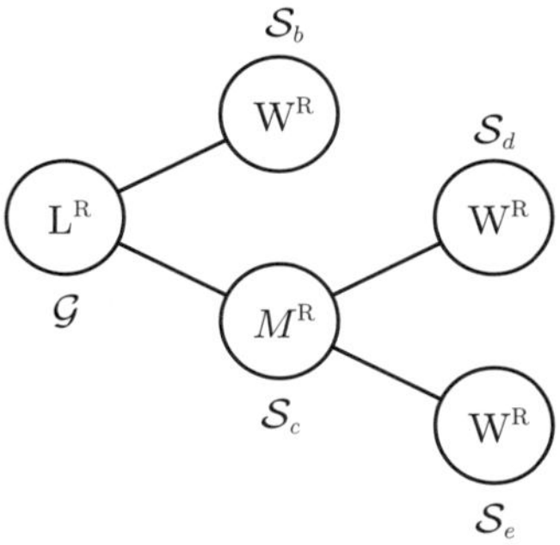

図 11.2　5 ループ自己エネルギー型ファインマン図 $X154$ による異常磁気能率への寄与が含む赤外発散を除去する項の一つを表す木グラフ．

あるような F の元 $\mathcal{S}_i$ と $\mathcal{S}_j$ に，L^{R} が同時に割り当てられることはない．ルート・ノードに割り当てられるのは，L^{R} または M^{R} である．M^{R} がルート・ノードに割り当てられた場合には，他のノードに割り当てられるのは W^{R} のみである．

図 11.2 は，M^{R}，L^{R} または W^{R} の規則に沿った割り当て方の一つを示す．この図が表す赤外発散の除去項は

$$+\,\mathrm{W}^{\mathrm{R}}_{\mathcal{S}_b}\,\mathrm{W}^{\mathrm{R}}_{\mathcal{S}_d}\,\mathrm{W}^{\mathrm{R}}_{\mathcal{S}_e}\,M^{\mathrm{R}}_{\mathcal{S}_c/(\mathrm{E}(\mathcal{S}_d)\cup\mathrm{E}(\mathcal{S}_e))}\,\mathrm{L}^{\mathrm{R}}_{\mathcal{G}_g/(\mathrm{E}(\mathcal{S}_b)\cup\mathrm{E}(\mathcal{S}_{c,g}))} \tag{11.24}$$

である．

木グラフを用いることにより，赤外発散を除去する上で必要なすべての項を系統的に列挙し，内部データとして保持することができる．残る課題は，赤外発散を数値的に除去できるような積分として，それぞれの項を書き表すことである．

11.6　赤外発散を除去するパラメトリック積分表示の構築

R 演算・I 演算を作用させて得られる結果は，$M^{\mathrm{R}}_{\mathcal{S}}$, $\mathrm{W}^{\mathrm{R}}_{\mathcal{S}'}$, $\mathrm{L}^{\mathrm{R}}_{\mathcal{R}_u}$ の積と和で書かれたものである．しかし，この形では，数値的には有限な値を得ることは決してできない．実質的に有用なパラメトリック積分表示を得るには，10.2 節で行ったような K 演算の結果が因数分解することを確認した計算の逆を行えばよい．

頂点 u で外部と接触する 3 点 1PI ファインマン図 $\mathcal{R}_u$ に対する $L^{\mathrm{R}}_{\mathcal{R}_u}$ を含む除去項を対象とする場合には，自己エネルギー型ファインマン図 $\mathcal{G}$ の辺との一対一対応を得るために，次のような準備をする．

$\mathcal{R}_u$ で u を端に持つ二つの辺を e_1 , $e_{1'}$ とするとき，$L^{\mathrm{R}}_{\mathcal{R}_u}$ の被積分関数は z_{e_1} と $z_{e_{1'}}$ に $\left(z_{e_1}+z_{e_{1'}}\right)$ の形でのみ依存する．そこで，任意の $a>0$ に関する積分

$$1=\int_0^\infty dz_{e_{11'}}\,\delta(z_{e_{11'}}-a) \tag{11.25}$$

を $L^{\mathrm{R}}_{\mathcal{R}_u}$ にかけ，$z_{e_{11'}}$ の積分を，z_{e_1} と $z_{e_{1'}}$ の積分の内側に置いた後で，$a=\left(z_{e_1}+z_{e_{1'}}\right)$ と置く．$E:=\mathrm{E}\,(R_u)-\{e_1\,,\,e_{1'}\}$，$z_E:=\{z_e\}_{e\in E}$ とすると，

$$
\begin{aligned}
L^{\mathrm{R}}_{\mathcal{R}_u} &= \left(\prod_{e\in E}\int_0^1 dz_e\right)\int_0^\infty dz_{e_{11'}}\int_0^1 dz_{e_1}\int_0^1 dz_{e_{1'}} \\
&\quad \times \delta\left(z_{e_{11'}} - z_{e_1} - z_{e_{1'}}\right)\delta\left(1 - z_{e_1} - z_{e_{1'}} - \sum_{e\in E} z_e\right) \\
&\quad \times f(z_{e_1} + z_{e_{1'}}\,,\, z_E) \\
&= \left(\prod_{e\in E}\int_0^1 dz_e\right)\int_0^\infty dz_{e_{11'}}\delta\left(1 - z_{e_{11'}} - \sum_{e\in E} z_e\right) \\
&\quad \times f(z_{e_{11'}}\,,\, z_E)\int_0^1 dz_{e_1}\int_0^1 dz_{e_{1'}}\delta\left(z_{e_{11'}} - z_{e_1} - z_{e_{1'}}\right) \\
&= \left(\prod_{e\in E}\int_0^1 dz_e\right)\int_0^1 dz_{e_{11'}}\, z_{e_{11'}}\,\delta\left(1 - z_{e_{11'}} - \sum_{e\in E} z_e\right) \\
&\quad \times f(z_{e_{11'}}\,,\, z_E)
\end{aligned} \tag{11.26}
$$

となる．

$\mathcal{R}_u$ がどのように現れたのかを復習しておこう．自己エネルギー型ファインマン図 $\mathcal{G}$ の自己エネルギー型部分図 $\mathcal{S}$ に関する I 演算 $\mathsf{I}_{\mathcal{S}}$ の作用結果を考えるため，$\mathcal{S}$ 内の一つのフェルミオン線 e_g の中央に頂点 v_g を挿入し，還元グラフ $\mathcal{R}_u = \mathcal{G}_g/\mathrm{E}\,(\mathcal{S}_g)$ を得た．辺 $e_{11'}$ は $e_g \in \mathrm{E}\,(\mathcal{S})$ に対応すべきである．さらに，式 (11.26) の右辺の積分に含まれる辺の集合 $\overline{\mathrm{E}}\,(\mathcal{R}_u) := E \cup \{e_{11'}\}$ は，$\mathrm{E}\,(\mathcal{S})$ に一対一に対応させるべきものである．

ノーマル・フォレスト $F = \{\mathcal{S}_1\,, \ldots\,, \mathcal{S}_n\}$ に関する一つの R 演算・I 演算結果の割り当てに対して，$\mathcal{G}$ の辺の全体 $\mathrm{E}\,(\mathcal{G})$ は互いに素で連結な辺の部分集合 $E_1\,, \ldots\,, E_n$ に分解される：

$$
\mathrm{E}\,(\mathcal{G}) = \bigcup_{j=1}^{n} E_j\,. \tag{11.27}
$$

E_j は自己エネルギー型ファインマン図 $\mathcal{G}_j$ の辺の集合である：$E_j := \mathrm{E}\,(\mathcal{G}_j)$．例えば，図 11.2 の木グラフの場合には，

$$
\begin{aligned}
&E_1 := \mathrm{E}\,(\mathcal{S}_b)\,, \quad E_2 := \mathrm{E}\,(\mathcal{S}_d)\,, \quad E_3 := \mathrm{E}\,(\mathcal{S}_e)\,, \\
&E_4 := \mathrm{E}\,(\mathcal{S}_c) - \mathrm{E}\,(\mathcal{S}_d) - \mathrm{E}\,(\mathcal{S}_e)\,, \quad E_5 := \mathrm{E}\,(\mathcal{G}) - \mathrm{E}\,(\mathcal{S}_b) - \mathrm{E}\,(\mathcal{S}_c)
\end{aligned} \tag{11.28}
$$

を得る．$\mathcal{G}$ に含まれる辺との間の一対一の対応の下で，y_e（$e \in \mathrm{E}\,(\mathcal{G})$）を，$M^{\mathrm{R}}_{\mathcal{S}}$, $\mathrm{W}^{\mathrm{R}}_{\mathcal{S}'}$, あるいは $\overline{\mathrm{E}}\,(\mathcal{R}_u)$ で表された $\mathrm{L}^{\mathrm{R}}_{\mathcal{R}_u}$ の積分表示のファインマン・パラメータとしてもよいであろう．各量の $\mathbb{D}^{\mu}_{e}$ の縮約数に関する展開式を互いにかけたものは，$\{y_e\}_{e\in E_j}$ の斉次な有理式の積の和となっている．この各々の積に対して積分公式 (9.255) を用いる：

$$
\begin{aligned}
\prod_{j=1}^{n}\frac{\Gamma(h_j)}{\left(V_{\mathcal{G}_j}(y)\right)^{h_j}} &= \left(\prod_{j=1}^{n}\int_0^1 ds_{\mathcal{G}_j}\,\left(s_{\mathcal{G}_j}\right)^{h_j-1}\right)\delta\left(1 - \sum_{j=1}^{n} s_{\mathcal{G}_j}\right) \\
&\quad \times \frac{\Gamma\,(H)}{\left(\displaystyle\sum_{j=1}^{n} s_{\mathcal{G}_j}\,V_{\mathcal{G}_j}(y)\right)^{H}}\,,
\end{aligned}
$$

$$H := \sum_{j=1}^{n} h_j\,. \tag{11.29}$$

$V_{\mathcal{G}_j}$ が y_e の斉次 1 次多項式であることを踏まえて，各 E_j に対して，

$$z_e = s_{\mathcal{G}_j}\, y_e \quad (e \in E_j) \tag{11.30}$$

と置くと，$s_{\mathcal{G}_j} V_{\mathcal{G}_j}(y) = V_{\mathcal{G}_j}(z)$ および

$$\begin{aligned}
&\left(\prod_{j=1}^{n} \int dy_{\mathcal{G}_j}\right) \delta\left(1 - \sum_{i=1}^{n} s_{\mathcal{G}_i}\right) \\
&= \left\{\prod_{j=1}^{n} (s_{\mathcal{G}_j})^{-n(E_j)} \left(\prod_{e\in E_j} \int_0^{\infty} dz_e\right) \delta\left(1 - \frac{1}{s_{\mathcal{G}_j}} \sum_{e\in E_j} z_e\right)\right\} \\
&\quad \times \delta\left(1 - \sum_{i=1}^{n} s_{\mathcal{G}_i}\right) \\
&= \left\{\prod_{j=1}^{n} (s_{\mathcal{G}_j})^{-n(E_j)+1} \left(\prod_{e\in E_j} \int_0^{\infty} dz_e\right) \delta\left(s_{\mathcal{G}_j} - \sum_{e\in E_j} z_e\right)\right\} \\
&\quad \times \delta\left(1 - \sum_{e\in \mathrm{E}(\mathcal{G})} z_e\right)
\end{aligned} \tag{11.31}$$

となる．斉次な有理関数 $f_{\mathcal{G}_j}^{(m_j)}(y)$ の次数が m_j の場合に，$s_{\mathcal{G}_j}$ に関する積分を実行すると，

$$\begin{aligned}
&\prod_{j=1}^{n} \int dy_{\mathcal{G}_j}\, f_{\mathcal{G}_j}^{(m_j)}(y) \frac{\Gamma(h_j)}{\left(V_{\mathcal{G}_j}(y)\right)^{h_j}} \\
&= \int dz_{\mathcal{G}} \prod_{j=1}^{n} \left\{\left(\sum_{e\in E_j} z_e\right)^{h_j - n(E_j) - m_j} f_{\mathcal{G}_j}^{(m_j)}(z)\right\} \frac{\Gamma(H)}{\left(\sum_{j=1}^{n} V_{\mathcal{G}_j}(z)\right)^{H}}
\end{aligned} \tag{11.32}$$

を得る．この形の積分は $M_{\mathcal{G}}^{\mathrm{R}}$ の積分と積分領域を共有する上に，被積分関数は $M_{\mathcal{G}}^{\mathrm{R}}$ のそれと同じ位置に赤外特異点を有するから，$M_{\mathcal{G}}^{\mathrm{R}}$ に含まれる赤外発散を数値的に除去する可能性を提示する．各 $\mathcal{G}_j$ に対応する諸量に含まれる $V_{\mathcal{G}_j}(z)$ と $f_{\mathcal{G}_j}(z)$ を得ておき，上の式に従って組み直すことで，必要な被積分関数を速やかに得ることができる．

以上が，文献 [5] で提案されている赤外発散の除去項の構成法である．

11.7 有限繰り込み

これまで紫外発散の除去項を K 演算で，さらには，赤外発散の除去項を R 演算と I 演算により構成することで，数値計算可能な量を得てきた．しかし，それらをすべて足し上げたものが，$a_e^{(2n)}$ に対する予言を与えるわけではない．よく知られたレプトンの質量などを入力値として使用するには，質量殻上の繰り込み条件に従う量との差を別途求める必

要がある．この作業を**有限繰り込み**と呼ぶことにする．有限繰り込みで得た量を先の数値計算で得た量に加えてはじめて $a_e^{(2n)}$ の値を得ることができる．

ここでは，クェンチ QED における 2 ループを例に，有限繰り込みについて見ていく．

差し引き処方において，図 10.1 の 2 ループ自己エネルギー型ファインマン図それぞれの質量殻上の繰り込みは，

$$a_{4a} := M_{4a} - 2\,\mathrm{L}_2\,M_2\,, \tag{11.33}$$

$$a_{4b} := M_{4b} - \mathrm{W}_2\,M_{2\star} - \mathrm{Z}_2\,M_2 \tag{11.34}$$

となる．$M_{2\star}$ は 1 個の 2 点頂点相互作用を含む 1 ループ自己エネルギー型ファインマン図からの異常磁気能率への寄与で，3 点 1PI ファインマン図としては 2 点頂点相互作用を含む 2 種類のファインマン図の寄与の和に相当する．クェンチ QED における 2 ループ異常磁気能率は a_{4a} と a_{4b} の和である：

$$\begin{aligned} a_4^q &:= a_{4a} + a_{4b} = M_{4a} + M_{4b} - \mathrm{W}_2\,M_{2\star} - (2\mathrm{L}_2 + \mathrm{Z}_2)\,M_2 \\ &= M_{4a} + M_{4b} - \mathrm{W}_2\,M_{2\star} + \mathrm{Z}_2 M_2\,. \end{aligned} \tag{11.35}$$

最後の等式では，ウォード–高橋恒等式による以下の関係を使った：

$$\mathrm{L}_2 + \mathrm{Z}_2 = 0\,. \tag{11.36}$$

2 ループ自己エネルギー型ファインマン図 $4a$ からの異常磁気能率への寄与は赤外発散を含まないから，

$$\Delta M_{4a} = M_{4a}^{\mathrm{R}} = M_{4a} - 2\,(\mathrm{L}_2)^{\mathrm{UV}}\,M_2 \tag{11.37}$$

は有限である．$e_{(1)} = e_{(1)}^{\mathcal{S}_\beta^c}$ と略すと

$$\begin{aligned} \Delta M_{4b} &= \left(1 - \mathsf{R}_{\mathcal{S}_\beta} - \mathsf{I}_{\mathcal{S}_\beta}\right) M_{4b}^{\mathrm{R}} = M_{4b}^{\mathrm{R}} - \mathrm{W}_2^{\mathrm{R}}\,M_{4b/\mathcal{S}_\beta}^{\mathrm{R}} - M_{4b/\left(\mathcal{S}_\beta \cup \{e_{(1)}\}\right)}^{\mathrm{R}}\,\mathrm{L}_2^{\mathrm{R}} \\ &= M_{4b} - (\mathrm{W}_2)^{\mathrm{UV}}\,M_{2\star} - (\mathrm{Z}_2)^{\mathrm{UV}}\,M_2 - \mathrm{W}_2^{\mathrm{R}}\left(M_{2*}^{\mathrm{R}} = M_{2*}\right) - M_2\,\mathrm{L}_2^{\mathrm{R}} \\ &= M_{4b} - \Big((\mathrm{W}_2)^{\mathrm{UV}} + \mathrm{W}_2^{\mathrm{R}} = \mathrm{W}_2\Big)\,M_{2\star} - \Big((\mathrm{Z}_2)^{\mathrm{UV}} + \mathrm{L}_2^{\mathrm{R}}\Big)\,M_2 \\ &= M_{4b} - \mathrm{W}_2\,M_{2\star} - \Big((\mathrm{Z}_2)^{\mathrm{UV}} + \mathrm{L}_2^{\mathrm{R}}\Big)\,M_2\,. \end{aligned} \tag{11.38}$$

$M_{4b/\mathcal{S}_\beta} = M_{2\star}$ は 2 点頂点相互作用を含む自己エネルギー型ファインマン図からの異常磁気能率への寄与で，3 点 1PI ファインマン図としては 2 種類の 2 点頂点相互作用を含むファインマン図の寄与の和に相当する．$M_{2\star}$ は紫外発散も赤外発散も含まないから，$M_{2\star}^{\mathrm{R}} = M_{2\star}(=1)$ を使った．

ファインマン図 $4a$ からの寄与を質量殻上の繰り込み条件に従う差し引き処方で繰り込んだ量 (11.33) を，式 (11.37) の（数値計算される量）ΔM_{4a} を用いて表すと，

$$a_{4a} = \Delta M_{4a} - 2\Big(\mathrm{L}_2 - (\mathrm{L}_2)^{\mathrm{UV}}\Big)\,M_2 = \Delta M_{4a} - 2\,\mathrm{L}_2^{\mathrm{R}}\,M_2\,. \tag{11.39}$$

異常磁気能率へのファインマン図 $4b$ からの寄与に関しても同様にして，

$$a_{4b} = \Delta M_{4b} + \Big\{-\Big(\mathrm{Z}_2 - (\mathrm{Z}_2)^{\mathrm{UV}}\Big) + \mathrm{L}_2^{\mathrm{R}}\Big\}\,M_2$$

$$= \Delta M_{4b} + \left(-\mathrm{Z}_2^{\mathrm{R}} + \mathrm{L}_2^{\mathrm{R}}\right) M_2 \tag{11.40}$$

を得る．a_{4a} と a_{4b} は紫外発散を含まないが，M_2 の係数に赤外発散を含んでおり，それぞれは有限ではない．10.1 節で触れたように，a_{4a} のほうでは，M_{4a} 自身は赤外発散を含んでいないが，L_2 が赤外発散を持ち込んでいる．ただし，そのような項の存在が，クエンチ QED における全 2 ループ自己エネルギー型ファインマン図からの寄与

$$a_4^q = \Delta M_{4a} + \Delta M_{4b} - \left(\mathrm{Z}_2^{\mathrm{R}} + \mathrm{L}_2^{\mathrm{R}}\right) M_2 \tag{11.41}$$

の有限性を保証している．実際，$\mathrm{Z}_2 + \mathrm{L}_2 = 0$ で，付録 B の計算より，M_2 の係数

$$\mathrm{Z}_2^{\mathrm{R}} + \mathrm{L}_2^{\mathrm{R}} = -\left((\mathrm{Z}_2)^{\mathrm{UV}} + (\mathrm{L}_2)^{\mathrm{UV}}\right) = \frac{3}{4} \tag{11.42}$$

は有限である．式 (11.41) の右辺の M_2 に比例する項が有限繰り込み項に相当する．

式 (11.41) の形は数値的アプローチによる計算の特徴を表している．ターゲットとする摂動の次数で，K 演算・R 演算・I 演算により構成された ΔM_{4a}, ΔM_{4b} に相当する量の計算に計算機資源を投入する．その他の有限繰り込み項は，基本的にはより低い摂動の次数の計算で分かっている量である．それらを加えることによって，ターゲットとする異常磁気能率の摂動次数の係数の値に対し，一つの評価を提示することができる．

付録 A
異常磁気能率への射影演算子

ここでは，テンソル型の形状因子 $\Gamma_{\mu\nu}(p_F\,,\,p_I)$ による 3 点 1PI 関数への寄与 $q^\nu\,\Gamma_{\mu\nu}(p_F\,,\,p_I)$ に含まれる異常磁気能率を取り出す射影演算子を構成する．

A.1 射影演算子の構成

$u\,(\boldsymbol{p}_I\,,\,\iota_I)$ などをかけたものを

$$
\begin{aligned}
&\overline{u}\,(\boldsymbol{p}_F\,,\,\iota_F)\,\Gamma_{\mu\nu}\,(p_F\,,\,p_I)\,u\,(\boldsymbol{p}_I\,,\,\iota_I)\\
&=\overline{u}\,(\boldsymbol{p}_F\,,\,\iota_F)\,\{A\,\eta_{\mu\nu}+B\,[\gamma_\mu\,,\,\gamma_\nu]+C\,p_\mu\,\gamma_\nu+D\,\gamma_\mu\,p_\nu\\
&\qquad\qquad +E\,p_\mu p_\nu+O(q)\}\,u\,(\boldsymbol{p}_I\,,\,\iota_I)
\end{aligned}
\tag{A.1}
$$

とおくと，$\overline{u}\,(\boldsymbol{p}_F\,,\,\iota_F)\,q^\nu\Gamma_{\mu\nu}\,(p_F\,,\,p_I)\,u\,(\boldsymbol{p}_I\,,\,\iota_I)$ に

- $p\cdot q=0$ より D と E の項は寄与しない．
- $\overline{u}\,(\boldsymbol{p}_F\,,\,\iota_F)\,\not{q}\,u\,(\boldsymbol{p}_I\,,\,\iota_I)=0$ より C の項も寄与しない．
- カレント $J_\mu(x)$ に関するウォード–高橋恒等式より A の項も寄与しない．

ゆえに，

$$
\begin{aligned}
&\overline{u}\,(\boldsymbol{p}_F\,,\,\iota_F)\,q^\nu\Gamma_{\mu\nu}\,(p_F\,,\,p_I)\,u\,(\boldsymbol{p}_I\,,\,\iota_I)\\
&=(-4\,mB)\,\overline{u}\,(\boldsymbol{p}_F\,,\,\iota_F)\left(-\frac{1}{4m}\,[\gamma_\mu\,,\,\not{q}]\right)u\,(\boldsymbol{p}_I\,,\,\iota_I)
\end{aligned}
\tag{A.2}
$$

となる．これから $(-4\,mB)$ が異常磁気能率 a への寄与であることが分かる．

式 (A.1) の両辺に $u\,(\boldsymbol{p}_I\,,\,\iota_I)_\alpha\,\overline{u}\,(\boldsymbol{p}_F\,,\,\iota_F)_\beta\,[\gamma^\mu\,,\,\gamma^\nu]_{\beta\alpha}$ をかけ，$\iota_I\,,\,\iota_F\in\{+1\,,\,-1\}$ の和を共に式 (7.106) により書き直して得られる

$$
\begin{aligned}
&\mathrm{tr}\,(\Gamma_{\mu\nu}\,(p\,,\,p)\,(\not{p}+m)\,[\gamma^\mu\,,\,\gamma^\nu]\,(\not{p}+m))\\
&=\mathrm{tr}\,(\{A\,\eta_{\mu\nu}+B\,[\gamma_\mu\,,\,\gamma_\nu]+C\,p_\mu\,\gamma_\nu+D\gamma_\mu\,p_\nu+Ep_\mu p_\nu+O(q)\}\\
&\qquad\times(\not{p}+m)\,[\gamma^\mu\,,\,\gamma^\nu]\,(\not{p}+m))\\
&=B\,\mathrm{tr}\,([\gamma_\mu\,,\,\gamma_\nu]\,(\not{p}+m)\,[\gamma^\mu\,,\,\gamma^\nu]\,(\not{p}+m))
\end{aligned}
\tag{A.3}
$$

で，右辺に現れるガンマ行列のトレースは

$$
\begin{aligned}
&\mathrm{tr}\left([\gamma_\mu\,,\,\gamma_\nu]\,(\not p+m)\,[\gamma^\mu\,,\,\gamma^\nu]\,(\not p+m)\right)\\
&=\mathrm{tr}\left((-2\,\eta_{\mu\nu}+2\gamma_\mu\gamma_\nu)\,(\not p+m)\,[\gamma^\mu\,,\,\gamma^\nu]\,(\not p+m)\right)\\
&=2\,\mathrm{tr}\left(\gamma_\mu\gamma_\nu\,(\not p+m)\,(2\,\eta^{\mu\nu}-2\gamma^\nu\gamma^\mu)\,(\not p+m)\right)\\
&=4\,\mathrm{tr}\left(\gamma^\mu\gamma_\mu\,(\not p+m)^2\right)-4\,\mathrm{tr}\left(\gamma_\nu\,(\not p+m)\,\gamma^\nu\gamma_\mu\,(\not p+m)\,\gamma^\mu\right)\\
&=4^2\times 2\,m\times\mathrm{tr}\,(\not p+m)\\
&\quad-4\,\mathrm{tr}\left(\{2p_\nu+(-\not p+m)\,\gamma_\nu\}\,\gamma^\nu\,\{2p_\mu+(-\not p+m)\,\gamma_\mu\}\,\gamma^\mu\right)\\
&=4^3\times 2m^2-4\times 2^2\,\mathrm{tr}\left((2\,m-\not p)^2\right)\\
&=-4\,m\times 48\,m
\end{aligned}
\tag{A.4}
$$

となる．これを式 (A.3) に代入すると，$\Gamma_{\mu\nu}\,(p\,,\,p)$ に含まれる異常磁気能率の成分は式 (9.259) で定義される $P^M_{\mu\nu}$ により，

$$
(-4\,mB)=\mathrm{tr}\left(P^M_{\mu\nu}\,\Gamma^{\mu\nu}\,(p\,,\,p)\right)
\tag{A.5}
$$

として得られる．

付録 B
1 ループでの繰り込み定数

ここでは 1 ループでの繰り込み定数を積分のパラメトリック表示から導く．また，それらに含まれる紫外発散・赤外発散について調べておく．

B.1 $\mathbf{W_2}$

1 ループ近似での自己エネルギー関数を表すため，

$$\begin{aligned}\widetilde{V}_Y(p^2) &= Y z_\alpha + z_1 - \frac{p^2}{m^2} z_1 A_1 \\ &= Y z_\alpha + z_1(1 - A_1) - z_1 A_1 \left(\frac{p^2}{m^2} - 1 \right)\end{aligned} \tag{B.1}$$

と置くと，式 (9.134) と (9.135) から，

$$\Sigma(p) = \frac{1}{4} \int_0^1 dz_1 \int_0^1 dz_\alpha \, \delta(1 - z_1 - z_\alpha) \, \frac{\widehat{F}_0}{U^2} \ln \left(\frac{\widetilde{V}_{\Lambda^2/m^2}(p^2)}{\widetilde{V}_{\lambda^2/m^2}(p^2)} \right) \tag{B.2}$$

と表すことができる．ここで，赤外発散は光子に質量 λ を持たせることで正則化した．また，光子線の量にラベル α，1 本のフェルミオン線の量に 1 を付与すると，

$$\begin{aligned}&\widehat{F}_0 = \gamma^\mu \left(A_1 \not{p} + m \right) \gamma_\mu = -2A_1 \not{p} + 4\, m = F_0 - 2A_1 \left(\not{p} - m \right) , \\ &F_0 := 2\, m \left(2 - A_1 \right) , \\ &U = z_1 + z_\alpha , \quad B_{11} = 1 , \quad A_1 = 1 - \frac{z_1}{U}\end{aligned} \tag{B.3}$$

である．さらに $[U]_{z_1 + z_\alpha = 1} = 1$ を用いると，

$$\begin{aligned}\frac{2}{m} \mathrm{W}_2 &= \int_0^1 dz_1 \int_0^1 dz_\alpha \, \delta(1 - z_1 - z_\alpha) \frac{2 - A_1}{U^2} \ln \left(\frac{\widetilde{V}_{\Lambda^2/m^2}(m^2)}{\widetilde{V}_{\lambda^2/m^2}(m^2)} \right) \\ &= \int_0^1 dz \; (1 + z) \ln \left(\frac{\frac{\Lambda^2}{m^2}(1 - z) + z^2}{\frac{\lambda^2}{m^2}(1 - z) + z^2} \right)\end{aligned} \tag{B.4}$$

となる．λ を含む積分は $\lambda = 0$ でも有限である：

$$-2\int_0^1 (1+z)\ln z = -2\left[\left(z+\frac{z^2}{2}\right)\ln z\right]_0^1 + 2\int_0^1 \left(z+\frac{z^2}{2}\right)\frac{1}{z} = \frac{5}{2}\,. \tag{B.5}$$

Λ を含む積分の主要な項は

$$\begin{aligned}&\ln\left(\frac{\Lambda^2}{m^2}\right)\int_0^1 dz(1+z) + \int_0^1 dz(1+z)\ln(1-z)\\ &= \frac{3}{2}\ln\left(\frac{\Lambda^2}{m^2}\right) - \frac{7}{4}\,.\end{aligned} \tag{B.6}$$

ゆえに,

$$\frac{\mathrm{W}_2}{m} = \frac{3}{4}\ln\left(\frac{\Lambda^2}{m^2}\right) + \frac{3}{8}\,. \tag{B.7}$$

B.2 Z_2

自己エネルギー関数 (B.2) の $(\not p - m)$ の係数を得るため,

$$\frac{p^2}{m^2} - 1 = 2\left(\frac{\not p}{m} - \mathbb{I}_4\right) + O((\not p - m)^2) \tag{B.8}$$

を用いると,

$$\ln \widetilde{V}_Y(p^2) = \ln \widetilde{V}_Y - \frac{2z_1 A_1}{\widetilde{V}_Y}\left(\frac{\not p}{m} - \mathbb{I}_4\right) + O((\not p - m)^2) \tag{B.9}$$

だから,

$$\begin{aligned}\mathrm{Z}_2 = &\frac{1}{4}\int_0^1 dz_1 \int_0^1 dz_\alpha\, \delta(1 - z_1 - z_\alpha)\frac{1}{U^2}\\ &\times\left\{E_0 \ln\left(\frac{\widetilde{V}_{\Lambda^2/m^2}}{\widetilde{V}_{\lambda^2/m^2}}\right) + N_0\left(\frac{1}{\widetilde{V}_{\lambda^2/m^2}} - \frac{1}{\widetilde{V}_{\Lambda^2/m^2}}\right)\right\}.\end{aligned} \tag{B.10}$$

ここで,

$$E_0 := -2A_1\,, \quad N_0 := 2\,\frac{G(m^2)}{m^2}\,F_0 = 2z_1 A_1\, F_0 \tag{B.11}$$

である. $(\mathrm{Z}_2)^{\mathrm{UV}}$ は, E_0 の項である:

$$\begin{aligned}(\mathrm{Z}_2)^{\mathrm{UV}} &= \frac{1}{4}\int_0^1 dz_1 \int_0^1 dz_\alpha\, \delta(1 - z_1 - z_\alpha)\frac{E_0}{U^2}\ln\left(\frac{\widetilde{V}_{\Lambda^2/m^2}(m^2)}{\widetilde{V}_{\lambda^2/m^2}(m^2)}\right)\\ &= -\frac{1}{2}\int_0^1 dz(1-z)\ln\left(\frac{\frac{\Lambda^2}{m^2}(1-z)+z^2}{\frac{\lambda^2}{m^2}(1-z)+z^2}\right).\end{aligned} \tag{B.12}$$

λ を含む項は $\lambda \to 0$ としても有限で,

$$\int_0^1 dz(1-z)\ln z = \left[\left(z - \frac{z^2}{2}\right)\ln z\right]_0^1 - \int_0^1\left(z - \frac{z^2}{2}\right)\frac{1}{z} = -\frac{3}{4} \tag{B.13}$$

となる. Λ を含む項の主要な成分は

$$
-\frac{1}{2}\int_0^1 dz(1-z)\left\{\ln\left(\frac{\Lambda^2}{m^2}\right)+\ln(1-z)\right\}
$$

$$
=-\frac{1}{4}\ln\left(\frac{\Lambda^2}{m^2}\right)-\frac{1}{2}\int_0^1 dw\, w\ln w=-\frac{1}{4}\ln\left(\frac{\Lambda^2}{m^2}\right)+\frac{1}{8}\,. \tag{B.14}
$$

これと式 (B.13) を加えて

$$
(\mathrm{Z}_2)^{\mathrm{UV}}=-\frac{1}{4}\ln\left(\frac{\Lambda^2}{m^2}\right)-\frac{5}{8} \tag{B.15}
$$

を得る．

$\mathrm{Z}_2^{\mathrm{R}}$ は式 (B.10) の N_0 の項である：

$$
\mathrm{Z}_2^{\mathrm{R}}=\mathrm{Z}-\mathrm{Z}_2^{\mathrm{UV}}=\int_0^1 dz\,\frac{z\,A_1(2-A_1)}{X(1-z)+z^2}=\int_0^1 dz\,\frac{z(1-z^2)}{X(1-z)+z^2}\,. \tag{B.16}
$$

ここで，$X:=\dfrac{\lambda^2}{m^2}$ とした．被積分関数の分子は，

$$
\begin{aligned}
z(1-z^2)&=z\left\{1-\left(X(1-z)+z^2\right)+X(1-z)\right\}\\
&=-(z+X)\left\{z^2+X(1-z)\right\}+\frac{1}{2}\left(1+X-X^2\right)(2z-X)\\
&\quad+X\left\{\frac{1}{2}\left(1+X-X^2\right)+X\right\}
\end{aligned} \tag{B.17}
$$

となる．ゆえに，

$$
\begin{aligned}
\mathrm{Z}_2^{\mathrm{R}}=&-\int_0^1 dz\,(z+X)\\
&+\frac{1}{2}\left(1+X-X^2\right)\int_0^1 dz\,\frac{d}{dz}\ln\left(z^2+X(1-z)\right)\\
&+\frac{X}{2}\left(1+3X-X^2\right)\int_0^1 dz\,\frac{1}{\left(z-\frac{X}{2}\right)^2+X\left(1-\frac{X}{4}\right)}
\end{aligned} \tag{B.18}
$$

を得る．最後の積分の X の最低次は，

$$
\begin{aligned}
&\frac{X}{2}\int_0^1 dz\,\frac{1}{\left(z-\frac{X}{2}\right)^2+X\left(1-\frac{X}{4}\right)}\\
&=\frac{X}{2\sqrt{X\left(1-\frac{X}{4}\right)}}\left\{\mathrm{Arctan}\left(\frac{1-\frac{X}{2}}{\sqrt{X\left(1-\frac{X}{4}\right)}}\right)\right.\\
&\qquad\left.+\mathrm{Arctan}\left(\frac{\frac{X}{2}}{\sqrt{X\left(1-\frac{X}{4}\right)}}\right)\right\}
\end{aligned} \tag{B.19}
$$

だから，$X\to 0$ で消える．よって，

$$
\mathrm{Z}_2^{\mathrm{R}} = -\frac{1}{2}\ln\left(\frac{\lambda^2}{m^2}\right) - \frac{1}{2}\,. \tag{B.20}
$$

B.3 $\mathbf{L_2}$

$q = 0$ として，

$$
\begin{aligned}
\Lambda_2^{\nu}|_{q=0} = -\frac{1}{4}\int_0^1 dz_1 \int_0^1 dz_{1'} \int_0^1 dz_{\alpha}\,\delta\left(1 - z_1 - z_{1'} - z_{\alpha}\right)\frac{1}{U^2} \\
\times\Bigg\{\left(\gamma^{\lambda}\gamma^{\rho}\gamma^{\nu}\gamma_{\rho}\gamma_{\lambda}\right)\left(-\frac{B_{11'}}{2U}\right)\ln\left(\frac{\widetilde{V}_{\Lambda^2/m^2}(p^2)}{\widetilde{V}_{\lambda^2/m^2}(p^2)}\right) \\
+\frac{\gamma^{\lambda}\left(A_1 \not{p} - m\right)\gamma^{\nu}\left(A_{1'}\not{p} - m\right)\gamma_{\lambda}}{m^2} \\
\times\left(\frac{1}{\widetilde{V}_{\lambda^2/m^2}(p^2)} - \frac{1}{\widetilde{V}_{\Lambda^2/m^2}(p^2)}\right)\Bigg\}\,.
\end{aligned} \tag{B.21}
$$

ここで，

$$
\begin{aligned}
&B_{11'} = 1 = B_{11}\,, \quad U = z_1 + z_{1'} + z_{\alpha}\,, \\
&A_1 = A_{1'} = 1 - \frac{z_1 + z_{1'}}{U}, \\
&\widetilde{V}_Y = \widetilde{V}_Y(p^2 = m^2) = z_{\alpha}Z + (z_1 + z_{1'})\,(1 - A_1)
\end{aligned} \tag{B.22}
$$

はいずれも $(z_1 + z_{1'})$ を通して z_1 , $z_{1'}$ に依存している．第 2 項のガンマ行列部分は

$$
\begin{aligned}
&\gamma^{\lambda}\left(A_1\not{p} - m\right)\gamma^{\nu}\left(A_{1'}\not{p} - m\right)\gamma_{\lambda} \\
&= A_1^2\left(2p^{\lambda} - \not{p}\gamma^{\lambda}\right)\gamma^{\nu}\left(2p_{\lambda} - \gamma_{\lambda}\not{p}\right) \\
&\quad - mA_1\left(2p^{\lambda} - \not{p}\gamma^{\lambda}\right)\gamma^{\nu}\gamma_{\lambda} - mA_1\gamma^{\lambda}\gamma^{\nu}\left(2p_{\lambda} - \gamma_{\lambda}\not{p}\right) + m^2\gamma^{\lambda}\gamma^{\nu}\gamma_{\lambda} \\
&= A_1^2\left(4m^2\gamma^{\nu} - 4m^2\gamma^{\nu} - 2\not{p}\gamma^{\mu}\not{p}\right) - 4\,mA_1\gamma^{\nu}\left(\gamma^{\mu}\not{p} + \not{p}\gamma^{\mu}\right) - 2m^2\gamma^{\nu} \\
&= m^2 F_0^{\mathrm{L}}\gamma^{\nu} + O\left((\not{p} - m)\right)\,.
\end{aligned} \tag{B.23}
$$

ここで，

$$
F_0^{\mathrm{L}} := -2\left(1 - 4A_1 + A_1^2\right) \tag{B.24}
$$

と置いた．これと

$$
F_1^{\mathrm{L}} := -2B_{11} = -2 \tag{B.25}
$$

を用い，11.6 節と同様に z_1 , $z_{1'}$ に関する積分を一つのパラメータ $z_{11'}$ に関する積分に直すと

$$
\begin{aligned}
\mathrm{L}_2 = -\frac{1}{4}\int_0^1 dz_{11'}\,z_{11'}\int_0^1 dz_{\alpha}\,\delta\left(1 - z_{11'} - z_{\alpha}\right)\frac{1}{U^2} \\
\times\left\{F_1^{\mathrm{L}}\ln\left(\frac{\widetilde{V}_{\Lambda^2/m^2}}{\widetilde{V}_{\lambda^2/m^2}}\right) + F_0^{\mathrm{L}}\left(\frac{1}{\widetilde{V}_{\lambda^2/m^2}(m^2)} - \frac{1}{\widetilde{V}_{\Lambda^2/m^2}(m^2)}\right)\right\}\,.
\end{aligned} \tag{B.26}
$$

$(\mathrm{L}_2)^{\mathrm{UV}}$ は F_1 を含む積分で与えられる：

$$(\mathrm{L}_2)^{\mathrm{UV}} = \frac{1}{2}\int_0^1 dz\, z \ln\left(\frac{\dfrac{\Lambda^2}{m^2}(1-z)+z^2}{\dfrac{\lambda^2}{m^2}(1-z)+z^2}\right). \tag{B.27}$$

λ に依存する積分は $\lambda \to 0$ でも有限で，

$$-\int_0^1 dz\, z \ln z = \frac{1}{4} \tag{B.28}$$

となる．Λ に依存する積分の主要成分は

$$\frac{1}{2}\int_0^1 dz\, z\left\{\ln\left(\frac{\Lambda^2}{m^2}\right)+\ln(1-z)\right\} = \frac{1}{4}\ln\left(\frac{\Lambda^2}{m^2}\right)-\frac{3}{8} \tag{B.29}$$

である．これと式 (B.28) を加えて

$$(\mathrm{L}_2)^{\mathrm{UV}} = \frac{1}{4}\ln\left(\frac{\Lambda^2}{m^2}\right)-\frac{1}{8} \tag{B.30}$$

を得る．これは，式 (B.15) の $(\mathrm{Z}_2)^{\mathrm{UV}}$ に加えても 0 にはならない：

$$(\mathrm{Z}_2)^{\mathrm{UV}} + (\mathrm{L}_2)^{\mathrm{UV}} = -\frac{3}{4}. \tag{B.31}$$

紫外発散を含まない残りの部分

$$\mathrm{L}_2^{\mathrm{R}} = \mathrm{L}_2 - (\mathrm{L}_2)^{\mathrm{UV}} = \frac{1}{2}\int_0^1 dz\, \frac{z\left(z^2+2z-2\right)}{X(1-z)+z^2} \tag{B.32}$$

は $z=0$ に対数的な赤外発散の源を持つ．被積分関数の分子は

$$\begin{aligned}
&z(z^2+2z-2) = z\left\{(z^2+X(1-z))+(X+2)z-X-2\right\}\\
&=\{z+(X+2)\}\left\{z^2+X(1-z)\right\}-X(X+2)(1-z)-z(X+2)\\
&=\{z+(X+2)\}\left\{z^2+X(1-z)\right\}+\frac{X^2+X-2}{2}\frac{d}{dz}\left\{z^2+X(1-z)\right\}\\
&\quad +X\left\{\frac{X^2+X-2}{2}-(X+2)\right\}
\end{aligned} \tag{B.33}$$

であるから，

$$\begin{aligned}
\mathrm{L}_2^{\mathrm{R}} &= \frac{1}{2}\left(\frac{5}{2}+X\right)-\frac{X^2-X-2}{4}\ln X\\
&\quad +X\left(\frac{X^2-X}{2}-3\right)\int_0^1 dz\,\frac{1}{\left(z-\dfrac{X}{2}\right)^2+X\left(1-\dfrac{X}{4}\right)}.
\end{aligned} \tag{B.34}$$

最後の積分の X の最低次は，式 (B.19) の積分と同様に $X \to 0$ で消える．よって，

$$\mathrm{L}_2^{\mathrm{R}} = \frac{1}{2}\ln\left(\frac{\lambda^2}{m^2}\right)+\frac{5}{4}. \tag{B.35}$$

これと式 (B.20) の $\mathrm{Z}_2^{\mathrm{R}}$ との和は有限である：

$$\mathrm{Z}_2^{\mathrm{R}} + \mathrm{L}_2^{\mathrm{R}} = \frac{3}{4}. \tag{B.36}$$

参考文献

[1] S. Weinberg, The quantum theory of fields. Vol. 1: Foundations, Cambridge University Press, 2005.

[2] N. Nakanishi, Graph theory and Feynman integrals, Gordon and Breach, 1971.

[3] 岩波数学辞典第 3 版，岩波書店（1985 年）.

[4] T. Aoyama, M. Hayakawa, T. Kinoshita and M. Nio, Quantum electrodynamics calculation of lepton anomalous magnetic moments: Numerical approach to the perturbation theory of QED, PTEP **2012**, 01A107 (2012).

[5] T. Aoyama, M. Hayakawa, T. Kinoshita and M. Nio, Automated calculation scheme for α^n contributions of QED to lepton $g-2$: New treatment of infrared divergence for diagrams without lepton loops, Nucl. Phys. B **796**, 184–210 (2008) [arXiv:0709.1568 [hep-ph]].

[6] C. Cordova and K. Ohmori, Quantum duality in electromagnetism and the fine structure constant, Phys. Rev. D **109**, no.10, 105019 (2024) [arXiv:2307.12927 [hep-th]].

[7] T. He, P. Mitra, A. P. Porfyriadis and A. Strominger, New Symmetries of Massless QED, JHEP **10**, 112 (2014) [arXiv:1407.3789 [hep-th]].

[8] H. Hirai and S. Sugishita, Dress code for infrared safe scattering in QED, PTEP **2023**, no.5, 053B04 (2023) [arXiv:2209.00608 [hep-th]].

[9] A. Strominger, Lectures on the Infrared Structure of Gravity and Gauge Theory, Princeton University Press, 2018 [arXiv:1703.05448 [hep-th]].

[10] M. E. Peskin and D. V. Schroeder, An introduction to quantum field theory, Addison-Wesley, 1995.

[11] 九後汰一郎，ゲージ場の量子論　I 巻，新物理学シリーズ 23，培風館（1989 年）.

[12] 砂川重信，理論電磁気学，紀伊國屋書店（1999 年）.

[13] 横山順一，電磁気学，講談社（2009 年）.

[14] P. Cvitanovic and T. Kinoshita, Feynman-Dyson rules in parametric space, Phys. Rev. D **10**, no.12, 3978–3991 (1974).

[15] T. Aoyama, M. Hayakawa, T. Kinoshita and M. Nio, Automated calculation scheme for α^n contributions of QED to lepton $g-2$: Generating renormalized amplitudes for diagrams without lepton loops, Nucl. Phys. B **740**, 138–180 (2006) [arXiv:hep-ph/0512288 [hep-ph]].

[16] M. Hayakawa and S. Uno, QED in finite volume and finite size scaling effect on electromagnetic properties of hadrons, Prog. Theor. Phys. **120** (2008), 413–441 [arXiv:0804.2044 [hep-ph]].

[17] K. G. Wilson, Quarks and Strings on a Lattice, CLNS-321 (1975).

[18] H. B. Nielsen and M. Ninomiya, No Go Theorem for Regularizing Chiral Fermions, Phys. Lett. B **105**, 219–223 (1981).

[19] R. Kitano, H. Takaura and S. Hashimoto, Stochastic computation of $g-2$ in QED, JHEP **05**, 199 (2021) [arXiv:2103.10106 [hep-lat]].

索　引

タ

ナ

ハ

マ

ヤ

ラ

ワ

欧数字

著 者 略 歴

早川 雅司
はやかわ まさし

1994 年 3 月　名古屋大学大学院理学研究科博士後期課程修了
　　　　　　　博士（理学）取得（名古屋大学）
2007 年 7 月　名古屋大学大学院理学研究科准教授
専門・研究分野　素粒子理論

SGC ライブラリ-198
量子電磁力学への招待
場の解析力学と場の量子論

2025 年 3 月 25 日 ©　　　　初 版 発 行

著　者　早川 雅司　　　　発行者　森 平 敏 孝
　　　　　　　　　　　　　印刷者　山 岡 影 光

発行所　　**株式会社　サ イ エ ン ス 社**

〒151–0051　東京都渋谷区千駄ヶ谷 1 丁目 3 番 25 号
営業　☎（03）5474–8500（代）　振替 00170–7–2387
編集　☎（03）5474–8600（代）
FAX　☎（03）5474–8900　　表紙デザイン：長谷部貴志

印刷・製本　三美印刷 (株)

《検印省略》

ISBN978–4–7819–1630–9

PRINTED IN JAPAN

SGC ライブラリ- 194 : for Senior & Graduate Courses

演習形式で学ぶ
一般相対性理論

前田恵一・田辺誠　共著

定価 2860 円

Einstein が一般相対性理論を提唱してからすでに 100 年以上経っている．この理論は観測・実験によりますます確かなものとなっているだけでなく，その重要性は日増しに増している．本書では，演習形式によって自ら問題を解きながら一般相対性理論を学ぶことができる．2022 年刊行の「演習形式で学ぶ 特殊相対性理論」（SGC-175）の姉妹書．

サイエンス社